B. B. TIMOFEJEW · G. A. KOSLIK · A. F. KULAKOW · A. J. MARTJANOW

ALGORITHMIERUNG IN AUTOMATISIERTEN LEITUNGSSYSTEMEN

ELEKTRONISCHES RECHNEN UND REGELN

Herausgegeben von

Prof. Dr. HANS FRÜHAUF · Prof. Dr. WILHELM KÄMMERER
Prof. Dr. KURT SCHRÖDER · Prof. Dr. HELMUT THIELE
Prof. Dr. HORST VÖLZ

Sonderband 22

ALGORITHMIERUNG IN AUTOMATISIERTEN LEITUNGSSYSTEMEN

von

B. B. TIMOFEJEW · G. A. KOSLIK · A. F. KULAKOW
A. J. MARTJANOW

AKADEMIE-VERLAG · BERLIN
1976

B. B. TIMOFEJEW · G. A. KOSLIK · A. F. KULAKOW
A. J. MARTJANOW

ALGORITHMIERUNG IN AUTOMATISIERTEN LEITUNGSSYSTEMEN

In deutscher Sprache herausgegeben von

Dr. HARTMUT SCHULTZE

Mit 47 Abbildungen

AKADEMIE-VERLAG · BERLIN
1976

Б. Б. Тимофеев, Г. А. Козлик, А. Ф. Кулаков, А. И. Мартьянов
Алгоритмизация в автоматизированных системах управления

Издательство Техніка, Киев 1972

Deutsche Übersetzung: Dipl.-Math. W. Heidrich,
Dipl.-Ing. H.-J. Schmerbach, Berlin

Erschienen im Akademie-Verlag, 108 Berlin, Leipziger Str. 3—4

Lizenznummer: 202 · 100/408/76
Gesamtherstellung: VEB Druckerei „Thomas Müntzer", 582 Bad Langensalza
Bestellnummer: 761 923 0 (6186) · LSV 0395
Printed in GDR
EVP 38,–

VORWORT DES DEUTSCHEN BEARBEITERS

Die in der gegenwärtigen Zeit entstehenden Theorien von den automatisierten Leitungs- bzw. Steuerungssystemen (ACY, автоматизированные системы управления[1]) und von der Algorithmierung in automatisierten Leitungs- bzw. Steuersystemen (алгоритмические системы управления[2]) haben eine große Bedeutung für die weitere Qualifizierung von Leitung und Planung und damit auch für die immer bessere Beherrschung unserer Wirtschaft. Mit diesen Theorien wird der Versuch einer Synthese von Wirtschaftswissenschaften, modernen mathematischen und kybernetischen Verfahren und der Nutzung der modernen Rechentechnik angestrebt. Die zu dieser Problematik in deutscher Sprache vorhandenen Bücher kann man im Prinzip in drei große Gruppen einteilen, in ökonomische d. h. vor allem in betriebs- und volkswirtschaftliche Bücher, in mathematische und kybernetische, auf Anwendungen in der Ökonomie orientierte Bücher und Bücher zum Einsatz und zur Nutzung der modernen Rechentechnik. Die sowjetischen Autoren haben mit ihrem Buch den Versuch einer Synthese zwischen den drei genannten Buchgruppen vorgelegt. Daß eine solche Synthese zu Abstrichen und Vereinfachungen führen muß, ist nur natürlich. Dafür ist aber nun ein Buch entstanden, das für den Ökonomen bezüglich der modernen mathematischen und kybernetischen Verfahren anregend und bereichernd ist und den Mathematiker in die Probleme und Methodik der Modellierung ökonomischer Prozesse und Erscheinungen einführt.

Nun noch einige Hinweise für den Leser des Buches.

Im Buch werden mathematische Theorien, wie die Graphentheorie, die Automatentheorie, die Bedienungstheorie und die Theorie der MARKOWschen Prozesse angesprochen und an Beispielen nur kurz erläutert. Um dem interessierten Leser ein tiefergehendes Studium dieser relativ jungen Gebiete zu erleichtern, wurde ein zusätzliches Literaturverzeichnis angefertigt. Es sollte als Wegweiser zu diesen Gebieten dienen.

Während es im Titel „Algorithmierung in automatisierten Leitungssystemen" heißt, wird der Terminus Leitungssystem von uns in der Übersetzung nur selten verwendet, weil die Leitung mehrere Aspekte hat, so z. B. einen politischen und soziologischen Aspekt. Da aber im Buch im wesentlichen der steuerungstheoretische Aspekt der Leitung betrachtet wird, sprechen wir dann an den entspre-

---

[1]) im folgenden mit ASU abgekürzt
[2]) im folgenden mit AlSU abgekürzt

chenden Stellen im Buch vom Steuerungssystem (das selbstverständlich Bestandteil des Leitungssystems ist).

Schließlich möchte ich noch bemerken, daß mit diesem Buch selbstverständlich nicht erschöpfend die ASU- und AlSU-Problematik behandelt ist, sondern nur in sich eingeführt wurde. Da aber auch diese Theorien für unsere Wirtschaft nicht ohne Bedeutung sind, sollten wir sie ernsthaft weiter verfolgen. In diesem Sinne wünsche ich dem Buch eine gute Aufnahme.

Meinen herzlichen Dank möchte ich den Übersetzern, Herrn Dipl.-Math. W. Heidrich und Herrn Dipl.-Ing. H.-J. Schmerbach, für die fachgerechte Übersetzung aussprechen.

Dem Herausgeber der deutschen Ausgabe bleibt zum Schluß die angenehme Pflicht, dem Akademie Verlag für die Herausgabe dieses Buches in der Reihe Elektronisches Rechnen und Regeln zu danken. Das besonders auch deshalb, weil nun in dieser Reihe neben Gedanken aus der Mathematik und Technik auch Gedanken und Probleme aus der Ökonomie Eingang finden und somit beste Voraussetzungen für eine fruchtbare interdisziplinäre Zusammenarbeit geschaffen werden.

Hartmut Schultze

VORWORT

Digitalrechner werden gegenwärtig in den verschiedensten Gebieten von Wissenschaft und Technik eingesetzt — in der Ökonomie, bei der Automatisierung, in der Biologie, Medizin, Linguistik, im Militärwesen, in der kosmischen und soziologischen Forschung, der Chemie und Energetik. Die Elektronischen Datenverarbeitungsanlagen (EDVA) werden zu unentbehrlichen Elementen gegenwärtiger großer Systeme verschiedenster Art, da sie umfassende Berechnungsmöglichkeiten bieten, die Fähigkeit zur Speicherung eines praktisch unbegrenzten Informationsumfanges aufweisen und logisch sehr flexibel sind. Gerade deshalb wird in der Direktive des XXIV. Parteitages der KPdSU zum Fünfjahrplan der Entwicklung der Volkswirtschaft der UdSSR von 1971—1975 eine breite Anwendung der Rechentechnik bei der Verarbeitung von Informationen und bei der Leitung vorgesehen. Die Produktion von EDVA wird sich im Planzeitraum um das 2,6fache erhöhen. Es ist der Einsatz von mindestens 1600 automatisierten Leitungssystemen in Betrieben und Organisationen geplant. Die effektive Ausnutzung der Digitalrechner in automatisierten Leitungssystemen (ASU) ist mit der Notwendigkeit der Lösung neuer wissenschaftlicher Probleme theoretischen und angewandten Charakters verbunden. Solche Probleme sind insbesondere: Die Ausarbeitung und Programmrealisierung optimaler Steueralgorithmen auf EDVA, ihre Testung unter einer Vielzahl von Bedingungen, die Sicherung ihrer Arbeitsfähigkeit und ihre ununterbrochene Vervollkommnung. Die Steueralgorithmen sind besondere Elemente von ASU, die eine vollkommen festgelegte funktionale Bestimmung haben und sich wesentlich auf die Effektivitätskennziffer der ASU auswirken.

Ungeachtet dessen gibt es für Fragen der Ausarbeitung und Realisierung von Steueralgorithmen in ASU noch keine allgemeine methodologische Grundlage, die Ergebnisse der abstrakten Theorie der Algorithmen erweisen sich nicht immer als ausreichend bzw. anwendbar entsprechend der Bedürfnisse der Praxis. Deshalb entstand die Notwendigkeit der Auswertung und Verallgemeinerung der in- und ausländischen Erfahrungen der Algorithmierung in ASU auf einer einheitlichen methodologischen Grundlage.

Beim Schreiben des Buches stießen die Autoren auf Schwierigkeiten, die durch die Neuartigkeit und Kompliziertheit der zu lösenden Fragen bedingt sind, und sie sind sich darüber im klaren, daß es ihnen bei weitem nicht gelang, alle diese Fragen auf bestmögliche Art und Weise zu lösen. So werden zum Beispiel viele Fragen nur an der Oberfläche betrachtet (die Effektivität der Steueralgorithmen, die Automatisierung der Programmierung u. a.). Im Buch macht sich in beträchtlichem Maße die Trennung zwischen der Synthese der informationell-logischen Struktur und der Projektierung von ASU als Ganzes bemerkbar. Die Reihe der vorgelegten Algorithmen ermöglicht Analyse und Synthese algorithmischer Komplexe auf nur qualitativem Niveau.

Dennoch erhoffen sich die Autoren, daß das Buch die Aufmerksamkeit der Wissenschaftler und Spezialisten zu den betrachteten Problemen auf sich zieht und die Lösung der Probleme der Algorithmierung in ASU fördern wird.

Die Autoren benutzen die Gelegenheit, ihren Dank dem Doktor der phys.-math. Wissenschaften W. W. Schkurba, sowie den Mitarbeitern der Abteilung für automatisierte Systeme der Leitung von Betrieben im Institut für Automatisierung der Stadt Kiew für das Lesen des Manuskriptes und nützliche Ratschläge auszusprechen, von denen viele bei der Endredaktion und der Vorbereitung des Buches zum Druck Beachtung fanden.

Meinungen und Bemerkungen zum Buch bitten wir, an die folgende Adresse zu richten:

Kiew, 4, Puschkinskaja 28, Isdatelstwo „Technika“.

INHALTSVERZEICHNIS

1. GRUNDBEGRIFFE KOMPLIZIERTER SYSTEME DER LEITUNG UND PROBLEME DER ALGORITHMIERUNG

1.1. Komplizierte Systeme der Leitung

Grundbegriffe, die im vorliegenden Buch benutzt werden, sind die Begriffe des komplizierten Systems der Leitung, des automatisierten Leitungssystems (ASU), des Steueralgorithmus, des algorithmischen Komplexes, des Programms und des algorithmischen Steuerungssystems (AlSU).. Die Mehrzahl dieser Begriffe ist intuitiv entstanden und läßt eine Mehrdeutigkeit zu.

Der Begriff des *komplizierten Steuerungssystems* (wie auch des komplizierten Systems im allgemeinen) bezieht sich auf jene Systeme, die sich in jüngster Zeit herausbildeten und für die es noch keine eingebürgerte formale Definition gibt. Die im vorliegenden Buch benutzte Begriffsbestimmung des komplizierten oder großen Systems bringt folgende der wesentlichsten Merkmale dieser Systeme zum Ausdruck [26, 75].

Jedes große System wird durch eine festgelegte *Ganzheit* charakterisiert. Das bedeutet, obwohl das große System aus einer Vielzahl von Teilsystemen bestehen kann, unterliegt deren Funktionsweise dennoch einem gemeinsamen Ziel, und jedes beliebige von ihnen kann nur in Wechselwirkung mit anderen Teilsystemen betrachtet werden. Die Ganzheit eines großen Systems schließt weiterhin ein, daß alle Hauptfunktionen der Leitung in ihm (Analyse, Planung und Entscheidungsfindung) von Kollektiven (den Elementen) der steuernden Objekte des ASU ausgeführt werden.

Alle großen Systeme haben eine *hierarchische Steuerungsstruktur*. Der Verzicht auf ein beliebiges Teilsystem oder die Gesamtheit der Teilsysteme führt nicht immer zum Verlust des gesamten großen Systems, manchmal sinkt nur die Effektivität seiner Funktionsweise. Diese Eigenschaft großer Systeme wird durch einen strukturellen und informationellen Überschuß bedingt. Im Spezialfall macht die Reserve einzelner Elemente eines großen Systems den strukturellen Überschuß aus. Der informationelle Überschuß wird durch einen Überschuß an abzuarbeitenden Kodes im System und durch das Vorhandensein von Speicherelementen charakterisiert.

Die betrachteten großen Systeme sind kompliziert bezüglich der in ihnen enthaltenen verschiedensten Typen von Teilsystemen, der zu realisierenden Funktionen, der Kanäle und Pole. Die Kompliziertheit dieser großen Systeme wird weiterhin durch die gegenseitige Abhängigkeit zwischen einer großen Anzahl Veränderlicher, die den Zustand charakterisieren, sowie durch das Vorhandensein von Rückkopplungen hervorgerufen. So werden z. B. gegenwärtige ASU durch folgende Besonderheiten charakterisiert: Eine Vielzahl einzelner Elemente und Teilsysteme mit komplizierten Wechselbeziehungen, durch das Vorhandensein einer großen Anzahl lokaler und globaler (für das System als Ganzheit) Optimalitätskriterien (oft sich gegenseitig widersprechend), durch die Verschiedenheit der einzelnen Elemente, durch die dynamische Variabilität der Entwicklung einzelner Teile und anderes mehr [52].

Aus den Merkmalen für die Kompliziertheit großer Systeme resultiert ihre wesentlichste Eigenschaft — die Zweckmäßigkeit der Anwendung von Digitalrechnern durch die Leitungsorgane der großen Systeme für die Automatisierung der Informationstransformation und für die Steuerung und Optimierung zu treffender Entscheidungen auf der Grundlage der modernen angewandten Mathematik. Im folgenden werden Beispiele für große Systeme genannt, für welche die Zweckmäßigkeit des Einsatzes von Digitalrechnern zu einer Notwendigkeit wird, weil es sich ohne Rechenmaschinen als unmöglich erweist, die Stabilität der Funktionsweise des Systems zu sichern.

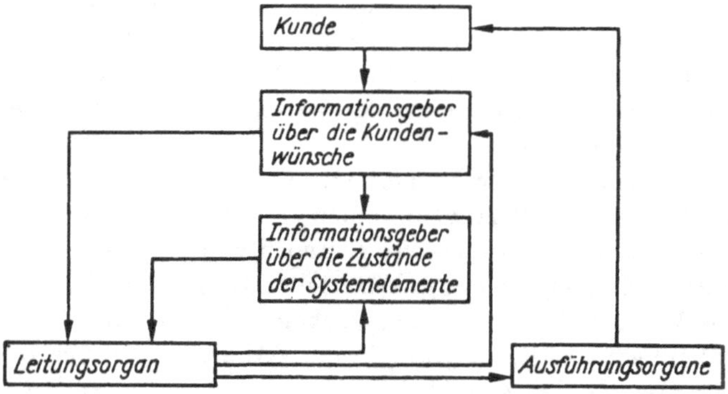

Abb. 1. Verallgemeinertes Schema eines automatisierten Steuerungssystems

Im allgemeinen läßt sich ein beliebiges großes System als System der Bedienung darstellen, das aus Elementen (Komplexen) folgender Arten (Abb. 1) [13] besteht: dem Informationsgeber über die Kundenwünsche, dem Informationsgeber über die Zustände der Systemelemente, den Ausführungsorganen und dem Leitungsorgan. Ist z. B. der Produktionsabschnitt eines metallurgischen Werkes Kunde der Martin-Abteilung, so wünscht er Informationen über die Zustände der Schmelzen, den Vorrat an Barren anf Lager u. a.; Ausführungsorgane sind Kräne, Kalzinier- und Walzstraßen, Sortenlager, Transportmittel usw.

Objekte (Elemente) großer Systeme, in denen der technische Prozeß unter dem Einfluß speziell organisierter Einwirkungen von außen realisiert wird, werden als gesteuerte Objekte bezeichnet. In diesem Sinne gelten die Ausführungsorgane, Informationsgeber über Kundenwünsche und Zustände der Systemelemente in Abb. 1 als gesteuerte, obwohl sie vom Gesichtspunkt des Kunden aus gewisse Elemente des Leitungsorgans darstellen.

Nach dem Automatisierungsgrad unterscheidet man zwei Typen von komplizierten Leitungs- bzw. Steuerungssystemen: Automatische und automatisierte[1]). In *automatischen* Systemen sind alle Grundoperationen ihres Funktionsprozesses vollständig automatisiert, und der Mensch nimmt nur das Ein- und Ausschalten der Anlage vor. Im Verlaufe des Zeitabschnittes zwischen Ein- und Ausschalten arbeitet ein automatisches System vollkommen selbständig. *Automatisiert* nennt man ein beliebiges zielgerichtetes System, das der kontinuierlichen Mitarbeit des Menschen bedarf. Der rationelle Automatisierungsgrad eines komplizierten Systems wird unter Berücksichtigung seines maximalen Funktionseffektes, des gegenwärtigen Standes der Technik und des Vorhandenseins der notwendigen Mittel und Einrichtungen gefunden. Im vorliegenden Buch werden komplizierte Steuerungssysteme mit einem hohen Automatisierungsgrad betrachtet.

Nach dem Charakter der Funktionsweise unterteilt man die ASU in Systeme, die gleichförmig arbeiten und auch als reguläre bezeichnet werden und in Systeme mit einmaliger Funktion, oder nicht reguläre. In nicht regulären Systemen wird das Funktionsziel zu Beginn eines bestimmten Zeitintervalls festgelegt und am Ende desselben erreicht. Natürlich können solche Systeme auch mehrmals wirksam werden. In regulären Systemen bleibt das Ziel auch für solche Zeitabschnitte bestehen, für die eine zweckentsprechende Steuerung festgelegt wurde.

In Abhängigkeit von Methoden für die Ausarbeitung und Realisierung von Steuerungsalgorithmen auf Digitalrechnern werden drei Gruppen von ASU unterschieden [75].

Zur ersten Gruppe gehören Systeme, die sich im Prinzip nicht ohne Anwendung der Rechentechnik realisieren lassen und die den höchsten Automatisierungsgrad aufweisen. Beispiele für ASU dieser Gruppe sind das System der Luftverkehrskontrolle ATC (Air Traffic Control) [100] und das System für die Beobachtung und Steuerung künstlicher Erdtrabanten [102].

Das System der Luftverkehrskontrolle ATC verarbeitet alle Informationen über Flugzeuge, die sich in der Luft befinden, überträgt diese auf Wiedergabeeinrichtungen und führt eine vorläufige Planung zur Aufrechterhaltung eines gesteuerten Intensitätsniveaus des Luftverkehrs in einem bestimmten Gebiet aus.

Das System zur Beobachtung künstlicher Erdtrabanten (Abb. 2) besteht aus telemechanischen Antennenanlagen und solchen zur Radioortung. Mit ihrer Hilfe werden die Beobachtung der Sputniks nach Winkelkoordinaten und Entfernung sowie die Übertragung der steuernden Signale vorgenommen. Zu diesem System gehören entsprechende Informationskanäle und ein Rechenzentrum. Die Informationen über die Position der künstlichen Erdtrabanten und telemetrische Daten gehen von den Antennenanlagen über Empfangs- und Umwand-

---

[1]) Der Begriff *kompliziertes Leitungs- bzw. Steuersystem* wird im vorliegenden Buch auf nichtautomatisierte Systeme nicht angewandt.

lungseinrichtungen in das Rechenzentrum, das die Bahnparameter der Erdtrabanten bestimmt, die Berechnung der Funktionsweise der Sputniks bei ihrem Start und der Rückkehr zur Erde vornimmt, die Steuersignale für sie ausarbeitet und einen Plan für die Beobachtungssysteme künstlicher Erdtrabanten aufstellt.

Zur zweiten Gruppe gehören Steuerungssysteme, bei deren Umgestaltung in ASU durch den Einsatz der Rechentechnik keine wesentlichen Schwierigkeiten wissenschaftlichen, technischen, ökonomischen und organisatorischen Charakters auftreten. Für Systeme dieser Gruppe sind die Wege der Formalisierung und Algorithmierung der Steuerungsprozesse, die Funktionen, die von den

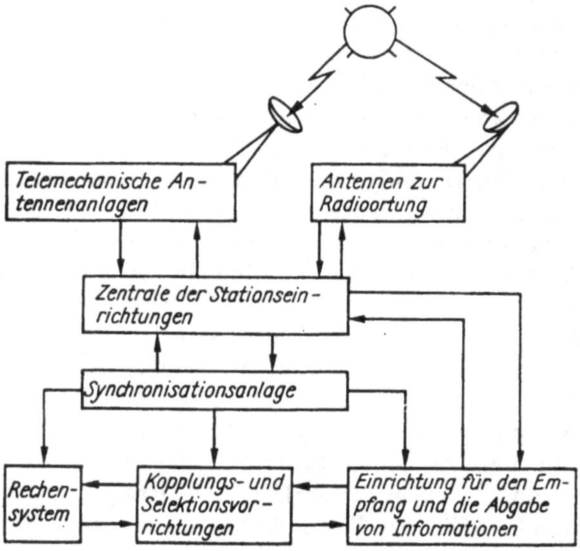

Abb. 2. Automatisiertes System für die Beobachtung und Überwachung künstlicher Erdtrabanten

Rechenautomaten ausgeführt werden sowie die Effektivität aufgrund der Durchdringung der Systeme mit Rechentechnik annähernd bekannt. Beispiele für ASU dieser Gruppe können elektroenergetische, Transport- und ähnliche Systeme sein.

Zur dritten Gruppe gehört die Mehrzahl der operativen Steuerungssysteme der Betriebe, gehören Steuerungssysteme für Volkswirtschaftszweige und Steuerungssysteme für die Ausarbeitung der neuen Technik. Die Algorithmierung dieser Systeme ist mit großen wissenschaftlichen und technischen Schwierigkeiten verbunden. Schwierigkeiten entstehen aber auch bei der Begründung von Optimalitätskriterien für die Steuerung und den Automatisierungsgrad.

Für die ASU aller drei Gruppen ist eine Besonderheit charakteristisch — die starke Abhängigkeit der Effektivität der Funktionsweise von den Methoden und

Prinzipien der Steuerung, die auf die Steueralgorithmen angewandt werden. Diese Abhängigkeit ist um so stärker, je höher der Automatisierungsgrad der Systeme ist. Natürlich ist anzunehmen, daß sich mit dem Wachsen der Anzahl an Digitalrechnern und ihrer Rechenkapazität sowie durch die Vervollkommnung der Algorithmierungsmethoden die Systeme der zwei letzten Gruppen ihrem Automatisierungsgrad nach den Systemen der ersten Gruppe nähern werden.

1.2. Algorithmen — Steuerungsalgorithmen — Programme

Gegenwärtig ist eine ganze Reihe von Definitionen für Algorithmen bekannt. Die größte Verbreitung erlangte der Algorithmenbegriff als Ganzheit von Vorschriften, durch die der Prozeß der Umwandlung von Ausgangsdaten in das gesuchte Ergebnis eindeutig festgelegt ist. Dabei werden die folgenden Eigenschaften eines Algorithmus angenommen:

Die Eindeutigkeit der Vorschriften, d. h., es darf keine willkürliche Deutung der vorhandenen Vorschriften möglich sein.

Die Menge der Ausgangsdaten, die aus einer bestimmten potentiell unendlichen Menge ausgewählt wird.

Die Vollständigkeit und Endlichkeit der Beschreibung, d. h. die Eigenschaft, einen Prozeß eindeutig festzulegen, der beliebige zugelassene Ausgangsdaten durch eine endliche Zahl von Schritten in das gesuchte, eindeutig bestimmte Resultat überführt.

Für einen Algorithmus ist die taktweise Umformung von Größen mit Hilfe der festgelegten Operationen charakteristisch, aber auch die Lokalisation der Operationen, die in jedem Schritt ausgeführt werden.

Die angegebene Definition für einen Algorithmus ist nicht exakt. Auch wurden in ihr die Begriffe „Prozeß“, „Vorschriften“, „Operationen“, „einfach“, „Daten“, „Resultat“ intuitiv verwendet. Jedoch erwies sich ein solcher intuitiver, ungenauer Begriff des Algorithmus als genügend klar, weil es gewöhnlich keine verschiedenen Ansichten in bezug darauf gibt, ob dieses oder jenes System von Vorschriften einen Algorithmus darstellt.

Ein Algorithmus, bei dem die Lösung der gestellten Aufgabe auf die arithmetischen Grundrechenarten (Multiplikation, Addition, Subtraktion, Division) zurückgeführt wird, heißt ein *numerischer*. Numerische Algorithmen sind beliebige Formeln und Schemata, die zur Lösung einer bestimmten Klasse von Aufgaben dienen, wenn durch diese Formeln vollständig ausgedrückt wird, in welcher Zusammensetzung und Reihenfolge die Ausgangsdaten mit Hilfe der Grundrechenarten behandelt werden.

Ein Algorithmus heißt ein *logischer*, wenn er Vorschriften enthält, die logische Einwirkungen auf die Ausgangsdaten festlegen. Ein Beispiel für einen logischen Algorithmus ist die Gesamtheit der Regeln bei der Suche nach dem Weg in einem endlichen Labyrinth.

Nach dem Charakter der zu lösenden Aufgaben in ASU werden die Algorithmen in Such-, Berechnungs-, operativ-betriebliche Algorithmen und in solche der kalendermäßigen und technisch-ökonomischen Planung, der Kontrolle, der Steuerung u. ä. eingeteilt. Im vorliegenden Buch werden hauptsächlich Steuerungsalgorithmen betrachtet.

Unter einem *Steuerungsalgorithmus* versteht man die Gesamtheit der Vorschriften, die den Charakter der Einwirkungen des Steuerorgans eines komplizierten Systems auf die zu steuernden Objekte mit dem Ziel der Erfüllung des durch sie gegebenen Funktionsalgorithmus festlegen.

Ein *Funktionsalgorithmus* ist die Gesamtheit der Vorschriften, die zur korrekten normalen Ausführung des technischen Prozesses in einer beliebigen Anlage oder in der Gesamtheit der Einrichtungen (im System) führen.

Die Ausgangsdaten, die mit Hilfe des Steuerungsalgorithmus umgewandelt werden, beinhalten Informationen über die Wünsche der Kunden und Informationen über die Objekte des komplizierten Systems, sowie Informationen von den Systemen der höheren Leitungsebene. Das gesuchte Resultat sind Steuersignale, die über Informationskanäle vom Steuerorgan zu den gesteuerten Objekten übertragen werden.

Grundlage für die Ausarbeitung eines Steuerungsalgorithmus sind das mathematische Modell des Systems, Daten über die Informationsflüsse in ihm und formulierte Leitungsaufgaben. Auf der Basis der Analyse jeder der formulierten Leitungsaufgaben werden Algorithmen für ihre Lösung konstruiert, die sich auf die geeigneteste Methode bezüglich der Sicherung der Ergebnisse und der sie realisierenden Mittel gründen. Der Lösungsalgorithmus einer formulierten Leitungsaufgabe, der der Realisierung durch Automatisierungsmittel oder die Rechentechnik angepaßt ist, stellt auch einen Steueralgorithmus dar. In diesem Buch werden Steuerungsalgorithmen betrachtet, die so beschaffen sind, daß sie sich für die Abarbeitung auf Ziffernrechenmaschinen eignen.

In jedem Steuerungsalgorithmus können die Lösungsvorschriften für wenigstens zwei Klassen von Aufgaben herausgestellt werden: 1. Probleme der primären Bearbeitung von Eingangsinformationen, darunter der Aufgaben der Kontrolle und Aussonderung falscher Signale (Filtration); und 2. Aufgaben der Ausarbeitung steuernder Einwirkungen (der Entscheidungsfunktion).

In den Aufgabenkomplex der primären Abarbeitung von Eingangsinformationen gehören:

— die Aufnahme der operativen betrieblichen Informationen, sowie der Informationen über den Zustand der Elemente des komplizierten Systems und des technologischen Steuerungsprozesses;

— die Kontrolle der Informationen auf Richtigkeit (Filtration);

— die Ausgabe von Informationen über den Verlauf der Steuerung und den Zustand des komplizierten Systems an die visuellen Wiedergabeeinrichtungen, sowie in die Blöcke des Algorithmus, die die Steueraufgaben lösen.

Ergebnis der Lösung von Steuerungsaufgaben ist eine Folge von Signalen und Befehlen (Steuerwirkungen), die die Steuerung festlegt (Blockierung von Mechanismen, Koordinierung und Veränderung des Betriebszustandes von Aggregaten, Korrektur der Arbeit von Regelungssystemen, Optimierung der Steuerparameter, Umschaltung der Haupt- und Hilfsanlagen, Ausarbeitung eines Planes für die Erreichung des Zieles eines komplizierten Systems bei gleichzeitiger optimaler Effektivitätsbewertung, Korrektur dieses Planes bei Veränderung der Funktionsbedingungen).

Außer den Aufgaben der Produktionssteuerung werden bei der Automatisierung komplizierter Systeme Aufgaben der technisch-ökonomischen Planung der materiell-technischen Sicherstellung, der Berechnung der verfügbaren materiellen Mittel und der zu produzierenden Erzeugnisse u. ä. gelöst. Die Lösungsalgorithmen dieser Aufgaben stellen gemeinsam mit den Steueralgorithmen die *Gesamtheit der Algorithmen eines Systems* dar.

Die Wiedergabe des Algorithmus in der konkreten Sprache eines Rechners wird als Programm bezeichnet. In der Theorie der Programmierung werden die Programme algebraisch und geometrisch formalisiert [32]. Bei der algebraischen Formalisierung werden die Programme und ihre Schemata als fortlaufende Texte betrachtet. Bei der geometrischen Formalisierung baut man die Programme oder ihre Schemata als Mengen auf, zwischen deren Elementen Zusammenhänge bestehen, die den Charakter von Abbildungen oder binären Relationen tragen. Auf Grund der Art der Formalisierung kann jedes beliebige Programm verschiedene Formen annehmen. Es kann als fortlaufender Text, Menge von Operatoren, Graph oder Blockschaltbild vorliegen. Die Aufzeichnung eines Programms erfolgt auf speziellen Vordrucken, Lochkarten, Lochstreifen, Magnetbändern und -karten, im Haupt- und im externen Speicher eines Rechners.

Die Elemente der Mikrostruktur eines Programms werden als Befehle bezeichnet. Ein *Befehl* ist eine Information, deren Darstellungsform es ermöglicht, sie in den Digitalrechner zu überführen und die für einen bestimmten Zeitabschnitt die Arbeit der Maschine bestimmt.

Die Gesamtheit mehrerer Befehle wird als *Elementaroperator* [65] bezeichnet, wenn sie

1. nur einen Eingang hat (d. h. einen Elementarbefehl, zu dem ein Übergang von einem Elementarbefehl, der nicht dieser Gesamtheit angehört, von außen erzeugt werden kann) und nur einen Ausgang (d. h., einen Elementarbefehl, von welchem ein Übergang zu einem Elementarbefehl, der nicht dieser Gesamtheit angehört, nach außen erzeugt werden kann);

2. verknüpft ist (d. h. wenn ein Eingang vollzogen wird, so werden nach einer endlichen Zahl von Schritten oder Handlungen alle Eingangsgrößen in ihre Elementarbefehle überführt);

3. linear ist (d. h., jeder ihrer Elementarbefehle definiert den Übergangsprozeß zu nur einem Elementarbefehl).

Die Gesamtheit mehrerer Elementaroperatoren wird als *verallgemeinerter Operator* bezeichnet, unter der Bedingung, daß

1. einer der Elementaroperatoren einen äußeren, alle übrigen aber innere Eingänge haben, d. h. Eingänge nur von Elementaroperatoren, die zur gegebenen Gesamtheit gehören;

2. jeder Elementaroperator, der einen äußeren Eingang hat, ist formal mit einem Elementaroperator verknüpft, der einen äußeren Ausgang hat.

Elementar- und verallgemeinerte Operatoren werden wir einfach als Operatoren bezeichnen. Wir vereinbaren, in jedem Programm folgende Operatoren zu unterscheiden: Anfangs- und Endoperatoren (Unterbrechungen), logische Operatoren, die den Übergang zu einem von zwei der gegebenen Gesamtheit angehörenden Operatoren bestimmen und Rechenoperatoren, d. h. solche Operatoren, nach deren Abarbeitung immer der Übergang zum Operator mit der nachfolgenden Numerierung vollzogen wird.

Nicht wegzudenkende Bestandteile der formalen Definition eines Programms sind die Begriffe der Ausführung des Programms und der Ausführung der Operatoren. Die *Ausführung eines Programms* stellt eine Folge von Umwandlungen der Ausgangsinformationen dar. Die *Ausführung eines Operators* besteht im allgemeinen Fall in der Verarbeitung der Information, die sich in den Zellen des Speichers befindet und in der Aufgabe des Operators, der unmittelbar danach auf die Daten angewandt wird. Die Information, die als Ergebnis der Ausführung eines Operators entsteht, kann für einige Operatoren, die auf später ankommende Daten angewandt werden, benutzt werden. Nach dem Definitionscharakter der Ausführungsfolge von Operatoren werden statische (unveränderliche) und dynamische (veränderliche) Programme unterschieden. In *statischen* Programmen (Geradeausprogramme) wird die Folge der Ausführung von Operatoren in offensichtlicher Weise durchgeführt und kann ohne die Ausführung des Programms aufgestellt werden. In *dynamischen* Programmen wird die Folge der Ausführung von Operatoren oder Befehlen im Verlaufe der Programmrealisierung aufgestellt oder präzisiert. Die Eigenschaft der Programme, die Organisation der Zusammenhänge zwischen den Operatoren und Befehlen zu verändern, wird *Eigenveränderlichkeit* genannt.

Der Realisierungsprozeß von Algorithmen auf Digitalrechnern besteht beim Fehlen der Mittel für die Programmierungsautomatisierung aus mehreren Etappen, von denen das Abfassen (Aufschreiben), die Aufbewahrung und das Testen des Programms die grundlegenden sind. Wenn ein Kompiler für die steuernde Rechenanlage vorhanden ist, können die Steueralgorithmen in einer entsprechenden algorithmischen Sprache aufgeschrieben werden. In diesem Falle entfällt das manuelle Aufstellen des Programms in Maschinensprache.

Im Prozeß der Programmrealisierung wird der Ausgangsalgorithmus vielfältig verändert. Beim Aufschreiben des Programms erweitert sich, wie allgemein bekannt ist, der Algorithmus. Er enthält dann einige Spezialblöcke (Standardprogramme, Programme für die Rechenkontrolle und für die Beseitigung der Folgen von Ausfällen und Störungen, Überwachungsprogramme u. ä.). Aus diesem Grunde läßt sich jeder beliebige Algorithmus eine Vielzahl von Realisierungen zu. Die Endeigenschaften eines Algorithmus, der auf einem Rechner als Programm realisiert wird, hängen von der Qualität der in ihm enthaltenen Spezialblöcke, den numerischen Verfahren, die bei der Programmierung für die Lösung der bestehenden Probleme benutzt wurden, von der Qualifikation der Programmierer, der Rechenkapazität der zur Verwendung kommenden Rechner u. a. ab.

1.3. Algorithmische Steuerungssysteme

Die Begriffe des Algorithmus und des Programms, die im vorigen Paragraphen betrachtet wurden, sind ihrem Ursprung nach mathematische. Die Verfahrensweise der Festlegung von Algorithmen und Programmen sowie ihrer verschiedenen Charakteristiken entspricht dem Untersuchungscharakter in der Mathematik und gestattet es, durch diesen konkrete Ergebnisse zu erhalten. Jedoch wird bei der Automatisierung komplizierter Systeme auf der Basis von Digitalrechnern das Anwendungsgebiet der Begriffe Algorithmus und Programm bedeutend erweitert und geht weit über die Grenzen der „reinen" Mathematik hinaus. In Übereinstimmung damit ergibt sich die Notwendigkeit der Präzisierung und Erweiterung der traditionellen Begriffe unter Berücksichtigung folgender spezifischer Besonderheiten von Steuerungsalgorithmen und Methoden ihrer Programmrealisierung:

1. Steuerungsalgorithmen, die in Rechensystemen realisiert werden, bestimmen in bedeutendem Maße die Effektivität der Funktionsweise von ASU und werden in diesem Sinne Systembestandteile. Daraus erwächst die Notwendigkeit der Verwendung solcher „technischen" Begriffe bezüglich der Programme, wie „Nutzung", „Erprobung", „Effektivität", „Zuverlässigkeit" u. ä.;

2. unter den traditionellen Programmierungsproblemen versteht man gewöhnlich die Probleme der Beschreibung der Syntax der Programme, der Formalisierung der Programmiersprachen, der Realisierung der Funktionen und der funktionellen Vollständigkeit, der entsprechenden Umwandlungen u. a. [32]. In der Realität treten aber bei der Ausarbeitung und Realisierung der Steuerungsalgorithmen in ASU an erste Stelle Probleme der Synthese optimaler Steuerungsalgorithmen, d. h. solcher Algorithmen, die immer die optimale Entscheidungsfindung sichern. Deshalb interessiert auch den Auftraggeber und den Bearbeiter (Programmierer) der Algorithmen und Programme vor allem das gedankliche (semantische) ihres Inhalts und nicht die formale Seite;

3. die Verfahren der Ausarbeitung von Steuerungsalgorithmen unterscheiden sich wesentlich von der Art und Weise der Aufstellung anderer Algorithmen und Programme, da die Programme von ASU, wie bekannt ist,

durch ihre große Dimension (hunderttausende von Befehlen), die Arbeit in Echtzeit, die Notwendigkeit der Umwandlung großer Informationsflüsse, einen breiten Umfang an Ausgangsdaten u. ä. charakterisiert werden;

4. in der modernen Theorie der Programmierung werden hauptsächlich Probleme betrachtet, die mit dem statischen Zustand der Programme zusammenhängen, obwohl die Ausführung der Programme auch dazu zählt. Diese Probleme entsprechen im Grunde genommen dem Prozeß der Schaffung der Programme. Zusammen damit gewinnen bei Übernahme der Programme in den Bestand der ASU und deren Funktion die Methoden der Erforschung des Ausführungsprozesses der Programme, die sich im dynamischen Zustand in einer Gesamtheit mit den Flüssen der umzuwandelnden Informationen befinden, eine spezielle Bedeutung. In der Realität wird nach der Erarbeitung der Elemente des ASU und der Schaffung des Systems als Ganzes die langwierige Etappe der Inbetriebnahme und Nutzung begonnen, die ihre eigenen Probleme hat (Bewertung der Ergebnisse der Funktionsweise des Systems, Aufrechterhaltung seiner Arbeitsfähigkeit, Vervollkommnung usw.). Diese Probleme widerspiegeln die Dynamik der Elemente von ASU und damit auch die des Programms. Bemerken wir dabei, daß es die Betrachtung der Objekte im dynamischen Zustand gewöhnlich möglich macht, ihre neuen Eigenschaften zu erkennen und einer der Grundbesonderheiten der kybernetischen Erkenntnistheorie und -methoden entspricht;

5. die funktionelle Bestimmung und die Technologie der Fertigung der Rechnerelemente und der Grundelemente (Operatoren) der Programme haben im wesentlichen wenig gemeinsam. Deshalb spezialisieren sich, wie allgemein bekannt ist, verschiedene Organisationen und Kollektive auf die Anfertigung von Rechnern und Programmen. Bei einer solchen Arbeitsteilung müssen auch die Bewertungsmethoden für die Effektivität von Rechnern und Programmen getrennt werden.

Die genannten Besonderheiten der Steuerungsalgorithmen von ASU und der Methoden ihrer Programmrealisierung erlauben es, eine Schlußfolgerung zu ziehen: Das System von Begriffen über Algorithmen müßte so erweitert werden, daß es folgende Forderungen erfüllt:

— Es lasse die Benutzung technischer und systemeigener Termini zu;

— es widerspiegele nicht nur den formalen, sondern auch den gedanklichen (semantischen) Inhalt der Programme, die Besonderheiten bei der Programmierung komplizierter Steuerungssysteme sowie das dynamische Wesen der Funktion (Ausführung) der Programme als Elemente des ASU und dessen Zusammenhang mit den Strömen der zirkulierenden Informationen;

— es bestimme die Wechselverhältnisse zwischen den Begriffen Algorithmus und Programm und definiere eindeutig, daß in das ASU ein Objekt einbezogen wird, welches die Reihenfolge der Umwandlung der Ausgangsinformationen in die steuernde bedingt und in sich Eigenschaften verkörpert, die sowohl beim

Aufschreiben des Algorithmus als auch bei der Erarbeitung des Programms erhalten werden;

— es lasse eine getrennte Bewertung der Effektivität der Digitalrechner und der auf ihnen realisierten Algorithmen in den Fällen zu, in denen Fertigstellung der Rechner und der Algorithmen von verschiedenen Organisationen und Kollektiven vorgenommen wurde.

Eine solche Erweiterung kann durch wenigstens zwei Verfahren erreicht werden.

Durch Erweiterung der existierenden Begriffe des Algorithmus und des Programms oder durch die Einführung einer neuen Definition für das gleiche Anschauungsobjekt selbst nebst einem entsprechenden Begriffsystem. Im vorliegenden Buch wird das zweite Verfahren benutzt, und dementsprechend wird eine Definition für ein algorithmisches Steuerungssystem eingeführt [48].

Als algorithmisches Steuerungssystem (AlSU) wird das Element (des steuernden Objektes) eines komplizierten Systems bezeichnet, das die Programmrealisierung der Steueralgorithmen im Rechensystem darstellt und die im ASU zirkulierenden Informationsströme in ihrer Gesamtheit und Wechselwirkung betrachtet. Mit anderen Worten kann man AlSU als die Aufzeichnung des Steuerungsalgorithmus seiner Parameter, Konstanten, Rechenergebnisse sowie der laufenden Werte der Vektoren von Eingangs- und Ausgangsinformationen im Speicher des Rechensystems definieren.

Diese Methode, die wir in Analogie zu algebraischen und geometrischen als technische Methode bezeichnen, basiert auf folgenden Gegebenheiten. Rechensystem und algorithmisches Steuerungssystem bilden das Steuerungsorgan eines großen Systems. Das AlSU widerspiegelt die Funktion der Umwandlung von Eingangs- in Steuerinformationen, und dadurch, daß es die Objekte eines großen Systems mittels informationeller Beziehungen verbindet, sichert es die automatische bzw. automatisierte Steuerung. Die Prozessoren des Rechensystems erfüllen nur elementare Vorschriften (Befehle), die im AlSU vorhanden sind und sind in diesem Sinne Hilfsmittel im Steuerungsprozeß. Der Brauchbarkeitsgrad E steuernder Signale für das Steuerungsziel hängt ab von der Qualität a_0 der Eingangssignale, der Struktur und den Parametern des AlSU A_i und den Parametern des Rechensystems M_s. Allgemein kann das durch die Formel

$$E = E(a_0, A_i, M_s); \quad i = 1, 2, \dots, i_0; \quad s = 1, 2, \dots, s_0 \tag{1}$$

ausgedrückt werden.

Die Qualität der Eingangssignale hängt ab von der Genauigkeit der Messungen, den benutzten Informationserzeugern, sowie von Zuverlässigkeit und Geschwindigkeit der Übertragung der Signale zum Rechensystem. Die Parameter eines Rechensystems werden durch die Parameter der zu ihm gehörenden elementaren Rechner festgelegt. Die Arbeit elementarer Rechenmaschinen aber wird charakterisiert durch Rechengeschwindigkeit; den Stellenwert der Zahlen mit denen der Rechner operiert; die Kapazität der Speichereinrichtungen; die

Nutzungszuverlässigkeit; die Anzahl der Adressen der Befehle, welche gleichzeitig bei Ausführung eines Befehls benutzt werden kann; die Anzahl der Ein- und Ausgangskanäle usw. (Eigenschaften der peripheren Geräte).

In der Praxis erarbeitet man ein algorithmisches Steuerungssystem entweder so, daß es in einem ganz konkreten Rechensystem realisiert werden kann oder entsprechend der Parameter des Rechensystems, falls Einschränkungen vorliegen. Das bedeutet, ein algorithmisches Steuerungssystem kann als Umwandler von Informationen (Signalen) angesehen werden, wenn von der Art und Weise der Ausführung der Vorschriften abstrahiert und der Einfluß der Parameter des Rechensystems auf die Qualität der Steuersignale vernachlässigt (oder berücksichtigt) wird.

Wie aus der Definition folgt, stellt ein algorithmisches Steuerungssystem eine endliche Menge von Operatoren dar, von denen jeder irgendeine Funktion wiedergibt. Physikalische Elemente, die Operatoren des AlSU, werden in elektronischen Rechenmaschinen gleichfalls durch physikalische Elemente realisiert. Bei Aufnahme und Umwandlung von Informationen verändert sich der Zustand der Zellen des Speichers, und das macht das Wesentliche des Funktionsprozesses eines AlSU aus.

Ein detailliertes Modell für die Funktionsweise von AlSU und Möglichkeiten der technischen Auslegung der Programmierung werden im folgenden betrachtet. Wir stellen fest, daß der Gedanke der angeführten Definition für AlSU auf die Voraussetzung der Erkenntnismöglichkeit dynamischer Charakteristiken von AlSU bei gemeinsamer Betrachtung von Strukturen des AlSU (Programme) mit den Strömen von Ein- und Ausgangsinformationen gegründet ist.

1.4. Algorithmierung komplizierter Steuerungssysteme

Unter Algorithmierung versteht man manchmal den Prozeß des Aufstellens und der Bildung von Steuerungsalgorithmen. Der Mangel einer derartigen Betrachtungsweise schließt ein, daß es oft nicht nur unzweckmäßig, sondern auch unmöglich ist, die Etappen der Bildung von Steueralgorithmen, ihre Realisierung auf den geeigneten Rechnern und ihre Testung getrennt zu betrachten. Es ist z. B. bekannt, daß es das Ziel der Testung eines Programms ist, die Adäquatheit des Algorithmus nachzuweisen. Jedoch können Fehler sowohl im Algorithmus als auch im Programm die Ursache für ein unbefriedigendes Resultat der Informationsumwandlung sein. Dabei existieren keine objektiven Methoden für eine von vornherein angenommene Aufstellung der tatsächlichen Natur von Fehlern. Deshalb ermittelt und behebt man beim Programmtest nicht nur Fehler im Programm selbst, sondern auch im Algorithmus, d. h., man nimmt die Abarbeitung gleicher Algorithmen vor.

In diesem Buch wird unter der Algorithmierung von Steuerungssystemen als einheitlicher Prozeß ein Gesamtkomplex von Maßnahmen zur Erarbeitung und Programmrealisierung dieser Algorithmen auf Digitalrechnern verstanden

Dabei ist ihre Testung eingeschlossen. Der Vorgang der Algorithmierung eines Steuerungssystems kann in eine Reihe von Schritten unterteilt werden (im allgemeinen ist das nicht eindeutig möglich) [49].

Ein Blockschaltbild für die Algorithmierung von Steuerungssystemen und die möglichen Verbindungen der Etappen wird in Abb. 3 angegeben.

Aus Abb. 3 folgt, daß z. B. als Ergebnis der vorläufigen Bewertung der Qualität der Steueralgorithmen ein Übergang entweder zur Etappe der teil-

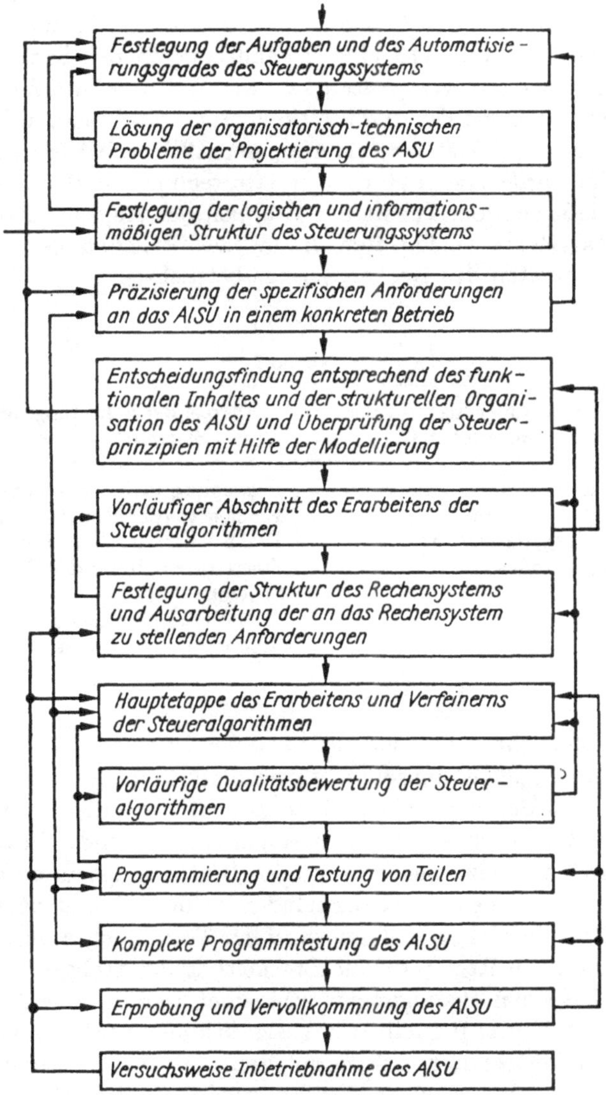

Abb. 3. Etappen des Algorithmierungsprozesses eines Steuerungssystems

weisen Programmierung und Testung (direkte Verbindung) oder zur Hauptetappe der Erarbeitung und Präzisierung der Steuerungsalgorithmen (Rückkopplung) möglich ist.

Auf diese Art sind alle Etappen des Algorithmierungsprozesses von Steuerungssystemen miteinander verbunden, und ihr Einfluß aufeinander kann als Rückkopplung betrachtet werden. Diese führt zur Verbesserung der Konstruktion und der Qualität des aufbereiteten Objektes (der zu lösenden Aufgaben).

Der Prozeß der Algorithmierung von Steuerungssystemen ist mit dem Entstehungsprozeß eines ASU durch die erste und zweite Etappe (siehe Abb. 3) verbunden. Das bedeutet, daß eine Veränderung in der Struktur eines ASU entweder Veränderungen von dessen Leitung und vom Automatisierungsgrad oder aber Veränderungen der Informationsströme nach sich ziehen kann, und das kann zur Notwendigkeit der Änderung des AlSU selbst führen.

Durch die im vorliegenden Buch benutzte technische Behandlung der Programmierung läßt sich der Inhalt der Etappen des Algorithmierungsprozesses des Steuerungssystems analog zum Inhalt der Etappen der Schaffung von technischen Elementen des Rechensystems betrachten.

Tabelle 1

Etappe des Algorithmierungsprozesses des Steuerungssystems	Etappe der Schaffung der technischen Elemente des Rechensystems
Festlegung des Zieles der Steuerung	Festlegung des Verwendungszweckes des Elementes (der Einrichtung)
Erarbeitung des Ausgangsalgorithmus	Erarbeitung des Anordnungsschemas
Aufstellen des Programms	Zusammenstellung der Bestandteile des Schemas
Programmtestung	Aufstellung der Anlage
Erprobung des AlSU	Erprobung der Anlage

Aus Tab. 1 ist leicht der Zusammenhang der Begriffe „Steueralgorithmus", „Programm" und „algorithmisches Steuerungssystem" zu entnehmen. Es ist offensichtlich, daß der oben eingeführte Begriff des „algorithmischen Steuerungssystems" die Begriffe „Steuerungsalgorithmus" und „Programm" nicht ersetzt, sondern sie nur in einer bestimmten Erarbeitungsetappe für die Untersuchung der in dieser Zeit umzuwandelnden Informationsströme benutzt und vereinigt. In Übereinstimmung damit wird der Terminus „Algorithmus" ferner zum Aufschreiben von Regeln für die Erarbeitung der Stellgrößen in Form von Formeln und logischen Bedingungen verwendet werden, der Terminus „Programm" demgemäß zum Schreiben des Algorithmus in Maschinensprache und der Terminus „algorithmisches Steuerungssystem" in den Fällen, in denen es notwendig ist, die Eigenschaften des Endproduktes der Algorithmierung als Element des komplizierten Steuerungssystems hervorzuheben.

1.5. Probleme der Algorithmierung von Steuerungssystemen

Durch die Auswahl der Algorithmierungsschritte und die Aufstellung der Zusammenhänge zwischen ihnen wird es möglich, die Problematik der Algorithmierung unter einem folgerichtigen Aspekt als Ganzes zu betrachten.

Eine strenge Formulierung der Algorithmierungsprobleme geht über den Rahmen der Aufgabe dieses Buches hinaus. Deshalb wird in einer Tabelle ein Verzeichnis der Grundprobleme mit einem solchen Detaillierungsgrad ange-

Tabelle 2

Etappe des Algorithmierungsprozesses eines Steuerungssystems	Problem der Algorithmierung
Festlegung der Aufgaben und des Automatisierungsgrades des Steuerungssystems	Erarbeitung des allgemeinen Herangehens zur Festlegung des rationellen Automatisierungsgrades des Steuerungssystems. Bestimmung der Aufgaben der automatisierten Steuerung auf Grundlage der Koordinierung lokaler und globaler (allgemeiner) Steuerungsziele. Festlegung einer Terminologie, die von den Bearbeitern und Kunden des AlSU benutzt wird.
Lösung der organisatorisch-technischen Probleme der Projektierung des ASU	Erarbeitung allgemeiner Prinzipien für die Zusammensetzung und Ausbildung des Arbeitskollektivs des AlSU, Prognose von Kosten und Zeit für die Ausarbeitung. Herausstellung von Besonderheiten im Wechselverhältnis zwischen den Ausführenden des Projekts und zwischen den Kollektiven der Bearbeiter und Nutzer. Festlegung der Verantwortlichkeiten, Pflichten, Vollmachten und Rechte von Nutzern und Erarbeitern. Ausarbeitung von Methoden der Arbeitsplanung, sowie ihrer Kontrolle und Rechnungsführung. Festlegen der Technik, mit der die Arbeitsgruppen ausgerüstet werden.
Festlegung der logischen und informationsmäßigen Struktur des Steuerungssystems	Erarbeitung einer Methodik für ein Verzeichnis der Charakteristiken von Eingangs- und Steuersignalen, die für die Erreichung des gestellten Zieles notwendig sind. Festlegung einer optimalen Frequenz für das Abfragen der Informationsgeber und die Ausgabe der Steuersignale und der Struktur der Übereinstimmung.
Festlegung der Forderungen an das AlSU	Festlegung allgemeiner Prinzipien für die Forderungen an das AlSU, ausgehend von den Steuerungszielen und -aufgaben (Funktionsziele des ASU), der Charakteristik der Informationsströme und -mittel, die die Steuerungsalgorithmen realisieren.
Entscheidungsfindung entsprechend des funktionalen Inhalts und der strukturellen Organisation des AlSU	Entwicklung der Methoden der algorithmischen Modellierung von Steuerungssystemen und der Bearbeitung der Steueralgorithmen, wobei strukturelle Untersuchungen des AlSU auf verschiedenen Ebenen eingeschlossen werden.
Erarbeitung der Steuerungsalgorithmen	Erarbeitung allgemeiner Prinzipien für die Synthese von Steueralgorithmen, von Methoden für den Aufbau funktioneller, informationeller und struktureller Algorithmen, von Methoden für die Vergleichbarkeit von Algorithmen, die Synthese störungsresistenter Algorithmen u. a. m.

Tabelle 2 (Fortsetzung)

Etappe des Algorithmierungsprozesses eines Steuerungssystems	Problem der Algorithmierung
Bestimmung der Struktur des steuernden Rechensystems und der Forderungen an dieses	Erarbeitung und Vervollkommnung der ingenieur-technischen Methoden der Parameterauswahl für Rechenmittel (effektive Rechengeschwindigkeit, Speicherkapazität, Zuverlässigkeit, stellenmäßige Rechenkapazität, Befehlssystem u. a.), Komplettierung der peripheren Geräte (Ein- und Ausgabevorrichtungen, Geräte für Dokumentation und Wiedergabe, äußere Speicher u. a. m.). Diese Geräte sollen die optimale Realisierung der Steuerungsalgorithmen bei minimalem ökonomischem Aufwand gewährleisten.
Vorläufige Bewertung der Qualität des Steuerungsalgorithmus	Erarbeitung von Methoden für die Bewertung der prinzipiellen Möglichkeiten des Erreichens der geforderten Qualität (Ausgangssignale) mit Hilfe des gegebenen Algorithmus, der Gesamtheit der Aufgabenlösungen, der Brauchbarkeit der Aufzeichnungen des Algorithmus für die Programmierung, der Realisierbarkeit des Steuerungsalgorithmus auf den ausgewählten Rechenmitteln.
Programmierung	Vervollkommnung der algorithmischen Sprachen und der Automatisierungs- und Programmiersysteme unter Berücksichtigung der Spezifik der Steuerungsaufgaben von Systemen in Echtzeitbetrieb. Entwicklung einer Bibliothek für Standard- und Bedienungsprogramme. Vervollkommnung der Organisationsmethoden bei der gemeinsamen Arbeit großer Programmiererkollektive.
Programmtestung	Erarbeitung von Methoden für die Herstellung der Äquivalenz der Funktionen und der Isomorphie der Struktur der Programme und Steueralgorithmen, zur Herstellung struktureller und funktioneller Äquivalenz zwischen den Algorithmen und den sie realisierenden Programmen, sowie von geeigneten Methoden der Programmtestung bei der Arbeit mit realen Objekten.
Erprobung des AlSU	Untersuchung der Verhältnisse zwischen den Tests und den Erprobungen des AlSU. Erarbeitung einer Methodik für die Erprobung des AlSU, Schaffung von Methoden für die Planung statistischer Versuche am AlSU, die eine ausreichende Genauigkeit und Zuverlässigkeit der Ergebnisse bei einer minimalen Zahl von Experimenten gewährleisten. Erarbeitung komplexer Modelle zur Simulation bestimmter Sachverhalte bei der Erprobung des AlSU, Begründung des Qualitätskennziffernsystems des AlSU.
Inbetriebnahme des AlSU	Erarbeitung der Standards für die technische und die Betriebsdokumentation des AlSU. Begründung der Methoden für Auswahl und Ausbildung der Bediener des AlSU, Erarbeitung von Methoden für die Kontrolle des Ablaufes des Steuerungsprozesses und die Analyse der Arbeitsergebnisse.

geben, durch den es möglich wurde, in dieser Tabelle allgemeine Vorstellungen über die Problematik und die Stellung der Aufgaben, die in diesem Buch betrachtet werden zusammenzufassen (Tab. 2).

Im Zusammenhang mit einer gewissen Gemeinsamkeit der Aufgaben und der benutzten Terminologie müßte man erwarten, daß die Probleme der Algorithmierung im Rahmen der Theorie der automatischen Steuerung (technische Kybernetik), der Algorithmentheorie oder der Programmierungstheorie gelöst werden. Aber die Mehrzahl der in Tab. 2 angeführten Probleme wird in diesen wissenschaftlichen Disziplinen nicht behandelt.

So beschränkt die Algorithmentheorie, obwohl sie das theoretische Fundament für die Ausarbeitung und Anwendung schnellarbeitender Rechenmaschinen und steuernder Systeme schafft, die Betrachtung der Algorithmen und der Turing-Maschinen und ihrer Varianten, der primitiv-rekursiven und teilweise-rekursiven Funktionen, der numerischen Gesamtheit, der Theorien der Grade der Nichtentscheidbarkeit und vieler anderer, besonders abstrakter Aufgaben ein. Im Rahmen dieser Theorie, die manchmal auch abstrakte Algorithmentheorie genannt wird, werden reale technische Beschränkungen durch die Speicherkapazität, die Rechengeschwindigkeit u. a. nicht betrachtet.

In der Theorie der Programmierung werden Fragen der mathematischen Programmierungstheorie, Operationssysteme, Systeme für die kollektive Nutzung, algorithmische Sprachen, Programmiersysteme, die mathematische Absicherung und der Aufbau von Rechensystemen untersucht. Diese Fragen stehen nur zu einer Gruppe von Problemen der Algorithmierung von Steuerungssystemen in Beziehung — zu den Problemen der Programmierung, obwohl die Besonderheiten der Programmierung komplizierter Steuerungsaufgaben auch hier noch nicht genügend erforscht sind.

In der technischen Kybernetik ist die Behandlung großer Systeme durchaus üblich [9]. Jedoch findet auch im Rahmen der Theorie der automatischen Steuerung die Untersuchung der Fragen der Algorithmierung vorläufig noch nicht die gebührende Aufmerksamkeit.

Jedes reale System, das einen Algorithmus realisiert, weist einen begrenzten Speicher, eine fest begrenzte Funktionszeit, die vom gegebenen Algorithmus abhängt, eine Ausführungszeit für jede Elementarvorschrift (Befehl), eine beschränkte Zuverlässigkeit, Genauigkeit u. a. m. auf. Die Mehrzahl der ASU mit ökonomischer Bestimmung sind außerdem durch die Kosten beschränkt. Wenn man alle diese Einschränkungen berücksichtigt, kommt man zu dem Schluß, daß die Untersuchung der Fragen der Synthese und Analyse von Algorithmen im Rahmen einer selbständigen wissenschaftlichen Disziplin durchgeführt werden muß.

2. ALGORITHMISCHE STEUERUNGSSYSTEME VON INDUSTRIEBETRIEBEN

2.1. ASU als hierarchisches Steuerungssystem der Produktion

Ein moderner Industriebetrieb stellt ein kompliziertes System dar [11, 85], dessen Verhalten durch das Wirken von Gesetzen und durch Formen der Selbstorganisation charakterisiert wird sowie durch eine komplizierte Struktur, deren Analyse mit klassischen Methoden nicht möglich ist.

Analyse und Studium der Eigenschaften der Steuerungssysteme von Betrieben werden zweckmäßig in einigen Etappen durchgeführt, wobei man einzelne Teilsysteme nach bestimmten Merkmalen kennzeichnet (z. B., technische Vorbereitung der Produktion, Leitung der Hauptproduktion, der Arbeitsressourcen, der materiell-technischen Versorgung und Lagerwirtschaft, des Absatzes der Produktion, der Finanzen, der Hilfsproduktion u. a.).

Als Grundlage der Aufteilung des Steuerungssystems in Teilsysteme kann man ein Funktionsprinzip (Abb. 4) aufstellen. Dabei kann jedes der ausgewählten Teilsysteme wiederum in Abhängigkeit vom angenommenen Detaillierungsgrad in kleinere Elemente zerlegt werden.

Jedoch darf man von einer solchen Zerlegung des Steuerungssystems in einzelne Teilsysteme nicht zuviel erwarten, weil ihre Projektierung ohne Berücksichtigung der Wechselbeziehungen zur Verletzung der Funktionsfähigkeit führt

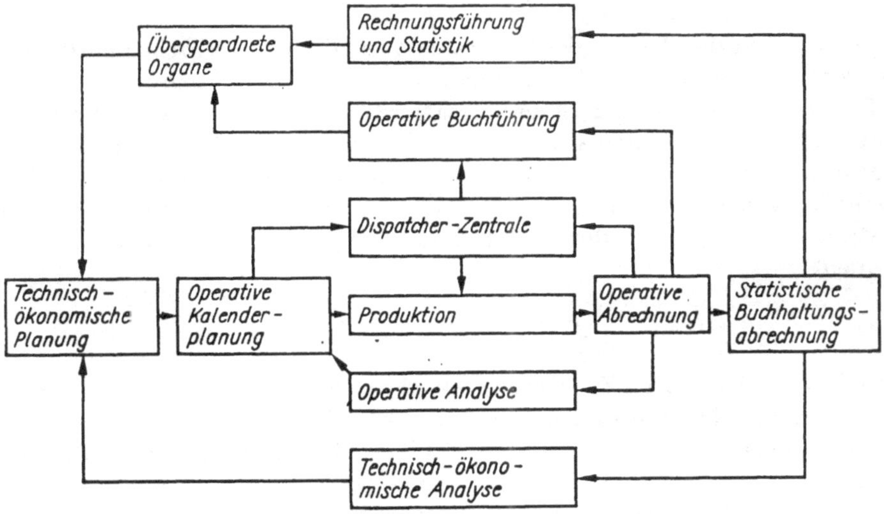

Abb. 4. Vereinfachte funktionelle Struktur des Steuerungssystems eines Betriebes

oder die Einführung eines Algorithmen- und Informationsüberschusses in einigen von ihnen erfordert.

Der in der Praxis erprobte und in vielen Fällen theoretisch begründete Ausweg aus dieser Lage besteht im Aufbau hierarchischer Strukturen der automatisierten Steuerungssysteme. Ein solcher Aufbau[1]) basiert darauf, daß man die Möglichkeit der Vernachlässigung einiger Zusammenhänge, die durch ihre „Informationsproduktivität" unter einem gegebenen Niveau liegen, begründen kann, indem man sich eine bestimmte Wahrscheinlichkeit für das Erreichen des Zieles der Steuerung vorgibt.

Die Zweckmäßigkeit der Dekomposition eines Steuerungssystems kann z. B. folgendermaßen begründet werden. Ordnen wir der Menge der Informationen, die im Steuerungssystem zirkuliert, die Zahl Eins zu. Dann führt die Dekomposition dazu, daß jedes der gekennzeichneten Teilsysteme durch eine Informationsmenge charakterisiert wird, der eine Zahl kleiner als Eins zugeordnet werden kann. Wir kennzeichnen sie durch das Symbol k_i.

Bei der Dekomposition des Steuerungssystems in Teilsysteme wird, wie vereinbart wurde, das Prinzip der Zerlegung nach den wenigsten Zusammenhängen angewandt. Aber eine funktional vollwertige Steuerung ist unmöglich zu verwirklichen, wenn die Zusammenhänge, die bei der Dekomposition des Steuerungssystems in Teilsysteme aufgegeben wurden, nicht auf irgendeinem anderen Wege realisiert werden. Für dieses Ziel wird ein bestimmtes koordinierendes Teilsystem geschaffen. Wir bezeichnen die der Informationsmenge zugeordnete Zahl, die den unberücksichtigt gelassenen Zusammenhängen entspricht, mit dem Symbol k^*.

Dann ist

$$\sum_{i=1}^{r} k_i + k^* = 1 ,$$

wobei r gleich der Anzahl der Teilsysteme ist, die bei der Dekomposition des Steuerungssystems ausgewählt werden.

Die Kompliziertheit der Steuerungsalgorithmen, die aber auch ihren Wert ausmacht, kann man durch eine bestimmte Potenzfunktion der der Informationsmenge zugeordneten Zahl charakterisieren, die im Steuerungssystem zirkuliert. Deshalb kann eine ökonomische Rechtfertigung der Zerlegung eines Steuersystems in Teilsysteme durch Berechnung folgender Ungleichung bestimmt werden:

$$\sum_{i=1}^{r} k_i^{m_i} + (k^* + \varepsilon)^{m_0} \leqq 1 ,$$

wobei m_i die Kennziffer des Grades der Abhängigkeit der Kompliziertheit der Steuerung von der Informationsmenge im i-ten Teilsystem ist, m_0 dagegen für die koordinierende Ebene; ε ist die Zahl der Informationsmenge, die nach-

[1]) Wir vereinbaren, den Aufbau nach dem Prinzip der wenigsten Zusammenhänge als Dekomposition zu bezeichnen.

träglich im koordinierenden Teilsystem zirkuliert, die zu Lasten der Steuerungskosten geht und eine Vereinfachung der Algorithmen in den Teilsystemen der unteren Ebene mit sich bringt.

Aus dieser Ungleichung folgt, daß, wenn man sich eine Zerlegung eines Steuerungssystems in fünf im Detail gleiche Teilsysteme vorstellt, in denen m_i gleich 2 ist, für die Koordinierung ihrer Funktionsweise eine Informationsmenge verwendet werden muß, die beinahe gleich der Informationsmenge ist, die zwischen Steuerungsobjekt und ASU zirkuliert. Auf diese Weise führt die hierarchische Struktur des Steuerungssystems infolge der Dekomposition der untersten Ebene zur wesentlichen Komplizierung der Algorithmen, die in der oberen Hierarchieebene realisiert werden. Im Detail ist es möglich, außer den üblichen Algorithmen einer Steuerung mit vielen Kopplungen auch den Steuerungsprozeß nach wirtschaftlichen Kriterien zu optimieren, begleitende Kennziffern u. ä. zu berechnen.

Neben der rein informatorischen Zweckmäßigkeit der Dekomposition erhöht die letztere wesentlich die Zuverlässigkeit des Steuerungssystems als Ganzes, weil einzelne lokale Teilsysteme weniger Ausrüstungen besitzen. Darüber hinaus kann man bei der Herausbildung der Struktur der oberen Hierarchieebene eine Dopplung der wichtigsten Steuerungsfunktionen gewährleisten.

Ein charakteristisches Beispiel für ein Steuerungssystem mit hierarchischer Struktur ist das Steuerungssystem eines metallurgischen Betriebes, das die Steuerebenen der Maschinen, Bereiche, Abteilungen, Produktionen und des Betriebes als Ganzes einschließt.

Es besteht im wesentlichen aus vier Ebenen, deren unterste gewöhnliche Analoggeber und Regeleinrichtungen enthält. Die zweite und dritte Ebene sind örtliche und verbundene Teilsysteme, die bestimmte Steuerungsfunktionen von Abteilungen und Produktionen erfüllen und durch die höchste Hierarchieebene koordiniert werden, was technisch durch die Benutzung eines Rechensystems ökonomischer Bestimmung auf Grundlage universeller Rechner realisiert wird.

Man muß hervorheben, daß Parameter und Zusammenhänge, die keine wesentliche Bedeutung für ein Steuerungssystem haben, sich als wesentlich für ein anderes erweisen können. Deshalb ist es schwierig, einen detaillierten Ausgangsalgorithmus für den Aufbau der hierarchischen Struktur der Steuerung beliebiger komplizierter Systeme zu erarbeiten. Eine der Lösungsvarianten dieser Aufgabe für Steuerungssysteme der Produktion in Industriebetrieben ist in der Arbeit [54] dargelegt, in der eine Klassifikation für ASU technologischer Prozesse und Verfahren nach informationellem Maßstab und dem Niveau der zu lösenden Steuerungsaufgaben (Tab. 3) gegeben wird.

Zwischen der Vervollkommnung komplizierter hierarchischer Steuerungsstrukturen und der Entwicklung der technischen Mittel, die man für die Realisierung der Steuerfunktionen in verschiedenen Ebenen verwendet, besteht ein Zusammenhang. Jedoch wäre es falsch zu sagen, daß die technische Revolution, die mit der ständigen Komplizierung der ASU verbunden ist, zum Verschwinden der einfachsten Systeme und Mittel der Automatisierung führen muß, wie Regeleinrichtungen für Volumina durch die Standhöhe des Stoffes, Stabilisatoren für Druck, Geschwindigkeit und Temperatur an besonders belasteten Stellen von Aggregaten, welche ihrer Konstruktion und Technologie nach in komplizierten Systemen wechselseitig verbundener Steuerung nicht benötigt werden. Zum Beispiel stellen im Block Kessel—Turbine mit einer Leistung von 200 MW aus einer allgemeinen Menge von Parametern (etwa 400), die den technologischen Prozeß beeinflussen, nur 80 Parameter solche der wechselseitigen Regelung dar, während 200 unabhängig von den anderen stabilisiert werden können. Die übrigen Parameter aber (ungefähr 120) führen auf dem Wege des Messens und Kennzeichnens nur zur Verbesserung der Wechselwirkung zwischen Bedienungskräften und dem Steuerungssystem.

In der gegenwärtigen Zeit ist die Einführung automatischer Analogregler für die Parameter der technologischen Prozesse mit einem Rechner, der die direkte digitale Steuerung realisiert, wahrscheinlich nur in dem Falle ökonomisch zweckmäßig, wenn das Objekt mit einer bedeutenden Zahl solcher Regler (in der Größenordnung einiger Hundert) ausgestattet ist. Aber unter diesen Bedingungen wirkt sich der Zuverlässigkeitsfaktor so stark aus, daß er in einer Reihe von Fällen angesichts der Lebensfähigkeit des Objektes die Anwendung der Rechner beherrscht, die die digitale Steuerung ausführen. Deshalb gibt es offensichtlich in den kommenden Jahren keinen vollkommenen Ersatz der Gruppe automatischer Analogregler durch Systeme mit digitaler Steuerung, und sie werden auch künftig in Steuerungssystemen eine breite Anwendung erfahren. Infolgedessen bleibt die Aktualität wissenschaftlich anwendbarer und versuchsweiser Konstrukteurarbeiten in Richtung einer weiteren Verbesserung der Charakteristiken dieser Regeleinrichtungen erhalten.

Bei der Realisierung der Steuerung des Zusammenwirkens von Einheiten, in denen die zu steuernden Parameter voneinander abhängen, ist es zweckmäßig, Rechner einzusetzen, die wechselseitig nach komplizierten Algorithmen numerisch arbeiten.

In diesen Fällen ist es erforderlich, hochproduktive Rechenmittel mit hierarchischer Organisation einzusetzen. Wie beim Ersatz automatischer Analogregler durch digital steuernde Rechenmaschinen entsteht auch dabei die Gefahr des unzuverlässigen Arbeitens des Steuerungssystems, was für die Mehrzahl technologischer Anlagen, besonders solcher mit hohen Tonnagen und hochproduktiver Aggregate, unzulässig ist. Dem kann man, wie früher hervorgehoben wurde, durch die Anwendung des Dekompositionsprinzips der Steuerungssysteme und den Aufbau einer entsprechenden hierarchischen Struktur entgehen.

Wenn man die betrachteten Steuerungssysteme gleichsetzt, dann läßt sich feststellen, daß sich in der kommenden Zeit die niedrigeren hierarchischen Strukturen als lebensfähig erweisen werden. Im weiteren wird ihre Vervollkommnung auf die Anwendung von für lokale Teilsysteme kleinen Rechnern gerichtet sein, die in mikroelektronischer Variante ausgeführt sind, die zuverlässiger, kompakter und billiger sind. So muß man die Erhöhung der Zahl hierarchischer Systeme erörtern, die auf dem Prinzip der digitalen Steuerung aufbauen.

Tabelle 3

Klasse des ASU	Grundcharakteristik	Grundlegende Funktionsmerkmale	Charakteristische Objekte (Beispiele)
1—0	Automatisiertes System der programmierten Steuerung	Steuerung nach starrem Programm mit vorher programmierten Einflüssen	Werkbänke, Mischeinrichtungen, polygraphische Maschinen u. a.
1—1	ASU technologischer Einrichtungen mit einer kleinen Menge (bis 20) von Parametern, die zu kontrollieren und regulieren sind	Veränderungen, Registrierungen, Kennzeichnungen der Parameter und einfacher Regelkreis	Heizung von Dampfkesseln, Gewichtsdosierer, Anlagen zur automatischen Brandlöschung u. a.
1—2	ASU technologischer Anlagen mit einer kleinen Menge (etwa 40) von Parametern, die kontrolliert und reguliert werden	wie für Klasse 1—1 und logische Operationen	Technologische, Kessel-, Systemöfen,Heizschächte, auch Hochöfen, Rektifikationskolonnen u. a.
1—3	ASU technologischer Anlagen und Prozesse mit einer mittleren Menge (etwa 100) zu kontrollierender und zu optimierender Parameter	wie für Klasse 1—2 und Mehrfachregelkreise	Konverter, Sektionsöfen, chemische Reaktoren, Anlagen der Grundbearbeitung von Erdöl; Komplexe der Schichtvorbereitung von Aufbereitungs- und Agglomeratfabriken u. a.
1—4	ASU technologischer Einheiten oder Prozesse mit einer großen Anzahl (etwa 800) von Parametern, die kontrolliert und optimiert werden	wie für Klasse 1—3 und Berechnung technisch-ökonomischer Kennziffern	Energieblocks, Walzwerke, Hochöfen, Atomreaktoren, Produktion von Äthylenbenzol, Ofenruß u. a.
1—5	ASU technologischer Anlagen und Produktionen mit solchen Einrichtungen, die die Mittel der Rechentechnik nicht nutzen für die lokale Steuerung am Ursprungsort	wie für Klasse 1—4 und Überwachung (Dispatcher) bei einstufiger Steuerung	Elektrolyseabteilungen, Produktionsabteilungen für Schwefelsäure und Kunstfasern, Agglomerat- und Aufbereitungsfabriken u. a.
1—6	ASU technologischer Anlagen und Produktionen mit Aggregaten und Anlagen, die mit Mitteln der Rechentechnik ausgerüstet sind	wie für Klasse 1—5, aber auch bei zweistufiger Steuerung	Konverterabteilungen, Hochöfen, Zementfabriken, Schwefelsäureproduktion, Aufbereitungskombinate, Straßenverkehr in Großstädten u. a.

Tabelle 3 (Fortsetzung)

Klasse des ASU	Grundcharakteristik	Grundlegende Funktionsmerkmale	Charakteristische Objekte (Beispiele)
1—7	ASU von Betrieben mit ununterbrochenem und ununterbrochen-diskretem Produktionscharakter	wie für Klasse 1—6 und administrative Leitung	Elektro-Wärmekraftwerke, Betriebe der Bunt- und Schwarzmetallurgie, der Chemie u. a.

Wenn man die Entwicklungsperspektiven der Automatik in den unteren Hierarchieebenen der Steuerung betrachtet, darf man nicht bei den Fragen haltmachen, die mit der Lösung des Problems der Programmsteuerung metallbearbeitender Maschinen zusammenhängen, deren Produktion wesentlich zu steigern ist.

In der inländischen Industrie wurden in jüngster Zeit hauptsächlich einfachste Systeme der Programmsteuerung mit Magnetband verwendet. Systeme der direkten Steuerung mit Lochstreifen sind nur für Bohr- und Ausbohrmaschinen (bei einfachster Bearbeitung) und Drehmaschinen (bei Bearbeitung abgesetzter Wellen) erarbeitet worden. Steuerungssysteme mit eingebauten Interpolatoren existieren nur für 2—2,5-Koordinaten-Fräsmaschinen für Umfangsbearbeitung. Deshalb ergibt sich das Problem der Ausarbeitung und Anpassung der Produktion komplizierter Systeme mit eingebauten Interpolatoren auch für Mehrkoordinatenmaschinen. Außer den lokalen Steuersystemen, die für jede Maschine individuell vorausbestimmt werden, ist die Realisierung der Systeme überaus effektiv, die Maschinengruppen durch den Einsatz einer zentralen Maschine steuern.

Die Automatisierung der Vorbereitung von Steuerprogrammen für Werkzeugmaschinen mit Programmsteuerung hängt grundlegend mit der Ausarbeitung eines einheitlichen Systems eng orientierter Sprachen für die Beschreibung der Geometrie der Details und die Projektierung ihrer Bearbeitungstechnologie mit Hilfe von Rechnern zusammen. Darüber hinaus ist eine spezielle periphere Anlage für Universal-Rechenmaschinen notwendig, die es erlaubt, das Testen vorbereiteter Programme zu beschleunigen. Ein einheitliches System der mathematischen Sicherstellung ist auch für Systeme der direkten Steuerung von Maschinengruppen durch einen Rechner notwendig, was oben schon erwähnt wurde.

Im vergangenen Zehnjahrplan, begann man, neben den Arbeiten zur Automatisierung der Steuerung technologischer Prozesse und Aggregate, Arbeiten zur Schaffung automatisierter Steuerungssysteme von Anlagen, Betriebsabteilungen, Betrieben, Industriekomplexen und -zweigen durchzuführen, d. h., die Ebene automatisierter Systeme für die Verarbeitung ökonomischer, buchhalterischer, Betriebs- und Handelsinformationen trat in den Vordergrund. Dieser Prozeß wird in allen entwickelten Ländern der Erde beobachtet. Man muß bemerken, daß neben der größeren Anzahl zur Verfügung stehender Rechner auch eine Veränderung der Parameter von Rechenmaschinen in Übereinstimmung mit ihrem Nutzungscharakter vor sich geht.

So wurde der Weg der komplexen Automatisierung der Produktion festgelegt: Schrittweise Annäherung und informationelle Wechselwirkung technologischer und ökonomischer ASU von unten und von oben her.

Danach, wie die Prinzipien der strukturellen Einteilung der Teilsysteme begründet werden, führt die Forschungsaufgabe zur Bestimmung der Funktionsziele und Optimierungsmethoden der Arbeitsweise jedes der Teilsysteme unter

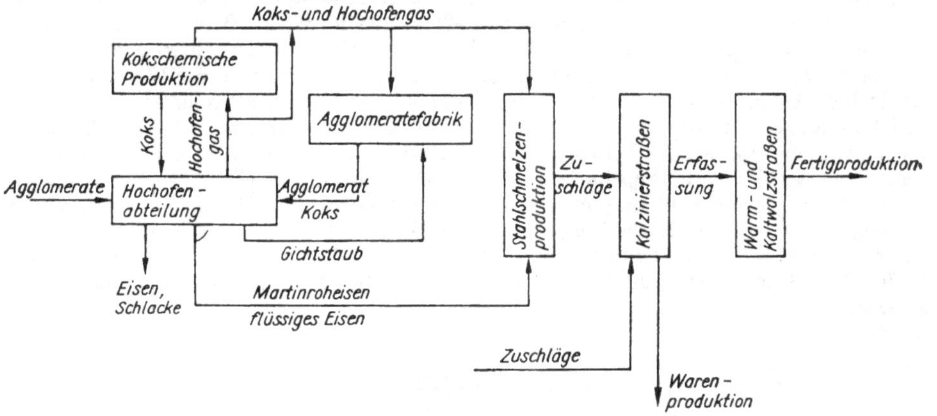

Abb. 5. Schema der materiellen Flüsse in einem metallurgischen Betrieb

Berücksichtigung der informationellen Zusammenhänge und der Ziele des gesamten Steuerungssystems sowie der Umwelteinflüsse. Die Praxis zeigt, daß diese Aufgabe angesichts der Kompliziertheit eines Betriebes als Steuerungsobjekt sich nicht mit einer entsprechenden formalisierten Methode lösen läßt. Die neuen Probleme der Schaffung und des Einsatzes von ASU mit ökonomischer Bestimmung erwiesen sich ungleich komplizierter als die Automatisierung der Steuerung technologischer Prozesse und einzelner Aggregate.

Wie schon gesagt wurde, kann die Produktionsorganisation in einem Betrieb durch eine Informationsmenge charakterisiert werden, die im entsprechenden nichtautomatisierten Steuerungssystem zirkuliert. Wir führen als Beispiel eine kurze Charakteristik der Produktion eines metallurgischen Betriebes an, der ein Betrieb mit einem vollkommenen metallurgischen Zyklus ist.

Der große absolute Produktionsumfang in einem metallurgischen Werk kompliziert bedeutend die Leitung infolge einer Menge zufälliger Faktoren (Qualitätsschwankungen der Ausgangsrohstoffe, Verletzungen der Arbeitsweisen und Havariezustände der Ausrüstungen, Veränderungen der Bestellungen u. a.), aber auch wegen des relativ hohen Standes der Zwischenwarenproduktion in diesem Werk. So kaufte das Werk im Forschungszeitraum etwa 70% Agglomerate, verkaufte mehr als 10% Roheisen, erwarb etwa 10% Zuschläge und gab, da die Produktivität der Blockstraßen die der Sortenwalzabteilungen überstieg, etwa 20% Warenerzeugnisse ab. Die Struktur der Materialflüsse des Betriebes ist schematisch in Abb. 5 dargestellt.

Die Untersuchungen zeigten, daß durch das Werk als Ganzes im Jahr etwa $6{,}5 \cdot 10^6$ Dokumente laufen, davon allein in der Werkleitung etwa $3{,}3 \cdot 10^6$. Kalkuliert man, daß ein mittleres Dokument 735 alphanumerische Zeichen enthält, dann zirkulieren im gesamten Werk $2{,}5 \cdot 10^{10}$ Bit im Jahr.

In der Sphäre der Leitung des Werkes sind mehr als 1500 Menschen tätig. Etwa die Hälfte von ihnen arbeitet in der Werkleitung. Berechnungen zeigen, daß ihre selbstkontrollierte mittlere Belastung unter Berücksichtigung der Einschichtarbeit und der Bearbeitung nichtdokumentierter Nachrichten 9 Bit/s und mehr erreicht, und das übersteigt nach Literaturangaben bedeutend die Norm für die Geschwindigkeit logischer Urteile des Menschen. Man muß auch berücksichtigen, daß sich die Belastung verschiedener Leitungsabschnitte periodisch ändert und daß es Perioden gibt, in denen die Arbeitsintensität bedeutend anwächst.

Die Leitungsstruktur des metallurgischen Werkes ist hierarchisch, wie in der Mehrzahl von Betrieben auch. Eine Reihe von Aufgaben wird auf Ebene der Abteilungen oder der einzelnen Abschnitte der Betriebsleitung gelöst. Insgesamt werden in der Werkleitung ungefähr 1000 Aufgaben entschieden. Die Verbindungen zwischen den Produktionsabschnitten und Abteilungen sind durch große Verzögerungen charakterisiert, weshalb es sich sehr oft als zweckmäßig erweist, auf den verschiedenen Ebenen die Lösung einer Reihe vollkommen identischer Aufgaben zu doppeln, ungeachtet dessen, daß das zu einem Mehrverbrauch an Mitteln führt. Eine solche Lage entsteht infolge der begrenzten Möglichkeiten manueller Leitungsmethoden. Die Erarbeitung algorithmischer Modelle von Steuerungssystemen, ihre Erforschung und Vervollkommnung mit Hilfe moderner Rechner erlaubt in bedeutendem Maße, die informations- und funktionsmäßige Struktur der Steuerungssysteme zu verbessern.

2.2. Das algorithmische Modell des Steuerungssystems

Die Schaffung eines AlSU beginnt mit der Erarbeitung des mathematischen Modells des Steuerungssystems, das die wechselseitigen Zusammenhänge und die Prinzipien der Änderung der Parameter des ASU und des Prozesses der Produktionsleitung, der Analyse der Informationsflüsse, sowie die Begründung des Automatisierungsgrades des Steuerungssystems in Abhängigkeit von den entsprechenden Kriterien und den ökonomisch-mathematischen Lösungsverfahren der Steuerungsaufgaben charakterisiert.

Für die Lösung praktischer Aufgaben, die mit der Erarbeitung des AlSU zusammenhängen, ist ein mathematischer Apparat notwendig, dessen Kompliziertheit und Vielfalt durch die Besonderheiten der Produktionskomplexe bedingt ist.

Viele Autoren verwenden für die Lösung der Aufgaben von Analyse und Synthese von ASU mengentheoretische, abstrakt algebraische, informationstheoretische, logisch dynamische, symbolisch-heuristische und andere Methoden, die in diesem oder jenem Maße mit den angeführten Methoden der Beschreibung komplizierter Steuerungssysteme zusammenhängen [52]. Leider ist die Modellierung zur Zeit der einzige Weg, der für die Bewertung der Effektivität dieser Methoden benutzt werden kann.

Ein mathematisches Modell des Steuerungs- bzw. Leitungssystems eines Betriebes, das allem Anschein nach die verschiedenen wechselseitigen Zusammenhänge als funktionelle Eigenschaft und Bestimmung der Leitungsaufgaben oder

Aufgabengruppen beschreibt, muß die Gesetzmäßigkeiten der Bewegung der materiellen Flüsse im Betrieb widerspiegeln, sowie eindeutig die Methoden und Algorithmen für die Verarbeitung von plan-ökonomischen-, Buchhaltungs-, Produktionsüberwachungs- und technologischen Informationen festlegen [42]. Das mathematische Modell von Steuerungssystemen wird durch eine Reihe von Eigenschaften, die komplizierten Systemen eigen sind, charakterisiert:

— Das Modell gibt die komplizierte Hierarchie der Funktionsziele des Gesamtsystems und seiner Teilsysteme wieder:

— die Modellelemente werden durch ein verzweigtes Netz informationeller Zusammenhänge vereinigt;

— im Modell liegen geschlossene Leitungsverläufe vor, die bedingt sind durch die verschiedenen Leitungsperioden, die funktionellen und informationellen Zusammenhänge, welche wiederum in einzelne Teilsysteme unterteilt werden können;

— die Verfahren der Unterteilung des Modells in autonome Teile (Teilsysteme) hängen von den angewandten ökonomischen und mathematischen Methoden und den technischen Mitteln für das Sammeln, Speichern und Verarbeiten von Informationen ab.

Die betrachteten Steuerungssysteme sind vielfach zusammenhängende Systeme mit komplizierter Struktur [79], in denen jeder Bestandteil einen Algorithmus darstellt, der Mengen von Ursprungsdaten in Vektoren von Ausgangsinformationen (verallgemeinerte Parameter des Steuerungssystems) umformt. Ein beliebiger Teil realisiert im allgemeinen Falle die Umformung nach einem nichtlinearen Gesetz.

Im folgenden wird beim Aufschreiben der Funktionsgleichungen der Produktionssteuerung eine blockweise lineare Struktur des Steuerungssystems angenommen. Unter realen Bedingungen muß es aber keine linearen Abhängigkeiten geben. Sogar in Aufgaben, die zur linearen Variante führen, zeigt sich bei detaillierter Betrachtung eine Nichtlinearität. Deshalb kann man unter diesen Bedingungen nicht mit einer genauen Beschreibung des Steuerungssystems rechnen. Analyse und Synthese von AlSU lassen sich vornehmen. Auf dem Wege des Studiums der Struktur der informationellen Zusammenhänge, der Operatoren (Algorithmen) der Informationsumwandlung und der verallgemeinerten Informationscharakteristiken des Modells, wie Informationsmenge und -richtung, Maß der Unbestimmtheit des Verlaufes der Steuerungsprozesse u. a.

Die Ausarbeitung des mathematischen Modells des Systems der Produktionssteuerung ist eine der wichtigsten Etappen im Entstehungsprozeß eines AlSU.

In den verschiedenen Projektierungsetappen eines AlSU ist es zweckmäßig, eine Mehrebenenform für die Darstellung des mathematischen Modells des Steuerungssystems zu verwenden. Dabei unterscheiden sich die verschiedenen Ebenen durch den Allgemeinheitsgrad der funktionellen Wechselbeziehungen, die das komplizierte Produktionssystem beschreiben. So kann beispielsweise eine Ebene den geforderten Detaillierungsgrad der informationslogischen Struktur des mathematischen Modells des Steuerungssystems wiedergeben, eine andere aber die Technologie des Rechenprozesses.

Konkretisieren wir den in Kap. 1 eingeführten Begriff des AlSU. Unter AlSU verstehen wir einen Informationsteil und einen die Funktion beschreibenden Operatorenteil des ASU, die die gegebenen Komplexe von Steuerungsalgorithmen in ihren Wechselbeziehungen in Rechensystemen darstellen. Außerdem erfolgt eine Ausgabe unabhängiger Steuerbefehle (Empfehlungen), die im allgemeinen Falle eindeutig durch den augenblicklichen Zustand des AlSU sowie die Eingangsinformationen festgelegt sind. Unter konkreten Bedingungen hängt die Qualität der Steuerung sowohl von den Parametern des AlSU als auch von denen des Rechenzentrums ab, was mit der Spezifik der konstruktiven und technischen Besonderheiten des letzteren zusammenhängt.

Es ist offensichtlich, daß AlSU die Fähigkeit der Organisation, der automatischen Erneuerung und der periodischen Kontrolle der Informationsmengen besitzen. Ein arbeitendes AlSU ist zu jedem Zeitpunkt durch den entsprechenden Zustand seiner Koordinaten und den Informationsinhalt gekennzeichnet. In realen ASU ist die Zahl der möglichen Zustände des AlSU endlich.

Ungeachtet dessen, daß die Schaffung eines AlSU für ein konkretes ASU nicht eindeutig ist, muß eine jede Variante des AlSU dem Steuerungssystem vom Standpunkt der Informationsverarbeitung her operatorenmäßig äquivalent sein [18].

Grundlage für ein AlSU, das in einem Rechensystem realisiert wird, sei irgendein Markowscher Prozeß. Die logischen Parameter des AlSU werden durch dessen funktionell-operativen Inhalt bestimmt, die Zahlenparameter aber durch Datenmengen, die in den verschiedenen Speichern des Rechensystems aufgezeichnet sind. Deshalb kann der Modellierungsprozeß eines AlSU bei festgelegten Parametern des Rechensystems, die den notwendigen Forderungen genügen, durch folgende Gleichungen beschrieben werden:

$$U^{(k)} = U[X^{(k)}, Q^{(k)}, I^{(k)}];$$
$$Q^{(k+1)} = Q[X^{(k)}, Q^{(k)}, I^{(k)}];$$
$$I^{(k+1)} = I[X^{(k)}, Q^{(k)}, I^{(k)}],$$

wobei $U^{(k)}$ das steuernde (Ausgangs-)Signal ist; $X^{(k)}$ ist das Eingangssignal über die sich ändernden Produktionsbedingungen; $Q^{(k)}$, $I^{(k)}$ sind die entsprechenden Operator- und Informationszustände des AlSU im Moment des Eintreffens der Information $X^{(k)}$; $Q^{(k+1)}$, $I^{(k+1)}$ sagen das gleiche aus, beziehen sich aber auf den darauffolgenden Zeitpunkt oder den nächsten Arbeitstakt des Systems.

Die Steuersignale $U^{(k)}$ sind das Ergebnis der Abarbeitung der Prozeduren des Rechensystems entsprechend der algorithmischen Vorschriften, die aus den konkreten Funktionsbedingungen des Systems resultieren. Gleichzeitig werden die adaptierenden Signale $A_1^{(k)}$, $A_2^{(k)}$ erarbeitet, die die Veränderung des Zustandes

des AlSU im gegebenen Arbeitstakt des Systems bestimmen:

$$A_1^{(k)}[Q^{(k)}] = Q^{(k+1)}; \qquad A_2^{(k)}[I^{(k)}] = I^{(k+1)} .$$

Die Zufälligkeit in den Bedingungen der Produktionsorganisation bestimmt den stochastischen Charakter der Funktionsweise von AlSU, aufgrund dessen man das AlSU mit Hilfe von Matrizen der Übergangswahrscheinlichkeiten untersuchen kann [81]. In diesem Zusammenhang wird festgestellt, daß in einem AlSU kein Informationsverlust vor sich geht, d. h., zu einer beliebigen Menge von Eingangsinformationen X_i und X_j $(i \neq j)$ existiert eine Ausgangsmenge entsprechender Steuersignale.

Angesichts der Kompliziertheit eines Betriebes als Objekt der Steuerung, der Vielfalt an Wechselwirkungen der Abteilungen und Bereiche miteinander und mit der Umgebung und des Mangels an Informationen über sein Verhalten, erfuhr die Aufgabe der Erarbeitung optimaler AlSU bis jetzt noch keine für die Praxis annehmbare Lösung.

2.3. Ein verallgemeinertes Modell der Produktionsorganisation

Eine der ersten Etappen der Schaffung des AlSU bei der Projektierung eines ASU ist die Erarbeitung eines verallgemeinerten Modells der Produktionsorganisation.

Der Produktionsprozeß in einem Betrieb, der als gerichteter Bewegungsfluß von Rohstoffen und Materialien, die in Werkhallen und Abteilungen bearbeitet werden (s. Abb. 5) charakterisiert ist, wird durch das Vorhandensein der entsprechenden Produktionsressourcen möglich (Arbeits- und Energieressourcen, Ausrüstungen, Instrumente, Produktionseinrichtungen, Plätze, Straßen, Lager usw.). Die grundlegende Aufgabe der Steuerung des Produktionsprozesses beinhaltet die Auswahl der nach Zeit und Raum unterteilten steuernden Einwirkungen und ihrer Einhaltung in einer solchen Form, daß mit einer vorgegebenen Genauigkeit die geforderte Zustandsänderung des Materialflusses bei bekannten Einschränkungen gewährleistet wird. Das wird dadurch hervorgerufen, daß während des Produktionsprozesses ständig eine Menge verschiedener abweichender zufälliger Einflußfaktoren wirkt.

Es mögen die Produktionsressourcen durch eine gewisse Gesamtheit[1])

$$R(r, t) = \{R^0(r, t); R^1(r, t); \dots ; R^{n_0}(r, t)\} ,$$

dargestellt werden, wobei $R^j(r, t)$ die j-te Produktionsressource $(j = 0, 1, \dots , n_0)$ ist.

Es ist offensichtlich, daß die Zahl n_0 für eine konkrete Produktion endlich ist. Die Produktionsressourcen können sich in verschiedenen Betrieben entspre-

---

[1]) Die Argumente r und t beruhen darauf, daß sich die entsprechenden Parameter in der Zeit und im Raum verändern. Sie werden im folgenden weggelassen, sofern das keine Mißverständnisse hervorrufen kann.

chend ändern, in Abhängigkeit von den Zielen und Methoden der Organisation des Produktionsprozesses, die die richtige Ausnutzung der Gesamtheit aller Produktionsressourcen gewährleistet und durch die Menge $U = \{U^j(r, t)\}_{j=0,1,\ldots,n_0}$ charakterisiert wird. Die Funktionsgleichung der Steuerung der Produktionsressourcen kann im allgemeinen in der Form

$$F[R, X, U, \Theta] = 0 ,$$

dargestellt werden, wobei X die Menge der zu kontrollierenden Parameter des Systems der Organisation und des Zustandes der Produktion ist; Θ ist die Menge der Einflußparameter der Umgebung.

Wenn die Autonomie der Steuerung der einzelnen Produktionsressourcen vorausgesetzt wird, läßt sich für jede von ihnen die Gleichung

$$X^j = F^j[R^j, X_j, U^j, \Theta^j] ,$$

schreiben, wobei $X_j \subset X$, $\Theta^j \subset \Theta$ mehrdimensionale Vektorfunktionen der entsprechenden zu kontrollierenden Produktionsparameter und der Einflußparameter der Umgebung sind, die mit der Steuerung der Ressource R^j zusammenhängen.

In linearer und blockweiser Form kann man diese Abhängigkeit in Matrizenform als

$$X^j = \tilde{U}^j R^j , \tag{2}$$

schreiben, wobei $\tilde{U}^j$ irgendeine rechteckige Tabelle[1]) der Steueralgorithmen ist, die die informationslogische Struktur und den funktionellen Inhalt des Modells des Steuerungssystems (s. Kap. 5) charakterisiert.

Dabei wird angenommen, daß ein beliebiger algorithmischer Komplex in funktionelle Teilsysteme mit einfacherer Struktur zerlegt werden kann. Mit

---

[1]) Die Benutzung des Begriffes „Tabelle“ an Stelle des Begriffes „Matrix“ hängt damit zusammen, daß die für eine Matrix gebräuchlichen Regeln der Umwandlung und ihre Eigenschaften im allgemeinen auf die Tabelle nicht angewandt werden. Größe und Inhalt der Tabelle der Steueralgorithmen entstehen durch die zugelassenen Auswahlregeln der linear abhängigen Teile des Operatorenkomplexes des Steuerungssystems, welches als Ziel und Genauigkeitsforderung durch die zu regulierenden Parameter gestellt wurde. Nehmen wir an, daß bei der Dekomposition eines Steuerungssystems eine Reihe von Fragen eine spezielle Untersuchung erfordert. Wir formulieren einige von ihnen:

— Nachweis der notwendigen Voraussetzungen der Möglichkeit der Unterteilung des komplizierten Steuerungssystems in Teilsysteme mit Teilkriterien;

— Festlegung der optimalen Funktionsbedingungen der komplizierten blockweise hierarchischen Struktur vom Gesichtspunkt des globalen Systemzieles her;

— Bewertung von Geschwindigkeit und Genauigkeit des Erreichens allgemeiner systemeigener Funktionsziele;

— Erarbeitung von Methoden des Aufbaues der Beschreibung und Erforschung der blockweise hierarchischen Struktur komplizierter Steuerungssysteme.

Leider wurden bis jetzt noch keine bedeutenden Fortschritte bei der Lösung der aufgezählten Fragen erzielt.

In Kap. 5 wird ein Lösungsverfahren des letzten der aufgezählten Probleme für algorithmische Steuerungssysteme von Betrieben gezeigt.

anderen Worten setzt man sich die Möglichkeit des Aufbaus einer hierarchischen Struktur des Steuerungskomplexes zum Ziel, die das Erreichen des Ziels der Steuerung durch die Auswahl und Koordinierung einiger Teilkriterien der Teilsysteme gewährleistet.

Die Steuerung jeder der Produktionsressourcen hat ihre Spezifik. So schließt z. B. die Steuerung der Arbeitsressourcen die Planung der Arbeits- und Lohnfonds ein; die Ausbildung qualifizierter Kader; die Organisation der Kaderarbeit durch Versetzung und Umsetzung von Arbeitern und Angestellten; die Organisation des Arbeitstages und des Urlaubs; die Festlegung und Veränderung der Arbeitsnormen; die Organisation des Arbeitsschutzes, der Sicherheitstechnik und des Sanitätswesens in der Produktion; die Ausarbeitung der Regeln der inneren Ordnung und der Arbeitsrechtsordnung; die Regelung von Entlohnung und Unterstützungen; die Ausnutzung der Prinzipien der materiellen Interessiertheit; die Lösung von Wohnungsproblemen, den Aufbau von Schulen, Krankenhäusern und Klubs; die Entwicklung der kommunalen Wirtschaft; die Organisation der Erziehungsarbeit der Massen, den sozialistischen Wettbewerb usw.

Somit läßt sich eine Funktionsgleichung, die die Steuerung der Arbeitsressourcen beschreibt, auf Grundlage der Formel (2) als

$$X^{t.p} = \bigcup_{q_i \in H_{t.p}} U^{t.p}_{q_i} R^{t.p}\,; \qquad i = 1, 2, \ldots, i_{t.p}\,,$$

schreiben, wobei $U^{t.p}_{q_i}$ die Operatorenblöcke in der Tabelle der Steueralgorithmen für die Arbeitsressourcen darstellt; q_i sind die Operatoren des Teilsystems der Arbeitsressourcen; $H_{t.p}$ ist das Gebiet, in dem die Organisation der Steuerung der Arbeitsressourcen gesichert ist und dessen Elemente schon früher genannt wurden.

Für ein System als Ganzes ist

$$X = \bigcup_{\substack{q_i \in H_j \\ j \in (0,1,\ldots,n_0)}} U^j_{q_i} R^j\,.$$

Nach festgelegten Zeitpunkten werden die Zustände des Produktionsprozesses und des Steuerungssystems durch eine endliche Anzahl von Parametern x_i $(i = 1, 2, \ldots, m_0)$ charakterisiert. Benutzt man die vorher gewählten Bezeichnungen, kann man schreiben

$$X(r, t) = \{x_1(t), x_2(t), \ldots, x_{m_0}(t)\}\,.$$

Es ist klar, daß

$$\sum_{j=0}^{n_0} X^j(r, t) = X(r, t)$$

ist.

Wenn sich zum Zeitpunkt t_0 das System Produktion — Steuerungssystem im Zustand $X_0(r, t_0)$ befand, zum Zeitpunkt t_1 aber im Zustand $X_1(r, t_1)$, dann sagt man, daß die Produktion wie auch das System während der Zeitspanne $t_0 - t_1$ vermittels der Steuerungen $U_1(r, t)$ von X_0 nach X_1 überführt wurde. Man sieht, daß der Steuerungs- bzw. Leitungskomplex $U_1(r, t)$ eindeutig die Trajektorie der Zustandsänderung des Systems festlegt und führt das Funktional der Qualität K ein, d. h. eine Regel, die es gestattet, die Qualität (Effektivität) der Steuerung bei verschiedenen Übergangstrajektorien von X_0 nach X_1 zu vergleichen.

Im allgemeinen Falle hängt die Steuerungseffektivität beim Übergang des Systems aus dem Zustand X_0 in den Zustand X_1 vom Steuerungskomplex $U_1(r, t)$ und der Übergangstrajektorie π ab. Der Steuerungskomplex $U^*(r, t)$ wird als optimal für den Übergang des Systems in den Zustand X_1 bezeichnet, wenn das Funktional der Qualität dabei einen maximalen (minimalen) Wert annimmt, d. h.,

$K(X_0, X_1, U^*, \Theta, \pi^*)$ — ist immer größer (kleiner) als $K(X_0, X_1, U, \Theta, \pi)$

für alle Steuerungen u und Übergangstrajektorien π.

Die Bedingungen der Steuerung der Produktion und der Einfluß der Umgebung bestimmen den Wahrscheinlichkeitscharakter der Veränderung der Effektivitätskennziffern, wie im übrigen auch anderer Parameter des Systems Produktion—Mensch. Im Zusammenhang damit ist natürlich der mathematische Erwartungswert des Wertes des Funktionals $K(X_0, X_1, U, \Theta, \pi)$ zu ermitteln, das durch eine Menge von Trajektorien der Produktionssteuerung festgelegt wurde:

$$K_M = M[K(X_0, X_1, U, \Theta, \pi)] .$$

Auf diese Weise führt die Aufgabe der Steuerung der Produktion zur Lösung folgender allgemeinen Aufgabe der mathematischen Optimierung: Es wird gefordert, einen Wert für die Veränderlichen $x_1, x_2, \ldots, x_{m_0}$ derart zu finden, daß eine Funktion der Art

$$K(X_0, X_1, U, \Theta, \pi) \tag{3}$$

maximiert (minimiert) wird, und zwar bei Erfüllung der folgenden Gleichungen und Ungleichungen

$$\begin{aligned} &x_i = F_i(R, X, U, \Theta) \quad \text{und} \quad \Psi_\lambda[X, U] \geqq 0; \\ &\text{mit } i = 1, 2, \ldots, m_0 \quad \text{und} \quad \lambda = 1, 2, \ldots, \lambda_0 , \end{aligned} \tag{4}$$

die die Bedingungen der Zusammenhänge und Beschränkungen der Produktion ausdrücken.

Man muß bemerken, daß die Mehrzahl der Veränderlichen x_i ($i = 1, 2, \ldots, m_0$) die Bedingung der Nichtnegativität befriedigt (Verbrauchskoeffizienten, Normative, Plankennziffern der Produktion, Ergebnisse der Bearbeitung von Kontrolldaten u. a.), einige von ihnen können ganzzahlige Werte annehmen (Anzahl der Werktätigen, Stückzahl des Produktionsausstoßes, Plandaten für Anfang und Ende von Produktionszyklen u. ä.).

Wegen der großen Vielfalt und der komplizierten Nichtlinearitäten in der genannten Aufgabe ist es praktisch unmöglich, sie in der formulierten Art und Weise zu lösen. Um diese Schwierigkeit zu überwinden, kann man, wie schon gesagt wurde, das bekannte Prinzip der Zerlegung des Steuerungssystems in eine Reihe autonomer Teilsysteme anwenden unter Beachtung der Bedingung, daß die angewandte Dezentralisation nicht die Möglichkeit des Erreichens des Zieles in Abhängigkeit von den zulässigen Kriterien verringert.

So gesehen führt die Aufgabe (3)—(4) zur Lösung einer Menge von Aufgaben mit entsprechend geringerer Kompliziertheit: Es ist das Maximum (Minimum) der Funktion

$$K_r(x_1^r, x_2^r, \dots, x_{i_r}^r)$$

zu finden unter den Bedingungen

$$F^r(x_1^r, x_2^r, \dots, x_{i_r}^r) \leqq 0;$$

$$(x_1^r, x_2^r, \dots, x_{i_r}^r) \in X^r; \quad r = 1, 2, \dots, r_0; \quad i_r = 1, 2, \dots, N_0 .$$

Dabei sind die x_i^r die zu kontrollierenden und zu steuernden Parameter des Gesamtsystems Produktion—Steuerungssystem; X^r ist irgendein Gebiet des Parameterraumes.

In diesem Zusammenhang wäre es nicht richtig, der großen Dimension des Modells nur negative Eigenschaften zuzuschreiben. In Wirklichkeit zeigt sich bei der Vergrößerung der Dimension die Möglichkeit der Ausnutzung asymptotischer Methoden für die Durchführung der qualitativen Analyse des Gesamtverhaltens des Systems.

Das angegebene verallgemeinerte Modell widerspiegelt nur den allgemeinsten Charakter der Abhängigkeiten im Prozeß der Organisation der Produktion und deckt nicht die Mannigfaltigkeit der inneren wechselseitigen Zusammenhänge im Steuerungssystem des Betriebes auf. Für das Erreichen des Steuerungszieles ist es notwendig, die allgemeinen Funktionsgleichungen zu erfüllen, wobei man die zu kontrollierenden Kennziffern den Extremwerten annähert in Übereinstimmung mit den zulässigen Kriterien und mit der rechnerischen Überprüfung der Beschränkungen, die der Funktion und den Steuerparametern auferlegt wurden.

Die Anwendung der Mehrebenenmethode der Detaillierung des Modells, die die Bestimmung der entsprechenden Hierarchie der funktionellen Beziehungen einschließt, gibt die Möglichkeit, die verschiedenen Eigenschaften des AlSU zu studieren.

2.4. Eine Bemerkung über die Effektivität eines AlSU

Gewöhnlich versteht man unter der Effektivität eines beliebigen Steuerungssystems den Grad seiner Tauglichkeit für die Erfüllung vor ihm stehender Aufgaben unter gegebenen Bedingungen [16]. Als verallgemeinerte Effektivitätskennziffer kann man, wie schon gesagt wurde, die Wahrscheinlichkeit eines beliebigen Ereignisses oder den mathematischen Erwartungswert irgendeiner Zufallsgröße verwenden. Die konkrete Art der Effektivitätskennziffer wählt man in Abhängigkeit von den Aufgaben aus, die vor diesem oder jenem Steuerungssystem stehen. Besondere Beachtung schenkt man dabei der Konkretisierung des gegebenen Umfanges der Funktionsbedingungen des Steuerungssystems.

Bei der Festlegung des Funktionszieles komplizierter Systeme, insbesondere des ASU und der Formulierung ihres Effektivitätskriteriums entstehen Schwierigkeiten, die dadurch bedingt sind, daß ein beliebiges System Teilsystem irgendeines anderen Systems höheren Ranges ist und zwischen ihnen gegenseitige Abhängigkeiten existieren. So hängt die Effektivität der Funktionsweise eines beliebigen zu steuernden Objektes von der Qualität der steuernden Signale an seinem Eingang ab. In diesem Sinn ergibt sich die Qualität der Steuersignale aus der Qualität der Signale, die vom Informationsgeber erarbeitet werden u. a. m. Deshalb muß man auch für ein konkretes System streng und genau die Aufgabe der Steuerung formulieren und die Effektivität bewerten, wobei man dabei nicht bis zur allerhöchsten Ebene aufsteigt, die zur Betrachtung von Faktoren globalen Maßstabes führt. Ein solches Vorgehen führt zum anderen Extrem: Zur Notwendigkeit, die praktische Lösung der Aufgaben der Bewertung der Effektivität von Systemen im allgemeinen auf Grund ihrer außerordentlichen Kompliziertheit aufzugeben.

Die Bewertung der Effektivität dieses oder jenes Teilsystems des ASU kann vereinfacht werden, wenn es möglich ist, die Qualität der Funktionsweise aller anderen Teilsysteme des ASU anzugeben. In Übereinstimmung damit werden wir unter der Effektivität eines AlSU den Grad seiner Fähigkeit zur Bearbeitung von Ausgangs- (Steuer-) Signalen verstehen, die die notwendige Arbeitsweise der Produktionssteuerung bei gegebenen qualitativen Charakteristiken der übrigen Bestandteile des ASU gewährleistet (technische Mittel, Apparat der Steuerung u. a. m.).

Die Auswahl der Effektivitätskennziffer eines AlSU zeigen wir an zwei Beispielen.

Beispiel 1. Ein gewisses hypothetisches System zur Überwachung künstlicher Erdtrabanten (s. Kap. 1) arbeite mit dem Ziel, die Erdtrabanten automatisch auf ihre Bahn zu bringen und an einem festgelegten Punkt der Erdoberfläche landen zu lassen. Das Ziel kann entweder erreicht oder verfehlt werden. Dazwischen liegende Resultate werden nicht betrachtet. In diesem Fall kann als Effektivitätskennziffer K des AlSU die Wahrscheinlichkeit des Ereignisses C betrachtet werden, was einschließt, daß das AlSU im vorgegebenen Umfang die Bedingungen der Erarbeitung solcher Steuersignale gewährleistet, durch welche die Aufgabe des Überwachungssystems der künstlichen Erdtrabanten realisiert wird. Dabei gelangen die Signale ohne Verzerrung in die Stellglieder und werden dort richtig verarbeitet, d. h.

$$K = P(C) .$$

Die Wahrscheinlichkeit dieses Ereignisses kann man mit Hilfe der mathematischen Modellierung erhalten.

Beispiel 2. Als Effektivitätskriterium der Arbeit eines Betriebes könnte man den Gewinn benutzen, der durch die Differenz von Gewinnerzielung durch Realisierung der Produktion und den Aufwendungen (Gesamtselbstkosten und nichtproduktive Konsumtion) charakterisiert wird. Der Gewinn widerspiegelt das Wirken dreier Hauptkennziffern der Entwicklung der Produktion: Des Wachstums des Produktionsausstoßes, der Verbesserung seiner Qualität und der Senkung der Selbstkosten, die sich untereinander in verschiedenen Abhängigkeiten befinden können und manchmal sogar in entgegengesetzten Richtungen wirken. Die Aufgabe der Steuerung besteht darin, eine optimale Verbindung dieser Kennziffern zu finden.

Aber selbst durch seine absolute Größe charakterisiert der Gewinn noch nicht die Effektivität der wirtschaftlichen Tätigkeit des Betriebes, da er nur die Größe der laufenden Produktionskosten wiedergibt und nicht den Umfang der Nutzung der produktiven Fonds berücksichtigt.

Am vollständigsten gibt die Rentabilitätskennziffer alle Seiten der produktiven Tätigkeit eines Betriebes wieder. Sie wird als Verhältnis des Gewinns zur Summe der Grund- und Umlaufmittel betrachtet. Diese Kennziffer koordiniert die laufenden Aufwendungen und den Umfang der gesellschaftlichen Vorschüsse, widerspiegelt das Sinken der Selbstkosten, das Wachstum des Gewinns, die Verbesserung der Qualität der Erzeugnisse, den Wert der produktiven Fonds, die Vervollkommnung der Technologie der Steuerung usw.

Auf diese Weise kann das Funktional vereinfacht für die Qualität der Produktionssteuerung in der folgenden allgemein bekannten Form angegeben und angewandt werden:

$$K = \frac{\Pi}{\Phi_g + \Phi_u} \quad \text{oder} \quad K = \frac{\Pi}{\Phi_\Sigma \alpha_{g\pi}}, \tag{5}$$

wo Π die absolute Größe des Gewinns für die betrachtete Periode ist; Φ_g, Φ_u sind die Werte, die den Grundfonds und Umlaufmitteln entspricht; Φ_Σ ist das chronologische Mittel der produktiven Grund- und Umlaufmittel für die Rechenschaftsperiode; $\alpha_{g,\pi}$ ist ein Koeffizient, der die Dauer des Rechenschaftszeitraumes charakterisiert.

Es ist leicht zu sehen, daß das Funktional (5) offenbar von den Mittelwerten des Anfangs- und des zu planenden Zustandes der Produktion (X_0, X) abhängt, aber offensichtlich nicht von der Steuerungsqualität, den Organisationsmethoden des Produktionsprozesses und von der Umgebung.

Die Rentabilitätskennziffer ist die allgemeinste ökonomische Kennziffer, die die produktive Tätigkeit eines Betriebes widerspiegelt, sie entspricht den Methoden der wirtschaftlichen Rechnungsführung und kann als Kriterium für die Bewertung der Qualität der Produktionssteuerung angewandt werden. Aus Formel (5) folgt insbesondere, daß der grundsätzliche Weg der Erhöhung der Effektivität der Produktion die Ökonomie der Material-, Arbeits- und anderen Ressourcen der Produktion; die Einführung vollkommener technologischer Prozesse; die Vervollkommnung der Organisation der Produktion; die komplexe Mechanisierung und Automatisierung der Produktion; den Abbau und die Abschaffung nichtproduktiver Ausgaben u. ä. in sich einschließt.

Folglich kann die Effektivität des AlSU eines Betriebes auf indirektem Wege durch den mathematischen Erwartungswert des Zuwachses bewertet werden.

$$M\Delta K = M_{k_2} - M_{k_1},$$

dabei sind M_{k_1} und M_{k_2} die entsprechenden mathematischen Erwartungswerte des Funktionals der Qualität der Produktionssteuerung vor und nach der Einführung des AlSU.

Ein Mangel des eingeführten Kriteriums der Effektivität des AlSU ist seine allzu allgemeine Art. Sie gibt nicht die Möglichkeit, mit dem nötigen Detaillierungsgrad den Charakter der gegenseitigen Zusammenhänge und Wechselwirkungen der einzelnen Parameter des Steuerungssystems zu erforschen, die häufig überaus wesentlich für die Organisation der Produktion sind. In diesem Zusammenhang ist es zweckmäßig, Aussonderungsverfahren für Teilkriterien der einzelnen Teilsysteme zu finden, die es gestatten würden, den gezeigten Schwierigkeiten zu entgehen. Wenn sich erweist, daß es schwierig ist, ein allgemeines Kriterium auf Grund der Kompliziertheit der Begleitrechnungen zu benutzen, so kann man in diesen Fällen die Formel des Effektivitätskriteriums mit Hilfe der Verallgemeinerung oder Mittelung einiger Kennziffern vereinfachen.

3. DIE ORGANISATION DER AUSARBEITUNG EINES AlSU

3.1. Ein typischer Netzplan für die Ausarbeitung eines AlSU

Die Kompliziertheit und der große Arbeitsaufwand des Prozesses der Ausarbeitung und Prüfung eines AlSU erfordern die rationelle Organisation dieses Prozesses und die gute Zusammenarbeit von Spezialisten verschiedener Ausbildungsrichtungen und Qualifikationen. Grundlage eines solchen Produktionsprozesses sind Planung, Organisation und Kontrolle. Als Planungsmethode

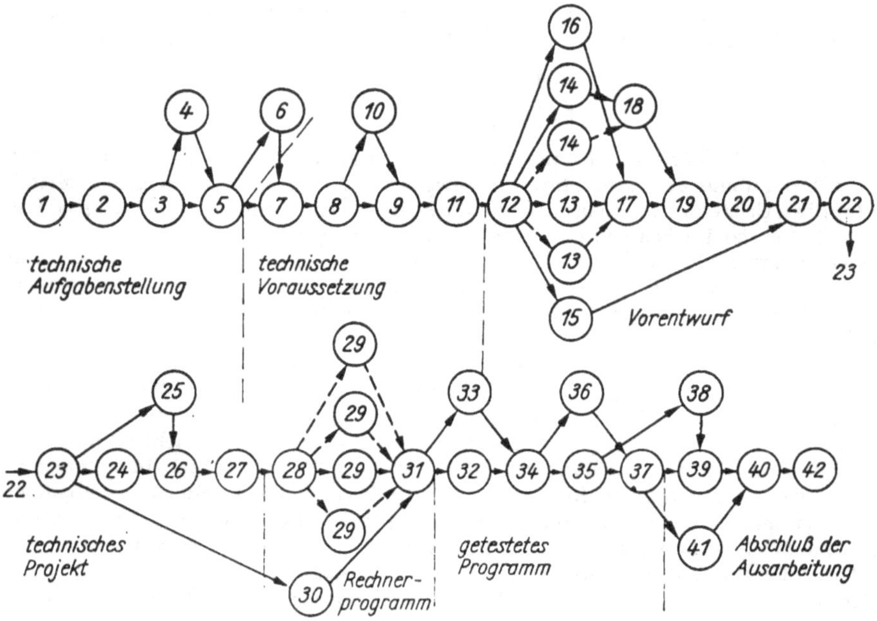

Abb. 6. Netzplan für die Erarbeitung eines AlSU

können Netzpläne verwendet werden. Die Variante eines typischen Netzplanes der Algorithmierung eines ASU ist in Abb. 6 dargestellt, in der die Ereignisse durch Kreise, die Aktivitäten (Wirkungen) dagegen durch Pfeile bezeichnet sind. Rückkopplungen, die in Kap. 1 aufgestellt wurden, sind hier der Einfachheit halber weggelassen.

Die Auswahl der Ereignisse des Algorithmierungsprozesses ist nicht eindeutig. Beruhend auf den Erfahrungen der Ausarbeitung schon bekannter Systeme, empfehlen die Autoren die Auswahl folgender Aktivitäten mit den entsprechenden Ereignissen (Ergebnis der Aktivität) (Abb. 6):

1 — Bestimmung der dem ASU auferlegten Aufgaben und des Grades seiner Automatisierung;
2 — Festlegung der Elemente des ASU;
3 — Aufstellung eines Schemas der informationellen Zusammenhänge zwischen den Elementen des ASU;
4 — Diskussion und Auswahl der Kennziffern für die Qualität des Steuerungsalgorithmus;
5 — Studium der Erfahrungen, die bei der Ausarbeitung von Algorithmen analoger ASU gesammelt wurden;
6 — Formulierung der technischen Aufgaben für die Erarbeitung des Steueralgorithmus;
7 — Festlegung der Zusammensetzung des Bearbeiterkollektivs des AlSU und der Wechselbeziehungen zwischen den Bearbeitern;
8 — Ausarbeitung der Struktur des Informationsaustausches zwischen steuerndem System und äußeren Abnehmern (Nutzern);
9 — Definition der Teilaufgaben, die in den Steueralgorithmus eingeschlossen sind und ihrer Zusammensetzung;
10 — Vorbewertung der Lösungsmethoden der Teilaufgaben;
11 — Ausarbeitung technischer Vorschläge für den Steueralgorithmus;
12 — Anwendung der technischen Vorschläge;
13 — Herstellung eines Blockschaltbildes der Algorithmen;
14 — Ausarbeitung eines strukturellen (formelmäßig-logischen) Schemas des Algorithmus;
15 — Erarbeitung von Vorschlägen für die Stabilität des Algorithmus;
16 — Schaffung von Modellen zur Untersuchung der Unteralgorithmen;
17 — Bewertung der Qualität der grundlegenden Unteralgorithmen;
18 — Abschätzung der erforderlichen Programmierungsarbeiten;
19 — Auswahl von Charakteristiken der Rechner, auf denen der Steueralgorithmus realisiert werden kann;
20 — Auswahl eines geeigneten Rechners;
21 — Bewertung der für die Entscheidungsfindung benötigten Rechenzeit und Auswahl von Arbeitsintervallen;
22 — Verteidigung des Vorentwurfs;
23 — Präzisierung des Blockschaltbildes des Algorithmus und der informationellen Zusammenhänge zwischen den Blöcken;
24 — Erarbeitung eines formelmäßig-logischen Schemas des Algorithmus;
25 — Ausarbeitung eines Systems für die Automatisierung der Programmierung;
26 — Erstellung der technischen Dokumentation des Steueralgorithmus;
27 — Annahme des technischen Projekts;
28 — Einteilung des internen und des externen Speichers des Rechners;

29 — Durchführung der Programmierung des Algorithmus;
30 — Erarbeitung eines komplexen Simulationsmodells für die Abarbeitung der Algorithmen und Programme;
31 — Durchführung der komplexen Anpassung der Programme auf einem Universalrechner;
32 — Fehlerbeseitigung in Teilalgorithmen;
33 — autonome Testung der Unterprogramme auf einem Universalrechner;
34 — autonome Testung der Unterprogramme auf einem steuernden Rechner;
35 — Testung des Programms im Komplex auf einem steuernden Rechner;
36 — Programmtestung im Bestand des ASU;
37 Ausarbeitung der technischen Dokumentation des AlSU;
38 — Erarbeitung und Vereinbarung einer Methodik für die Erprobung des AlSU;
39 — Beendigung der Überprüfungen im Modell;
40 — Abschluß der Erprobung im Bestand des ASU;
41 — Präzisierung der technischen Dokumentation;
42 — Unterzeichnung der Akte über den Abschluß der Erprobung des AlSU.

Die Darstellung von Kreisen mit ein und derselben Nummer im Schema bedeutet die parallele Ausführung einschließlich des Abschlusses der Arbeiten der angegebenen Art.

Eine der Besonderheiten der Netzplanung für die Ausarbeitung eines AlSU besteht in der großen Unbestimmtheit der Zeit für die Erfüllung der einzelnen Arbeitsarten. Sie wird durch den engen gegenseitigen Zusammenhang zwischen diesen Arbeiten bedingt. Deshalb erweist es sich bei der Bewertung des kritischen Weges des Netzplanes als geeignet, Zufallsgrößen für die Zeit der Erfüllung der Arbeiten mit entsprechenden Bewertungen durch Mittel- und Grenzwerte zu benutzen. Einige Empfehlungen zu dieser Frage werden in Kap. 4 gegeben.

3.2. Besonderheiten bei der Bildung des Kollektivs für die Ausarbeitung eines AlSU

Algorithmische Steuerungssysteme von Produktionskomplexen sind ausschließlich Systeme von großer Kompliziertheit, die nicht nur durch die Zahl der in ihnen vorhandenen elementaren und verallgemeinerten Operatoren, sondern auch durch Zahl und Kompliziertheit der Ströme umzuwandelnder Informationen sowie durch das Netz der Zusammenhänge zwischen diesen bedingt wird. Dieser Umstand beeinflußt in bestimmter Weise die Zahl der Bearbeiter eines AlSU (es sind Fälle bekannt, in denen bei der Erarbeitung eines AlSU hunderte und sogar tausende Spezialisten einbezogen wurden).

Der Inhalt eines AlSU hängt in bedeutendem Maße vom Ziel der Steuerung, der Struktur des ASU und dem Charakter der in ihm ablaufenden technologischen Prozesse ab. Deshalb muß an der Erarbeitung eines AlSU eine große Anzahl von Spezialisten der verschiedensten Qualifikationen Anteil haben (Ökonomen, Technologen, Spezialisten für Leitung, für Rechentechnik und Programmierung, für Mathematik usw.). Das führt zu einigen spezifischen Besonderheiten der Lösung organisatorisch-technischer Fragen.

Vor allem muß die Organisation der Projektierung des AlSU so sein, daß die Projektausführenden ständig am gegenseitigen Informationsaustausch teilnehmen. Das ist dann möglich, wenn alle Etappen der Erarbeitung und programmgemäßen Realisierung der Steuerungsalgorithmen als einheitlicher Prozeß der Algorithmierung des Steuerungssystems gesehen werden, welcher durch ein Kollektiv (Kollektive) realisiert wird, in dem eine effektive operative Leitung verwirklicht wird.

Im Prozeß der Erarbeitung des AlSU kommen Bearbeiter und Nutzer nicht immer zum gegenseitigen Verständnis, das erklärt sich manchmal durch die Inkompetenz des Nutzers in Fragen der Bewertung der Spezifik und des-Umfanges der Arbeiten am System, der Brojektierungsdetails oder der Bearbeiter in Fragen von Produktionstechnologien, ihrer Struktur u. ä. Darüber hinaus gibt es nicht selten zwischen Nutzern und Erarbeitern eine Sprachbarriere, d. h., es stimmt die Terminologie, die für die Produktion ausgeprägt ist, nicht mit der durch den Erarbeiter benutzten überein. Andere Quellen für Mißverständnisse zwischen Erarbeitern und Nutzern können sein: Fehlen exakter Leitungsprinzipien von Seiten des Nutzers; Fehlen streng vereinbarter Verbindungskanäle zwischen Erarbeitern und Kunden (insbesondere der Aufzeichnung der Verhandlungen); Veränderungen der Anforderungen an das AlSU im Prozeß der Erarbeitung; Veränderungen in der algorithmischen und informationellen Struktur, die sowohl durch Erarbeiter als auch Besteller beantragt wurden.

Auf die Zusammenstellung der Spezialisten[1]), die sich mit der Erprobung, Untersuchung und Inbetriebnahme von AlSU beschäftigen, haben folgende Besonderheiten des AlSU einen bestimmten Einfluß:

— Seiner Struktur nach ist ein AlSU letzten Endes ein Algorithmus zur Leitung und Steuerung eines großen Systems, der im Arbeitsspeicher in der Sprache einer konkreten Rechenmaschine aufgeschrieben wird. Deshalb muß der Algorithmierer sowohl die allgemeine Struktur des Steueralgorithmus als auch alle konkreten Besonderheiten der programmgemäßen Realisierung des letzteren kennen;

— durch das AlSU werden die Informationsströme zwischen allen Grundelementen des Steuerungssystems geschlossen. Deshalb muß der Algorithmierer die allgemeinen Charakteristiken der Zusammenhangsrichtungen, der gesteuerten Objekte und der Informationsgeber kennen;

— AlSU wird auf konkreten Rechnern realisiert. Deshalb muß der Algorithmierer die Möglichkeiten der Rechner kennen und den Einfluß der Charakteristiken der Rechner auf die Qualität der Leitung bewerten können;

[1]) Im weiteren werden wir solche Spezialisten als Algorithmierer bezeichnen.

— AlSU ist ein Objekt von außerordentlich großer Kompliziertheit. Deshalb muß der Algorithmierer den Apparat der Untersuchung komplizierter Systeme und als Bestandteil die Methode statistischer Prüfverfahren beherrschen;

— der Steuerungsalgorithmus ist eine Gesamtheit von Operatoren, die den Ablauf der Prozesse im großen System bestimmen und die Parameter dieser Prozesse mit den Parametern des großen Systems verbinden. Deshalb verflechten sich die Aufgaben der Untersuchung eines AlSU mit den Untersuchungen des großen Systems (bei völliger Automatisierung des großen Systems). Es ist zu bemerken, daß der Algorithmierer nicht nur die Struktur des AlSU, sondern auch die Regeln seiner Inbetriebnahme kennen muß.

Die Arbeit eines ASU wird nur bei einer exakten Organisation der Wechselwirkungen zwischen den Ausführenden, zwischen den Menschen und dem Komplex technischer Mittel sowie bei qualifizierter Inbetriebnahme des AlSU und der sie realisierenden Rechenmittel effektiv sein. Hieraus folgt die außerordentliche Wichtigkeit des Problems der Vorbereitung und Ausbildung der Kader für die Einführung von ASU.

Die Programme zur Ausbildung von Kadern können verschiedene sein. Als Beispiel führen wir drei Programme an, nach denen unter Leitung der Autoren des vorliegenden Buches die Kadervorbereitung in einigen Betrieben realisiert wurde.

Das erste Programm ist für die Leitung der höchsten Ebene bestimmt und sieht das Bekanntmachen mit den Möglichkeiten der maschinellen Verarbeitung von Daten und den Grundprinzipien des Aufbaus von ASU vor.

Das zweite Programm ist für administrativ leitende Mitarbeiter des Betriebes vorgesehen, die unmittelbar am Prozeß des Informationsaustausches mit dem Rechenzentrum teilnehmen. Es schließt folgende Fragen ein: Prinzipien der Arbeitsorganisation eines ASU als Ganzes; Organisation des Systems der Dokumentation und der Technologie der Informationsverarbeitung mit Hilfe eines AlSU; praktische Tätigkeiten bei der Aufbereitung der Daten für die Eingabe in den Rechner, Datenempfang und -überprüfung aus dem Rechenzentrum usw.

Das dritte Programm ist für den Personenkreis bestimmt, der den Betrieb der Rechenmaschinen, der Informationsübertragungsmittel und des AlSU gewährleistet und besteht im wesentlichen aus drei Unterprogrammen: Für Mathematiker und Programmierer, die die Erarbeitung der Algorithmen und Programme im Prozeß der Erhöhung der Leistungsfähigkeit des AlSU sicherstellen; für Ingenieure und Techniker, die die normale Arbeit der Rechner und der Mittel zur Sammlung und Übertragung von Informationen gewährleisten; für die Bediener, die unmittelbar an Rechnern und AlSU im Funktionsprozeß des Systems arbeiten.

Die Erfüllung dieser Programme trug bedeutend zur erfolgreichen Lösung der Aufgaben bei, die mit der Automatisierung des Leitungsprozesses der erwähnten Werke verbunden sind.

Der Versuch der Automatisierung des Leitungsprozesses in einer Reihe von Betrieben zeigt, daß das Netz allgemeiner Prinzipien der Arbeitsorganisation des Kollektivs für die Algorithmierung eines Leitungs- bzw. Steuerungssystems folgendes beinhaltet:

1. Der Bearbeiter vervollständigt den Bestand an verwaltungstechnischem Personal für die Analyse der Aufgaben des Auftraggebers und seiner Arbeits-

bedingungen, der Beteiligung an der Erarbeitung der Forderungen an das Steuerungssystem und der Festlegung der informationslogischen Struktur des ASU sowie der Aufstellung der Anforderungen an das AlSU;

2. Erarbeiter und Kunde organisieren das System der Kadervorbereitung, welches das gegenseitige Verständnis der einzelnen Gruppen von Ausführenden sichert;

3. auf der Grundlage der Analyse der Bedingungen für die Erarbeitung eines AlSU werden festgelegt [98]: Organisationen (Unterabteilungen), die an der Erarbeitung beteiligt sind; Funktionen der Organisationen; ingenieurtechnisches Personal, das die grundlegenden Arbeiten erfüllt und seine Pflichten; materiell-technische Sicherstellung der Arbeiten (Rechenmaschinen, Hilfsausrüstungen u. ä.); erhoffter Effekt durch die Automatisierung der Leitung des Betriebes oder seiner Bestandteile; Rolle und Platz der einzelnen Bearbeiter beim Entstehen der einzelnen Komponenten des ASU; vorläufiger Plan der Ausarbeitung des AlSU; Bibliographie der Materialien, welche bei der Erarbeitung des AlSU benutzt werden können;

4. für jeden Bereich von Spezialisten werden streng die Pflichten, Machtbefugnisse und Rechte festgelegt;

5. es wird die Anpassung der angrenzenden Spezialrichtungen organisiert, was wesentlich das gegenseitige Verständnis der an der Ausarbeitung Beteiligten erleichtert.

3.3. Beziehungen zwischen den Etappen der Algorithmierung eines Steuerungssystems

Wie gezeigt wurde, kann man den Algorithmierungsprozeß eines Steuerungssystems (im allgemeinen nicht eindeutig) in eine Reihe von Etappen (s. Abb. 3) unterteilen, wobei für jede von ihnen eine entsprechende Aufgabe festgelegt ist. Die Beziehung zwischen diesen Etappen wird durch die folgenden Besonderheiten charakterisiert.

Der Übergang von einer Etappe zur anderen kann nur dann erfolgen, wenn vorausgegangene oder festgestellte Rechenfehler bei der Lösung der Aufgaben der vorhergehenden Etappen korrigiert worden sind. Jede Etappe hat eine endliche Menge von Zuständen. Unter dem *Zustand einer Etappe* werden wir die Gesamtheit der Parameterwerte verstehen, welche die gegebene Etappe charakterisieren, d. h. den Vektor der Parameterwerte der Etappe (z. B. Menge der für die Programmierung bereitgestellten Blöcke, Werte der festgelegten Parameter bei der Bewertung der Qualität der Algorithmen, Parameter des Rechensystems, welches den gegebenen Steueralgorithmus realisiert u. ä.). Als *Ausgang* (Resultat) einer Etappe bezeichnen wir einen Vektor, der eine Funktion des Zustandes und der Zeit ist. Wir bezeichnen den i-ten Zustand der j-ten Etappe durch

$$A_j^i; \qquad j = 1, 2, \dots, n_j; \qquad i = 1, 2, \dots, m_j.$$

Die Menge der Zustände der j-ten Etappe ist $A_j^1, A_j^2, \dots, A_j^{m_j}$, oder $\{A^{m_j}\}$.

Die Zustände der Etappen sind Funktionen der Zeit $A_j(t)$. Nehmen wir an, daß zum Anfangszeitpunkt $t = t_0$ die Anfangszustände der Etappen gegeben sind. Dann wird der Zustand des gesamten Algorithmierungsprozesses des Steuerungssystems zum Zeitpunkt t durch die Vektorfunktion

$$\bar{A}(t) = \{A_1(t_1), A_2(t_2), \dots, A_n(t_n)\}$$

dargestellt.

Wenn wir den Algorithmierungsprozeß eines Steuerungssystems zu diskreten Zeitpunkten betrachten, so können wir für den Gesamtprozeß eine endliche (im allgemeinen bestimmbare) Menge von Zuständen mit $\bar{A}(1), \bar{A}(2), \dots, \bar{A}(n)$ oder $\bar{A}_1, \bar{A}_2, \dots, \bar{A}_n$ zusammenstellen.

Wegen der Kompliziertheit der Zusammenhänge zwischen den Etappen A_i und A_j kann der Zusammenhang nur durch entsprechende Übergangswahrscheinlichkeiten $P\{A_i, A_j\}$ beschrieben werden. Unter entsprechenden Voraussetzungen kann dann der Algorithmierungsprozeß durch eine homogene Markowsche Kette beschrieben werden. Dabei erweist es sich als sinnvoll, den Algorithmierungsprozeß als stückweise homogenen Markowschen Prozeß darzustellen [22].

Die Übergangswahrscheinlichkeiten $P\{A_i, A_j\}$ hängen vom Vorhandensein von Rückkopplungen zwischen den Etappen ab.

Rückkopplungen können nach ihrem Charakter und nach ihrer Dauer ständige und zyklische, positive und negative sein. Eine Rückkopplung zwischen den Etappen des Algorithmierungsprozesses wird als *positiv* [24] bezeichnet, wenn die Ausgangsparameter einer Etappe, indem sie auf eine andere Etappe einwirken, eine Entfernung der letzteren vom Gleichgewichtszustand hervorrufen. Eine *negative* Rückkopplung nähert umgekehrt den nachfolgenden Zustand dem Gleichgewicht an.

Der Algorithmierungsprozeß eines Steuerungssystems ist zielgerichtet, d. h., das Ergebnis jeder seiner Etappen wird zu einem gewissen Grade vorhergesagt. Deshalb lassen sich die Lösungswege der Aufgaben der Etappen derart auswählen, daß die Wahrscheinlichkeit einer positiven Rückkopplung sehr klein ist, d. h., es ist möglich, sie zu vernachlässigen. Dann werden die Übergangswahrscheinlichkeiten $P\{A_i, A_j\}$ asymptotisch gegen Eins streben, und der Lösungsprozeß der Algorithmierungsaufgaben wird sich einem deterministischen nähern.

Die Übergangswahrscheinlichkeiten $P\{A_i, A_j\}$, die infolge des Ergodizitätstheorems gegen Grenzzustände streben [22], sind in dem Falle nicht gleich Eins, wenn zufällige Fehler einiger Etappen nicht behoben wurden. Aber im Laufe der Zeit wird die Zahl solcher Fehler abnehmen, d. h., die Grenzwahrscheinlichkeiten werden weiter gegen Eins gehen. So ist für den Fall ergodischer Markowscher Ketten schließlich ein Gleichgewichtszustand gerade auch unter der Bedingung erreichbar, daß der Ausgangsalgorithmus nicht optimal gestaltet wurde für den Fall, daß zwischen allen Algorithmierungsetappen notwendige Rückkopplungen aufgestellt wurden, die in der Lage sind, die Funktionen der Selbstregulierung zu erfüllen. Deshalb ist es notwendig, nicht nur der Qualität der Erarbeitung des Ausgangsalgorithmus große Aufmerksamkeit zu schenken, sondern auch den Fragen der Organisation der Wechselwirkungen zwischen den Ausführenden des Gesamtprojektes AlSU. Ein analoger Schluß wurde von G. Greniewski in bezug auf die ökonomische Planung gezogen [24].

Der Versuch der Algorithmierung komplizierter Steuerungssysteme zeigt, daß der asymptotische Charakter der Näherung der Übergangswahrscheinlichkeiten gegen Eins die Einführung der Etappe der versuchsweisen Inbetriebnahme des AlSU ebenso erfordert, wie die Bildung spezieller Kollektive von hochqualifizierten Programmierern für die Suche und Beseitigung von Fehlern, die bei der Testung und Programmerprobung unbemerkt geblieben sind.

Wir nehmen an, daß bei einer solchen Organisationsweise der Erarbeitung eines AlSU in gewissem Sinne die Grenzen zwischen den Aufgaben der einzelnen Etappen verwischt werden, weil bei der Erfüllung jeder folgenden Etappe unmittelbar oder indirekt die Qualität der Erfüllung der vorangegangenen Etappen überprüft wird und bei Bedarf notwendige Korrekturen vorgenommen werden. So wird zum Beispiel bei der Programmerprobung sowohl die Qualität des Programms, als auch die Qualität der Steuerungsalgorithmen überprüft sowie die Fehler, die durch Rechenmittel hineingetragen wurden. In diesem Sinne wird hier im Grunde genommen nicht soviel über die Programmierung gesprochen (für das Aufschreiben der Algorithmen in einer algorithmischen Sprache, letztlich der algorithmischen Übersetzung in dieser Etappe kann dies auch nicht anders sein) sondern vielmehr über die Ausarbeitung der Elemente von ASU, die Aufstellung ihrer Steueralgorithmen, die im Rechensystem durch die Überführung des Speichers in die entsprechenden Zustände realisiert werden, d. h. über die Synthese der Struktur des AlSU.

3.4. Der iterative Charakter des Entstehungsprozesses eines AlSU

Bei der Erarbeitung und Erprobung einer Reihe von Systemen wurde festgestellt, daß ein AlSU oftmals fast ununterbrochen Struktur- und Umfangsveränderungen unterworfen ist. Die Strukturveränderungen eines AlSU schließen die Veränderung der Parameterwerte (Konstanten) mit dem Ziel der Optimierung des Steuerungsprozesses, die Einführung neuer Parameter, Veränderungen der Wechselwirkungen zwischen den arithmetischen Operatoren, Veränderungen in der Technologie der Leitung (Steuerung) und der Struktur des Steuerungssystems sowie die Realisierung neuer logischer Abhängigkeiten und entsprechender arithmetischer Operatoren ein. In der Mehrzahl der Fälle hängen die

Strukturveränderungen des AlSU mit der tieferen Kenntnis des zu automatisierenden Systems zusammen und tragen iterativen Charakter.

Als Ergebnis der Strukturveränderungen des AlSU kann sich die notwendige Speicherkapazität sowie die Zeit für die Verarbeitung von Informationen auf einem Rechner um ein Vielfaches erhöhen. Der Umfang der Programmänderungen läßt sich nach Tab. 4 beurteilen, in dieser sind die relativen Charakteristiken der Zahl der veränderten Befehle in den Unterprogrammen bei der Erarbeitung eines konkreten AlSU dargestellt.

Tabelle 4

Programm	Programmumfang (Zahl der Befehle)	Zahl zu ändernder und zu ergänzender Befehle
A	60	14
B	520	59
C	500	188
D	450	101
E	800	312
F	105	74

Unter den anderen Gesetzmäßigkeiten der Strukturveränderungen im AlSU stellen wir noch die fest, daß die Perioden der maximalen Erarbeitungsintensität gewöhnlich mit den Perioden des Arbeitsanlaufes bei der Programmierung und der Anpassung des AlSU an die anderen Elemente des ASU zusammenfallen.

Auf Grundlage der Analyse der Ursachen und des Prozesses der Strukturveränderungen des AlSU lassen sich folgende Schlußfolgerungen ziehen:

— Die Aufstellung des Ausgangssteueralgorithmus ist im wesentlichen nicht Abschluß dieser Erarbeitung, sondern der Beginn der intensiven Vervollkommnung auf der Basis der Nutzung von Rechenmaschinen und anderen Mitteln, die durch ASU erarbeitet werden;

— die Ursachen der zu beobachtenden Gesetzmäßigkeiten werden nicht durch zufällige Nachlässigkeiten der Bearbeiter hervorgerufen, sondern tragen objektiven Charakter.

Um die Gründe zu finden, die zahlreiche Arbeiten des AlSU in den verschiedenen Etappen ihrer Schaffung bedingen, betrachten wir eine ausführlichere Spezifik der Erarbeitung eines AlSU.

Dem Inhalt nach ist ein AlSU eine Gesamtheit von Operatoren, die den Prozeßablauf im ASU bestimmen und die Parameter dieses Prozesses mit den Parametern des Zustandes der Produktion verbinden. Wie in Kapitel 1 gezeigt wurde, gelangen die Informationen, die die Prozeßparameter des ASU und die Parameter des Produktionszustandes wiedergeben, von den Informationsgebern in das AlSU in der Form einer mehrdimensionalen Vektorfunktion $\bar{a}_0(t)$, und nach

Regeln, die durch die Struktur des AlSU festgelegt sind, werden die Informationen im Rechner in Ausgangs- (Steuer-) Signale $\bar{U}(t)$ umgewandelt. So lassen sich die Ausgangsinformationen in der Art eines Funktionals

$$\bar{U}(t) = U[\bar{a}_0(t), A(t), M(t)]$$

darstellen, wobei $A(t)$ eine Vektorfunktion ist, die den Zustand des AlSU charakterisiert; $M(t)$ ist eine Vektorfunktion, die den Zustand und die Möglichkeiten des Rechensystems wiedergibt.

Bei richtiger Funktion der zu steuernden Objekte und der Informationsflüsse zwischen steuernden und gesteuerten Objekten hängt die Effektivität eines Steuerungssystems von der Qualität der Ausgangs- (Steuer-) Signale ab. Deshalb führt die Aufgabe der Bearbeiter eines AlSU zur Suche nach solchen Parametern und funktionellen Abhängigkeiten (Operatoren des AlSU), deren Erfüllung solche steuernden Signale gewährleisten würde, die dem Ziel der Steuerung entsprechen. Das bedeutet, daß der Bearbeiter eines AlSU optimale Verhältnisse zwischen den Vektorfunktionen $\bar{a}_0(t)$, $A(t)$ und $M(t)$ für die verschiedenen Kombinationsmöglichkeiten finden muß. Da sich aber auf die Auswahl der Struktur eines AlSU gleichzeitig der Einfluß der Veränderungen der Umgebung, der Parameter des Steuerungssystems und des Produktionsobjektes auswirken, entstehen soviel verworrene und komplizierte Wechselwirkungen, daß es unmöglich wird, im voraus den Einfluß dieser oder jener im Steueralgorithmus ausgewählten Methoden auf das Verhalten des ASU zu bewerten.

Für die Lösung dieser Aufgabe erweist es sich als zweckmäßig, die Prinzipien der äußeren Ergänzung [10] zu benutzen, deren Wesen folgendes beinhaltet. Wenn sich ein mathematisches Modell, das als Grundlage für die Erarbeitung des Algorithmus benutzt wurde, dem realen System nicht adäquat erweist, dann muß der Funktionsprozeß des Algorithmus derart einer zielgerichteten Steuerung unterworfen werden, daß es möglich wird, ununterbrochen von außen die Stabilität durch Steuerung in den verschiedensten Situationen zu kontrollieren und zu sichern. Dabei ist es notwendig, über den Rahmen des Steueralgorithmus hinauszugehen (ihn nach außen zu ergänzen), ohne sich von den Eigenschaften des realen Systems zu lösen.

Es möge zum Beispiel für die Erarbeitung des Algorithmus das Modell der wirkenden Faktoren und des Steuerungssystems benutzt worden sein, welches in Abb. 7 von einer gestrichelten Linie umgeben ist. Auf die annähernde Übereinstimmung der Modelle mit den real wirkenden Faktoren und den technischen Elementen des ASU weisen die Zeichen ungefährer Gleichheit „≈" entsprechend in den Wegen I und II hin.

Es ist offensichtlich, daß das erarbeitete AlSU nur teilweise die Ziele der Leitung (Steuerung) befriedigen wird. Für die Erhöhung der Qualität des AlSU ist es notwendig, die Übereinstimmung der angenommenen Modelle mit den realen Objekten und Prozessen zu studieren und darüber hinaus entsprechende Korrekturen in der Struktur des AlSU vorzunehmen. Mit diesem Ziel wird im Weg III (AlSU — technische Mittel des ASU) ein Block zur Qualitätsbewertung der steuernden Signale, die mit Hilfe des erprobten AlSU erarbeitet wurden, aufgestellt. Beim Fehlen der Bewertungskriterien der Qualität der Steuersignale wirkt sich die Bewertung der Stabilität der Steuerung unmittelbar im Verhalten der zu steuernden Objekte aus. Die Stabilität der Steuerung wird gekennzeichnet durch die korrelativen Beziehungen zwischen I, II und III. Wenn sich aber der Steueralgorithmus für einige Situationen als unbestimmt erweist, dann zeugt das von der Nichtübereinstimmung dieser Beziehungen.

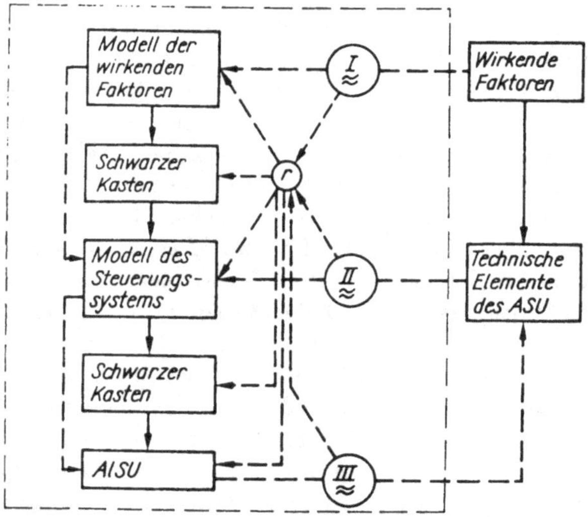

Abb. 7. Verallgemeinertes Arbeitsschema eines AlSU

Der Buchstabe r in Abb. 7 stellt einen bedingten Korrelator dar, in den die Informationen über die fehlende Übereinstimmung der einzelnen Glieder des betrachteten Schemas eingehen. Auf der Grundlage dieser Informationen werden entsprechende Korrekturen entweder in der Struktur der Modelle und im AlSU oder in den Ausgangsergebnissen der Modellierung durch Hinzufügen von Verbesserungen nach der Black-Box-Methode vorgenommen.

Die annehmbarste Lösungsmethode der betrachteten Aufgabe ist die mathematische Modellierung unter Ausnutzung elektronischer Rechner. Die äußere Ergänzung wird in diesem Falle den Strom zu imitierender Ausgangsinformationen durch Modelle über den Zustand der Elemente des Steuerungssystems, die Einwirkung der Umgebung, den Zustand des gesteuerten Prozesses sowie über den Block zur Stabilitätskontrolle der Steuerung nach den Ergebnissen der Modellierung herstellen.

So läßt sich, ausgehend von weiter oben gemachten Überlegungen, folgendes Schema für die Organisation der Erarbeitung eines AlSU festlegen:

1. Auf der Grundlage von Intuition und von Apriori-Erkenntnissen werden der Ausgangssteueralgorithmus und eine komplexe Modellanordnung, deren Struktur und Bedeutung weiter unten gezeigt werden, erarbeitet;

2. der Ausgangssteueralgorithmus wird unter Ausnutzung der Automatisierung der Programmierung in den Speicher des Rechners überführt;

3. mit Hilfe der statistischen Modellierung wird die Optimierung des algorithmischen Systems bis zum vorgegebenen Niveau vorgenommen.

Bei einer derartigen Organisation sind zwei Stufen der Automatisierung der Erarbeitung eines AlSU möglich. In der ersten Stufe wird mit Hilfe der bekannten Mittel der Automatisierung der Programmierung (algorithmische Sprachen, Übersetzungsprogramme, Autokodes, Kompiler, Standardprogramme) der Prozeß der Überführung des Ausgangssteueralgorithmus in den Speicher des Rechners, der den Bearbeitern zur Verfügung steht, beschleunigt und außerdem zahlenmäßig durch die Modellanordnung erarbeitet. In der zweiten Stufe werden automatisiert: Die Wiedergabe zufälliger Ströme von Eingangsinformationen; die Analyse der Funktion des AlSU und die Bewertung der Qualität der steuernden Signale; die Suche der Elemente des AlSU, die der Bearbeitung unterliegen; die Parameteroptimierung; die Einführung von Veränderungen in das AlSU.

Wenn ein AlSU ein Bedienungssystem darstellt, das aus Elementen besteht, wie sie in Abb. 1 zu sehen sind, dann kann man das Schema der Modellanordnung, das für die Erarbeitung des AlSU benutzt wird, so darstellen, wie es Abb. 8 zeigt.

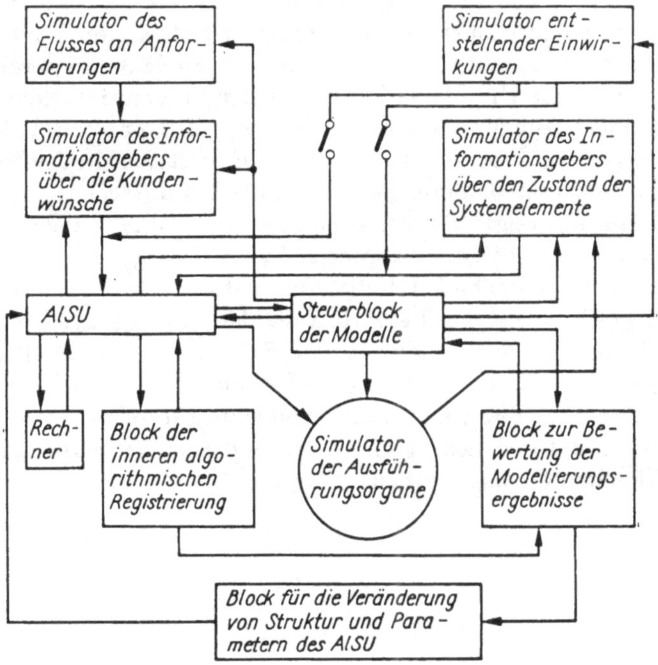

Abb. 8. Schema eines komplexen Simulationsmodells

Wie aus Abb. 8 ersichtlich, enthält die Modellanordnung außer den Simulatoren der Systemelemente (Simulatoren der Informationsgeber über die Kundenwünsche und die Zustände der Systemelemente sowie der Ausführungsorgane) eine Reihe von Hilfsblöcken: Einen Simulator des Flusses an Anforderungen, einen Simulator entstellender Einwirkungen, einen Steuerblock der Modelle, einen Block für die Bewertung der Modellierungsergebnisse, einen Block der inneren algorithmischen Registrierung, einen Block für die Veränderung von Struktur und Parametern des AlSU.

Der Simulator des Flusses an Anforderungen sichert bei der Modellierung den Eintritt der Anforderungen an die Bedienung in den Eingang des Simulators der Kundenwünsche. Charakteristiken der Anforderungen können sein: Nummer (Typ) des Details, das der Abarbeitung unterliegt; Inhalt der Operation; Bezeichnung des Systemelementes, in dem die Abarbeitung stattfindet (auch des bedienenden Gerätes) u. ä. Die Merkmale des Anforderungsflusses können verzerrenden Einwirkungen (zufälligen und determinierten) unterworfen sein. Bei der Modellierung werden diese Einwirkungen durch einen speziellen Block simuliert.

Mit Hilfe des Steuerblocks werden die Arbeitsweisen des Modells angegeben, und es wird die Koordinierung der Arbeit aller Blöcke der Modellanordnung nach Zeit und Verbindungskanälen gewährleistet.

Allgemeine Angaben über den Charakter des Steuerungsprozesses, die Funktionsweise des AlSU und die Ergebnisse der Modellierung werden durch den Block der inneren algorithmischen Registrierung festgehalten. Auf der Grundlage dieser Informationen wird die Bewertung der Modellierungsergebnisse vorgenommen, werden die Ursachen des Sinkens der Ergebnisfähigkeit festgestellt und Empfehlungen zur Vervollkommnung des AlSU erarbeitet. Zur Durchführung der einzelnen Arbeiten am AlSU wird unmittelbar in der Modellanordnung im Verlaufe der Modellierung ein Extrablock vorgesehen.

Wie die Erfahrung zeigt, können komplexe Modellanordnungen effektiv bei der Erarbeitung neuer hochautomatisierter Systeme eingesetzt werden. Bei der Einführung der Rechentechnik für die Automatisierung der Leitung tatsächlicher Betriebe fällt, wenn eine Beschränkung der Erarbeitungskosten des ASU unvermeidlich ist, die Notwendigkeit der Schaffung einer Modellanordnung häufig weg, weil deren Rolle der Betrieb selbst übernimmt und die Qualität der erarbeiteten Lösungen, Pläne und Steuersignale im Prozeß der Abarbeitung des ASU automatisch mit den Lösungen, Plänen und Signalen verglichen wird, die durch die wirkenden Organe erarbeitet werden.

4. EINIGE FRAGEN DER ÄUSSEREN PROJEKTIERUNG EINES AISU

4.1. Probleme der äußeren Projektierung eines AISU

Die äußere Projektierung eines AISU schließt in sich die Koordinierung seiner Wesensmerkmale mit denen anderer Objekte des ASU ein und darauf aufbauend die Erarbeitung technischer Anforderungen an das AISU und die sie realisierenden Rechenmittel. Die äußere Projektierung beinhaltet die Etappen 1—7 des Schemas in Abb. 3.

Der Prozeß der Erarbeitung eines ASU umfaßt die Schaffung algorithmischer und technischer Komplexe des ASU und die Organisation ihrer Funktionsfähigkeit unter den konkreten Bedingungen eines Betriebes.

Ungeachtet dessen, daß eine bedeutende Vielzahl von ASU vorhanden ist, wird auf eine Reihe allgemeiner zusammenhängender Probleme hingewiesen, die von denen gelöst werden müssen, die ASU untersuchen und erarbeiten.

Das vor allem bedeutet Untersuchung eines existierenden Steuerungssystems als Automatisierungsobjekt, wenn das Studium der Materialflüsse im Betrieb, die Analyse von Funktionen, Struktur und Informationsbelastung des Steuerungsapparates, das Vorhandensein von Produktionsreserven, die Aufstellung von Produktionssteuerungsaufgaben des Betriebes, die Festlegung von Ziel und Automatisierungsgrad des betrieblichen Steuerungssystems mit eingeschlossen werden.

Ein anderes Problem beinhaltet die Schaffung eines mathematischen Modells des Steuerungssystems mit dem Ziel der Auswahl und Begründung der funktionellen, informationellen und technischen Struktur sowie der Ausarbeitung von Algorithmen des automatisierten Systems. Nach dem Charakter und dem Umfang der notwendigen Untersuchungen ist das vorliegende Problem eines der allerwichtigsten. Die Algorithmierung und darüber hinaus die Modellierung von Steuerungssystemen für einen Produktionskomplex erfordern die Analyse des Wahrscheinlichkeitscharakters der Flüsse von ökonomischen und Plankennziffern, welche die Dynamik der materiellen und Arbeitsressourcen widerspiegeln, das Studium der grundlegenden Gesetzmäßigkeiten und strukturellen Besonderheiten der Funktionsweise eines Produktionssystems sowie die Begründung der Bewertungskriterien für die Arbeit des Systems und seiner einzelnen Teile (Teilsysteme).

Ein weiteres Problem ist die Festlegung der Struktur und des Bestandes der technischen Mittel eines Systems. Dieses Problem ist eng verbunden mit der richtigen Bewertung von Rolle und Stellung des Menschen als Element des automatisierten Systems und der Lösung der Frage der Wechselbeziehungen Mensch—Dokument—System.

In die Reihe der wichtigsten Probleme gehören auch Analyse und Synthese der Strukturen von Steuerungssystemen für komplizierte Produktionskomplexe, die Organisation eines optimalen Informationsflusses im System ASU—Produktion, die Gewährleistung der notwendigen Zuverlässigkeit der Funktionsweise des ASU unter Berücksichtigung spezifischer Anforderungen konkreter Produktionen und der ökonomischen Zweckmäßigkeit.

Die wesentlichste Bedingung für eine erfolgreiche Lösung der zahlreichen Probleme ist die Schaffung real funktionierender AlSU und der Einsatz der Statistik bei verschiedenen Parametern, die die Eigenschaften der Probleme charakterisieren.

4.2. ASU und Wirtschaftlichkeit

Ungeachtet dessen, daß gegenwärtig eine einheitliche Methode für die Effektivitätsberechnung der Automatisierung der Leitung bzw. Steuerung fehlt, gibt es über die Zweckmäßigkeit der Einführung von ASU in die Industrie, besonders im Zusammenhang mit dem Übergang zum neuen System des Wirtschaftens keinen Zweifel. So kann zum Beispiel ein Werk der Schwermetallurgie nach Einführung von ASU der Wirtschaft einige Millionen Rubel im Jahr mehr zuführen und den Aufwand zur Schaffung des ASU in 4 bis 4,5 Jahren decken.

Zusammengefaßt wird der Nutzen, der mit der Einführung von ASU verbunden ist, durch folgende ökonomische Grundsätze bestimmt:

— Erhöhung der Produktivität der Ausrüstungen durch exaktere Organisation der Steuerung der Produktion, des Arbeitsrhythmus, der Senkung der Stillstandszeiten der Aggregate, der optimalen Auftragsverteilung zwischen Abteilungen und Ausrüstungen;

— Senkung der Produktionsselbstkosten durch Verringerung der Lagerbestände an Ausgangsmaterialien, Beschleunigung der Bewegung der Umlaufmittel, Verringerung der Verluste durch Vertragsstrafen und anderes:

— Verringerung der Arbeitsaufwände, die mit dem Sammeln und Verarbeiten von Produktionsüberwachungs- und ökonomischen Planinformationen zusammenhängen, Beseitigung von Parallel- und Doppelarbeit in den Verwaltungen und Verringerung der Zahl von Arbeitskräften, die in den Abteilungen und der Werkleitung mit Rechenoperationen beschäftigt sind;

— Erhöhung der Qualität der Erzeugnisse durch Verbesserung der Produktionsorganisation und Vervollkommnung der operativen Kontrolle.

Betriebe, in denen die Automatisierung ökonomisch zweckmäßig verwirklicht wird, treffen ihre Auswahl auf der Grundlage der Bewertung des Gesamtgewinns, der als Resultat der Einführung von ASU erhalten wird.

Bedeutende Produktionsverluste bei nichtautomatisierter Leitung und Steuerung der Betriebe werden hauptsächlich durch organisatorische Mängel hervorgerufen. So beträgt beispielsweise der Anteil der Stillstandszeiten der

Ausrüstungen aus organisatorischen Gründen in einem der untersuchten Metallurgiebetriebe der Ukraine 40%, der Anteil der Verluste durch Ausschuß etwa 30%, der Anteil der Verluste durch Vertragsstrafen bis 40% u. ä. Die Analyse zeigte, daß die Produktionsverluste durch organisatorische Ursachen meist anwachsen. Das ist bedingt durch die Vergrößerung des Produktionsumfanges, die Kompliziertheit der Zusammenhänge verschiedener (nach dem Wesen der zu realisierenden Funktionen) Produktionen, Abteilungen und Verwaltungen der Betriebe und dadurch, daß das Wachstum der Produktion schneller ist als das Tempo der Vervollkommnung der Leitung.

Die organisatorischen Ursachen der Produktionsverluste können in zwei Gruppen eingeteilt werden: In strukturelle und informationelle.

Die strukturellen Gründe geben die Fehler der funktionellen und informationellen Strukturen des wirkenden Leitungssystems wieder und äußern sich in der Parallelität der Lösung vieler Aufgaben sowie in der Mangelhaftigkeit und Nichtoptimalität einiger administrativer Zusammenhänge der Leitungsbestandteile. Die strukturellen Ursachen erklären sich hauptsächlich durch die Rückständigkeit des Leitungssystems im Vergleich zur Entwicklung der Produktion, durch die allzu große Entfernung der Leitungsarbeit von der unmittelbaren Produktion, von der Seite der Abstraktion und folglich durch die Kompliziertheit dieser Arbeit.

Die informationellen Ursachen hängen zusammen mit der mangelnden Vielfalt und der Unsicherheit der im Leitungssystem benutzten Informationen sowie mit der Nichtoptimalität ihrer Verarbeitung. Die informationellen Ursachen werden durch eine bedeutende Informationsüberlastung des Leitungsapparates, durch Mängel der Mittel der Organisations- und Rechentechnik und folglich durch einen Bruch zwischen dem Niveau der Arbeitsproduktivität des ingenieur-technischen Personals und der Angestellten und den Bedürfnissen der Produktionsorganisation erklärt.

Untersuchungen, die in einer Reihe von Betrieben durchgeführt wurden, zeigen, daß die mittlere Belastung der Mehrzahl der Arbeitskräfte in der Leitungssphäre durch Verdopplung der Rechnungen zur Selbstkontrolle die Norm der Geschwindigkeit logischer Urteile des Menschen um das 2—3fache übertrifft. Unter diesen Bedingungen werden das Lösen von Prognoseaufgaben mit vielen Varianten sowie komplizierte Berechnungen der operativen Analyse ökonomischer Grundkennziffern nach Fristen und Mannigfaltigkeit nicht optimal erfüllt. So wird zum Beispiel bei der Planung eine begrenzte Anzahl von Planvarianten betrachtet, die in der Regel nicht die bestmöglichen sind. Beim Aufstellen von Verflechtungsbilanzen wird die Vernachlässigung gegensätzlicher Zusammenhänge zugelassen. Eine Reihe von Aufgaben, die für die Leitung des Betriebes notwendig sind, werden überhaupt nicht gelöst. Gleichzeitig bedingt die Eigenart manueller Methoden der Informationsverarbeitung die Notwendigkeit des zeitweisen Festhaltens von Daten in Form von Zusammenstellungen und Tabellen, was zur Zersplitterung der Aufgaben und zum Auftreten von Dokumenten mit Zwischenrechnungen u. ä. führt.

Strukturelle und informationelle Ursachen von Produktionsverlusten stehen in engem Zusammenhang. Deshalb wird der Maximaleffekt durch die Automatisierung der Leitung in dem Falle erzielt werden, wenn das ASU die Fragen des Sammelns, der Übertragung und Verarbeitung der Informationen unter Einschluß aller Flüsse von Produktions- und ökonomischen Daten bei Vorbereitung, Planung, Berechnung, Analyse und Leitung der Produktion löst.

In der gegenwärtigen Zeit ist die Lösung einer solchen komplexen und vom ökonomischen Gesichtspunkt äußerst zweckmäßigen Aufgabe schwer zu erreichen.

4.3. Die mathematische Absicherung des Rechensystems

Die komplizierten Formen der Steuerung des Rechenprozesses, wie zum Beispiel die Arbeit des ASU in der Zeiteinteilung, die Arbeit des ASU mit mehreren Programmen und die Speichereinteilung im Verlaufe der Aufgabenlösung werden durch eine entsprechende schemaartige Organisation des Rechensystems und ein spezielles mathematisches System abgesichert. Die mathematische Sicherstellung beinhaltet das System der Sprachen, Algorithmen, Programme, technischen Instruktionen und Dokumente. Die Effektivität der mathematischen Absicherung eines Rechensystems wird nach dem Bedienungskomfort und der Zuverlässigkeit der Beziehungen Mensch—ASU bewertet.

In jüngster Zeit wurde eine Einteilung der mathematischen Gewährleistung in eine allgemeine und eine spezielle vorgenommen. Die allgemeine mathematische Gewährleistung ermöglicht es, das Rechensystem als Universalsystem der Bearbeitung von Daten einer bestimmten Klasse von Systemen zu benutzen. Zum Inhalt der speziellen mathematischen Gewährleistung eines ASU mit ökonomischer Bestimmung gehören sogenannte inhaltsreiche Algorithmen und Programme zur Lösung ökonomischer Planungs-, Produktionsüberwachungs- und informationeller Aufgaben; Algorithmen und Programme zur Realisierung von Standardprozeduren der Informationsverarbeitung in ASU (Algorithmen der Organisation von Informationsfeldern — Sortierung, Formulierung der Dokumente, Algorithmen der optimalen Planung — Methoden der mathematischen Optimierung und der kombinatorischen Analyse, Algorithmen zur Erstattung von Auskünften für die Abonnenten u. ä.); der Komplex von Operationsprogrammen, die die Funktionen der Steuerung der Arbeit des Systems erfüllen sowie die Organisation des Informationsaustausches, die Herstellung der Reihenfolge bei der Nachrichtenaufnahme und bei der Verarbeitung im AlSU, die Erhöhung der Effektivität der Ausnutzung der Ausrüstungen; Algorithmen zur Kontrolle des Informationseinganges und zur Gewährleistung einer zuverlässigen Beziehung Mensch—ASU.

Die Effektivität der Ausnutzung eines Rechensystems als Universalsystem für die Informationsverarbeitung hängt wesentlich vom Vorhandensein der allgemeinen mathematischen Sicherstellung im ASU ab, die aus folgenden speziellen Gruppen restlicher (im Verhältnis zu den funktionell-inhaltsreichen) Algorithmen und Programmen besteht:

— Gruppe der Testprogramme, die festgelegt wird für die komplexe Kontrolle des Zustandes der verschiedenen Blöcke und Einrichtungen des Rechensystems und die Aufrechterhaltung normaler Arbeitsbedingungen des Systems, aber auch Programme zur ständigen Kontrolle des Rechenprozesses, welche die Lösungsanalyse nach Fehlermerkmalen und die automatische Wiederholung der Berechnungen im Bedarfsfalle sicherstellen;

— Übertragungseinrichtungen von verschiedenen Eingangssprachen und interpretierenden Systemen mit Bibliotheken von Standardprogrammen;

— Gruppe der Hilfsprogramme, z. B. Anpassungsprogramme, die die Beziehung des Bedieners zum Rechensystem sicherstellen u. a.

Die allgemeine mathematische Absicherung wird in der Regel für eine bestimmte Klasse von Rechensystemen erarbeitet, und deren Parameter beeinflussen wesentlich ihre Struktur und ihren Inhalt.

In der Gesamtheit der mathematischen Sicherstellung wird in der Regel eine Menge von Algorithmen und Programmen vorgesehen, die die Möglichkeit eines ständigen Zuwachses und die Vervollkommnung des AlSU gewährleisten.

4.4. Grundanforderungen an die technischen Mittel von Rechensystemen

Im Komplex der technischen Mittel, die die Funktion des ASU sicherstellen, lassen sich zwei Ebenen unterscheiden — die Ebene der Speicherung und Verarbeitung und die Ebene des Sammelns und Übertragens von Informationen.

Die Ebene der Speicherung und Verarbeitung von Informationen gewährleistet eine geregelte Informationsspeicherung und -verarbeitung. Die Untersuchung des Inhaltes der Operatoren des AlSU führt zu dem Schluß, daß die Grundlage der Informationsverarbeitung ein Universalrechner sein muß. Wir formulieren die wichtigsten „System“-Anforderungen an den Rechner, die zweckmäßig in drei Gruppen eingeteilt werden.

1. Forderungen an die Ausrüstung und Vervollständigung der technischen Mittel für die Informationsspeicherung und -verarbeitung:

— Ausrüstung mit Einrichtungen zur Vorbereitung der Dateneingabe mit Lochkarten und Lochstreifen, zur Ausgabe der alphanumerischen Informationen im Breitdruck (Typ AZPU) für das Ausschreiben der Dokumente und Ergebnistabellen, zur Vervielfältigung von Dokumenten, für die operative visuelle Darstellung grafischer Informationen und solcher, die durch Zeichen dargestellt werden und für die Verbindung der Rechner mit peripheren Geräten zur Sammlung und Übertragung von Informationen;

— das Vorhandensein des notwendigen Umfanges und der entsprechenden Sätze von Speicherarten des Rechensystems [Kapazität des benutzten Speichers je nach Speicherung auf Magnetband, Magnettrommeln oder Magnetplatten für die Aufbewahrung oft benutzter Informationen, die Kapazität der Magnet-Speichereinrichtung darf nicht weniger als $(1-2) \cdot 10^8$, $(5-8) \cdot 10^7$ oder $(5-8) \cdot 10^5$ *Bit* betragen];

— das Vorhandensein elektronischer Uhren für die Synchronisation der Arbeit des ASU im Echtzeitbetrieb.

2. Forderungen an die logische Struktur und die Parameter:

— Die Struktur des Rechensystems muß blockweise sein und die Veränderung der Rechnerkapazität zulassen;

— Vorhandensein eines Unterbrecherblocks, der es erlaubt, eine Arbeit des Systems mit mehreren Programmen im Echtzeitbetrieb zu organisieren;

— das Adressensystem muß die Möglichkeit der Behandlung von Worten mit veränderter Länge zulassen;

Existenz einer mehrstufigen automatischen Voradressierung bei der Arbeit mit großen Datenmengen;

— Vorhandensein effektiver Kontrolleinrichtungen.

3. Forderungen an die mathematische Gewährleistung der Rechensysteme:

Diese Forderungen wurden im vorangegangenen Paragraphen betrachtet.

Die rechentechnisch höchsten Anforderungen befriedigen, wenn auch nicht in vollem Umfang, solche Rechner wie „Dnepr-21“, „Ural-14“, „Minsk-32“ und Maschinen der Serie ACBT M-3000, die folgende Parameter aufweisen:

Effektive[1]) Geschwindigkeit der Informationsverarbeitung durch die Zentraleinheit [*1000 Operationen/s*]	10–20
Mittlere Zeit für die Suche eines benötigten Bandabschnittes [*s*]	150–170
Eingabegeschwindigkeit:	
mit Lochstreifen [*Zeichen/s*]	1000
mit Lochkarte [*Karten/min*]	500
Ausgabegeschwindigkeit des Druckers [*Zeilen/min*]	400
Kapazität [*Mio. Wörter*]:	
des Arbeitsspeichers	bis 0,064
des externen Magnetspeichers	bis 16

Die Realisierung eines AlSU stellt spezifische Forderungen an die Produktivität eines Rechners, die damit zusammenhängen, daß in den Programmen des AlSU eine große Zahl von Beziehungen zu äußeren Einrichtungen existiert. Als Maß für die Bewertung der Produktivität eines Rechners kann eine Kennziffer benutzt werden, die die Menge der zu lösenden verallgemeinerten Auf-

[1]) Unter effektiver Geschwindigkeit wird hier der gewogene Mittelwert der Geschwindigkeit verstanden, der durch den Anteil der Erfüllung der verschiedenen Operationen, die für die Aufgaben des ASU charakteristisch sind, erhalten wird.

gaben pro Zeiteinheit charakterisiert oder als reziproke Kennziffer, die Zeit für die Lösung irgendeiner verallgemeinerten Aufgabe [21]. Zum Beispiel wurde als Ergebnis der Produktivitätsbewertung eines Rechners „Ural-14" in bezug auf Aufgaben der gewöhnlichen Datenverarbeitung ein Wert der genannten Kennziffer von 15–45 *Aufgaben/Stunde* erhalten [56].

Die Ebene des Sammelns und Übertragens von Informationen gewährleistet den Informationsaustausch zwischen den territorial getrennten Gliedern des ASU — den Abteilungskontoren, den Bereichen der Werkleitung, den Überwachern der Produktionsabschnitte, dem Rechenzentrum u. a. Diese Ebene muß gewährleisten:

— Zuverlässige Informationen über den Produktionsablauf;

— Kontrolle der Informationsübertragung und im Bedarfsfalle Wiederholung der Dateneingabe ins System;

— eine Fülle von Nachrichten;

— die Möglichkeit der programmgemäßen Verarbeitung primärer Informationsmassive in Übereinstimmung mit der vorliegenden Funktionsweise des ASU;

— die Möglichkeit der Aufbewahrung eines juristischen Dokumentes als Informationsträger u. a.;

— die Möglichkeit der manuellen Informationseingabe in den Rechner von Punkten aus, die bis zu 15 *km* vom Rechenzentrum entfernt sind, der Eingabe alpha-numerischer Informationen durch elektrische Schreibmaschinen oder Fernschreiber, der Informationseingabe mit Hilfe von Spezialdokumenten, der operativen Eingabe von Informationen in der Art von Dokumenten der geschilderten Form, der visuellen Indikation operativer Informationen.

Die Information, die im ASU umläuft, kann nach zwei Grundarten klassifiziert werden: Informationen, die mit einer Periodizität von mehr als 24 Stunden in das AlSU eingehen (Daten zur Lösung ökonomischer Planaufgaben) und Informationen, deren Periodizität des Eintretens in das AlSU weniger als 24 Stunden beträgt (Daten für die Lösung von Leitungsaufgaben).

Ein- und Ausgang von Informationen der ersten Art wird durch äußere Standardeinrichtungen des Rechners gesichert, bei der zweiten Art aber durch systemeigene Zahlenzusammenhänge, welche einschließen:

— Eine Kopplungseinrichtung, die unmittelbar an den Rechner angeschlossen ist und mit allen Punkten verbunden ist, die Informationen aus dem Rechensystem erhalten und Daten in den Rechner eingeben (in der Regel wird die Anschlußmöglichkeit von mehr als 100 solcher Punkte vorgesehen). Die Kopplungseinrichtung wird an den Rechner an Stelle einer der äußeren Standardeinrichtungen angeschlossen und muß die Möglichkeit der gleichzeitigen Informationsaufnahme und -abgabe über alle Verbindungskanäle vorsehen sowie die gleichzeitige Aufnahme und Abgabe von Informationen aus bzw. an die große Zahl benannter Verbindungskanäle gewährleisten;

— eine Kanalübertragungseinrichtung, die für die Umbildung des Binärkodes bestimmt ist, zum Beispiel in eine Reihe modellierter Töne und umgekehrt;

— Aufnahme- und Übertragungseinrichtungen, die unmittelbar an den Punkten aufgestellt werden, wo Primärinformationen gesammelt und Ergebnisse aus dem AlSU empfangen werden.

In Abhängigkeit von der Intensität der Ströme an Eingangsdaten und der Verwendung der Ausgangsinformationen kann in jedem Punkt, wo Informationen gesammelt werden, eine beliebige Kombination von drei Eingabe-Ausgabe-Vorrichtungen aufgestellt werden: Pult für manuelle Eingabe, alpha-numerische Ein- oder Ausgabevorrichtung in Form einer elektrischen Schreibmaschine oder eines Fernschreibers und eine Einrichtung zur visuellen Indikation auf einer Fernseh-Bildröhre.

Wie eine Analyse zeigte, weist der Informationsaustausch zwischen ASU und dem Menschen, der auf dem vorhandenen Dokumentenumlauf begründet ist, eine bedeutende Überschüssigkeit und geringe Zuverlässigkeit der Beziehung Mensch—Dokument—System bei beträchtlichen Kosten und einem großen Umfang an einzutragenden Informationen auf [86]. Bedeutend bessere Ergebnisse liefert der Informationsaustausch durch ein spezielles Dokument das auf serienmäßigen alpha-numerischen Druckeinrichtungen vorbereitet wird und aus zwei Teilen besteht. In einem Teil wird durch Zahlen und Buchstaben ein Plan ausgedruckt, im anderen sind die Informationswege untergebracht. Ein Teil der Zeilen des speziellen Dokumentes dient als Adresse für das Auffinden des Analogons im Speicher des Rechners, in dem sich der gekennzeichnete ständige Teil der Information befindet, während die übrigen Zeilen für die Eintragung von Informationen durch den Menschen vorgesehen sind.

Die Existenz von Programmen zur Organisation von Informationsaufnahme und -ausgabe im AlSU sowie ihrer Aufbewahrung im entsprechenden Speicher verbessert die Organisation des Informationsaustausches im ASU.

4.5. Faktoren, die die Kosten und die Ausarbeitungszeit des AlSU beeinflussen

Bei der Organisation der Algorithmierungsarbeiten des Steuerungssystems entsteht die Notwendigkeit einer vorläufigen Bewertung von Kosten und Dauer der Ausarbeitung des AlSU. Die Kontrollbedingungen für Qualität und Termineinhaltung der Erarbeitung des AlSU müssen in einem speziellen Vertrag zwischen Auftraggebern und Erarbeitern festgehalten werden.

Kosten und Erarbeitungsdauer des AlSU werden durch zahlreiche Faktoren bestimmt, die man in drei Gruppen einteilen kann [98]: Technische Anforderungen an das ASU, Effektivität der Leitung der Ausarbeitung des AlSU und Niveau der Erarbeitung des AlSU durch entsprechende Spezialisten und technische Mittel.

Technische Anforderungen an das ASU. Kosten und Ausarbeitungszeit eines AlSU erhöhen sich gewöhnlich bei höheren Anforderungen an

— den Grad der Automatisierung des Steuerungssystems, die Anzahl der Zentren der automatischen Steuerung, die Entfernung der Steuerzentren voneinander;

— die Menge nach Typ und Bestimmung verschiedener Rechenmaschinen, durch die das AlSU realisiert wird;

— die Frequenz des Ein- und Ausganges von Informationen im Steuerungssystem und in den Rechenmaschinen;

— die Anzahl an Komponenten der speziellen Ausrüstung der steuernden Objekte, die gleichzeitig mit dem AlSU erarbeitet werden;

— den Umfang und die Zahl der verschiedenen Typen an Eingangsinformationen und die Menge von Verbindungskanälen des steuernden Objektes mit den zu steuernden Objekten;

— die Reaktionsgeschwindigkeit auf Veränderungen der Situation im Steuerungssystem;

— den Grad der Zuverlässigkeit der automatisierten Steuerung;

— die Geschwindigkeit der Wiederherstellung der Stabilität des Steuerungsprozesses bei Ausfällen und Störungen;

— die Zahl von Arbeitern, Angestellten und Hilfsprogrammen;

— die Zahl von Strukturveränderungen im Steuerungssystem;

— die informationelle Abhängigkeit der Operatoren des AlSU, die durch folgende Parameter bestimmt werden kann: Zahl von Typen an Eingangsdaten, die vorläufig abgearbeitet werden müssen; Zahl der verallgemeinerten Operatoren, die die eine oder andere der vorläufig erarbeiteten Daten benutzten; Zahl der Datenarten, die in vielen Operatoren benutzt werden und so im Speicher der Rechenmaschine aufbewahrt werden.

Effektivität der Leitung der Ausarbeitung des AlSU. Zur Teilnahme an der Erarbeitung des AlSU wird in den verschiedenen Etappen eine große Zahl von Organisationen mit ihren administrativen Unterteilungen herangezogen. Deshalb gewinnt bei der Organisation der Arbeiten für die Schaffung des AlSU die Koordinierung der Wirkungen der verschiedenen Projektausführenden eine besondere Bedeutung. Das schließt folgendes ein:

— Bei der Ausarbeitung des AlSU wird ein allgemeiner Plan benutzt, der die Abhängigkeit zwischen der Ausarbeitung von AlSU und ASU berücksichtigt, der die Verantwortlichkeit und Autorität der Erarbeiter, die verschiedenen Komponenten in Abhängigkeit von den Informationsbeziehungen zwischen ihnen und dem allgemeinen Ziel der Leitung des ASU festlegt, die Zusammenhänge und Prozeduren für die Realisierung der Lösungen sowie der Mechanismen der Veränderung des Planes bestimmt;

— Anwendung und Kontrolle der ausführlichen Pläne und entsprechenden Grafiken in allen Ausarbeitungsabschnitten;

— Festlegung der Aufgaben, Ziele, Anforderungen von Seiten des Kunden; Stabilitätsforderungen während der produktiven Tätigkeit;

— Festlegung der für Kunden und Bearbeiter annehmbaren Abwicklungsprozedur und des Einfügens von Veränderungen in die Steueralgorithmen von Korrekturen des Anwendungsplanes sowie von Änderungskosten;

— Einführung von Standards für die Terminologie und Dokumentation; Festlegung des Weges der Vorbereitung und Benutzung der Dokumentation in den verschiedenen Bearbeitungsetappen des AlSU; Gewährleistung der Bedingungen für die Qualitätskontrolle der Erarbeitung des AlSU.

Besonders große Aufmerksamkeit muß man der Dokumentation widmen, weil eine vollständige und genaue Dokumentation die Kontrolle der Leitung und die Aufrechterhaltung des Arbeitsprozesses gewährleistet. Bei einer guten Dokumentation schreibt und erprobt man die Programme schneller, es ist möglich, sie ständig zu verbessern und für eine breite Anwendung anzupassen. Deshalb muß von den ersten Etappen an, wenn vom Kunden die Aufgaben der automatisierten Steuerung und das dabei anzustrebende Ziel formuliert werden, bis zur Übergabe des AlSU an das ASU zur Inbetriebnahme die Dokumentation, die die vollständige Reihenfolge beinhaltet, effektiv kontrolliert werden. Die Dokumentationskontrolle schließt die Festlegung und praktische Anwendung von Standardformaten, Anforderungen an die inhaltliche Dokumentation und die Informationskanäle, Qualitätsstandards und die Annahme des redaktionellen und technischen Inhalts ein.

In einer Reihe ausländischer Firmen werden für die Programmierung Spezialisten eingesetzt — technische Bearbeiter, die, wenn man die Programmierung verfeinert versteht, den gesamten Teil der technischen Dokumentation schnell, exakt und in der richtigen Form vorbereiten.

Dabei werden nicht nur die Abschlußberichte vorbereitet und vervielfältigt, sondern auch alle Arbeitsmaterialien allgemeinen Charakters: Pläne, technische Aufgaben, Kodiertabellen, Kennzeichen und Termine, Programmablaufpläne, Schemata für die Speichereinteilung. Charakteristisch ist, daß der Arbeitsaufwand für Belege bei der Dokumentation manchmal 20—25% aller Aufwände ausmacht und daß auf 5 Programmierer ein technischer Bearbeiter kommt. Eine allgemeine Vorstellung über den Umfang einer technischen Dokumentation kann man aus Tab. 5 erhalten.

Niveau der Sicherstellung der Ausarbeitung eines AlSU, das durch Spezialisten und technische Mittel bestimmt ist. Diese Kennziffern hängen von der Qualifikation der Spezialisten für die Erarbeitung der Steueralgorithmen, für die Programmierung und die Bedienung der Rechenmaschinen sowie vom Vorhandensein von Rechenmaschinen, ihrer Zuverlässigkeit und den Rechenmöglichkeiten ab.

Das Fehlen von Rechenmaschinen für die Erarbeiter des AlSU, ihre nicht termingemäße Lieferung oder niedrige Produktivität verzögern die Arbeiten und Kontrolle der Steuerungsalgorithmen mit den Methoden der mathematischen Modellierung, die Erprobung des Programms und des AlSU. Bei Unzuverlässigkeit der Rechenmaschinen wird unnütz Zeit der Programmierer für die Suche der wahren Ursachen der Zweifelhaftigkeit der Rechenergebnisse vergeudet; es entsteht ein gegenseitiges Mißtrauen an der Qualifikation zwischen Programmierern und den Bedienern des Rechners; viel Zeit geht für vorgesehene und unvorhergesehene Instandsetzungsarbeiten an der Maschine verloren.

Tabelle 5

Vereinbartes Programmkennzeichen	Anzahl der Befehle	Seitenanzahl der Dokumentation
A	22339	1502
B	224210	5000
C	71400	1800
D	286000	5550 + 3000*

*) Teilinformation

Die Effektivität der Ausarbeitung eines AlSU sinkt in dem Falle, wenn die Bearbeiter Rechenmaschinen zur Verfügung haben, die sich in ihren Parametern wesentlich von den Maschinen unterscheiden, die unmittelbar im ASU für die Steuerung benutzt werden. Dabei können sich die Ergebnisse der vorläufigen Bearbeitung der Algorithmen und Programme als nicht vollständig richtig und allumfassend erweisen, das erfordert die nachträgliche Prüfung des AlSU in den vorhandenen Rechensystemen. Die Überführung der steuernden Objekte auf Rechenmaschinen führt bei der Abschlußbearbeitung des AlSU auch zu einer Verzögerung der Bereitstellungstermine des AlSU. Die optimale Lösung dieses Problems kann sowohl für die Ausarbeitung des AlSU als auch für die Steuerung im ASU beim Einsatz gleichartiger serienmäßiger Rechner erreicht werden oder durch die rechtzeitige (Vorlaufzeiten für die Fertigung der anderen Elemente des ASU) Vorbereitung des steuernden Rechners, wenn die Bearbeitung des AlSU unmittelbar am Objekt vorgenommen wird. Die rechtzeitige Vorbereitung des steuernden Rechners ist auch aus dem Grunde wünschenswert, um viele Mißverständnisse zu vermeiden, die bei gleichzeitiger Bearbeitung der Programme und des Rechners auftreten und zur Unvereinbarkeit dieser beiden Elemente führen. Fehlerquellen bei der Erarbeitung eines AlSU können auch die Programme der mathematischen Gewährleistung der Rechensysteme im Falle ihrer nicht genügend sorgfältigen Bearbeitung sein.

Bezüglich der Ausmaße an Aufwendungen für die Erarbeitung eines AlSU gibt es in der ausländischen Presse Informationen darüber, daß sie in der Regel die Kosten der sie realisierenden Rechenmaschinen übersteigen.

Die Kosten für die Ausarbeitung eines AlSU sind

$$K = K_{Al} + K_P + K_D + K_{MS} + K_{MZ} + K_{Am} ,$$

wobei K_{Al}, K_P, K_D, K_{MS}, K_{MZ} und K_{Am} die Kosten entsprechend der Erarbeitung des Steueralgorithmus sind; der Programmierung, Testung und Erprobung der Programme; der Dokumentation im AlSU; der mathematischen Sicherstellung der Erarbeitung des AlSU; der Nutzungszeit des Rechners (Maschinenzeit) für das Abarbeiten der Programme; der Amortisation der technischen Einrichtungen des ASU für Testung und Erprobung der Programme.

Während die Ausarbeitung des AlSU in der Hauptsache durch die Aufwände bestimmt wird, die mit der Benutzung des Rechners und einiger Hilfseinrichtungen (Locher, Doppler, Magnetofone, Ein- und Ausgabevorrichtungen) sowie den Aufwänden zur Amortisation der Einrichtungen des ASU verbunden sind, beeinflussen die an die Spezialisten zu zahlenden Gehälter wesentlich die Kosten der Erarbeitung eines AlSU. Deshalb kann man eine vorläufige Bewertung der Kosten eines AlSU auf der Grundlage der Prognose des Mitarbeiterbestandes und der Realisierungsfristen der einzelnen Arbeitsetappen durchführen.

Der Mitarbeiterbestand des AlSU kann folgendermaßen klassifiziert werden:

— Systemanalytiker (Erarbeiter des Systemprojektes);

— Spezialisten für die Technologie der Organisation von Produktion und Leitung;

— Planer und Ökonomen;

— mathematische Analytiker;

— Programmierer;

— leitende Programmierer (Leiter der Gruppe);

— technischer Bearbeiter (Erarbeiter der Dokumentation);

— Bediener des Rechners;

— technischer Rechner;

— Locher.

Wenn man die vorläufige Bewertung des Bestandes und der Qualifikation der Spezialisten, die zur Erarbeitung des AlSU herangezogen wurden, ausführt, lassen sich die orientierenden Kosten der Ausarbeitung des AlSU aus der Beziehung

$$S = \sum_{j=1}^{k} D_j T_j + \sum_{i=1}^{n} S_i t_{\Sigma_i} + \Delta S ,$$

bestimmen, in der D_j der mittlere Arbeitslohn des Bearbeiters der j-ten Spezialrichtung in einer Zeiteinheit (Tag, Monat, Jahr) ist; T_j sind allgemeine Arbeitszeitaufwände in der j-ten Spezialrichtung; S_i ist der Wert der Zeiteinheit für die Arbeit des technischen Mittels des i-ten Typs; t_{Σ_i} ist die Zeitsumme für die Benutzung des technischen Mittels des i-ten Typs; ΔS sind sonstige Unkosten.

Es ist offensichtlich, daß die Benutzungszeit des Rechners für die Abarbeitung der Programme (Maschinenzeit) in einer direkt proportionalen Abhängigkeit zu deren Umfang steht. Auf der Grundlage der Erfahrungen bei der Ausarbeitung großer Programme, die mit den Buchstaben *A*, *B*, *C*, *D*, *E*, *F*, *G* in der Arbeit [98] entsprechend gekennzeichnet wurden, erhielt man Abhängigkeiten, die in Abb. 9 gezeigt werden. Aus Abb. 9a folgt, daß als Mittelwert für die Abarbeitung von jeweils 53 Befehlen des Programms eine Stunde Maschinenzeit benötigt wird. Abb. 9b erlaubt es, eine schätzungsweise Bewertung der erforderlichen Maschinenzeit vorzunehmen, wenn der zu erwartende Programmumfang bekannt ist.

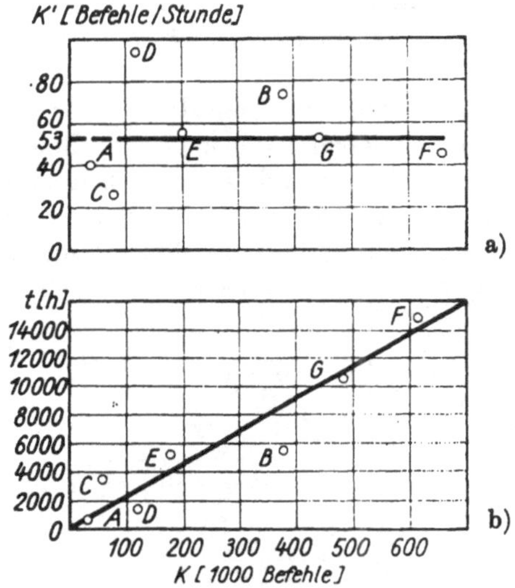

Abb. 9. a) Darstellung der Anzahl abzuarbeitender Befehle *K'* pro Stunde; b) Darstellung des Gesamtaufwandes an Maschinenzeit *t* bei der Programmtestung in Abhängigkeit vom Programmumfang *K*

Die Prognose der allgemeinen Arbeitsaufwände für die Erarbeitung des AlSU ist in Anbetracht der komplizierten Abhängigkeit von ihren zeitlichen Faktoren nur auf der Grundlage der Berechnung der Besonderheiten nicht nur des AlSU selbst, sondern auch der Bedingungen ihrer Erarbeitung möglich. So darf man zum Beispiel bei der Vorhersage der Arbeitsaufwände für die Erarbeitung eines AlSU durch junge Bearbeiterkollektive keine Kennzifffern benutzen, die die Produktivität erfahrener Arbeitskollektive zu Grunde legen und den Ausrüstungsstand der Kollektive mit technischen Mitteln und Mitteln zur Automatisierung der Programmierung nicht berücksichtigen.

Bei der Verallgemeinerung der Kennziffern der Arbeitsproduktivität der Programmierer erweisen sich solche statistischen Besonderheiten als nützlich wie die mathematische Erwartung der Zahl der von einem Programmierer in einer

Zeiteinheit aufgeschriebenen und geprüften Befehle

$$M(x) = \sum_{i=1}^{N} x_i P_i \ ,$$

das Streuungsmaß dieses Ereignisses

$$D(x) = \sum_{i=1}^{N} (x_i - M(x_i))^2 \, P_i$$

und die Standardabweichung

$$\sigma(x) = \sqrt{D(x)} \ ,$$

wobei x_i gleich der Zahl der pro Zeiteinheit aufgeschriebenen und geprüften Befehle ist (Zeiten für Krankheit und Urlaub werden nicht berücksichtigt), diese Zahl wird als Zufallsgröße angesehen; P_i ist die Wahrscheinlichkeit der Zufallsgröße x_i.

Streuungsmaß und Standardabweichung, die den Grad der Abweichung der Zahl der pro Zeiteinheit geschriebenen und geprüften Befehle von der mathematischen Erwartung charakterisieren, erlauben es, Einschätzungen des Arbeitsrhythmus im Programmiererkollektiv und über die Stabilität ihres Qualifikationsstandes vorzunehmen sowie genauere Prognosen in bezug auf die Erarbeitungsfristen der Programme nach folgenden Formeln zu formulieren:

$$T_0 = \frac{N}{M_\xi(x)} \ ;$$

$$T_{\max} = \frac{N}{M_\xi(x) - 3\sigma_\xi(x)} \ ;$$

$$T_{\min} = \frac{N}{M_\xi(x) + 3\sigma_\xi(x)} \ ,$$

in denen T_0, $T_{\max}$ und $T_{\min}$ die zu erwartende, maximale und minimale Erarbeitungszeit des ξ-ten Programmtyps ist. N ist der voraussichtliche Umfang des ξ-ten Programmtyps.

Als Beispiel sind in Tab. 6 die statistischen Charakteristiken der Arbeitsproduktivität bei manueller Programmierung dargestellt, die auf Grund der Verallgemeinerung der Arbeitserfahrungen einiger Rechenzentren erhalten wurden [98]. Wie aus Tab. 6 ersichtlich, wird die höchste Arbeitsproduktivität beim Aufstellen der Programme in dem Fall erreicht, wenn der Programmbearbeiter den Algorithmus in seiner Vollendung kennt und in seiner Arbeit nicht beschränkt ist durch die Speicherkapazität und die Arbeitsgeschwindigkeit des Rechners (III. Aufgabentyp). Voneinander abhängige Programme, die in der Echtzeit arbeiten, entstehen langsamer (Aufgabentyp IV und V). Die größte Standardabweichung wird beim Aufstellen von Teilprogrammen beobachtet, was durch die Individualität der Ausführenden sowie durch die Schwierigkeiten einer strengen Kontrolle und der Einwirkung von Seiten des Leiters der Arbeiten bedingt ist.

Tabelle 6

Charakteristik	Aufgabentyp				
	I	II	III	IV	V
$M(x)$, Befehle/Tag	27	11	41	6	6
$D(x)$	372	3,5	376	15,7	6,7

Anmerkung. Die Aufgabentypen werden durch folgende Kennziffern charakterisiert: I – autonome Rechenaufgaben, Programmumfang bis zu 1000 Befehlen; II – teilweise wechselseitig verbundene Aufgaben zur Erarbeitung von Operationssystemen, von denen jede einen Umfang bis zu 1000 Befehlen aufweist; III – autonome Programme bis zu 10000 Befehlen, die vom Erarbeiter eines Algorithmus aufgestellt wurden; ein Defizit des Speichers und der schnellen Wirkungsweise des Rechners wird nicht empfunden; IV – wechselseitig verbundene AlSU-Unterprogramme mit je bis zu 3000 Befehlen; im Kollektiv gibt es Anfänger in der Programmierung; V – algorithmische Steuerungssysteme ASU mit einem Umfang bis zu einigen Hunderttausend Befehlen.

Zum Abschluß muß man der Notwendigkeit Beachtung schenken, ein Maximum an Vorsicht und Aufmerksamkeit sowohl bei der statistischen Verallgemeinerung der Arbeitserfahrungen der Arbeitskollektive als auch bei der Benutzung der Ergebnisse dieser Verallgemeinerung zu zeigen. Zur Erhöhung der Zuverlässigkeit dieser Ergebnisse ist es notwendig, eine einheitliche Terminologie, einen Komplex von Regeln und Festlegungen und eine Aufgabenklassifikation aufzustellen sowie das Kennziffernsystem der Arbeitsproduktivität zu erweitern. Ein offensichtlicher Fehler der Benutzung des Programmumfanges als Maß der Arbeitsproduktivität ist der, daß erfahrene Programmierer gewöhnlich mit einer geringeren Zahl von Befehlen auskommen. Wesentliche Faktoren sind hier auch das Vorhandensein von Beschränkungen der Speicherkapazität der zu benutzenden Rechner, Unterschiede in der logischen Struktur der Maschinen und andere.

5. SYNTHESE DER INFORMATIONSLOGISCHEN STRUKTUR DER AISU

5.1. Ein allgemeines Problem der Synthese von Steuerungsalgorithmen

Vom Gesichtspunkt des gedanklichen (semantischen) Inhalts her, ist ein Steuerungsalgorithmus eine Gesamtheit von Funktionsoperatoren, die den Ablauf des Steuerungsprozesses bestimmen und dessen Parameter mit den Zustandsparametern des Produktionssystems verknüpfen. Ausgehend davon kann man das allgemeine Problem der Synthese (der rationalen Konstruktion) des Steuerungsalgorithmus folgendermaßen formulieren:

Es ist erforderlich, einen potentiell auf konkret vorhandenen Rechenmitteln realisierbaren Algorithmus aufzubauen, der es zu jedem Zeitpunkt $t_f \in \{t_i, t_{f_0}\}$ *für eine beliebige Untermenge von Ursprungs- (Eingangs-) daten* $\bar{a}_0 \subset \{\bar{a}\}$*, die den Zustand der Elemente des ASU und der Produktion charakterisieren, ermöglicht, solche Steuersignale* $\bar{U}_f$ *zu finden, deren Erfüllung die Erreichung des Funktionszieles des ASU gewährleistet.*

Der Prozeß der Synthese von Steuerungsalgorithmen läßt sich in Analogie zur Synthese komplizierter Automaten [21] in Etappen mit folgenden Aufgaben zerlegen:

— *Etappe der Blocksynthese* (Aufbau der informationslogischen Struktur des Algorithmus) — Einteilung der Blöcke entsprechend dem Schema des Algorithmus, Festlegung der von jedem Block zu lösenden Aufgaben und eines allgemeinen Planes für den Informationsaustausch zwischen den Blöcken. Endergebnis dieser Etappe müssen die Verallgemeinerung des Blockschaltbildes des Algorithmus und des Graphen der informationellen Beziehungen sein [3, 4, 23];

— *Etappe der abstrakten Synthese* — ungefähre Festlegung auf Grund der von jedem Block zu lösenden Aufgaben, der Speicherkapazität, die für die Realisierung eines gegebenen Blocks erforderlich ist, der allgemeinen Speicherkapazität und der maximalen Zahl von Operationen, die für die Lösung aller Aufgaben eines Zyklus notwendig sind. Mit anderen Worten wird in der gegebenen Etappe die potentielle Realisierbarkeit des Komplexes an Steuerungsaufgaben auf den zur Verfügung stehenden Rechenmitteln des Steueralgorithmus durchgeführt;

— *Etappe der Struktursynthese* — Festlegung der Technologie des Rechenprozesses, Auswahl allgemeiner mathematischer Lösungsmethoden für die Aufgaben jedes Blocks und die Aufgabe der optimalen Steuerung als Ganzes sowie die Realisierung dieser Methoden durch logische und Zahlenfunktionen. Ergebnis dieser Etappe ist ein vollständiger Steueralgorithmus;

— *Etappe der Synthese der Zuverlässigkeit* — Umgestaltung und Ergänzung des Steueralgorithmus mit dem Ziel der Garantie stabiler und optimaler Lösungen bei der Einwirkung von Störungen auf die Eingangssignale und beim Ausfall zentraler Prozessoren des Rechnersystems, da das zur Entstellung der Ergebnisse der Realisierung der Elementarvorschriften oder der Struktur des AlSU selbst führen würde.

Jede der genannten Etappen hat ihre eigenen Methoden und Probleme. So können zum Beispiel bei der Lösung der Aufgaben der letzten Etappe Methoden der Theorie der Systeme der automatischen Optimierung beim Auftreten realer Störungen; Methoden der Planung von Extremwertexperimenten zur Suche optimaler Parameter des Produktionsprozesses durch eine minimale Zahl an Proben (Experimenten); Methoden der Einführung eines zweckmäßigen nicht genutzten Algorithmenteils; Methoden der statistischen Modellierung, bei denen die Qualitätskennziffern unter den Bedingungen von Störungen optimiert werden, benutzt werden. Weite Verbreitung erhalten auch die verschiedenen Methoden der Kontrolle der Informationen auf Zuverlässigkeit, der Nutzung eines natürlichen Informationsüberschusses und des Aussonderns falscher Signale und Berechnungsergebnisse.

Im vorliegenden Kapitel wird eine Lösungsmethode der Aufgaben der ersten Etappe vorgeführt — die Etappe der Blocksynthese des AlSU.

5.2. Operatoren komplizierter Steuerungssysteme

Wir werden bemerken, daß die Leitung eines Betriebes die Erfüllung der gegebenen Menge an Zielen (Zwischen- und Endziele) gewährleisten muß, aber der Realisierungsprozeß jedes Zieles Lösung der Aufgabe des komplizierten Systems ist. Wir führen folgende Definition ein:

Als Operator q eines Steuerungssystems wird eine Gesamtheit von Algorithmen bezeichnet, deren Realisierung durch die Erfüllung einer endlichen Zahl von Operationen bei Angabe von Daten über den Zustand der Produktion zu einer (Gruppe) verallgemeinerten oder neuen Kennziffer des Produktionszustandes führt [42].

Bei einer solchen Interpretation ist der Operator ein allgemeiner Begriff im Verhältnis zum Begriff der Aufgabe für eine angenommene Methode der Detaillierung der Aufgaben im Steuersystem. Aufgaben, deren folgerichtige Lösung zur Verwirklichung eines Operators führen, heißen *Koordinaten des Operators*. Der funktionelle Inhalt eines Steuerungssystems wird durch eine entsprechende Reihe von Operatoren $q_1, q_2, \ldots, q_m$ bestimmt.

Wir suchen die Klasse von Operatoren aus, die metrische Eigenschaften besitzen. Zu zwei beliebigen Operatoren q_r und q_s, die dem funktionalen Gebiet L_q angehören, bestimmen wir eine Zahl $\varrho(q_r, q_s)$, die die Entfernung dieser Operatoren voneinander angibt und bezeichnen sie als Abstand. Unter dem *Abstand zwischen Operatoren* werden wir die Anzahl der Aufgabenpaare verstehen, die für beide Operatoren verschieden sind, d. h. die Anzahl der nicht übereinstimmenden Koordinaten des betrachteten Operatorenpaares.

Es ist offensichtlich, daß die Funktion $\varrho(q_r, q_s)$ alle gewöhnlichen Axiome des Abstandes befriedigt, nämlich:

$$\left.\begin{array}{l} 1.\ \varrho(q_r, q_s) > 0 \text{ für } q_r \neq q_s \text{ und } \varrho(q_r, q_s) = 0 \text{ genau dann, wenn } q_r = q_s \text{ ist;} \\ 2.\ \varrho(q_r, q_s) = \varrho(q_s, q_r) \text{ für beliebige } q_r, q_s \in L_q; \\ 3.\ \varrho(q_r, q_s) + \varrho(q_s, q_t) \geqq \varrho(q_r, q_t) \text{ für beliebige } q_r, q_s, q_t \in L_q\,. \end{array}\right\} \quad (6)$$

Deshalb besitzt die Menge von Operatoren, für die der Abstand bestimmt wurde, der die Bedingungen (6) befriedigt, die Eigenschaften eines metrischen Raumes.

Jeden Operator q_k^i des Gebietes L_q^i erfassen wir mit der Zahlenreihe $\varrho_{k_1}^i$, $\varrho_{k_2}^i, \dots, \varrho_{k_m}^i$, wobei m die Anzahl aller Operatoren q_k^i im Gebiet L_q^i ist und $\varrho_{k\alpha}^i = (q_k^i, q_\alpha^i)$, und wir werden dieses als *Vektorbeziehung* des Operators q_k^i im Gebiet L_q^i bezeichnen (der obere Index des Operators gibt die funktionale Besonderheit des Gebietes L_q^i wieder, der untere seinen Elementinhalt und die Strukturorganisation). So sind zum Beispiel, wenn das Operatorengebiet L_q^i durch drei Operatoren $q_1(a_1, a_2, a_3, a_4)$, $q_2(a_1, a_0, a_3, a_5)$ und $q_3(a_6, a_0, a_3, a_5)$ gegeben ist (wegen der Eindeutigkeit der Deutung wurden die oberen Indizes weggelassen), die Abstände zwischen ihnen

$$\varrho(q_1, q_2) = 2; \quad \varrho(q_1, q_3) = 3; \quad \varrho(q_2, q_3) = 1\,,$$

während die Verbindungsvektoren im gegebenen Gebiet für q_1, q_2 und q_3 entsprechend $h_1 = (0, 2, 3)$, $h_2(2, 0, 1)$ und $h_3 = (3, 1, 0)$ sind.

In Übereinstimmung mit Kapitel 2 erfolgt die Beschreibung des Operatorengebietes L_q^i bequem durch eine Koordinatentabelle der Operatoren

$$\left.\begin{array}{l} q_1\colon a_1a_2a_3a_4 \\ q_2\colon a_1a_0a_3a_5 \\ q_3\colon a_6a_0a_3a_5 \end{array}\right\},$$

und der Abstand der Funktionaloperatoren durch eine Abstandstabelle

$$H_q = \left\{\begin{array}{ccc} \varrho(q_1, q_1) & \varrho(q_1, q_2) & \varrho(q_1, q_3) \\ \varrho(q_2, q_1) & \varrho(q_2, q_2) & \varrho(q_2, q_3) \\ \varrho(q_3, q_1) & \varrho(q_3, q_2) & \varrho(q_3, q_3) \end{array}\right\}.$$

Im oben gezeigten Beispiel hat sie die Form:

$$H = \left\{\begin{array}{ccc} 0 & 2 & 3 \\ 2 & 0 & 1 \\ 3 & 1 & 0 \end{array}\right\}.$$

Wenn wir die Elemente der Abstandstabelle nach Zeilen (Spalten) summieren, so werden wir bemerken, daß den größten Abstand im Gebiet L_q der Operator q_1 besitzt und nach ihm der Operator q_3. Am stärksten ist der Operator q_2 mit allen anderen Operatoren des Gebietes L_q verbunden. Der Operator q_2 wird als *zentraler Operator* und q_1 als *Grenzoperator* im Gebiet L_q bezeichnet. Im allgemeinen Falle können sowohl mehrere Grenz- als auch mehrere zentrale Operatoren vorhanden sein. Die Summe $\sum_i \varrho(q_r, q_i) = \varrho(q_r, L_q)$ ist die Kennziffer des Abstandes des Operators q_r im Gebiet L_q.

Zwei oder mehrere Operatoren, bei denen nicht eine einzige Koordinate übereinstimmt, heißen *unabhängig,* aber jene, bei denen alle Koordinaten übereinstimmen, werden als *funktionsmäßig äquivalent* bezeichnet.

Der Nulloperator q_0 gehört jedem beliebigen Gebiet an und sagt aus, daß das Steuerungssystem unabhängig von der Ursprungsinformation zu keiner Ausgangsreaktion führt, und das ist gleichbedeutend mit dem Fehlen eines Steuerungssystems.

Ferner führen wir den Raum D ein, der über die Menge an Operatoren q des Gebietes L_q^i $(i = 1, 2, \ldots, m)$ gespannt werde. Die Menge an Operatoren für die Steuerung des Raumes D heißt *minimales System in diesem Raum,* wenn die Entfernung eines beliebigen Operators der Menge den über ihr aufgespannten Raum verkleinert.

Eine der wichtigsten Aufgaben theoretischer Untersuchungen ist das Problem der Ermittlung von Verfahren für den Aufbau und die Analyse des Operatorenraumes, der eine notwendige funktionale Effektivität bei für die Praxis zufriedenstellender Zuverlässigkeit und Realisierungskosten des Algorithmenkomplexes im Rechnersystem gewährleistet.

Die Synthese der funktionalen Struktur des ASU schließt den Aufbau eines optimalen Systems von Steuerungsoperatoren und einen bestimmten Überschuß ein, der die Zuverlässigkeit des komplizierten Systems sichert. Offensichtlich schließt aber der nicht immer wirtschaftliche und zum erwarteten Resultat führende Lösungsweg dieser Aufgabe ein heuristisches Ordnen der Informationsströme und eine Beseitigung von Dopplungen ein, d. h. den Aufbau äquivalenter Operatoren oder Kombinationen.

Für die Bestimmung von Kompliziertheit, Qualität und anderen Eigenschaften der Operatoren baut man einige Funktionale auf, nach deren Wert man die Korrelation zwischen den Operatoren eines gegebenen Gebietes bewerten kann. Zum Beispiel soll das Funktional G^* die Realisierungszeit der Operatoren q_1 und q_2 im Rechensystem wiedergeben. Man sagt, q_1 ist komplizierter im Verhältnis zu q_2, wenn $G^*(q_1) > G^*(q_2)$. Wenn aber $G^*(q_1) = G^*(q_2)$, so sind q_1 und q_2 bezüglich ihrer Kompliziertheit G^* im gegebenen Rechensystem äquivalent. Wenn zur Erfüllung des Operators Näherungsrechnungen benutzt werden, so spricht man von einer Bewertung der Kompliziertheit mit ungefährer Genauigkeit.

Wenn die Steueroperatoren als beliebig aufeinanderfolgende Gesamtheit tatsächlicher Zahlen gegeben sind, ist leicht einzusehen, daß die Operatoren im Raum D in diesem oder jenem Sinn klassifiziert werden können (nach den Realisierungskosten, der Wahrscheinlichkeit des störungsfreien Arbeitens des Steuerungssystems, der Kompliziertheit des Rechenprozesses u. a.).

Heben wir schließlich hervor, daß, wenn es zwei Gruppen von Operatoren q^1 und q^2 im Gebiet L_q^i gibt, wobei $q^1 \subset q^2$ zu beachten ist, dann $\bar{G}^{*i}(q^1) \leqq \bar{G}^{*i}(q^2)$ ist, wobei $\bar{G}^{*i}(q^1)$ und $\bar{G}^{*i}(q^2)$ die maximalen Werte des Funktionals G^{*i} in den Gruppen der Operatoren q^1 und q^2 sind. Mit anderen Worten erhöht sich bei einer Erweiterung des Gebietes. (Raumes) der Operatoren der Umfang der Rechenarbeit des Systems und die Größe der Aufwände, die Zuverlässigkeit der Funktionsweise des AlSU u. ä. aber sinken.

Aus dem Dargelegten ist ersichtlich, daß jede Aufgabe, die im Steuerungssystem gelöst wird, Koordinate einiger anderer Operatoren sein kann und daß letztere nicht einzelne Aufgaben, sondern ihre Gesamtheit charakterisieren, d. h. die informationellen Ströme, die den Zusammenhang zwischen ihnen bestimmen. Deshalb kann man die Operatoren als eine Zahlengesamtheit $\bar{\alpha}_j = (a_{j-1}, a_j)$ darstellen. Diese Zahlen sind Vektoren, die die benachbarten Aufgabenpaare ordnen:

$$q_j^i = \{\bar{\alpha}_1^i, \bar{\alpha}_2^i, \dots, \bar{\alpha}_{p_j}^i\} ,$$

wobei $p_j + 1$ die Koordinatenanzahl des Operators q_j^i ist; $\bar{\alpha}_{p_j}$ ist die Charakteristik des Ausgangs des Operators $q_j^i \in L_q^i$ unter Berücksichtigung der gegenseitigen Beziehungen der Menge der Operatoren in D, die nicht nur durch die funktionalen Eigenschaften q_j^i, sondern auch durch die Möglichkeiten der Nutzung ihrer Ergebnisse bestimmt sind.

Anders gesagt wird die Ausführung des Operators mit dem Ziel des Erreichens der Abgeschlossenheit im System vorgenommen. In der Praxis bedeutet das zum Beispiel die Dekodierung der Lösungsergebnisse irgendeiner Gesamtheit von Aufgaben und ihre Ausgabe durch das Rechensystem in Form eines Dokumentes der dargestellten Art (oder der Vervielfältigung dieses Dokumentes in einige Exemplare) sowie des Einprägens irgendwelcher Ergebnisse im System selbst, d. h. der Vorbereitung für eine zukünftige Benutzung.

Jede Aufgabe des Steuerungssystems läßt sich als Gesamtheit irgendwelcher Funktionen der Umwandlung von Informationen darstellen. Für das Steuerungssystem eines Betriebes können solche Funktionen als Standardprozeduren bei der Abarbeitung von Daten bestimmt werden (Sortieren großer Informationsmengen nach bestimmten Regeln, Einfügung von Veränderungen in die Mengen, Formulierung der Dokumente, Auszüge aus der Menge, Lösung linearer Planungsmodelle u. ä.).

Wie bekannt ist, wird eine Funktion; die in jedem Punkt auf einer Fläche oder in einem Raum mit einem in diesem Punkt beginnenden Vektor übereinstimmt, als *Vektorfeld* bezeichnet. Deshalb kann man von einem Vektorfeld der Operatoren wie auch von einem Feld der Gesamtheit der Funktionen, das die Bearbeitung der Angaben über den Produktionszustand charakterisiert, sprechen.

Die Komponenten $\bar{a}_j^1$ $(j = 1, 2, \dots, p_j^1)$ geben die bestehende Informationsbeziehung zwischen den Aufgaben a_{j-1}^1 und a_j^1 des Operators q^1 an. Es kann sich zeigen, daß das Ergebnis (oder ein Teil) der Aufgabe a_{j-1}^1 auch für die Lösung irgendeiner Aufgabe a_j^2 benutzt wird. Diesen Zusammenhang gibt der Vektor $\bar{a}_j^2$ wieder.

Ein Vektorfeld der Informationstransformation (Vektorfeld der Operatoren), das ständig das gleiche bleibt, bezeichnen wir als *bestimmtes Informationsfeld*. Mit anderen Worten, es hängt in einem bestimmten Informationsfeld der Operatoren der Prozeß der Informationstransformation nicht von der Zeit, sondern nur von den funktionalen Besonderheiten der zu betrachtenden Operatorenmenge ab.

Umwandlungsvektoren, die sich auf ein- und denselben Operator beziehen, stellen eine *Linie der Informationswandlung* dar.

Die vorher eingeführte Funktion ϱ wird als *Metrik des Raumes D*, der über der Menge von Operatoren des Steuerungssystems errichtet wurde, bezeichnet. Die Untermenge $L_{q_k r}$ von Operatoren, deren Abstand vom Operator q_k kleiner als die positive Zahl r ist.

$$L_{q_k r} = \{q \in D / \varrho(q_k, q) < r\}\,; \quad k = 1, 2, \ldots, m,\ r > 0\,,$$

werden wir *offene Zylinder des metrischen Raumes* (D, ϱ) nennen.

Man kann zeigen, daß der Raum (D, ϱ) ein topologischer Raum ist, und der offene Zylinder $L_{q_k r}$ die Basis dieses Raumes bildet (topologische Struktur), d. h. eine beliebige offene Menge aus D stellt die Einheit $L_{q_k r}$ dar. Das Studium der topologischen Eigenschaften des Raumes D (Zusammenhänge, Abstände, Äquivalenz u. a.) ist eine effektive Methode der Untersuchung der strukturellen Organisation eines AlSU [42]. Aber diese Fragen sind selbständige Aufgaben und werden in der vorliegenden Arbeit nicht betrachtet.

5.3. Ein Algorithmus zur Aufstellung von Informationsfeldern

Es sei eine Reihe von Aufgaben des Steuerungssystems gegeben:

$$a_1^i, a_2^i, \ldots, a_{k_i}^i, \ldots, a_1^j, a_2^j, \ldots, a_{k_j}^j\,.$$

$k_i + \cdots + k_j = n_0$ sei die allgemeine Zahl zu kontrollierender Parameter über den Zustand der Produktion und des Steuerungssystems, während die oberen Indizes $i, \ldots, j$ die verschiedenen funktionellen Aufgabengruppen charakterisieren.

Wir betrachten ein Verfahren der Beschreibung der Modelle eines Steuerungssystems mit Hilfe einer geordneten Tabelle der Koordinaten der Operatoren, deren geometrisches Abbild ein Graph der Wechselbeziehungen der Aufgaben des Steuerungssystems ist. Die Knoten des Graphen entsprechen den einzelnen Aufgaben (oder Aufgabengruppen), die Kanten charakterisieren die informationellen Zusammenhänge der Aufgaben [3, 8, 23].

Führen wir einige Begriffe ein. Als *Primärinformation* werden wir solche Daten ansehen, die über die Geber des Systems für das Sammeln von Informationen, über Anordnungen, verschiedene Dokumente usw. eingehen.

Die Aufgabe a_1^j heißt *wesentlich* für die Aufgabe a_2^j, wenn die Lösungsergebnisse von a_1^j als Ausgangsdaten für die Lösung von a_2^j dienen. Gleichzeitig sagt man, daß die Aufgabe a_2^j von a_1^j abhängt: $a_1^j \to a_2^j$. Die Aufgaben a_1^j und a_2^j heißen auch *funktionell benachbart.*

Im allgemeinen bedeutet die Behauptung „die Aufgabe b^j hängt von der Aufgabe a^j ab“: Es existieren solche Aufgaben, $a_1^j, \ldots, a_k^j$, die für die Aufgabe a^j wesentlich sind, und jede der Aufgaben a_i^j ist wesentlich für b^j, d. h.

$$
\begin{gathered}
a^j \to a_1^j;\\
\cdots\cdots\\
a_i^j \to a_{i+1}^j;\\
\cdots\cdots\\
a_k^j \to b^j .
\end{gathered}
$$

Man sagt, daß die Aufgabe a_k^j *unmittelbar wesentlich* für b^j ist, oder die Aufgabe b^j hängt unmittelbar von a_k ab. Diese Eigenschaft resultiert aus der Nachbarschaft der Aufgaben a_k^j und b^j.

Unter dem Rang der Aufgabe a^j wird die Zahl aller Aufgaben verstanden, die von a^j abhängen. Wir bezeichnen den Rang mit $R(a^j)$.

Ausgehend vom Gesagten kann man feststellen:

1. *wenn eine Aufgabe a^j von einer Aufgabe b^j abhängt, und die Aufgabe b^j von der Aufgabe c^j, dann hängt die Aufgabe a^j von der Aufgabe c^j ab*;

2. *wenn der Rang der Aufgabe a^j gleich $R(a^j)$ ist, die Aufgabe a^j aber von der Aufgabe b^j abhängt, so gilt $R(b^j) > R(a^j)$.*

Wir wollen dies verallgemeinern und erläutern. Zur nullten Aufgabenklasse K_0 gehören alle Primärinformationen und nur sie. Wir nehmen an, daß die i-te Klasse schon bestimmt sei (und bezeichnen sie durch K_i). Dann wird die $(i + 1)$-te Klasse K_{i+1} als Menge der Aufgaben bestimmt, die folgende Bedingungen befriedigen:

a) die Aufgabenklasse K_0 und die Ergebnisse der Aufgabenklassen K_1, $K_2, \ldots, K_i$ sind hinreichend für die Lösung dieser Aufgabenklasse;

b) zu jeder Aufgabe der Klasse K_{i+1} existiert wenigstens eine Aufgabe in der Klasse K_i, die wesentlich für die gegebene ist;

c) die Klasse K_{i+1} enthält keine Aufgaben, die wesentlich für die anderen Aufgaben dieser Klasse sind.

Aufgaben, die zur gleichen Klasse gehören, haben nicht unbedingt den gleichen Rang. Der größte Rang der Aufgaben einer gegebenen Klasse (K_i) wird als *maximaler Rang* dieser Klasse bezeichnet und durch $R(K_i)$ bezeichnet.

Es läßt sich folgende Aussage dann beweisen: *Der maximale Rang der* $(i + 1)$*-ten Klasse ist kleiner als der maximale Rang der i-ten Klasse,* d. h.

$$R(K_{i+1}) < R(K_i) .$$

Wenn $R(K_{i+1})$ der maximale Rang für die Klasse K_{i+1} ist, so gibt es wenigstens eine Aufgabe $b^j \in K_{i+1}$, deren Rang gleich dem Rang dieser Klasse sei, d. h. $R(b^j) = R(K_{i+1})$.

In Übereinstimmung mit dem weiter oben Gezeigten legen wir fest, daß in der i-ten Klasse eine solche Aufgabe $a^j \in K_i$ existiert, die wesentlich für $b^i(a^j \to b^i)$ ist und deren Rang größer als der Rang der Aufgabe b^j ist. Folglich ist der maximale Rang der Klasse, der die Aufgabe a^j angehört, erst recht größer als der Rang der Aufgabe b^j, d. h.

$$R(b^j) < R(a^j) \quad \text{und} \quad R(K_i) > R(b^j)\,.$$

Da aber $R(b^j) = R(K_{i+1})$ ist, folgt $R(K_i) > R(K_{i+1})$.

Ferner soll, durch die Analyse der grundlegenden zu kontrollierenden technisch-ökonomischen Kennziffern der Arbeit eines Betriebes und der Methoden der Informationsverarbeitung sowie durch die Beseitigung wiederholter Umwandlungen und zwischenzeitlichen Festhaltens von Daten, eine Aufgabentabelle der folgenden Art aufgestellt werden:

Bezeichnung der funktionalen Aufgabengruppe (j)	Chiffre der Aufgabe a_i^j	Chiffre der Aufgaben, die unmittelbar wesentlich für a_i^j ist	Chiffre der Aufgaben, die unmittelbar von a_i^j abhängt
1	2	3	4

Der Algorithmus des Aufbaues eines Informationsfeldes besteht aus zwei Teilen (Abb. 10).

Der erste Teil des Algorithmus besteht aus folgenden Etappen:

1. Analyse der Spalten 3 und 4 der Aufgabentabelle und Aussondern der Aufgaben der Spalte 2, für die die Primärdaten und nur diese wesentlich sind. Festhalten der Mengen der Aufgabenklassen K_0 und K_1;

2. Aussonderung der Aufgaben der Klasse K_2 die unmittelbar von den Aufgaben K_0 und K_1 abhängig sind, aus der Spalte 4, Festhalten der Aufgaben der Klasse K_2;

3. wenn alle Aufgaben ausgesondert und nach Klassen von K_0 bis K_i unterteilt sind, dann wird die Bestimmung der Aufgaben der Klasse K_{i+1} so lange durchgeführt, bis alle Aufgaben der Spalte 2 erfüllt sind;

4. die Kontrolle der Endbedingung der Einteilung der Aufgaben nach Klassen schließt die Analyse der Spalte 4 der Aufgabentabelle ein;

5. Formulierung der Aufgabenmengen einschließlich des Ordnens nach Klassen.

Somit wird im Ergebnis der Erfüllung des ersten Teils des Algorithmus die Menge an Aufgaben des Steuerungssystems nach Ebenen klassifiziert, wobei die Aufgabenzahl in den oberen Ebenen bedeutend kleiner verglichen mit den niedrigen ist, bedingt durch die Zusammenlegung der Kennziffern des Produktionszustandes. Letzteres bedeutet aber nicht, daß diese Verringerung der Kennziffern gleichmäßig oder monoton erfolgt.

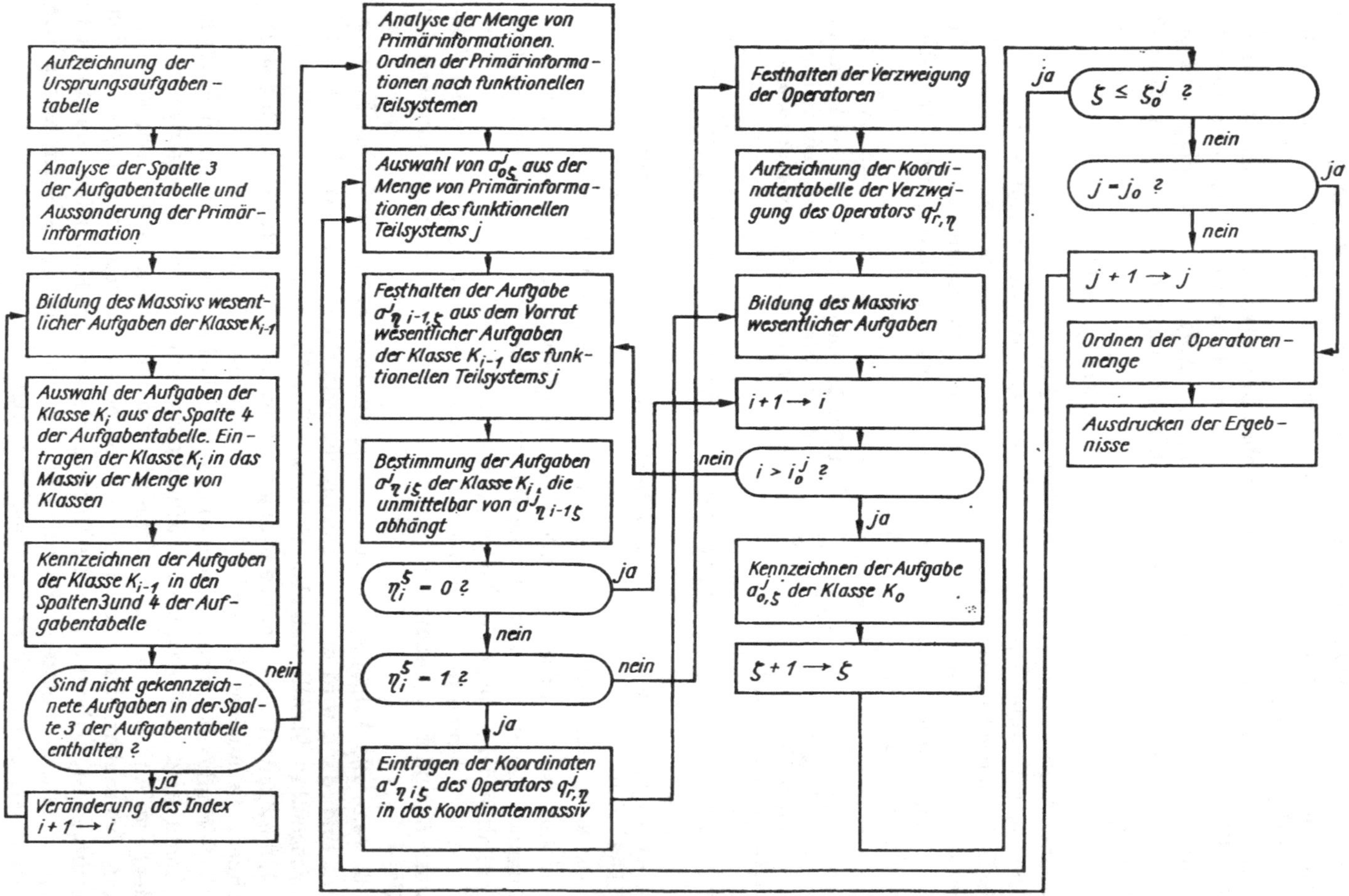

Abb. 10. Strukturschema eines Algorithmus für den Aufbau eines Informationsfeldes

j – laufender Index des funktionalen Gebietes; i – laufender Index der Klasse von Aufgaben eines funktionalen Gebietes (i^j_0 – Gesamtzahl von Klassen des Gebietes j); η^{ζ}_i – laufender Index der Menge von Aufgaben der Klasse i, die unmittelbar von der Aufgabe $a^j_{\eta_{i-1}}$ abhängen; ζ – laufender Index der Einheit einer Ausgangsinformation (ζ^j_0 – Gesamtzahl der Einheiten von Ausgangsdaten im Gebiet j)

Der zweite Teil des Algorithmus besteht aus folgenden Etappen:

6. Analyse der Kennziffern, die als Primärinformationen für das Steuerungssystem dienen und ihre Einordnung in Übereinstimmung mit den angewandten Methoden der Aussonderung funktioneller Untersysteme;

7. Festhalten des äußersten Elementes (der Aufgabe $a^j_{0\zeta}$) der Klasse K_0 und Auswahl der Aufgabe $a^j_{1\zeta}$ der Klasse K_1, für die die Aufgabe $a^j_{0\zeta}$ wesentlich ist ($a^j_{0\zeta} \to a^j_{1\zeta}$);

8. Analyse der Aufgaben der Klasse K_i ($i = 1, 2, \dots, i_0$), die von den Aufgaben $a^j_{\eta_{i-1}\zeta}$ abhängen. Wenn es eine solche Aufgabe in der Klasse K_i nur einmal gibt, d. h. $a^j_{\eta_{i-1}\zeta} \to a^j_{\eta_i\zeta}$, so geht man nach ihren Aufschreiben von $a^j_{\eta_{i-1}\zeta}$ aus zur Analyse der Aufgabe über, die von $a^j_{\eta_i\zeta}$ in der Klasse K_{i+1} abhängt. Wenn in Klasse K_i keine Aufgaben existieren, die von $a^j_{\eta_{i-1}\zeta}$ abhängen, so ist die entsprechende Koordinate des Operators gleich Null;

9. Wenn es in der Klasse K_i einige Aufgaben gibt, die von der Aufgabe $a^j_{\eta_{i-1}\zeta}$ abhängen, so bedeutet das, daß hier die Verzweigung des Operators $q^j_{1\zeta}(a^j_{0\zeta}, a^j_{1\zeta}, \dots, a^j_{\eta_{i-1}\zeta})$ begonnen wird. Er wird so viele Male aufgeschrieben, wie in Klasse K_i Aufgaben entdeckt wurden, die von $a^j_{\eta_{i-1}\zeta}$ abhängen. Man erhält so eine Familie von Operatoren:

$$\left.\begin{array}{l} q^j_{1\zeta}: a^j_{0\zeta}a^j_{1\zeta} \cdots a^j_{\eta_{i-1}\zeta}a^j_{\eta_i\zeta_1} \\ q^j_{2\zeta}: a^j_{0\zeta}a^j_{1\zeta} \cdots a^j_{\eta_{i-1}\zeta}a^j_{\eta_i\zeta_2} \\ \dots\dots\dots\dots \\ q^j_{r\zeta}: a^j_{0\zeta}a^j_{1\zeta} \cdots a^j_{\eta_{i-1}\zeta}a^j_{\eta_i\zeta_r} \end{array}\right\}$$

10. die Erweiterung der Operatoren $q^j_{1\zeta}, \dots, q^j_{r\zeta}$ wird in Übereinstimmung mit 8. und 9. so lange durchgeführt, bis die Aufgaben aller Klassen, die von $a^j_{0\zeta}$ abhängen, erschöpft sind,

11. Auswahl des folgenden Elementes der Klasse K_0 und Aufbau der Operatorenfamilie, deren Quelle das gegebene Element entsprechend 7.—10. ist;

12. Kontrolle der Endbedingung der Elemente der Klasse K_0;

13. Ordnen der Menge aufgebauter Operatoren, die die Gruppierung der Operatoren[1]) nach dem minimalen Abstand zwischen ihnen einschließt. So erhalten wir als Ergebnis der Erfüllung des Algorithmus eine geordnete Tabelle der Operatorenkoordinaten.

$$\left.\begin{array}{l} a_{11}a_{12} \cdots a_{1j}a_{1j+1} \cdots a_{1l} \\ a_{21}a_{22} \cdots a_{2j}a_{2j+1} \cdots a_{2l} \\ \dots\dots\dots\dots \\ a_{m1}a_{m2} \cdots a_{mj}a_{mj+1} \cdots a_{ml} \end{array}\right\} \qquad (7)$$

[1]) Im folgenden werden, mit dem Ziel der Vereinfachung des Aufschreibens der Operatoren und ihrer Koordinaten, die oberen Indizes weggelassen, wenn das keine Irrtümer hervorruft.

wobei a_{ij} die j-te Koordinate des Operators q_i ($i = 1, 2, \dots, m$; $j = 1, 2, \dots, l$) ist; l ist die Menge der geordneten Klassen an Aufgaben (Algorithmen), m ist die Menge der Basis-Operatoren[1]) des AlSU.

Das Wesentliche des Ordnens der Algorithmen besteht darin, daß die Erfüllung eines beliebigen Elementes a_{ij} der Tabelle 7 nach Realisierung irgendeiner Menge von Operatorenkoordinaten der vorhergehenden Spalten der Tabelle möglich ist und nicht von der Realisierung der Elemente der Zeilen $j, i + 1, \dots, l$ abhängt.

Es ist offensichtlich, daß die geordnete Tabelle der Operatorenkoordinaten zur Rechteckform und als transponierte Tabelle nach der Klassen unterteilten Aufgaben erweitert wurde. Die Erweiterung erfolgt durch das Einfügen von Nullkoordinaten und das Wiederholen einiger Operatorenkoordinaten, was durch die funktionellen Besonderheiten des Informationsfeldes sowie durch die Wiederholung einzelner Koordinaten, die für verschiedene Operatoren gemeinsam sind, bedingt ist. Der letzte Umstand dient als Begründung der Behauptung, daß die vorgenommene Umbildung mit Hilfe von Inzidenzmatrizen, die für die zu betrachtenden Aufgabengruppen aufgebaut wurden, ausgeführt werden kann.

Nachdem die geordnete Menge von Operatoren eines Steuerungssystems erhalten wurde oder ihre Teile (Untersysteme) funktional abgesondert wurden, ist es leicht, den Graphen für die Wechselbeziehungen der Aufgaben aufzubauen, der das geometrische Abbild eines beliebigen Informationsfeldes auf einer Fläche ist. Für dieses Ziel ist es notwendig:

1. auf einer Seite l_j parallel Linien zu zeichnen, wobei l_j die Zahl der Klassen für die zu betrachtende Gruppe von Operatoren ist;

2. auf dem Nullniveau als Punkt die erste Koordinate a_0^j des Operators q_1^j zu kennzeichnen, das ist der Anfang der Linien der Informationsumwandlung, die allen Operatoren q_r^j entsprechen, deren erste Koordinate die Aufgabe a_0^j ist;

3. in der Koordinatentabelle die eingetragene Koordinate (in allen Operatoren) zu streichen (oder zu kennzeichnen);

4. auf der zweiten Linie alle Koordinaten von Operatoren mit gestrichenen (gekennzeichneten) ersten Koordinaten einzutragen und die eingetragenen Punkte durch Linien mit dem ersten Punkt (der Koordinate a_0^j) zu verbinden;

5. die eingetragenen Koordinaten in allen Tabellenzeilen zu streichen (kenntlich zu machen);

6. die Fortsetzung der Linien der Informationsumwandlung, deren Quelle a_0^j ist, wird entsprechend den Regeln 4. und 5. so lange durchgeführt, bis das Niveau der letzten Koordinaten erreicht ist.

Der Aufbau der Linien der Informationsumwandlung durch alle anderen Anfangskoordinaten wird analog realisiert.

[1]) Eine Menge von Operatoren wird als Basis bezeichnet, wenn sie völlig die Operatoreigenschaften eines AlSU bestimmt und das Weglassen eines beliebigen Elementes dieser Menge den funktionellen Inhalt des Modells verändert.

Der Graph der Wechselwirkung der Aufgaben läßt sich bequem für das Studium der funktionalen und informationellen Struktur eines Steuerungssystems und für die Erhöhung ihrer Effektivität auf der Grundlage der Anwendung der Graphen- und Netzplantheorie benutzen [1, 8, 30, 31, 72, 89].

Im folgenden wird ein Beispiel für den Aufbau der Koordinatentabelle eines Systems von Operatoren und das geometrische Abbild des Informationsfeldes (Graph der Zusammenhänge) für eine funktionelle Aufgabengruppe der operativen Kalenderplanung der Produktion eines Maschinenbaubetriebes gezeigt. Die inhaltliche Seite der Aufgaben wird nicht betrachtet.

Durch eine vorläufige Analyse bauen wir die Tabelle der Aufgaben des funktionellen Untersystems der operativen Kalenderplanung auf (Tab. 7).

Tabelle 7

Bezeichnung der Aufgabe a_i	Bezeichnung der Aufgaben, die direkt für a_i gelten	Bezeichnung der Aufgaben, die direkt von a_i abhängen
200	—	212, 213, 214
201	—	217
202	—	203, 217
203	202	217
204	—	217
205	—	217, 218
206	—	217, 218
207	—	208
208	207	218
209	—	218
210	—	216
211	—	216
212	200	215
213	200	215
214	200	215
215	212, 213, 214	216, 217, 218, 231, 232
216	210, 211, 215	217, 218
217	201, 202, 203, 204, 205, 206, 215, 216	219, 220, 233
218	205, 206, 208, 209, 215, 216	219, 220, 233
219	217, 218	—
220	217, 218	221
221	220	222
222	221	223
223	222	224
224	223	225
225	224	—
226	—	214
230	—	232
232	230, 231	233
233	217, 218, 232	234
234	233	—

Indem man den beschriebenen Algorithmus anwendet, läßt sich das System der Operatoren bestimmen:

q_1:	200	212	215	0	232	233	234	0	0	0	0
q_2:	200	212	215	231	232	233	234	0	0	0	0
q_3:	200	212	215	216	217	220	221	222	223	224	225
q_4:	200	212	215	216	217	219	0	0	0	0	0
q_5:	200	212	215	216	217	233	234	0	0	0	0
q_6:	200	212	215	216	218	219	0	0	0	0	0
q_7:	200	212	215	216	218	220	221	222	223	224	225
q_8:	200	212	215	216	218	233	234	0	0	0	0
q_9:	200	212	215	0	217	219	0	0	0	0	0
q_{10}:	200	212	215	0	217	220	221	222	223	224	225
q_{11}:	200	212	215	0	217	233	234	0	0	0	0
q_{12}:	200	212	215	0	218	219	0	0	0	0	0
q_{13}:	200	212	215	0	218	220	221	222	223	224	225
q_{14}:	200	212	215	0	218	233	234	0	0	0	0

$q_{15}—q_{28}$: 200213 A
$q_{29}—q_{42}$: 200214 A
. . . .

Für die letzten zwei Zeilen wurde eine verkürzte Schreibform der Operatorengruppen angewandt, was bedeutet, daß sich die ersten zwei Koordinaten für alle Operatoren wiederholen, aber ihre einzelnen Koordinaten entsprechende Zeilenelemente der Tabelle A sind. Für den betrachteten Fall ist die Tabelle A die Tabelle der Koordinaten der Operatoren $q_1—q_{14}$ ohne die beiden ersten Spalten.

Analog kann man auch die anderen Operatoren, die der Tabelle entsprechen, aufschreiben.

Aus dem betrachteten Beispiel ist ersichtlich, daß das tabellenmäßige Aufschreiben des Modells eines Steuerungssystems in bedeutendem Maße überzählig ist. Kompakter und anschaulicher ist die Darstellung des Modells als Graph der Wechselbeziehungen der Aufgaben, in welchem die Linie der Informationsumwandlung durch eine Gesamtheit aufeinanderfolgender vereinigter Kanten oder durch eine Gesamtheit der Treffpunkte dieser Kanten (Koordinaten der Operatoren) gebildet wird. In Abb. 11 wird das geometrische Abbild des Informationsfeldes des im gezeigten Beispiel betrachteten Teiles eines Steuerungssystems dargestellt durch die zu charakterisierende Gesamtheit der Aufgaben und ihre Wechselbeziehungen in Übereinstimmung mit der Tabelle. Das nach der dargelegten Methode aufgebaute Modell eines Steuerungssystems gibt die Möglichkeit [3, 42]:

— den Apparat theoretisch-mengenmäßiger Untersuchungen der Graphen- und Netzplantheorie für das Studium der charakteristischen Eigenschaften des Modells, seine Umwandlungen und Vervollkommnung anzuwenden;

— Untersuchungen der strukturellen Organisation des Modells durchzuführen;

— anschaulich die Informationsflüsse und die Aufeinanderfolge der Lösung der Aufgaben des Steuerungssystems darzustellen;

Abb. 11. Geometrische Darstellung eines Informationsfeldes

— jene Aufgaben zu bestimmen, deren Lösungsergebnisse gedruckt ausgegeben werden müssen;

— Parallelläufe der Dokumentation zu beseitigen, die Anzahl von Primär- und Zwischendokumenten zu vereinheitlichen und zu verringern;

— den algorithmischen und informationellen Überschuß des Modells auf einem zweckmäßigen Niveau zu analysieren und zu erhalten;

— die Möglichkeit von Lösungsergebnissen jeder Aufgabe in Abhängigkeit von anderen festzulegen;

— eine Programmüberwachung für die Organisation der Funktionsweise des AlSU aufzubauen;

— die Anforderungen an die funktionale Hierarchie des Systems zu bestimmen.

5.4. Untersuchung der informationslogischen Struktur der AlSU

Die Möglichkeit der Anwendung hochproduktiver Rechenmittel mit einer äußerst umfangreichen Informationsspeicherung in der Art gegenwärtiger Rechner in ASU muß zu einer merklichen Veränderung der Struktur des ASU im Vergleich zu existierenden nichtautomatisierten Leitungssystemen führen. Praktisch ist es jedoch nicht möglich, eine optimale Struktur eines ASU aufzubauen, wenn man nur von der Analyse der Statistik von Ein- und Ausgangsinformationen, die zwischen dem Betrieb als Leitungsobjekt, der äußeren Umgebung, den Werk- und den Abteilungsleitungen zirkulieren, ausgeht. Das erklärt sich aus dem viel zu großen Informationsumfang, infolgedessen eine unübersehbare Zahl von Strukturvarianten existiert, die einem Vergleich zugrunde liegen.

Ein einfacheres Verfahren, ein der optimalen Struktur nahekommendes ASU aufzubauen, schließt den etappenweisen Übergang von der existierenden Struktur zu einer solchen ein, die die Besonderheiten und Möglichkeiten des ASU berücksichtigt.

Die erste Etappe ist mit der Projektierung des ASU verbunden, wenn die offensichtlichsten Strukturänderungen durchgeführt werden sowie die algorithmische und technische Struktur des Systems begründet wird. So gelangte man zum Beispiel schon während der Entwurfsprojektierung des ASU in einer Reihe von Betrieben zu einer Verringerung der wiederholten Informationsumwandlungen um etwa 20%, was mit einem entsprechenden Sinken der Gesamtzahl zu lösender Aufgaben verbunden war. Diese Vereinfachung wurde heuristisch sowie auf Grundlage der Analyse und der Umwandlung der Tabellen der Aufgaben und der Graphen der Wechselbeziehungen zwischen den Aufgaben vorgenommen. Hier kann ein formalisierter Übergang benutzt werden. Die zweite Etappe, die während der Einführungsperiode des ASU realisiert wird, ist hauptsächlich mit der Entdeckung nicht berücksichtigter Besonderheiten der praktischen Nutzung des ASU und der Möglichkeit der Fortsetzung der Optimierung der algorithmischen Struktur, die während der Projektierung be-

Tabelle 8

Chiffre	Rang	Priorität	Chiffre	Rang	Priorität
01	10	11	25	8	9
02	20	18	26	12	12
03	9	10	27	14	14
04	9	10	28	6	7
05	10	11	29	7	8
06	17	15	30	3	4
07	19	17	31	12	12
08	4	5	32	5	6
09	15	19	33	9	10
10	4	5	34	7	8
11	9	10	35	7	8
12	15	14	36	2	3
13	9	10	37	1	2
14	0	1	38	2	3
15	15	14	39	1	2
16	7	8	40	6	7
17	0	1	41	0	1
18	18	16	42	0	1
19	20	18	43	4	5
20	9	10	44	2	3
21	13	13	45	3	4
22	0	1	46	0	1
23	8	9	47	1	2
24	12	12	48	0	1

gonnen wurde, verbunden. Die dritte Etappe muß in der Periode des Abschlusses der Systemeinführung und der maximalen Erfassung aller Seiten der Leitung und Steuerung des Objektes ablaufen.

Betrachten wir einige Fragen der Untersuchung und Vervollkommnung der Struktur des AlSU auf Grundlage der Nutzung des eingeführten Rang-Begriffes und der Methoden des Ordnens von Operatorensystemen.

Es möge eine Menge von Aufgaben des Steuerungssystems gegeben sein

$$A = \{a_1^i, a_2^i, \dots, a_{k_i}^i, \dots, a_1^j, a_2^j, \dots, a_{k_j}^j\},$$

wobei $k_i + \dots + k_j = n_0$ gleich der Gesamtzahl der Aufgaben ist.

Der Einfachheit halber lassen wir bei der Betrachtung in dieser Formel die oberen Indizes weg und verwenden eine durchgehende Numerierung:

$$A = \{a_1, a_2, \dots, a_{n_0}\}. \tag{8}$$

Aus der Rangbestimmung der Aufgabe ist ersichtlich, daß $R(a_k)$ ausreichend die Wichtigkeit der Aufgabe a_k in bezug auf die anderen Aufgaben wiedergibt. Deshalb ist es möglich, die Priorität der Aufgabe $P(a_k)$ mit Hilfe von $R(a_k)$ zu bestimmen. Mit diesem Ziel betrachten wir nun die Menge A eine Menge

$$A^* = \{a_{k_1}, a_{k_2}, \dots, a_{k_{n_0}}\},$$

für welche

$$R(a_{k_1}) \leqq R(a_{k_2}) \leqq \dots \leqq R(a_{k_{n_0}})$$

gelte.

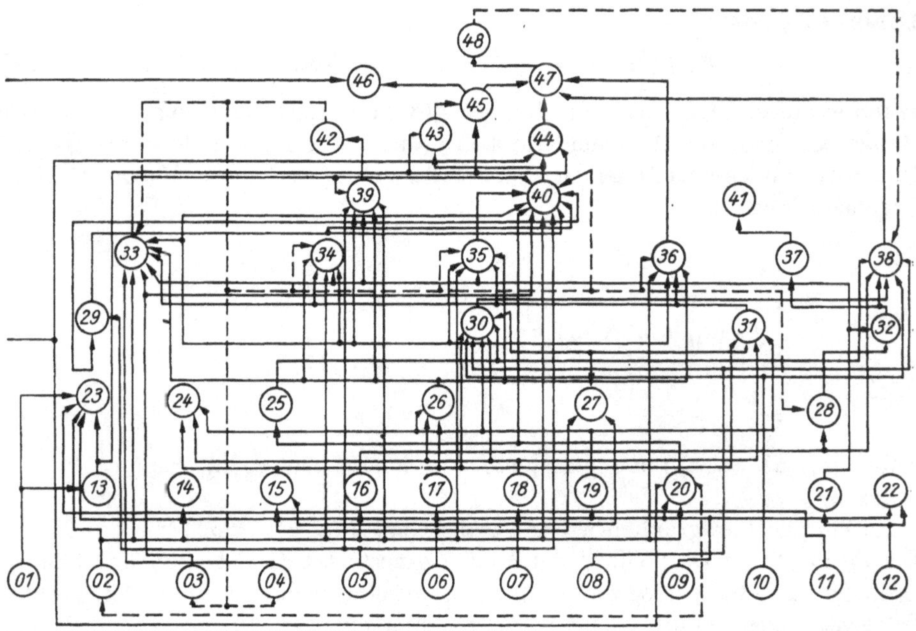

Abb. 12. Graph der Wechselbeziehungen zwischen den Aufgaben eines Steuerungssystems

Jetzt bestimmen wir die Priorität der Aufgaben. Es sei $\mathcal{P}(a_{k_1}) = 1$. Dann ist

$$\mathcal{P}(a_{k_j}) = \begin{cases} \mathcal{P}(a_{k_{j-1}}) + 1\,, & \text{wenn} \quad R(a_{k_j}) > R(a_{k_{j-1}})\,; \\ \mathcal{P}(a_{k_{j-1}}), & \text{wenn} \quad R(a_{k_j}) = R(a_{k_{j-1}}) \end{cases}$$

mit $j = 2, \ldots, n_0$.

In Tabelle 8 finden wir die Ränge und Prioritäten der Aufgaben entsprechend des Graphen in Abb. 12. Dieser Graph ist ein informationslogisches Modell eines einzelnen Funktionalabschnittes des Steuerungssystems. Dabei wurden umgekehrte Beziehungen, die durch unterbrochene Linien gekennzeichnet sind, nicht berücksichtigt.

Die $(i-1)$-te Klasse soll die Aufgaben $a_1^{i-1}, \ldots, a_{p_{i-1}}^{i-1}$ enthalten, die i-te Klasse die Aufgaben $a_1^i, a_2^i, \ldots, a_{p_i}^i$. Dann können wir mit Recht behaupten

$$\max\{R(a_1^{i-1}), \ldots, R(a_{p_{i-1}}^{i-1})\} > \max\{R(a_1^i), \ldots, R(a_{p_i}^i)\}\,.$$

Es soll gelten, daß

$$\max\{R(a_1^i), R(a_2^i), \ldots, R(a_{p_i}^i)\} = R(a)\,, \qquad a \in K_i\,.$$

In diesem Falle existiert entsprechend dem vorhergehenden Paragraphen eine solche Aufgabe $b \in K_{i-1}$, daß $b \to a$. Es ist tatsächlich $R(b) > R(a)$, d. h.,

$$R(b) > \max\{R(a_1^i), \ldots, R(a_{p_i}^i)\}\,.$$

Andererseits aber ist

$$R(b) \leqq \max\{R(a_1^{i-1}), \ldots, R(a_{p_{i-1}}^{i-1})\}\,.$$

Daraus folgt, daß

$$\max\{R(a_1^{i-1}), \ldots, R(a_{p_{i-1}}^{i-1})\} > \max\{R(a_1^i), \ldots, R(a_{p_i}^i)\}\,.$$

Wenn wir diese Eigenschaft des Ranges $R(a)$ berücksichtigen, so können wir die Menge der Aufgaben A folgendermaßen ordnen. Wir ordnen als erstes die Aufgaben jeder Klasse nach den Größen der Ränge und stellen die Menge (8) in der folgenden Form dar:

$$(a_1, a_2, \ldots, a_{n_0}) \approx \left.\begin{array}{c} a_1^1, a_2^1, \ldots, a_{p_1}^1; \\ a_1^2, a_2^2, \ldots, a_{p_2}^2; \\ \cdot\ \cdot\ \cdot\ \cdot\ \cdot\ \cdot \\ a_1^i, a_2^i, \ldots, a_{p_i}^i; \\ a_1^m, a_2^m, \ldots, a_{p_m}^m\,, \end{array}\right\} \tag{9}$$

wobei $(a_1^i, a_2^i, \ldots, a_{p_i}^i)$ die geordnete i-te Klasse ist, d. h., $R(a_j^i) \leqq R(a_{j+1}^i)$, $j = 1, 2, \ldots, p_{i-1}$.

Im vorigen Paragraphen wurde gezeigt, daß $R(a_{p_1}^1) > R(a_{p_2}^2) > \cdots > R(a_{p_m}^m)$. Die Form (9) der Darstellung der Menge A gestattet die folgende Methode des Ordnens. Als erstes wird die Aufgabe $a_{p_1}^1$ aufgeschrieben, weil sie den größten Rang hat. Den darauffolgenden Platz nimmt eine der Aufgaben von $a_{p_2}^2$ oder $a_{p_1-1}^1$ ein (in dieser Etappe des Vergleichens wird die Aufgabe $a_{p_1}^1$ nicht berücksichtigt). Wenn den folgenden Platz aber die Aufgabe $a^2_{p_2}$ einnimmt, dann werden die Aufgaben $a^1_{p_1-1}$, $a^2_{p_2-1}$ und $a^3_{p_3}$ verglichen. Dieser Prozeß wird so lange fortgesetzt, bis alle Aufgaben betrachtet wurden.

Ungeachtet dessen, daß sich das vorgeschlagene Verfahren zur Bestimmung der Priorität der Aufgaben in einer Reihe von Fällen als äußerst bequem in der Praxis erweist, kann es nicht die tatsächliche Wichtigkeit einer Aufgabe wiedergeben. Dieser Umstand ist bei der Bestimmung der Priorität einer Aufgabe zweckmäßig zu berücksichtigen, zum Beispiel mit Hilfe der Einführung erweiterter Gewichtskoeffizienten, die die Spezifik der Aufgaben charakterisieren.

Wir gehen jetzt zur Unterteilung des Graphen in einzelne Untergraphen über, in deren Ergebnis sich der Graph selbst vereinfacht, weil sich die Möglichkeit ergibt, einzelne vergrößerte Aufgaben zu betrachten (jeder Untergraph wird als eine Aufgabe angesehen) und die Leitung in einige Etappen einzuteilen.

Die Aufgaben $a_1, \ldots, a_n$ sollen dem Graphen der Wechselbeziehungen der Aufgaben Γ irgendeines funktionalen Untersystems von ASU angehören.

Definition 1. *Die Aufgaben $a^j_1, a^j_2, \ldots, a^j_{k_j}$ $(1 \leq k_j \leq n)$ bilden einen lokalen Untergraphen Γ_j im Graphen Γ, dessen Knoten die Aufgaben $a_1, a_2, \ldots, a_n$ sind, wenn folgende Bedingungen befriedigt werden:*

1. *$T(a^j_{k_1}) = T(a^i_{k_2})$ für alle $k_1, k_2 = 1, 2, \ldots, k_j$, wobei $T(a^j_k)$ gleich der Periodizität für die Lösung der Aufgabe ist;*

2. *für eine beliebige Aufgabe $b \in \Gamma \backslash \Gamma_j$ und für alle a^i_k, die wesentlich in Γ_j sind, gilt $a^j_k \nrightarrow b$;*

3. *wenn für eine beliebige Aufgabe $b \in \Gamma \backslash \Gamma_j$ eine Beziehung zu Γ_j existiert, dann nur zu solchen Aufgaben, für die sie im Untergraphen Γ_j nicht wesentlich ist.*

Bedingung 1 sagt aus, daß Aufgaben, die ein und demselben Untergraphen angehören, eine einzige Periodizität der Lösungen haben, unter welcher die Zahl von Lösungen einer gegebenen Aufgabe im Verlaufe irgendeiner Zeitperiode verstanden wird (Schichten, 24 Stunden, Wochen, Dekaden, Monate, Quartale, Jahre usw.). Die Periodizität von Aufgabenlösungen muß in einigen Fällen präzisiert werden. So, wenn sich die Lösung der Aufgabe a n_1-mal nacheinander wiederholt und nur danach ihre Ergebnisse benutzt werden (z. B. nach den Mitteln von Zwischenergebnissen), dann wird darunter verstanden, daß wir irgendeine Aufgabe haben (alle Lösungen zusammen genommen), die einmal gelöst wird. Wenn aber nach jeder Lösung die erhaltenen Ergebnisse zur Lösung anderer Aufgaben benutzt werden, so sagen wir, daß die Aufgabe a n_1-mal gelöst wird.

Die Bedingung 2 sagt aus, daß Aufgaben, die ein und demselben Untergraphen angehören, die Eigenschaft besitzen, daß die Zusammenhänge dieses Untergraphen mit anderen Aufgaben des Graphen nur durch Oberaufgaben realisiert werden, d. h. durch Aufgaben, die nicht wesentlich für die anderen Aufgaben dieses Untergraphen sind.

Die Bedingung 3 bedeutet, daß der Zusammenhang zwischen den anderen Aufgaben des Graphen und den Aufgaben dieses Untergraphen (Zusammenhänge, die von außen ins Innere des Untergraphen führen) nur durch Unteraufgaben realisiert wird, d. h. Aufgaben, für die es im zu behandelnden Untergraphen keine wesentlichen Aufgaben gibt. In einzelnen Fällen ist es zweckmäßig, die Aufnahme einer Information und die Ausgabe von Informationen aus einigen inneren Aufgaben des Untergraphen im Inneren dieses Untergraphen zuzulassen. Aber solche Zusammenhänge müssen minimal sein.

Aus der Bestimmung eines lokalen Untergraphen folgt, daß jede Aufgabe des Graphen und der Graph selbst lokale Untergraphen sind. In der Praxis ist es jedoch zweckmäßig, Untergraphen auszuwählen, die sich von den einzelnen Aufgaben und dem Graphen selbst unterscheiden.

Es ist offensichtlich, daß man ein und denselben Graphen mittels verschiedener Verfahren in lokale Untergraphen einteilen kann, wobei sich in Abhängigkeit vom Ziel der Unterteilung eine Aufgabe über die optimale Unterteilung des gegebenen Graphen formulieren läßt. Der Optimalitätsgedanke wird in jedem konkreten Fall präzisiert. Im weiteren wird als Ziel die Minimierung der Zusammenhänge zwischen den Untergraphen gestellt.

Die Untergraphen des Graphen Γ werden wir durch Γ_j ($j = 1, 2, \ldots$) mit verschiedenen Indizes kennzeichnen. Es bedeutet $a \in \Gamma_j$, daß die Aufgabe a, die dem Untergraphen Γ_j angehört, betrachtet wird.

Definition 2. *Es sei $a \in \Gamma_1$, $b \in \Gamma_2$. Man sagt, daß zwischen den Untergraphen Γ_1 und Γ_2 ein Zusammenhang existiert, wenn*

$$a \to b \quad \text{oder} \quad b \to a\,.$$

In Analogie zu den Aufgaben wird dieser Fakt geschrieben als $\Gamma_1 \to \Gamma_2$ oder $\Gamma_2 \to \Gamma_1$.

Definition 3. *Der Untergraph Γ_1 heißt minimal, wenn außer Γ_1 selbst und den einzelnen Aufgaben, die Γ_1 angehören, kein anderer Teil von ihm einen lokalen Untergraphen bildet.*

Definition 4. *Der Untergraph $\Gamma_1 \subset \Gamma$ heißt maximal bezüglich Γ, wenn die Vereinigung von Γ_1 mit einer beliebigen nicht leeren Aufgabenmenge aus $\Gamma \setminus \Gamma_1$ keinen Untergraphen in Γ bildet.*

Definition 5. *Die Unterteilung von Γ in Untergraphen wird als abgeschlossen bezeichnet, wenn alle Untergraphen dieser Unterteilung minimal sind.*

Es seien Γ_1 und Γ_2 Untergraphen des Graphen Γ und es sei $a_1 \in \Gamma_1$. Dann kennzeichnen wir durch $\mu_i(a_i)$ die Anzahl solcher Aufgaben $b \in \Gamma_2$, für die $a_i \to b$. Die Summe $\sum\limits_{a_i \in \Gamma_1} \mu_i(a_i)$ kennzeichnen wir durch μ. Analog bezeichnen wir durch $g_i(b_i)$ die Anzahl solcher Aufgaben $a \in \Gamma_1$, für die $b_i \to a$, und das Ergebnis der Summation $\sum\limits_{b_i \in \Gamma_2} g_i(b_i)$ bezeichnen wir mit g.

Definition 6. *Die Zahl $\mu + g$ wird als Grad des Zusammenhanges der Untergraphen Γ_1 und Γ_2 bezeichnet.*

Der Grad des Zusammenhanges zeigt faktisch die Zahl möglicher Zusammenhänge zwischen den Aufgaben $a \in \Gamma_1$ und $b \in \Gamma_2$ und wird durch $c(\Gamma_1, \Gamma_2)$ gekennzeichnet. Es ist offensichtlich, daß

$$\left.\begin{array}{c} c(\Gamma_1, \Gamma_2) \geqq 0; \\ c(\Gamma_1, \Gamma_2) = c(\Gamma_2, \Gamma_1); \\ \text{wenn } \Gamma_\alpha \subset \Gamma_1, \quad \text{dann ist } c(\Gamma_\alpha, \Gamma_2) \leqq c(\Gamma_1, \Gamma_2); \\ \text{wenn } \Gamma_\alpha \subset \Gamma_1,\ \Gamma_\alpha \nrightarrow \Gamma_2,\ \Gamma_2 \nrightarrow \Gamma_\alpha, \quad \text{dann ist } c(\Gamma_1 \setminus \Gamma_\alpha, \Gamma_2) = c(\Gamma_1, \Gamma_2). \end{array}\right\} \quad (10)$$

Wenn $\Gamma_1, \Gamma_2, \Gamma_3 \subset \Gamma$, so ist

$$c(\Gamma_1, \Gamma_2, \cup \Gamma_3) = c(\Gamma_1, \Gamma_2) + c(\Gamma_1, \Gamma_3) - c(\Gamma_1, \Gamma_2 \cap \Gamma_3);$$

$$c(\Gamma_2 \cup \Gamma_3, \Gamma_1) = c(\Gamma_2, \Gamma_1) + c(\Gamma_3, \Gamma_1) - c(\Gamma_2 \cap \Gamma_3, \Gamma_1).$$

Wenn sich Γ_2 und Γ_3 nicht überschneiden, dann ist

$$c(\Gamma_1, \Gamma_2 \cup \Gamma_3) = c(\Gamma_1, \Gamma_2) + c(\Gamma_1, \Gamma_3);$$

$$c(\Gamma_2 \cup \Gamma_3, \Gamma_1) = c(\Gamma_2, \Gamma_1) + c(\Gamma_3, \Gamma_1).$$

Andererseits ist

$$c(\Gamma, \Gamma_1) = \sum_{a \in \Gamma_1} c(\Gamma, a);$$

$$c(\Gamma_1, \Gamma) = \sum_{a \in \Gamma_1} c(a, \Gamma).$$

Berücksichtigt man die zweite Gleichung der Bedingungen (10), so läßt sich schreiben

$$\sum_{a \in \Gamma_1} c(\Gamma, a) = \sum_{a \in \Gamma_1} c(a, \Gamma).$$

Definition 7. *Als charakteristische Zahl der Unterteilung des Graphen Γ in Untergraphen wird die Zahl*

$$\varkappa = \sum_{(a,b) \in (\Gamma_i, \Gamma_j),} c(a, b)$$

bezeichnet, wenn Γ_i und Γ_j die gesamte Menge von Untergraphen ($i \neq j$) umfaßt.

Weil die Zahl der Unterteilung von Γ nach oben begrenzt ist, hat die Menge $\{\varkappa\}$ eine kleinste Zahl. Diese bezeichnen wir mit $\bar{\varkappa}$, d. h.,

$$\bar{\varkappa} = \min \{\varkappa\}, \quad \text{oder} \quad \bar{\varkappa} = \min \left\{ \sum_{(a,b) \in (\Gamma_i, \Gamma_j)} c(a, b) \right\}.$$

Interessant ist folgende Aufgabe der Unterteilung, die von J. A. Aiwasjan [4] formuliert wurde: Die Unterteilung des Graphen Γ in Untergraphen ist so durchzuführen, daß dessen charakteristische Zahl gerade gleich $\bar{\varkappa}$ ist. Für einfache Graphen läßt sich diese Aufgabe durch Sortieren der Unterteilungsvarianten lösen.

Aber die Bewertung der Zusammenhänge zwischen den Untergraphen Γ_i und Γ_j des Graphen Γ durch die Anzahl verbundener Aufgaben beider Untergraphen wiederspiegelt nicht die informationelle Eigenart der Enge des Zusammenhangs der Untersysteme, denn es kann sich zeigen, daß der Informationsgehalt der

Zusammenhänge einzelner Aufgaben um einige Ordnungen größer ist, als der Zusammenhang zwischen anderen Aufgabengruppen.

Die strukturellen Eigenschaften des AlSU werden in bedeutendem Maße durch die entsprechenden Inzidenzmatrizen „Aufgabenvektoren der Informationsumwandlung“, „Aufgaben — Informationslinien“, „Vektoren der Informationsumwandlung — Informationslinien“ u. ä. bestimmt. Alle diese Matrizen lassen sich leicht aufbauen und untersuchen, wenn man die früher angegebenen Regeln des Aufstellens der Verhältnisse zwischen den eingeführten Kategorien des AlSU benutzt. Die größte Schwierigkeit, die wir dabei vorfinden, hängt mit dem sogenannten „Fluch der Mehrdimensionalität“ zusammen. Einige Methoden der Strukturvereinfachung eines AlSU werden im folgenden Paragraphen angegeben.

5.5. Ein Algorithmus zur Dekomposition von AlSU

Wir betrachten einige Verfahren zur Verringerung der Dimension eines AlSU durch die Dekomposition.

Wir schlagen vor, daß für ein gegebenes funktionelles Gebiet eine Tabelle mit dem Koordinaten der geordneten Menge von Operatoren aufgestellt wird. Als *Normalform* dieser Tabelle werden wir ein solches Verfahren ihrer Darstellung bezeichnen, bei dem die Operatoren in einer speziellen Tabelle in Abhängigkeit vom Abstand zwischen ihnen gruppiert werden. Das Wesentliche einer derartigen Gruppierung zeigen wir an einem Beispiel.

In irgendeinem Teil der Koordinatentabelle, die im allgemeinen als

$$\left.\begin{array}{llllllllll}
a_{j,1} & a_{j,2} & a_{j,3} & a_{j,4} & \cdots a_{j,i} & a_{j,i+1} & a_{j,i+2} & a_{j,i+3} & \cdots a_{j,l} \\
a_{j+1,1} & a_{j+1,2} & a_{j+1,3} & a_{j+1,4} & \cdots a_{j+1,i} & a_{j+1,i+1} & a_{j+1,i+2} & a_{j+1,j+3} & \cdots a_{j+1,l} \\
a_{j+2,1} & a_{j+2,2} & a_{j+2,3} & a_{j+2,4} & \cdots a_{j+2,i} & a_{j+2,i+1} & a_{j+2,i+2} & a_{j+2,i+3} & \cdots a_{j+2,l} \\
a_{j+3,1} & a_{j+3,2} & a_{j+3,3} & a_{j+3,4} & \cdots a_{j+3,i} & a_{j+3,i+1} & a_{j+3,i+2} & a_{j+3,i+3} & \cdots a_{j+3,l}
\end{array}\right\} \quad (11)$$

geschrieben werden kann, wurde durch die Analyse der Spalten- und Zeilenelemente erkannt, daß

$$\begin{aligned}
a_{j,1} &= a_{j+1,1} = a_{j+2,1} = a_{j+3,1}; \\
a_{j,2} &= a_{j+1,2} = a_{j+2,2}; \\
a_{j,3} &= a_{j+1,3} = a_{j+2,3}; \\
a_{j,i+1} &= a_{j+1,i+1} = a_{j+2,i+1} = a_{j+3,i+1}; \\
a_{j,i+2} &= a_{j+1,i+2} = a_{j+2,i+2} = a_{j+3,i+2}; \\
a_{j,i+3} &= a_{j+1,i+3} = a_{j+2,i+3} = a_{j+3,i+3}.
\end{aligned}$$

Wir vereinbaren, alle gleichen Koordinaten der Spalten wegzulassen, außer der letzten Koordinate (sie ist gemeinsam für eine Gruppe von Operatoren).

Dann kann der Teil der obigen Tabelle (11) folgendermaßen geschrieben werden:

$$\begin{array}{cccccccccccc}
- & - & - & a_{j,4} & a_{j,5} & \cdots & a_{j,i} & - & - & - & \cdots & a_{j,l} \\
- & - & - & a_{j+1,4} & a_{j+1,5} & \cdots & a_{j+1,i} & - & - & - & \cdots & a_{j+1,l} \\
- & a_{j+2,2} & a_{j+2,3} & a_{j+2,4} & a_{j+2,5} & \cdots & a_{j+2,i} & - & - & - & \cdots & a_{j+2,l} \\
a_{j+3,1} & a_{j+3,2} & a_{j+3,3} & a_{j+3,4} & a_{j+3,5} & \cdots & a_{j+3,i} & a_{j+3,i+1} & a_{j+3,i+2} & a_{j+3,i+3} & \cdots & a_{j+3,l}
\end{array}$$

So schließt der Überführungsalgorithmus der Koordinatentabelle der Operatoren in die Normalform den Vergleich der Tabellenelemente nach Spalten, die Umgruppierung der Zeilen und die Streichung einiger ihrer Teile ein. Das ist durchführbar, wenn man den Begriff des Abstandes zwischen den Operatoren ausnutzt. Die Zeilen werden nach der funktionellen Nähe der Operatoren gruppiert, wobei die Zahl der nicht gestrichenen Koordinaten einer Zeile gleich dem Abstand des zu betrachtenden Operators von dem ihm in der Tabelle folgenden ist. Hieraus wird ersichtlich, daß die in die Normalform überführte Tabelle keine anderen als die Basisoperatoren enthält.

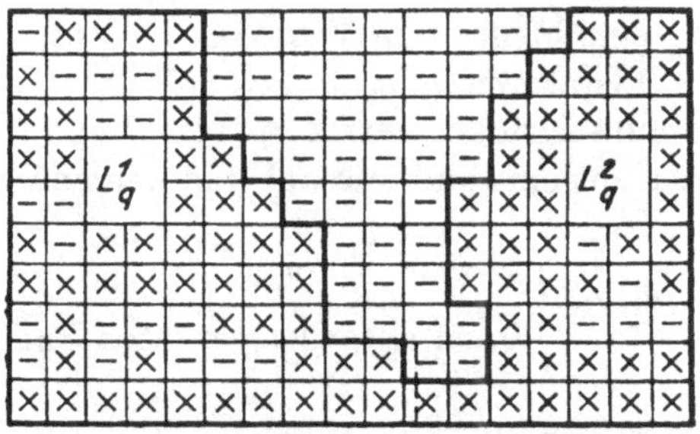

Abb. 13. Entwurf einer Tabelle von Operatorenkoordinaten

Die Koordinatentabelle der Operatoren, die in die Normalform gebracht wurde, ist eine eigentümliche Anordnung ausgefüllter und nicht ausgefüllter Teile. Wenn die üblichen Koordinaten mit dem Zeichen „×“ und die Stelle fehlender Koordinaten mit dem Zeichen „—“ gekennzeichnet werden, hat das Modell der Merkmalstabelle das Aussehen, das in Abb. 13 gezeigt wird. Die in die Normalform gebrachte Koordinatentabelle der Operatoren charakterisiert die Struktur des zu betrachtenden Teiles des Modells eines Steuerungssystems, so die Gebiete L_q^1 und L_q^2, deren Zusammenhang durch eine minimale Zahl verschiedener Koordinatenpaare, die strukturell in höherem Maße voneinander unabhängig sind als zwei beliebige andere zusammenhängende Systemteile, charakterisiert wird.

Es ist leicht, eine Analogie zwischen dem Zusammenhang der Gebiete der Koordinatentabelle der Operatoren, die in der Normalform gegeben ist und der Wechselbeziehung der Untergraphen des Aufgabengraphen für den zu betrachtenden Funktionalteil eines Steuerungssystems herzustellen. Wenn der Graph Γ das geometrische Bild der Koordinatentabelle ist und Γ_1 und Γ_2 gefunden wurden, für die L_q^1 und L_q^2 Urbilder sind, kann man schreiben $\bar{\varkappa} = \min \sum_{a,b} c(a, b) = c(\Gamma_1, \Gamma_2)$, wobei $a \in \Gamma_i$, $b \in \Gamma_j$; $c(\Gamma_1, \Gamma_2)$, ist die tatsächliche Funktion, die den Beziehungsgrad der Aufgaben der Untergraphen Γ_1 und Γ_2 bei $\Gamma_i \cup \Gamma_j = \Gamma$ charakterisiert. Mit anderen Worten wird ein Minimum für die beliebigen Paare Γ_i und Γ_j erreicht, wenn $\Gamma_i = \Gamma_1$, $\Gamma_j = \Gamma_2$ oder $\Gamma_i = \Gamma_2$; $\Gamma_j = \Gamma_1$.

Aus dem Gesagten folgt, daß die in Normalform vorliegende Koordinatentabelle der Operatoren es gestattet, das Operatorenmodell der Steuerungssysteme in eine beliebige Anzahl von Untermodellen in Abhängigkeit von der funktionell-strukturellen Spezifik und zulässige Werte der Funktion $\varkappa = \sum_{(i,j)\in H} \varkappa_{ij}$ zu unterteilen, wobei H die Menge der verschiedenen Aufteilungsvarianten der Tabelle der Operatoren (in Normalform) ist; $\varkappa_{ij} = c(\Gamma_i, \Gamma_j)$.

Das Auffinden eines minimalen (zugelassenen) Wertes der charakteristischen Zahl $\varkappa$ führt im allgemeinen Falle zur Lösung einer kombinatorischen Aufgabe. In der Praxis ist die Zahl zu unterteilender funktioneller Untersysteme in der Regel nicht groß, und eine derartige Unterteilung ist leicht von Hand zu realisieren. Dieser Prozeß kann jedoch auch formalisiert werden.

Es sei $\bar{\alpha}_1, \bar{\alpha}_2, \dots, \bar{\alpha}_n$ eine Menge von Vektoren $\bar{\alpha}_i = (a_{i-1}; a_i)$, die das Vektorfeld des Raumes der Operatoren $q_1, q_2, \dots, q_m$ eines Steuerungssystems charakterisiert. Wir stellen eine Inzidenzmatrix d_{ij} vom Typ $m \times n$ der Vektoren $\bar{\alpha}_i$ bezüglich der Informationsumwandlung auf und nehmen an

$$d_{ij} = \begin{cases} 1, \text{ wenn } \bar{\alpha}_i \in \bar{q}_j; \\ 0, \text{ im entgegengesetzten Fall}. \end{cases}$$

Es ist unschwer festzustellen, daß es möglich ist, mit Hilfe einer Inzidenzmatrix auch ein Modell der Normalform für die Koordinatentabelle von Operatoren aufzubauen.

Es möge ferner f eine Funktion sein, die die Mengen $\bar{\alpha}_1, \dots, \bar{\alpha}_n$ und $\bar{q}_1, \bar{q}_2, \dots, \bar{q}_m$ auf Mengen nichtnegativer Zahlen abbildet und den Informationsgehalt bezüglich der Informationsumwandlung charakterisiert (z. B. die Intensität von Informationsströmen zwischen den Aufgaben in einer Zeiteinheit). Es ist offensichtlich daß $f > 0$ ist bezüglich der Informationsumwandlung. In Analogie zu den Transportnetzen [1, 91] werden wir die Funktion f als *Informationsfluß* im Unterschied zum Informationsfeld bezeichnen.

Wenn Γ das geometrische Abbild eines festgelegten Informationsfeldes eines Steuerungssystems ist, welches einen Graphen der Zusammenhänge der Aufgaben darstellt, so läßt sich der Grad des Zusammenhanges zwischen den Untergraphen dieses Graphen mit Hilfe der Analyse der Informationsflüsse untersuchen. Wir werden uns mit dieser Frage eingehender befassen.

Unter dem *Schnitt* im Graphen Γ, der die Aufgaben a_0 und a_{n_0} aussondert, werden wir die Menge $(\Gamma_1, \bar{\Gamma}_1)$ der Vektoren des Informationsfeldes verstehen, wobei $\Gamma_1 \cup \bar{\Gamma}_1 = \Gamma$ ist und $a_0 \in \Gamma_1$, aber $a_{n_0} \in \bar{\Gamma}_1$.

Die Zahl $\tilde{c}(\Gamma_1, \bar{\Gamma}_1)$ nennen wir die *Durchlaßcharakteristik* des Schnittes $(\Gamma_1, \bar{\Gamma}_1)$. Es ist klar, daß $\tilde{c}(\Gamma_1, \bar{\Gamma}_1)$ eine Erweiterung des Begriffes des Zusammenhangsgrades von Untergraphen $c(\Gamma_1, \bar{\Gamma}_1)$ ist, der früher eingeführt werde. Einen Schnitt mit minimaler Durchlaßcharakteristik werden wir als *minimalen Schnitt* bezeichnen.

Dem vorgelegten Dekompositionsverfahren eines AlSU liegt folgendes grundlegendes Theorem zugrunde, dessen Nachweis hier nicht geführt wird:

Es existiert eine solche Zerlegung des Graphen der Wechselbeziehung der Aufgaben in Γ in Untergraphen Γ_0 und $\bar{\Gamma}_0$, so daß der Schnitt $(\Gamma_0, \bar{\Gamma}_0)$ minimal wird.

Es besteht ein Interesse an der Untersuchung der Bedingungen, unter denen der minimale Schnitt $(\Gamma_0, \bar{\Gamma}_0)$ einheitlich wird, sowie an der Festlegung der Beschränkungen auf eine Operatorenstruktur des algorithmischen Modells des Steuerungssystems, die die Dekompositionsmethodik vereinfachen oder komplizieren.

Wenn man in der in die Normalform gebrachten Koordinatentabelle der Operatoren zu den Vektoren der Informationsumwandlung $\bar{\alpha}_i$ übergeht und hierauf jeden Vektor in Übereinstimmung mit der Funktion $c(\bar{\alpha}_i)$ aufbaut, so wird offensichtlich, daß sich mit Hilfe des gezeigten Algorithmus die Unterteilung des Graphen unter Berücksichtigung der Kapazität der Informationsbeziehungen durchführen läßt.

Wie schon bemerkt wurde, führen die auf der Analyse informationeller Beziehungen zwischen Untersystemen begründeten Dekompositionsmethoden eines AlSU manchmal zu nichteindeutigen Lösungen. Vor allem funktionelle Besonderheiten oder Spezifiken des algorithmischen Inhaltes eines Rechenprozesses können in einigen Fällen zu einem entscheidenden Faktor bei der Festlegung der strukturellen Organisation eines Modells werden. Es ist anscheinend zweckmäßig, ein solches Kriterium für die Qualitätsbewertung der Dekomposition auszuwählen, daß es erlauben würde, die Anzahl verschiedener Parameter in Abhängigkeit von konkreten Bedingungen zu berücksichtigen.

Als Beispiel betrachten wir einen Dekompositionsalgorithmus, der einen extremalen Wert irgendeiner Funktion, die die Qualitätskriterien der Unterteilung des AlSU bestimmt, beim Vorhandensein von Beschränkungen, die mit den Bedingungen konkreter Steuerungssysteme zusammenhängen, gewährleistet.

$$K(\varkappa) = K(\varkappa_1, \varkappa_2, \dots, \varkappa_p) = \prod_{j=1}^{j_0} [f_j\{\varkappa^j\}]^{\mu_j} . \tag{12}$$

In Gleichung (12) sind die $\varkappa_i$ ($i = 1, 2, \dots, p$) die verschiedenen Parameter, die die Qualität der Zerlegung des Modells in Untersysteme charakterisieren; $\{\varkappa^j\}$ ist der Vektor der Parameter $\varkappa_i$; $f_j\{\varkappa^j\}$ sind Funktionen, die die Spezifik der Organisation der Funktionsweise des AlSU berücksichtigen; μ_j sind reelle Zahlen. Mit anderen Worten stellt sich die Aufgabe, die Menge von Operatoren (Aufgaben) $Q = \{q_1, q_2, \dots, q_m\}$ in funktionelle Gruppen $Q^\nu = \{q_1^\nu, q_2^\nu, \dots, q_{\alpha_\nu}^\nu\}_{\nu=1,2,\dots,\nu_0}$ derart einzuteilen, daß $\bigcup Q^\nu = Q$ ist und $K(\varkappa) = \text{extr.}$ annimmt.

Eine genaue Lösung der Optimierungsaufgabe der Dekomposition ist mit großen Rechenschwierigkeiten verbunden. In diesem Zusammenhang läßt sich ein heuristischer Algorithmus angeben, der eine bedeutende Verkleinerung des Suchgebietes der optimalen Lösung vorsieht und aus folgenden Etappen besteht:

1. **Untersuchung des Zusammenhanges** der funktionellen Untersysteme untereinander und Einengung angrenzender Gebiete, die aus Operatorengruppen bestehen, deren funktionelle Zugehörigkeit zu den Untersystemen nicht exakt bestimmt wurde. In dieser Etappe ist $f_1(\varkappa_1^\nu) = \sum_{i,j \in H} c_{ij}$, wobei $c_{ij} = c(Q_i, Q_j)$ die Funktion ist, die den informationellen Zusammenhang der zu unterteilenden funktionellen Gruppen von Operatoren Q_i und Q_j charakterisiert; H ist die Anzahl verschiedener Varianten der Einteilung des AlSU in Untersysteme. Die Dekompositionsqualität wird nach dem Kriterium $K(\varkappa_1^\nu) = \min \sum_{(i,j) \in H} c_{ij}$ bewertet. In Abhängigkeit von den konkreten Bedingungen kann die Funktion c_{ij} die Menge von Zusammenhängen zwischen den Koordinaten funktioneller Operatorengruppen, die Intensität summierter Informationsflüsse zwischen Untersystemen u. ä. wiedergeben.

Im einfachen Falle führt die Aufgabe der angegebenen Etappen zur Ermittlung minimaler Schnitte des Graphen der Wechselbeziehungen der Aufgaben eines Steuerungssystems, was verhältnismäßig leicht durchzuführen ist, wenn man die Ergebnisse FORDS und FALKERSONS [91] oder die Methoden der kombinatorischen Analyse benutzt;

2. **Analyse des algorithmischen Gehaltes und der Organisationsverfahren** des Rechenprozesses nach funktionellen Untersystemen und Bestimmung von Verbindungsoperatoren, d. h. von solchen, die die gleiche „Enge" des Zusammenhanges mit allen (oder einigen) funktionellen Untersystemen haben und deren Realisierungsmethoden nicht ihre algorithmische Zugehörigkeit zu den ausgewählten Gruppen bestimmt.

Wenn nach der Realisierung die Aufwände z_{ik} für den Übergang des Operators q_i nach q_k zu bewerten sind, die mit einer Umordnung von Informations- und Programmassiven oder aber der Organisation des Rechenprozesses zusammenhängen, die eine bestimmte Rechenfolge der Realisierung der Operatoren bewirken, so erhalten wir folgendes Problem der Dekomposition: Es ist eine solche Einteilung der Operatoren (Aufgaben) der Menge Q in Gruppen zu finden, in welchen

$$K(\varkappa_2^\nu) = \min\,[f_2(\varkappa_2^\nu)]\,, \qquad \text{wobei} \quad f_2(\varkappa_2^\nu) = \sum_{(i,k) \in (1,2,\ldots,m)} z_{ik}\,;$$

3. **Untersuchung der Homogenität**[1]) der ursprünglichen Informationsmengen und Einteilung von Verbindungsoperatoren nach funktionellen Untersystemen.

[1]) Unter Homogenität wird eine solche Organisation der Speicherung und Verarbeitung von Daten verstanden, die die gleichmäßige Ausnutzung aller Elemente der Informationsmassive im Prozeß der Realisierung der funktionalen Gruppen von Operatoren gewährleistet.

In dieser Etappe ist $f_3(\varkappa_3^\nu) = \sum_{\nu=1}^{\nu_0} \sum_{i=1}^{m_\nu} \sum_{j=1}^{\beta_\nu} \alpha_{ij}^\nu$ und $K(\varkappa_3^\nu) = \max\,[f_3(\varkappa_3^\nu)]$, wobei $\alpha_{ij}^\nu = \frac{\eta_{ij}^\nu}{\eta_0^\nu}$ der Koeffizient des Austausches ist; η_{ij}^ν ist die Menge von Aufrufen an das j-te Massiv von Ursprungsinformationen bei Realisierung des i-ten Operators (Aufgabe) des Teilsystems Q^ν; $\eta_0^\nu = \max\,\{\eta_{ij}^\nu\}$; β_ν ist die Anzahl von Ursprungsinformationsmengen der Gruppe der Operatoren des Teilsystems Q^ν. Klar ist, daß eine solche Variante optimal ist, bei der $\alpha_{ij}^\nu = 1$. Wenn es gelingt, eine solche Einteilung zu erreichen, daß für jedes der Teilsysteme eine Annäherung an diese Bedingung des Resultats ($|\alpha_{ij} - 1| < \varepsilon$, wobei ε eine vorher angegebene, genügend kleine Zahl ist) erreicht wird, dann werden wir das gegebene Dekompositionsverfahren als annehmbar vom Gesichtspunkt der Homogenität der Ursprungsinformation bezeichnen. In der Praxis ist zweckmäßig der Koeffizient der strukturellen Homogenität der Ursprungsinformation $\alpha(Q^\nu, \alpha_{ij}^\nu)$ anzuwenden, der den Grad der Annäherung an dieses Ziel charakterisiert.

Im allgemeinen sind die 2. und 3. Etappe mit der Lösung variantenreicher kombinatorischer Aufgaben verbunden. Eine wesentliche Vereinfachung der Berechnungen wird durch eine Verringerung der Anzahl von Verbindungsoperatoren und die Anwendung spezieller Methoden der folgerichten Analyse und der Aussonderung von Varianten erreicht [68, 69];

4. **Bewertung des gemeinsamen Einflusses** der betrachteten Faktoren auf die Qualität der Dekomposition durch die Werte der Zielfunktionen (12).

Die Werte der Zahlen μ_j bestimmt man auf Grund der Analyse des AlSU und des Rechensystems, und sie müssen im Funktionsprozeß eines ASU weiter präzisiert werden. Dabei ist zu beachten, daß man das Vorzeichen der Zahl μ_j unter Berücksichtigung der Wirkungsrichtung der entsprechenden Gesamtheit von Faktoren auf die Veränderung der Zielfunktion derart wählt, daß Funktionen, die in entgegengesetzten Richtungen wirkende Faktoren widerspiegeln, Kennziffern der Potenz der verschiedenen Vorzeichen besitzen.

Offensichtlich können die Spezifik von AlSU wie auch konstruktive und technische Besonderheiten des Rechensystems in einem konkreten Betrieb durch Veränderung der rechten Seite der Gleichung (12) — durch die Ergänzung neuer Multiplikatoren und eine entsprechende Zusammenstellung der Zahlen μ_j berücksichtigt werden.

Unter realen Bedingungen darf man nicht zu früh irgendeiner Rechenmethode den Vorzug geben. Gewöhnlich muß man sie in einer Wechselbeziehung anwenden, wobei man anstrebt, sie schrittweise in diesem oder jenem Sinne der Modellstruktur zu verbessern, wobei man ihren algorithmischen Inhalt, sowie die Besonderheiten des konkreten Rechensystems berücksichtigt.

Man kann folgende etappenweise Dekompositionsmethodik eines AlSU empfehlen:

1. Vorläufige Analyse der Aufgabentabelle und Einteilung der funktionell autonomen Modellteile;

2. Untersuchung des Zusammenhanges der funktionellen Teilsysteme untereinander und Einteilung angrenzender Gebiete (Gruppen von Aufgaben und Operatoren, deren Zugehörigkeit zu den Untersystemen nicht exakt bestimmt wurde);

3. Analyse des algorithmischen Gehaltes und der Organisationsverfahren des Rechenprozesses nach Teilsystemen und Aufgaben der angrenzenden Gebiete, Einengung der angrenzenden Gebiete;

4. Einteilung der Gruppe verbindender Aufgaben nach den Ergebnissen der Analyse des Zusammenhanges (Pkt. 2) und der algorithmischen Homogenität (Pkt. 3);

5. Untersuchung der Homogenität der Ursprungsinformationsbasis der Teilsysteme des Modells und der Verbindungsaufgaben, Vereinigung der Verbindungsaufgaben mit den Teilsystemen;

6. Bewertung des gemeinsamen Einflusses der verschiedenen Faktoren auf die Qualitätskriterien der Dekomposition durch Berechnen der Werte der Funktion (12) und Auswahl der Strukturvariante des AISU, die die gestellten Forderungen befriedigt.

Weil die optimale Lösung der Dekompositionsaufgabe derzeit unmöglich ist, kann man für die Bewertung der erhaltenen Ergebnisse den Vergleich der Dekompositionsvarianten der betrachteten Modelle mit den Ergebnissen vorschlagen, die ohne Berücksichtigung aller betrachteten Faktoren verwirklicht wurden. Zum Beispiel machte die Verbesserung der Dekompositionsqualität nach Kriterium (12) für das algorithmische Teilsystem der allgemein betrieblichen Planung und Leitung eines Werkes der Schwermetallurgie 30—40% aus, wobei sich die summierten Informationsflüsse zwischen den Teilsystemen bei einer gleichzeitigen bedeutenden Verbesserung der strukturellen Homogenität der Informationsbasis um 36% verringerten.

Da sich bei einer Erweiterung des Operatorenraumes der Umfang der Rechenarbeit im ASU erhöht, sinkt die Wahrscheinlichkeit der störungslosen Arbeit des Systems und wachsen die Aufwände, da man bei der Struktursynthese des AISU die Aufgabe des Aufbaus eines Systems von Operatoren mit einem minimalen funktionellen und informationellen Überschuß stellen muß, der eine hinreichende Zuverlässigkeit der Funktionsweise des ASU bei zufriedenstellenden Kosten der praktischen Realisierung des AISU im Rechensystem gewährleistet.

Vorläufige Untersuchungen bestätigten die Möglichkeit einer wesentlichen Erhöhung der Produktivität informationeller und automatisierter Leitungssysteme durch eine Verbesserung der Organisation des Rechenprozesses und der Zuverlässigkeit mit Hilfe von Methoden der Ausnutzung des algorithmischen und informationellen Überschusses. Zum Beispiel kann für ein automatisiertes Leitungssystem von Industriebetrieben, deren Rechengrundlage eine moderne inländische Rechenanlage ist, eine solche Erhöhung der Produktivität nicht weniger als 8—10% betragen.

6. BESONDERHEITEN DER PROGRAMMIERUNG VON AlSU

6.1. Allgemeine Grundsätze zur Realisierung von AlSU auf Digitalrechnern

Die Programmierung der Aufgaben eines ASU weist einige spezifische Besonderheiten auf, die durch den Echtzeitbetrieb des AlSU, den unmittelbaren Zusammenhang mit den Informationsquellen und den zu steuernden Objekten, durch eine hohe Kompliziertheit und den großen Umfang zu bearbeitender Informationen u. ä. bedingt sind.

Programme zur Verarbeitung von Nachrichten sind durch die enge Wechselbeziehung sowohl in der funktionellen Struktur als auch in den informationellen Strukturen gekennzeichnet. Unter normalen Funktionsbedingungen wird im AlSU die Möglichkeit der automatischen Unterbrechung einzelner Programme und der Übergang zu einem wichtigeren für einen beliebigen Zeitpunkt vorgesehen, der durch die konkreten Forderungen der Außenwelt oder durch von vornherein gegebene Bedingungen festgelegt wird. Außerdem bewirken die großen Programmumfänge (für AlSU mittlerer Betriebe sind das einige Hunderttausend Befehle) die Notwendigkeit der Ausarbeitung und Anwendung spezieller Regeln ihrer Unterbringung im Speicher des Rechensystems sowie der Organisation des Informationsaustausches im ASU.

Der Gesamtkomplex der Programme eines AlSU läßt sich unter Vorbehalt in folgende Gruppen einteilen:

— Steuer- und Bedienungsprogramme, die für die Sicherung der Funktionsweise des Systems als Ganzes und seiner einzelnen Blöcke in Übereinstimmung mit der aufgestellten Arbeitsreihenfolge festgelegt wurden;

— inhaltliche Programme, die die Lösung der gegebenen Planungs- und Leitungsaufgaben realisieren;

— Standardprogramme für die Verarbeitung der Informationsmengen, die Lösung von Extremalaufgaben, die statistische Verarbeitung von Daten, die im Verhältnis zu den inhaltlichen Programmen Unterprogramme sind;

— Hilfsunterprogramme, die zur Erleichterung der normalen Inbetriebnahme des Systems aufgestellt wurden.

Eine Konstruktionsvariante der Struktur eines Programmkomplexes AlSU, die aus drei Stufen besteht — steuernden, inhaltlichen und Standardprogrammen — wird in Abb. 14 gezeigt.

Stufe der Steuer- und Bedienungsprogramme. Das Steuerprogramm steuert die zeitlich festgelegte Ordnung der Arbeit des ASU und organisiert den Informationsaustausch in ihm. Ein Überwachungsprogramm stellt die Reihenfolge der Aufnahme von Nachrichten (Aufgaben) und ihrer Verarbeitung im AlSU in Übereinstimmung mit dem angenommenen Prioritätensystem her, organisiert die Unterbrechung der Lösung von weniger wichtigen Aufgaben, erhöht die Effektivität der Ausnutzung der Ausrüstungen durch ihre Vereinigung während der Arbeit verschiedener Einrichtungen.

Zu den Bedienungsprogrammen gehören insbesondere Programme für den Eingang der Informationen, welche die Aufnahme und Unterbringung der Ursprungsdaten sichern und die Arbeit der Eingangseinrichtungen und des

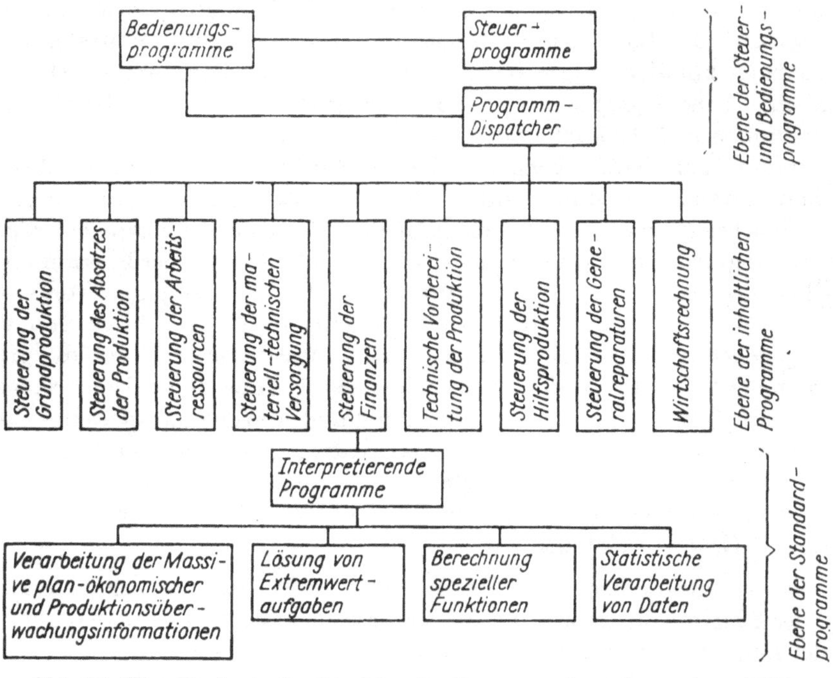

Abb. 14. Eine Variante der Struktur des Programmkomplexes eines ASU

zentralen Rechenwerks in Abhängigkeit von den Merkmalen der Dringlichkeit der Informationen und der Quelle ihrer Herkunft verbessern. Die Programme für den Ausgang der Informationen machen es möglich, die Informationen als Dokument in einer festgelegten Form auszugeben.

Stufe der inhaltlichen Programme. Die inhaltlichen Programme des ASU, die plan-ökonomische, informative Auskunfts- und buchhalterische Aufgaben realisieren und die die Menge verallgemeinerter Algorithmen für Planung, Berechnung und Leitung beinhalten, sind ihrem Umfang nach der Hauptteil des Programmapparates eines AlSU.

Als Beispiel zeigen wir eine Aufstellung grundlegender inhaltlicher Programme eines AlSU für die allgemeine betriebliche Planung und Leitung eines metallurgischen Werkes (des Teilsystems der Planung und Rechnungsführung):

Programm	Periodizität der Aufgabenlösung
Berechnung der Arbeitsnormen	Jahr, Quartal, Monat
Berechnung der Leistungsnormen	Jahr, Quartal, Monat
Aufstellung des Stellenplanes	Jahr, Quartal
Planung der Zahl der mit der Bedienung von Aggregaten beschäftigten Arbeitskräfte	Jahr, Quartal, Monat
Planung der Zahl der Arbeitskräfte, die genormte Arbeiten ausführen	Jahr, Quartal, Monat
Planung der Zahl von Arbeitskräften, die nichtgenormte Arbeiten ausführen	Jahr, Quartal, Monat
Planung des Personals, das in der nichtmateriellen Sphäre arbeitet	Jahr, Quartal, Monat
Planung der Zahl ingenieur-technischer Kräfte und der technischen Angestellten	Jahr, Quartal, Monat
Berechnung des Planniveaus der Arbeitsproduktivität	Jahr, Quartal, Monat
Berechnung des Lohnfonds der industriell tätigen Belegschaft	Jahr, Quartal, Monat
Berechnung des Lohnfonds der industriell tätigen Belegschaft	Jahr, Quartal, Monat
Berechnung des Lohnfonds des nicht verzeichneten Arbeitskräftebestandes	Jahr, Quartal, Monat
Berechnung des Lohnfonds für das nicht in der Industrie tätige Personal	Jahr, Quartal, Monat
Berechnung des Planniveaus des mittleren Arbeitslohns für das industriell produktive Personal	Jahr, Quartal, Monat
Berechnung des Lohnfonds nach Entlohnungsarten	Monat
Berechnung der Prämien nach Arten	Monat
Berechnung der verschiedenen Zuschläge	Monat
Berechnung der Entlohnung des Urlaubs zur Erfüllung staatlicher Verpflichtungen	Monat
Berechnung des Lohnfonds der mit Reparaturen beschäftigten Arbeitskräfte	Monat
Erarbeitung des Planprojektes der Arbeit im Werk für das kommende Jahr	Jahr
Berechnung der Erfüllung der Arbeitsnormen im Werk	Monat
Aufstellung der statistischen Rechnungsführung des Industriebetriebes über die Erfüllung der Arbeitsnormen und den Stand des Lohnfonds	zweimal im Jahr
Berechnung der Zahl des industriell produktiven Personals nach Kategorien und der Zahl des in der nichtindustriellen Sphäre tätigen Personals	Quartal, Monat
Berechnung der Bewegung der Arbeitskräfte im Werk	Quartal, Monat
Berechnung der Personalzahl	Monat
Aufstellung der statistischen Rechnungsführung des Betriebes über den Stand der Planerfüllung	Monat
Berechnung der Grundkennziffern	Monat
Analyse der Grundkennziffern	Monat, Quartal, Jahr
Analyse der Löhne der Arbeiter und des ingenieur-technischen Personals	Jahr, Quartal, Monat
Analyse des mittleren Arbeitslohnes nach Kategorien	Jahr, Quartal, Monat
Analyse der Zahl an Arbeitskräften nach Kategorien	Jahr, Quartal, Monat
Analyse der Ausnutzung des allgemeinen Lohnfonds der Beschäftigten nach Kategorien	Jahr, Quartal, Monat

Stufe der Standardprogramme. Die Untersuchung von Standardblöcken von Algorithmen zeigt [57], daß die am häufigsten anzutreffenden Operatoren zur Bearbeitung von Informationsmengen solche für die Aufstellung der Positionsmenge, die Aufstellung und den Druck der Dokumente, für das Sortieren, die Suche und Auswahl der aufgezeichneten Menge nach Vorzeichen, für die Umkodierung u. ä. sind. Standardprogramme, die diese und andere oft auftretende Operatoren realisieren, sind in einer Bibliothek von Standardprogrammen enthalten. Hier sind auch Standardprogramme für die Lösung von Extremalaufgaben, die Berechnung von Grundfunktionen, die statistische Bearbeitung von Datenmassiven u. ä. hinzuzufügen. Offensichtlich muß diese Programmbibliothek entsprechend der Kompliziertheit und der Vervollkommnung eines AlSU ergänzt und vervollständigt werden.

Entsprechend seiner Zweckbestimmung operiert ein AlSU mit sehr bedeutenden Mengen zahlenmäßiger und gedanklicher Informationen. Dadurch wird eine Erhöhung der Anforderungen an ihre Organisation und Aufbewahrung im Speicher des Rechensystems bedingt, insbesondere erhöhen sich die Anforderungen an die Automatisierung der Prozesse für die Suche und Identifikation der Informationselemente und ihre rationelle Unterbringung mit dem Ziel der Verkleinerung der Speicherkapazität und der Verkürzung der mittleren Rechenzeit.

Eine annehmbare Form der Aufbewahrung einer ökonomischen Information ist die tabellenmäßige Form der Datenmengen [2, 57, 85], wobei die Mengen eine Gesamtheit gleichartiger Aufzeichnungen sind[1]), die ihrem Sinn nach aus gleichbedeutenden Größen bestehen. Die Aufstellung und Organisation des Komplexes von Informationsmengen wird hauptsächlich durch den konkreten Operatoreninhalt des AlSU bestimmt.

Informationsbasis eines ASU ist die Nachfrage-Normativinformation (technische Charakteristik der Ausrüstung, ständige Angaben über Verbrauchergruppen, Arbeitsnormative, Aufwandkoeffizienten u. ä.), deren Umfang durch die Anzahl von Arbeitskräften, von Nomenklaturerzeugnissen und die Anzahl einzusetzender Materialien bestimmt wird und die unter den Bedingungen eines Großserien fertigenden Maschinenbaubetriebes (Grundproduktion) 60–80000 Lochkarten beinhaltet.

Außer den Informationsmengen mit annähernd ständigen Normativinformationen beinhalten und verarbeiten AlSU auch eine große Menge operativer Daten über den Zustand der Produktion (Zusammenfassungen über die Erfüllung der Plangrafiken, über das Verladen der Endproduktion, über die Abwanderung von Arbeitskräften, über Materialien, Lösungsergebnisse der Berechnungen u. a.), die die Verbindung des ASU mit der Produktion durch das System der Informationssammlung und -übertragung sicherstellen.

[1]) Unter einer Aufzeichnung wird eine geordnete Folge von Werten verstanden, die das Aufzeichnungsobjekt charakterisiert. Zum Beispiel ist folgende Aneinanderreihung eine Aufzeichnung: Nummer des Auftrages — Fondsinhaber — Stahlmarke — Profil — Tonnenmenge — Verladedatum.

6.2. Einige Besonderheiten und Probleme der Programmierung von AlSU

Die Besonderheiten der Arbeit von ASU (Steuerung in der Echtzeit, große Ströme umfangreicher Informationen, besondere Anforderungen an Ausmaß und Stabilität der Arbeit des Systems, Entwicklung des Systems im Betriebsprozeß) stellen einige spezifische Forderungen an ein AlSU. Das sind insbesondere:

— Maximale Wirtschaftlichkeit bei Inanspruchnahme des Arbeitsspeichers und der Rechenzeit;

— Stabilität gegenüber jeder Art verzerrender Einwirkungen (Ausfälle von Eingangssignalen, Ausfälle und teilweises Versagen des Rechensystems u. a.);

— Notwendigkeit der Organisation der Arbeit mit vielen Programmen und ihrer Parallelität im AlSU bei der Realisierung im Rechensystem;

— hoher Grad der Fähigkeit, Störungen im AlSU zu beseitigen, Minimierung des Risikos bei Programmierfehlern;

— Sicherstellung der gewünschten Betriebscharakteristiken (Einfachheit und Bequemlichkeit der Arbeitsvorbereitung, Demonstrierbarkeit der Arbeit, vorhandene Möglichkeiten zum Einfügen von Endarbeiten, Zugänglichkeit für Studien).

Diese Forderungen sind spezifische Probleme der Programmierung großer AlSU, deren komplexe Lösung noch lange nicht in Sicht ist.

Verweilen wir ausführlich bei den zwei letzten Forderungen, und sehen wir uns einige bekannte Lösungswege der Probleme des Erreichens gewünschter Betriebscharakteristiken und eines hohen Grades der Fähigkeit des AlSU, Störungen zu beseitigen, an. Die Auswahl dieser Probleme ist nicht zufällig. Wie weiter unten gezeigt wird, sind sie miteinander verbunden und außerdem in der Literatur am weitesten ausgearbeitet.

Sowohl der Betrieb, als auch die Erprobung von AlSU sind vor allem Prozesse des Zusammenwirkens von Mensch und AlSU. Deshalb kann ein Maximum der Effektivität eines AlSU unter der Bedingung der bestmöglichen Ausnutzung der Bedürfnisse und Möglichkeiten des Menschen erreicht werden.

Von allen Besonderheiten der AlSU betrachten wir nur die wesentlichsten: Konstruktive und Betriebsbesonderheiten. Die ersteren sind objektiv und werden vom Untersuchenden durch solche unabhängigen Faktoren wie Besonderheiten der Programmierung, Kompliziertheit der Steueralgorithmen u. a. bestimmt. Die zweiten sind in bedeutendem Maße subjektiv und hängen von der Erfahrung der AlSU-Bearbeiter und Programmierer ab.

Von den konstruktiven Besonderheiten der AlSU, die für die Analyse wesentlich sind, betrachten wir zwei: Die Kompliziertheit; die Unüberschaubarkeit und Nichtlokalisation der AlSU.

Die *Kompliziertheit* von AlSU ist ein relativer Begriff: Ein und dasselbe Objekt kann als kompliziert oder einfach in Abhängigkeit vom Ziel der Untersuchung und von der Stufe der Detaillierung, auf der das Studium des Objekts durchgeführt wird, erkannt werden. So kann das Leitungssystem eines Betriebes in einzelnen Fällen als Steuerungssystem, aber in anderen als klassische Gesamtheit aus Objekten und einem steuernden System angesehen werden (AlSU).

Vom Gesichtspunkt der Kybernetik her [61] besteht die Kompliziertheit von AlSU darin, daß letzteres aus einer großen Zahl von Elementen (Programmen) besteht, ein kompliziertes System von Beziehungen aufweist, große Informationsströme bildet und eine komplizierte Funktion realisiert. All das erschwert die unmittelbare Anschaulichkeit eines AlSU.

Gemäß dem Gesetz der notwendigen Varietät [95] muß ein steuerndes System (AlSU) mindestens die gleiche Kompliziertheit (Mannigfaltigkeit) wie das zu steuernde (leitende) System besitzen. Das bedeutet, daß die Steuerung eines beliebigen komplizierten dynamischen Systems nur mit Hilfe eines entsprechenden komplizierten dynamischen Steuerungssystems möglich ist.

Unüberschaubarkeit und Nichtlokalisation des AlSU folgen aus den allgemeinen Besonderheiten der Programmierung [88]. Ein Programm (Gesamtheit von Befehlen) ist die Beschreibung eines Algorithmus in der Maschinensprache. Da eine Maschinensprache hauptsächlich aus Elementaroperationen besteht, führt die Aufteilung des Algorithmus auf diese Operationen zur Notwendigkeit der Benutzung einer großen Zahl von ihnen. Daraus folgt die geringe Übersehbarkeit (genauer Nichtüberschaubarkeit) des AlSU als Ganzes.

Die Schwierigkeiten, die durch die Unübersehbarkeit der AlSU hervorgerufen werden, verstärken vielfach ihre Nichtlokalisation. Der Ausgangsalgorithmus, der als Rechenschema [60] dargestellt wurde, ist lokalisiert. Das bedeutet, daß ein beliebiger j-ter Abschnitt des Rechenschemas durch einen ihm äquivalenten i-ten Abschnitt ohne Veränderung anderer Teile des Rechenschemas ersetzt werden kann. Letzteres wird offenkundig, da das Rechenschema nicht von den technischen Mitteln abhängt, auf denen der gegebene Algorithmus realisiert werden kann [60]. In AlSU ist ein solcher Einfluß wegen des adressenmäßigen Speicheraufbaus der Rechner unmöglich.

Die einheitliche Numerierung des Speichers unterwirft Zahlen und Befehle des gesamten AlSU einem formalen Zusammenhang, und die Lokalisation unabhängiger Teile (Blöcke) verliert sich im wesentlichen. Es ist offensichtlich, daß die Nichtlokalisation um so stärker ist, je komplizierter die Struktur eines AlSU ist. Je mehr der Ausgangsalgorithmus zum Zwecke der Wirtschaftlichkeit des Speichers auf Kosten der Operatoren für Bildung, Umadressierung u. a. erweitert wird, desto mehr hängt die Zahl von Adressen des AlSU von der Aufteilung ihrer Teile im Speicher des Rechensystems ab.

Unübersehbarkeit und Nichtlokalisation des AlSU beeinflussen wesentlich den Prozeß der Analyse: Die erste Eigenschaft bewirkt die Unmöglichkeit der vollständigen Durchschaubarkeit des AlSU, während die zweite die Durchführung von Experimenten erschwert, da diese gewöhnlich mit einer Umstellung, Beseitigung und Einfügung von Teilen des AlSU im Speicher verbunden ist. Die Effektivität der Analyse läßt sich unter der Bedingung der Verminderung von Unübersehbarkeit und Nichtlokalisation erhöhen. Ersteres kann durch

Schemaerarbeitung und -aufbau (s. Kap. 10, § 3), das zweite dagegen durch eine optimale Auswahl der Konstruktion des AlSU vermindert werden.

Unter den **Betriebsbesonderheiten eines AlSU**, die bei der Programmerarbeitung berücksichtigt werden müssen, muß man vor allem ihre Entwicklung im Prozeß des Einsatzes und der Vervollkommnung des Rechensystems sowie die Möglichkeiten von AlSU durch die Ableitung von Informationen über die Dynamik des Leitungsprozesses einbeziehen.

Die *Evolution von AlSU* ist ein Veränderungsprozeß der Schemata, Koordinaten, Informationen und Funktionen im Erprobungs- und Arbeitsprozeß. Im Zusammenhang mit der Objektivität und Unvermeidbarkeit der Entwicklung der AlSU muß der Bearbeiter ständig die rationellsten Verfahren für die Lösung vieler Probleme ausfindig machen, das sind insbesondere:

1. Aufstellung entsprechender Gesamtteile des Programms und von Dokumenten, die Veränderungen unterworfen wurden;
2. Standardisierung des Prozesses für die Bewertung der Kompliziertheit der Veränderungen des Erhaltens zuverlässiger Bewertungen der benötigten Maschinenzeit, der Veränderungen der Projektkosten und der Arbeitsgrafik;
3. Minimierung der Blockzusammenhänge des AlSU derart, daß sich die Modernisierung eines einzelnen oder einiger Blöcke minimal auf andere Blöcke und auf das AlSU als Ganzes auswirkt;
4. Erarbeitung einer in gewissem Sinne optimalen Blockkonstruktion, die einem genügend breiten Umfang von Parameterveränderungen und möglichen Modernisierungen (Erweiterungen) des Blocks angepaßt sind.

Von den Berechnungsproblemen ist das Dritte am weitesten ausgebaut. Wir gehen deshalb ausführlicher darauf ein.

Infolge der Nichtlokalisation der AlSU ist die Umstellung der Blöcke im Speicher mit bestimmten Schwierigkeiten verbunden, für deren Verständnis wir eine Klasse von Informationen betrachten, die für die Funktion eines AlSU benutzt wird. Ein beliebiger Block des AlSU realisiert die Umwandlung $f: x \to u$, wobei f eine Funktion ist; x ist die Menge der Ursprungsdaten und u ist die Menge der Ergebnisse. Im allgemeinen gilt $x \supset x_0$, wobei x_0 die Menge der Konstanten ist, und $u \supset u_0$, dabei ist u_0 die Menge irgendwelcher Zwischenergebnisse.

Verschiedene Blöcke eines AlSU wirken in ihrer Arbeit zusammen und sind folglich durch die Adressen der Information verbunden. Dieser Zusammenhang ist nicht eindeutig. Die Abhängigkeit des Zustandes der Adressenteile der Blöcke von ihren Einteilungen im Arbeitsspeicher und von der Einteilung anderer Blöcke legt drei Typen von Blöcken fest: *Invariante, geschlossene und offene.* Analog existieren drei Typen von Adressen, die in die Adreßteile der Befehle eingehen: *Ständige, innere und äußere.* Ständige Adressen sind von der Einteilung des angegebenen Blocks unabhängig, äußere von der Einteilung aller Blöcke, die mit dem angegebenen Block zusammenhängen. Ein invarianter Block enthält nur ständige Adressen, ein geschlossener ständige und innere, ein offener aber Adressen aller drei Typen [90].

Die Struktur eines AlSU muß die Forderungen nach maximal möglicher Autonomie[1]) und Beweglichkeit der Blöcke befriedigen und die Möglichkeit der Ausnutzung der einfachen Automatisierung bei der Zusammenstellung des AlSU während der Bearbeitung voraussetzen. Die formulierten Forderungen können in bedeutendem Maße befriedigt werden, wenn die funktionellen Blöcke des AlSU entweder geschlossene Massive oder Massive mit einer minimalen Zahl äußerer Adressen sind. Wir bezeichnen ein AlSU, dessen funktionelle Blöcke diesen Forderungen genügen, als *korrekt konstruiert.*

Das Prinzip des korrekten Strukturaufbaues eines AlSU besteht im folgenden. Sowohl beim Aufschreiben der ersten Variante eines AlSU, als auch während ihrer Ausarbeitung ist es zweckmäßig, auf den Arbeitsspeicher des Rechners einzuwirken, indem man sich von den Prinzipien der Maximierung freier Abschnitte des Speichers und der Nichtunterbrechbarkeit der Blöcke des AlSU leiten läßt. Das erste Prinzip setzt voraus, daß bei der Erweiterung (Einengung) irgendeines Blocks sein Aufstellungsort nicht verkleinert wird, während die auf ihn folgenden Blöcke sich nach unten (nach oben) auf die entsprechende Zahl von Speicherzellen verschieben. Das zweite Prinzip besteht darin, daß funktionell neue Blöcke dicht an die alten Blöcke auf einen freien Speicherplatz gesetzt werden.

In einem korrekt konstruierten AlSU spielen invariante Blöcke eine besondere Rolle, dazu gehören:

— Das Feld der Konstanten, die für das gesamte AlSU einheitlich sind (oder für jede seiner Arbeitsetappen);

— Arbeitsfelder, die für alle Blöcke gemeinsam sind, die mit einer Geschwindigkeit arbeiten;

— Sammelblöcke für jede Programmgruppe einer Geschwindigkeit;

— Felder der Informationsaufnahme und -ausgabe in der Linie des Zusammenhanges.

Anfangsadressen der invarianten Rechenblöcke müssen genau durch den Arbeitsspeicher festgehalten werden und verändern sich im Modernisierungsprozeß eines AlSU nicht. Dabei werden die Adressen, die zu einer Menge von Adressen der invarianten Blöcke gehören und in funktionellen Blöcken vorkommen, bei einer Verschiebung der im Speicher des Rechners folgenden Adressen nicht verändert.

Folglich setzt der korrekte Strukturaufbau eines AlSU die breite Ausnutzung der ständigen Adressen voraus. In diesem Falle wird jeder Funktionalblock zu einem geschlossenen Block. Eine Ausnahme bilden die äußere Adressen aufweisenden Aufrufbefehle an den Kommutator der Blöcke. Dieser bestimmt die

[1]) Unter der Autonomie des Blockes eines AlSU wird ihr möglichst kleiner adressenmäßiger Zusammenhang mit anderen Blöcken verstanden. Die Beweglichkeit eines Blockes wird durch seine Möglichkeit bestimmt, in einem beliebigen Abschnitt des Arbeitsspeichers bei minimaler Umwandlung von Adreßteilen der Befehle zu arbeiten.

Folge ihrer Abarbeitung. Das läßt sich vermeiden, wenn man den Kommutator zu den invarianten Blöcken zählt.

So entsteht bei der Modernisierung von AlSU mit einer korrekt projektierten Struktur eine genügend einfache Aufgabe der Verarbeitung nur innerer und irgendeines Teils äußerer Adressen des Blocks bei beliebigen Verschiebungen desselben im Speicher. Die Trivialität der Aufgabe (sie ist ein Mittel zur Auswahl der entsprechenden Struktur des AlSU) ermöglicht es, einfache Programmierungsmittel für ihre Lösung einzusetzen.

So wurde zum Beispiel bei einem der AlSU ein Standardüberarbeitungsprogramm mit folgenden Parametern benutzt: 120 Befehle, 10 Konstanten, 24 Arbeitszellen. Es wurde nach den Prinzipien, die in der Arbeit [41] dargestellt sind, aufgebaut. Das Programm ermöglichte es, die Komposition eines AlSU mit Hilfe funktioneller Blöcke, die nach ihrer Anordnung im Speicher invariant sind, durchzuführen; die Blöcke in einen beliebigen Speicherabschnitt zu verschieben; die Blöcke in einer erforderlichen Richtung zu verändern (Einfügung, Streichung, Ersetzen von Gruppen von Befehlen) u. a.

Methoden der Bildung von Schnellinformationen. Die Methode der direkten Beobachtung des Zustandes einiger Elemente eines AlSU und der Ströme von Eingangsinformationen kann man nur als ersten Schritt zur Bewertung der Ergebnisse des Ablaufes eines Rechenprozesses ansehen. Deshalb sind die Schnellinformationen, die während und nach der Arbeit des AlSU entstehen und in die Hände der Untersuchenden gegeben werden müssen, Materialien, die es ermöglichen, die Arbeit mit einer beliebigen geforderten Tiefe zu bewerten. Natürlich wird diese Tiefe durch das Verhältnis zu den Mitteln als Antwort auf die Frage nach der Qualität von Ein- und Ausgangsinformationen des AlSU beschränkt. Was aber die Tiefe der Bewertung der Arbeit des AlSU selbst angeht, fordern wir zu Recht vom System folgende Eigenschaften der Ausgabe und Bildung der Schnellinformationen:

— Eine Vielfalt eines beliebigen Ausgangsergebnisses: Für die Analyse wird gewünscht, nicht nur den Modul der Größe $\alpha(t)$ zu einem gegebenen Zeitpunkt t zu kennen, sondern auch die Trajektorie[1]), über die sie berechnet wurde. Die Größe $\alpha(t)$ wird in Abhängigkeit von der Situation an den Eingängen des AlSU, von der Vorgeschichte der Entscheidung, dem Zeitpunkt der Entscheidung u. a. verschieden berechnet;

— einen beliebig geforderten Detaillierungsgrad bis zur Ausgabe des Ergebnisses eines angenommenen Einzelbefehls zu einem beliebigen Zeitpunkt;

— Anpassungsfähigkeit des Ausgabesystems der Schnellinformationen, wodurch die Steuerung der Auswahl einer beliebigen Information, die den Untersuchenden interessiert, gewährleistet wird;

— Zuverlässigkeit, Richtigkeit und einwandfreier Zustand der festzuhaltenden Ergebnisse.

---

[1]) Im allgemeinen werden wir unter einer Berechnungstrajektorie die Gesamtheit irgendwelcher speziell ausgewählter Koordinaten eines AlSU verstehen, die den Rechenprozeß charakterisiert.

Zur Darstellung der Schnellinformationen verwendet man visuelle Indikationseinrichtungen zur kollektiven und individuellen Nutzung. Einige dieser Einrichtungen werden später beschrieben.

Gegenwärtige Indikationseinrichtungen erfordern in der Regel umfangreiche Programme zur Regelung und vorläufigen Verarbeitung von Informationen, die häufig auf den einzelnen Digitalrechnern realisiert werden. Um die Information für Analysezwecke zu verkürzen, macht man manchmal Filmaufnahmen unmittelbar von den Bildschirmen der Indikatoren. Solche Methoden sind aber teuer, und aus diesem Grunde erlangten die Verfahren der fortlaufenden Ansammlung von Informationen auf Magnetträgern und die Ausgabe der allerwichtigsten Informationen in gedruckter Form während der Arbeit eines großen Systems allergrößte Popularität [23].

Die Methode der fortlaufenden Sammlung von Informationen besitzt aber den wesentlichen Nachteil, daß sie nicht für die operative Kontrolle der Prozesse im großen System angewandt werden kann, und außerdem erfordert das Festhalten großer Informationsmengen schnellarbeitende Speichereinrichtungen wie etwa Magnettrommeln, die aber eine relativ geringe Kapazität aufweisen. Die Informationsausgabe in Druckform während der Arbeit eines großen Systems ist operativer, obwohl wegen der langsamen Arbeit der Druckeinrichtungen, der Unüberschaubarkeit und Unübersichtlichkeit alpha-numerischer Texte dieses Verfahren nicht das grundlegende werden kann.

Folglich kann bei der traditionellen Methode der Bildung von Schnellinformationen ein System zur Ausgabe dieser Informationen, das den oben aufgezählten Forderungen genügt, im Prinzip nicht ohne übermäßige Aufwände geschaffen werden. Für wesentliche Verfahren der Ausgabe von Schnellinformationen schließen sich diese Forderungen gegenseitig aus. Je höher der Detaillierungsgrad der Schnellinformationen ist, desto vollständiger und qualitativ hochstehend kann die Bewertung der Arbeit des AlSU vorgenommen werden, aber der erforderliche Umfang der externen Speicher wird dabei übermäßig groß. Letzteres läßt sich leicht zeigen, wenn man die Dynamik der Vervollkommnung der Schnellinformationen am Beispiel eines AlSU analysiert. Die Etappen der Veränderungen (über der t-Achse) und der Umfang N der Schnellinformationen, der jeder Etappe entspricht, werden im Diagramm in Abb. 15 dargestellt.

Eine prinzipiell neue Art der Behandlung von Bildung und Ausgabe der Schnellinformationen besteht in folgendem.

Während der Arbeit des realen Objektes werden alle Eingangsinformationen des AlSU gemeinsam mit dem Zeitpunkt ihres Eintreffens auf Magnetband festgehalten. Da AlSU ein streng determiniertes System ist, muß die wiederholte (mehrfache) Benutzung dieser Informationen zur Wiederholung des Ablaufes des AlSU am Experimentierobjekt führen. Da die Zeit des Eintreffens einer Information in jedem Schritt festgehalten wurde, kann das Tempo ihrer Berechnung willkürlich festgelegt werden, d. h., es werden Schnellinformationen möglich, die allen weiter oben aufgezählten Anforderungen genügen.

Wir nennen die Gesamtheit der Aufzeichnungen realer Informationen und das AlSU selbst das *algorithmische Modell* des Experimentierobjektes, den Wiederholungsprozeß des Ablaufes des AlSU in einer nichtrealen Zeit aber die *Nachbildung*.

In Verbindung mit der Einfachheit der Organisation algorithmischer Modelle werden Einzelheiten ihrer Konstruktion nicht beschrieben.

Testung der Programme. Infolge der Kompliziertheit und der ständigen Entwicklung der AlSU ist es außerordentlich schwer, Fehler bei der Programmierung zu vermeiden.

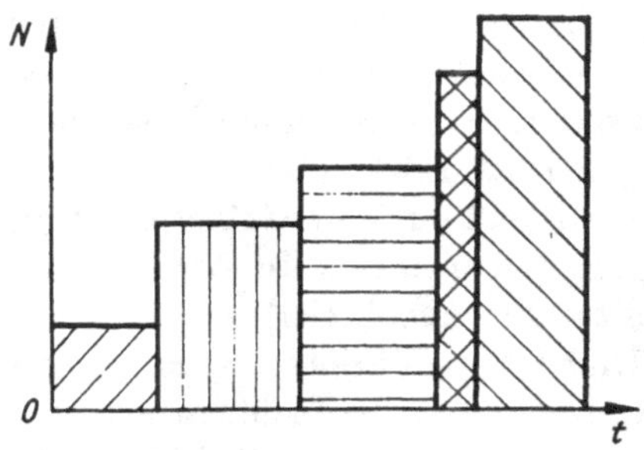

Abb. 15. Beispiel eines Diagramms für das Anwachsen des Umfanges der Schnellinformationen in der Zeit t

Beim Testen eines AlSU sind diese Fehler durch folgende Ursachen leicht zu erkennen: Die getesteten Arbeitsweisen eines AlSU umfassen nicht alle Blöcke des AlSU, wodurch ein Teil der Blöcke ohne Erprobung bleibt; beim Testen eines AlSU ist es schwierig, die Gesamtmenge von Arbeitsweisen des AlSU zu imitieren. Jedoch liegt die Hauptursache aller dieser Fehler in der Primitivität der Testmethoden des AlSU selbst, die nur für nicht sehr umfangreiche und unkomplizierte Programme effektiv sind.

Aber ein zentrales Problem der Schaffung komplizierter AlSU fordert, das Problem ihrer Testung[1]) zu lösen, die so kompliziert ist, daß es praktisch nicht versucht wird, sie mit irgendwelchen anderen objektiven Mitteln zu formalisieren oder zu lösen, wobei das gesamte Problem in die Sphäre menschlicher Verhältnisse überführt wird [73].

Für die Mehrzahl der Steuersysteme ist es erforderlich, solche AlSU zu schaffen, in denen die Wahrscheinlichkeit des Auftretens von Fehlern auf ein absolutes Minimum gebracht wird. Im entgegengesetzten Fall existiert eine endliche Wahrscheinlichkeit für das Sichtbarwerden eines Fehlers in großen Systemen, deren Operationskoeffizient für die Effektivität ausschließlich hoch sein muß.

---

[1]) Unter Testung wird ein System von Maßnahmen verstanden, das es ermöglicht, die Adäquatheit der Darstellung des Ausgangsalgorithmus sowie seine programmäßige Realisierung zu überprüfen bzw. zu erreichen.

Bekannt ist [88], daß die Automatisierung der Programmierung bis jetzt noch nicht die Frage der Kontrolle der Korrektheit von Programmen aufhebt. Diese Kontrolle erfolgt gegenwärtig durch den Vergleich der Ergebnisse von manueller und automatischer Berechnung. Die offensichtlichen Mängel eines solchen Vergleichs stimulieren die Ausarbeitung neuer, effektiverer Kontrollmethoden der Korrektheit von Programmen. So wird in der Arbeit [88] die Frage nach der Schaffung von Demonstrationseinrichtungen zur Kontrolle gestellt. Diese ermöglichen es, der Dynamik des Rechenprozesses zu folgen. In der Arbeit [103] wird eine technische Anlage beschrieben, die die Reihenfolge der Arbeiten von Programmblöcken demonstriert.

In der Mehrzahl der Fälle aber sind die einzigen „Helfer" des Programmierers beim Testen der Ausdruck des Arbeitsspeichers und das Stoppen des Rechners durch vorgegebene charakteristische Merkmale (Befehlsadresse, Adresse für das Ausschreiben eines Ergebnisses u. ä.).

Es muß bemerkt werden, daß auf dem Gebiet der Erarbeitung der Methodik des Testens von Programmen interessante Arbeiten ausgeführt werden. Man kann sich zum Beispiel auf die Arbeit [96] beziehen, in der das Testprogramm TRACE der Firma „Univac" beschrieben wird. Dieses Programm wird zur Testung großer Programme, die in der Echtzeit arbeiten, benutzt. TRACE ist auf den Prinzipien der Interpretation von Befehlen aufgebaut und besteht aus einem Programm zur Erprobung der Gestalt der Befehle, acht Standard-Testprogrammen und einer Reihe steuernder Unterprogramme.

Das Programm zur Erprobung der Gestalt der Befehle entdeckt hauptsächlich grobe Programmierfehler (verbotene Kode-Kombinationen, die Verletzung von Vereinbarungen der Reihenfolge bei der Ausführung von Befehlen u. a.). Die acht Standard-Testprogramme wurden vorher für die Druckausgabe der verschiedenen Informationen festgelegt. Diese begleiten den Realisierungsprozeß der Arbeitsprogramme (der Adressen der auszuführenden Befehle und ihres Inhaltes, des Inhaltes der Indexregister, des Verzeichnisses der Befehle, die früher ausgeführt wurden u. a.). Von den logischen Fehlern entdecken die Tests nur die einfachsten, die ihrem Typ nach zyklische sind.

Die kennzeichnende Besonderheit von TRACE ist der Wechselwirkungsprozeß mit dem Bediener bzw. Programmierer. Beim Entdecken eines Fehlers kommt eine entsprechende Mitteilung zum Pult des Bedieners, und TRACE geht in den Zustand des Wartens über. Als Ergebnis beseitigt der Programmierer den Fehler und umgeht den Block, in welchem sich der Fehler befindet. Eine derartige Prozedur erhöht die Wahrscheinlichkeit des Auffindens einer großen Fehlermenge bei einem Testlauf. Bei der Benutzung von TRACE erhöhte sich die Produktivität der Arbeit eines Programmierers auf das Doppelte.

Es werden interessante Arbeiten zur Schaffung effektiver Indikatoreinrichtungen, die den Testprozeß von Programmen beschleunigen, durchgeführt. So wird in der Arbeit [99] ein Testsystem beschrieben, das aus einem Lichtstift zur Dateneingabe, dem Indikator CRT und dem Organisationsprogramm GBUG für die zweiseitige Beziehung Mensch—Maschine besteht. Der besondere Vorteil dieses Systems liegt in der Ökonomie der Zeit. Zum Beispiel dauert das Aufrufen der Speicherzellen für ein schnelles Überfliegen auf CRT etwa 5 Sekunden und beim Einsatz der Druckeinrichtung etwa 15—20 Sekunden.

Die mnemonischen Bezeichnungen aller Steuerorgane der Maschine werden auf den Bildschirm CRT gebracht, und für den Einsatz wird jede von ihnen bis zur entsprechenden Gestaltung mit dem Lichtstift genügend abgetastet. Eine beliebige Adresse für eine schnelle Durchsicht wird mit dem Lichtstift in einer Tabelle sechzehnstelliger Zahlen ausgewählt. Die Veränderung des Inhaltes der Speicherzellen wird analog realisiert; mit Hilfe des Lichtstiftes wird der Inhalt einer Speicherzelle abgeleuchtet, und daraufhin werden Korrekturzahlen aus der Matrix ausgewiesen. Die gesamte Korrektur wird automatisch ausgeführt. Anstelle des Ausdruckes großer Datenfelder kann der Programmierer diese leicht auf CRT abbilden (ein Bildstreifen umfaßt 256 Zellen).

Zum Abschluß der kurzen Übersicht über Methoden und Mittel des Testens von Programmen heben wir noch einmal hervor, daß gegenwärtig keine Universalmethode für das Testen, die für beliebige Programme und diese realisierende Digitalrechner geeignet ist, existiert. Selbstverständlich hängen die Testmethoden von vielen Faktoren ab, unter denen das Vorhandensein einer Spezialvorrichtung und eines Programmapparates an erster Stelle stehen. In der Mehrzahl der Programmieranleitungen wird die Frage des Testens entweder ganz übergangen, oder die aktuelle Version wird in bezug auf einen Digitalrechner, der Service-Programme besitzt, dargestellt.

6.3. Die Automatisierung der Programmierung

Bei der Herstellung großer AlSU fanden Mittel zur Automatisierung der Programmierung gegenwärtig noch keine breite Anwendung. Das läßt sich durch die geringe Praxis der Herstellung großer AlSU sowie dadurch erklären, daß Qualität und Betriebscharakteristiken automatischer Übersetzungsprogramme nicht den Anforderungen genügen, die weiter oben dargelegt wurden.

Für den Automatisierungsprozeß des Aufstellens von Steuerprogrammen werden einige Methoden benutzt, die auch beim Erarbeiten von Programmen für gewöhnliche Rechenprozeduren Verwendung finden, insbesondere die Methoden der Bibliotheken von Standardprogrammen. Dabei gelang es, eine Reihe spezieller Standardprogramme für Kontroll- und Steueraufgaben aufzustellen (Abfrage der Geber und Vergleich ihrer Angaben mit der Norm, Realisierung blockweiser Zusammenhänge der Maschinen und Mechanismen, visuelle Wiedergabe des Ablaufes des Steuerprozesses und des Zustandes der Objekte des großen Systems u. a.).

Dennoch befreit die Benutzung von Standardprogrammen die Programmierer nicht von der Notwendigkeit der Ausführung eines großen Umfanges manueller Programmierarbeiten.

Die ständige Vervollkommnung von AlSU zwingt zur Suche nach Methoden zur Automatisierung des Prozesses der Arbeitsaufnahme und der Vervollständigung des allgemeinen Strukturaufbaues großer Programme.

In der gegenwärtigen Entwicklungsetappe der Programmierung ist für die zu betrachtenden Aufgaben das Verfahren der blockweisen Programmierung höchst populär. Die blockweise Programmierung hat Vorteile bei der manuellen Programmierung (Wirtschaftlichkeit durch die Zeit und die Anzahl der Befehle) und beseitigt teilweise deren Mängel (lange Programmierzeiten).

Die Methode der blockweisen Programmierung besteht darin, daß einzelne Programmteile als Ganzes erhalten bleiben und so bei der Aufstellung neuer Programme benutzt werden. Dabei programmiert man nur solche Programmteile neu, die noch nicht vorrätig sind. Die Kollektion vorbereiteter Teilprogramme (sogenannter Unterprogramme) erhielt die Bezeichnung *Unterprogrammbibliothek*.

Es gibt zwei allgemeine Methoden der blockweisen Programmierung: *Die interpretierende und die zusammenstellende Methode*. Der Sinn dieser Methoden besteht darin, daß die Zahl von Befehlen, die der Programmierer faktisch schreiben muß, verringert wird. Dafür befindet sich im Maschinenspeicher die Bibliothek der Unterprogramme. Diese können von jedem Programmierer benutzt werden und brauchen nicht jedesmal neu geschrieben zu werden.

Folgende Unterschiede bestehen zwischen den beiden Verfahren der blockweisen Programmierung.

Wenn sich Programmierung und Realisierung des Programms auf der Maschine als einheitlicher Prozeß der Lösung einer Aufgabe betrachten lassen, dann sind zwei Reihenfolgen der Verwirklichung dieses Prozesses möglich. Die erste Reihenfolge (wir bezeichnen sie als geteilte) sieht vor: Aufstellung des gesamten Programms; Verwirklichung des Programms auf der Maschine bei gegebenen Ursprungsdaten (im Grunde genommen die Lösung der Aufgabe). Diese Reihenfolge ist bei der manuellen Programmierung weit verbreitet. Die zweite Reihenfolge (wir bezeichnen sie als wechselnde) besteht darin, daß die Ursprungsinformation über das Programm (oder das gesamte Programm und Ausgangsinformationen über mangelhafte „Stücken" in ihm) gemeinsam mit den Ursprungsdaten der Aufgabe in die Maschine gelangen.

Die blockweise Programmierung ist bei der geteilten Reihenfolge der Aufgabenlösung eine zusammenstellende Methode für das Aufstellen eines Arbeitsprogrammes, bei wechselnder Reihenfolge aber eine interpretierende Methode. Mit anderen Worten werden die Unterprogramme eines interpretierenden Programms als Grund- (oder Arbeits-)programm benutzt, wenn dieses auf der Maschine gelöst wird, die Unterprogramme eines zusammenstellenden Programms aber nur in der Zeit, wenn das Grundprogramm in die Maschine gelangt. Während ein zusammenstellendes Programm bei der Kompilation nur für das Erhalten eines Arbeitsprogrammes benötigt wird, befindet sich ein interpretierendes Programm bei der Interpretation während der gesamten Aufgabenlösung im Arbeitsspeicher.

Jede der betrachteten Methoden hat ihre Eigenheiten und Mängel, die in ihrem Wesen liegen.

Vorteile der interpretierenden Methode:

— im AlSU können Operatoren für die Bildung von Scheinbefehlen für zu erwartende Unterprogramme, die von vornherein nicht bekannt sind, vorgesehen werden;

— die Aufgabe der Unterteilung des Arbeitsspeichers des Digitalrechners vereinfacht sich;

— im Inneren des Grundprogrammes können Standard-Unterprogramme benutzt werden.

Mängel der interpretierenden Methode:

— Große Zeitaufwände, die mit der Umstellung von Standardprogrammen aus dem äußeren in den Arbeitsspeicher zusammenhängen;

— es ist schwierig, Veränderungen in früher aufgeschriebenen Blöcken vorzunehmen, da sie im äußeren Speicher direkt aufeinanderfolgen und die Veränderung der Länge eines Blockes die Verschiebung vieler Unterprogramme nach sich zieht;

— ein interpretierendes Programm muß sich die gesamte Zeit über im Arbeitsspeicher befinden, wo es zusätzliche Zellen für seine Speicherung einnimmt.

Vorteile der zusammenstellenden Methode:

— Die Notwendigkeit der speziellen Umordnung der Unterprogramme in den Arbeitsspeicher wird ausgeschlossen, da letztere bis zu dem Zeitpunkt in das Arbeitsprogramm einbezogen werden. in dem dieses seine Tätigkeit aufnimmt;

— es ist leicht, Veränderungen in von neuem oder früher aufgeschriebenen Blöcken vorzunehmen. Nach den Veränderungen können die Blöcke erneut einer Kompilation unterworfen werden, und ihre Länge hat praktisch keine wesentliche Bedeutung;

— die Benutzung von zusammenstellenden Programmen ist nicht mit ihrer Anwesenheit im Arbeitsspeicher nach Aufstellung eines Arbeitsprogrammes verbunden.

Mängel der zusammenstellenden Methode:

— Der Programmierer gewöhnt sich allmählich an die Gesamtheit von Adressen, die von ihm im aufgeschriebenen Block benutzt werden, und die Zerlegung des Programms, das im Arbeitsspeicher verschoben wird, wird erschwert;

— Programme, die durch Kompilation aufgestellt wurden, sind in der Regel wegen der notwendigen Wiederholung des einen oder anderen Blocks an verschiedenen Stellen des Arbeitsprogrammes übermäßig lang.

So lassen sich nach dem Vergleich beider Methoden der blockweisen Programmierung folgende Aussagen machen:

— Die begrenzten Vorteile eines zusammenstellenden Programms gegenüber einem interpretierenden hängen, wenn es sie auch gibt, von den konkreten

Charakteristiken dieser Programme, von den Eigenschaften der Programme, für die sie benutzt werden und vom konkreten Rechnertyp, auf dem die eine oder die andere Methode realisiert wird, ab. Man muß immer im Blick haben, daß es das Hauptziel des Einsatzes interpretierender oder zusammenstellender Programme ist, den Umfang der manuellen Programmiertätigkeit einzuschränken;

— der grundlegende Vorteil der blockweisen Programmierung besteht in der Möglichkeit der Organisation eines Parallellaufes in der Arbeit der Programmiergruppe bei der Fertigstellung umfangreicher Aufgaben. Das ermöglicht eine Verkürzung der Bearbeitungsfristen. Dabei hängt in der Regel die Arbeit eines Untersuchenden nicht von der Arbeit eines anderen ab. Das erleichtert das Einfügen von Veränderungen in Algorithmen und Programme eines praktisch beliebigen Blocks.

Anscheinend ist es zweckmäßig, eine solche Kombination von Kompilation und Interpretation zu verwenden, bei welcher die Funktionen des zusammenstellenden Programms in der Aufstellung der Arbeitsvariante des AlSU aus einzelnen Blöcken und in der Ausgabe notwendiger Informationen über ihre geleistete Arbeit bestehen. Zur Orientierung muß der Kompilator in der zusammenstellenden Variante des AlSU eine Tabelle der Charakteristiken aufstellen. Diese verknüpft die Blöcke mit den Adressen des Arbeitsspeichers. Der Aufruf eines funktionellen Blocks nach einem anderen wird ausschließlich der Aufrufe an oft auftretende Standardprogramme durch ein Steuerprogramm realisiert. Dadurch wird die völlige Loslösung der Blöcke voneinander erreicht, und die Geschmeidigkeit der Steuerung erhöht sich,

Ein Steuerprogramm muß die Bestimmung der Nummer des Blocks, der gerade arbeitet, gewährleisten. Dabei muß nach Blocknummer und bedingter Zellenadresse des angegebenen Blocks automatisch die tatsächliche Adresse dieser Zelle mit dem Ziel ihrer Indikation oder Veränderung aufgefunden werden. Letzteres beseitigt einen wesentlichen Mangel zusammenstellender Programme.

Aus allem, was oben dargelegt wurde, folgt die dringende Notwendigkeit der Erarbeitung von Analyseverfahren und -methoden, durch die es möglich wird, die Unübersehbarkeit eines AlSU zu verkleinern, seine Lokalisation zu erhöhen, den Gehalt der Schnell-Informationen zu verbessern und die Erhöhung des Zusammenhanges von AlSU bei ihrer Abarbeitung zu vermeiden. Ein Teil derartiger Verfahren und Methoden wurde in diesem Kapitel beschrieben, andere aber nur bei der Formulierung der Frage genannt. Doch als grundlegend und festgelegt kann man die Aussagen über die Schaffung einer verbindlichen Einheitsmethodik für die Aufstellung des Blockschaltbildes eines AlSU, über die Strukturauswahl eines AlSU, die im Sinne einer Erhöhung seiner Lokalisation und einer Verkleinerung des Zusammenhanges bei der Abarbeitung eines AlSU optimal ist, betrachten. Diese zwei Fragen werden uns später ausführlicher beschäftigen.

7. DER MATHEMATISCHE APPARAT ZUR BESCHREIBUNG UND ANALYSE ALGORITHMISCHER STEUERUNGSSYSTEME

7.1. Das Funktionsmodell

Algorithmische Steuerungssysteme werden im vorliegenden Buch als besondere Informationselemente (Teilsysteme) von Systemen höherer Steuerungsebenen (großer Systeme) betrachtet. Sie besitzen jedoch ihrerseits selbst Eigenschaften, die für komplizierte Systeme [43, 48—50] charakteristisch sind. Sie enthalten eine große Anzahl (miteinander verbundener) elementarer Anweisungen (Befehle), deren Anzahl oft bis zu hunderttausend beträgt. Aus einem beliebigen AlSU kann man hinreichend viele autonome Teilsysteme (Aggregate, Unterprogramme) auswählen, von denen jedes seine Zielfunktion und sein spezifisches partielles Kriterium besitzt, während das AlSU als Ganzes ein einheitliches Funktionsziel hat, das von der Informationsverarbeitung über eine Entscheidungsfindung zur Steuerung der Objekte bis zur Formulierung der entsprechenden Steuerbefehle (Signale) reicht.

Wenn man eine derartige Interpretation der Rolle des AlSU in großen Systemen benutzt, muß man den Begriff der Funktionsweise von AlSU als Elemente großer Systeme verwenden. Der Inhalt dieses Begriffes bleibt jedoch unklar. Zur Klärung betrachten wir nun den Prozeß der Abarbeitung einer algorithmischen Vorschrift ausführlicher.

Die Beschreibung des Umformungsprozesses einer Eingangsinformation in eine Steuerinformation unter Zugrundelegung einer realen Zeitskala erfolgt nach Vorschriften, die durch das AlSU vorgegeben sind. Dabei benutzt man solche Begriffe wie diskrete Zeit, Takte, getaktete Intervalle, dynamische Systeme usw. Das Wesen dieser Begriffe besteht in folgendem.

Gewöhnlich setzt man, wenn man von der Zeit spricht, voraus, daß sie sich nur in einer Richtung ändert und längs des Zahlenstrahles alle möglichen Werte stetig annimmt. Zur Untersuchung diskreter Systeme ist es zweckmäßig, die Zeit als diskrete Zeit in die Betrachtungen einzuführen. Dazu wird die stetige Zeitachse in Intervalle geteilt, die nicht unbedingt gleich groß sein müssen. Bei einer Bewegung längs der Zeitachse von $t = 0$ bis $t = \infty$ bezeichnen wir die Punkte, die die Intervalle trennen, mit $t_0, t_1, t_2, \ldots$. Wir ordnen diesen Werten $t_0, t_1, t_2, \ldots$ die nichtnegativen ganzen Zahlen 0, 1, 2, ... zu. Dann bezeichnen wir als *diskrete Zeit t* eine vorgestellte Zeit, die nacheinander nur diese ganzzahligen Werte annimmt.

Die durch die Zahlen 0, 1, 2, ... bezeichneten Zeitpunkte $t_0, t_1, t_2, \ldots$ werden *Takte* genannt, und die Zeitintervalle $(t_i - t_{i-1};\ i = 1, 2, \ldots, i^*)$ heißen *getaktete Intervalle*. Im weiteren werden wir diese Intervalle mit τ_i bezeichnen.

Wir betrachten jetzt ein bestimmtes System, das eine funktionale Abhängigkeit

$$\varphi = f(a_1, a_2, \ldots, a_{k^*}) \tag{13}$$

realisiert, wobei $\{a\}_k$ $(k = 1, 2, \ldots, k^*)$ und $\{\varphi\}$ Alphabete sind, die endlich viele Symbole enthalten.

Das System besitzt k^* Eingänge $a_1, a_2, \ldots, a_{k^*}$ und einen Ausgang (Abb. 16). In die Eingänge werden gleichzeitig Symbole aus den Alphabeten $\{a\}_1$, $\{a\}_2$, $\ldots$, $\{a\}_{k^*}$ eingegeben. Zum gleichen Zeitpunkt wird am Ausgang ein Symbol aus dem Alphabet $\{\varphi\}$ ausgegeben. Ein derartiges, rasch arbeitendes abstraktes System bezeichnet man als *funktionellen Transformator* [5].

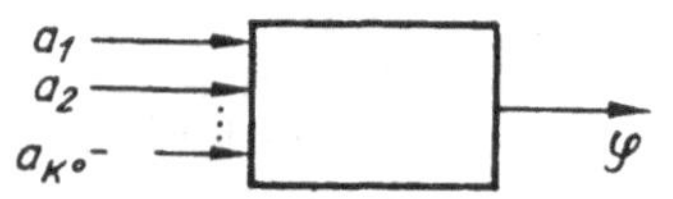

Abb. 16. Schema eines funktionellen Transformators

Wir nehmen jetzt an, daß sich die Symbole, die den Veränderlichen $a_1, a_2, \ldots, a_{k^*}$ entsprechen, zu diskreten Zeitpunkten so verändern, daß für jeden Takt $t = 0, 1, 2, \ldots$ die Funktion $a_k(t)$, die Werte aus dem Alphabet $\{a\}_k$ annimmt, definiert ist. Dann erhält Funktion (13) folgende Form:

$$\varphi(t) = f[a_1(t), a_2(t), \ldots, a_{k^*}(t)] .$$

Systeme dieser Art besitzen kein Gedächtnis in dem Sinne, daß der Wert des Ausgangssymbols φ zu einem beliebigen Zeitpunkt $t = i$ nur von den Werten der „Eingänge" a_{k_i} in diesem Moment abhängt.

In der Praxis trifft man häufig auf Systeme mit komplizierten Abhängigkeiten zwischen den Werten der Eingangs- und Ausgangskoordinaten wie z. B.

$$\varphi(i) = f[a_1(i-1), a_2(i-1), \ldots, a_{k^*}(i-1);$$
$$a_1(i), a_2(i), \ldots, a_{k^*}(i)] .$$

In solchen Systemen hängt das Ausgangssignal in jedem Arbeitstakt nicht nur von den Werten aller a_k zum Zeitpunkt i, sondern auch von ihren Werten im vorangegangenen Zeitpunkt $i - 1$ ab. Außerdem können sie nicht nur einen, sondern mehrere Ausgangskanäle besitzen. Demzufolge wird in den Zeitpunkten $t = i$ ein System von Eingangssignalen aus $\{a\}_k$ in ein System von Ausgangssignalen $\{\varphi\}_h$ $(h = 1, 2, \ldots, h^*)$ transformiert.

Mit dem Terminus *dynamisches System* bezeichnet man im allgemeinen Systeme, in denen die Prozesse zeitabhängig verlaufen. Die Zustände dieser Systeme verändern sich in der Zeit und werden zu jedem Zeitpunkt durch eine gewisse Anzahl verallgemeinerter Koordinaten charakterisiert.

Dynamische Systeme, in denen die Zeit auf einer abzählbaren Menge gegeben und bei denen die Zahl der äußeren Einflüsse und Koordinaten endlich ist, werden endliche dynamische Systeme genannt. Zu ihnen gehören im allgemeinen auch die algorithmischen Steuerungssysteme.

Unter dem Zustand eines AlSU wollen wir eine Abbildung

$$y = \psi(x) : X \to Y$$

verstehen [59], wobei die Menge X aus den Speicherzellen des Rechners besteht, die bei der Realisierung des gegebenen Algorithmus' benötigt werden. $Y = \{y\}$ ist eine Menge, deren Elemente als Zustände dieser Zellen bezeichnet werden.

Jede Speicherzelle besteht selbst aus einer Reihe elementarer Teile, den Stellen, die für die Aufnahme von einzelnen Ziffern bestimmt sind. Bei Verwendung von Rechnern mit Binärcodierung kann sich jede Stelle einer beliebigen Speicherzelle in einem von zwei möglichen Zuständen befinden, denen die Ziffern 0 und 1 entsprechen.

Die Informationen, mit denen die Prozessoren des Rechners operieren, werden gemäß ihrer Bestimmung in folgende Kategorien eingeteilt: Information über den Algorithmus, Eingangsinformation, Parameter des AlSU, Zwischenresultate und Ausgangsinformation.

Eine *Information über den Algorithmus* ist eine Gesamtheit elementarer Vorschriften, die den Prozeß der Transformation der Eingangsinformation in die Ausgangsinformation bestimmen. Eine *Eingangsinformation* besteht aus einer endlichen geordneten Menge[1]) elementarer von einer Informationsquelle stammender Mitteilungen über den Zustand der Elemente des großen Systems und des Nutzers. Als *Parameter* des AlSU wollen wir alle möglichen konstanten Faktoren (Koeffizienten), Sollwerte der zu regelnden Größen, Zahlen, die das Zeitverhalten der Steuerung bestimmen (Zeitparameter) usw. bezeichnen. Eine *Ausgangsinformation* besteht aus einer endlichen, geordneten Menge[2]) elementarer Mitteilungen, die zur Abgabe an das zu steuernde Objekt aufbereitet werden.

Entsprechend des jeweiligen Informationstyps ist es möglich, den Speicher des Rechners derart in Felder einzuteilen, daß jeder Informationstyp in einem für ihn vorgesehenen Feld gespeichert wird. Dabei entsprechen die Felder des Speichers in denen die Eingangs- und Ausgangsinformationen gespeichert werden, den Eingängen bzw. den Ausgängen des AlSU.

---

[1]) Derartige Mengen werden wir *Vektoren der Eingangssignale* nennen und mit $\bar{a}^{(k)}$ bezeichnen. Die elementaren Informationen, aus denen sie gebildet werden, nennen wir *Komponenten* des Vektors. Die Anzahl der Komponenten heißt *Dimension* des Vektors. Während der Arbeit großer Systeme verändern sich die Eingangsinformationen entsprechend der Veränderung des Zustands der Elemente des großen Systems. Somit ist der Vektor $\bar{a}^{(k)}$ eine Funktion der Zeit: $\bar{a}^{(k)} = A(t)$. Im weiteren werden wir unter den Komponenten der Vektoren der Eingangs- und Ausgangsinformationen strukturelle, d. h., klar vorgegebene Informationen verstehen.

[2]) Mengen dieser Art werden wir in folgenden Vektoren der Ausgangsinformationen nennen und mit $\bar{\varphi}^{(h)} = \varphi(t)$ bezeichnen. Jedem Takt $t = i$ entspricht ein Vektor $\bar{\varphi}_i^{(h)}$, der sich im allgemeinen Fall durch seine Komponenten von anderen Vektoren unterscheidet.

Der Prozeß[1]) der Programmeingabe in den Speicher des Rechners zum Zeitpunkt t_0 besteht in der Überführung des Speichers als Ganzes in einen bestimmten Zustand, der *Anfangszustand* des AlSU genannt und mit Y_0 bezeichnet wird. In den darauffolgenden Zeitpunkten (Takten) $t_1, t_2, \ldots$ verändern sich die Zustände des AlSU.

Den Prozeß der Veränderung der Zustände des AlSU, der den Prozeß der Ausführung der algorithmischen Vorschriften im Rechner widerspiegelt, werden wir *Ablaufprozeß* (*Prozeß des Funktionierens*) nennen und ihn ausführlicher betrachten.

Ein algorithmisches Steuerungssystem arbeitet in einem Zeitintervall (T_A, T_E), dessen Länge $T_\Phi = T_E - T_A$ entweder beliebig vorgegeben ist oder eine Funktion der Eingangssignale darstellt:

$$T_\Phi = \varphi[\bar{a}^{(n)}]_{T_A}^{T_E},$$

wobei T_A und T_E die entsprechenden Anfangs- bzw. Endzeitpunkte des Ablaufes sind.

Das Zeitintervall (T_A, T_E) besteht aus getakteten Intervallen τ_i $(i = 1, 2, \ldots, i)$, die durch die Takte t_i getrennt sind. In jedem getakteten Intervall empfangen die Eingänge des AlSU Informationen der Form:

$$\bar{a}_i^k = \begin{pmatrix} a_i^1 \\ a_i^2 \\ \vdots \\ a_i^k \end{pmatrix}.$$

Über spezielle Kanäle tauscht das AlSU mit den Prozessoren des Rechners Informationen in Form algorithmischer Vorschriften $\bar{b}^{(n^*)} \in \{\bar{b}^{(n)}\}$ aus, die im Rechner im jeweiligen Arbeitstakt ausgeführt werden und zu bestimmten Ergebnissen $\bar{c}^{(n^*)} \in \{\bar{c}^{(n)}\}$ dieser Anweisungen führen (Abb. 17).

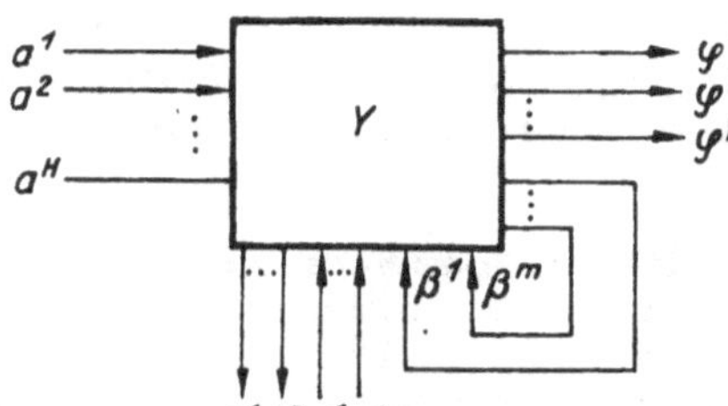

Abb. 17. Schema des Ablaufprozesses eines AlSU

[1]) Der Prozeß der Programmeingabe in den Speicher des Rechners wird von uns interpretiert als Prozeß des Aufbaus eines besonderen Informationssystems aus den Speicherzellen zur Lösung einer bestimmten Aufgabe innerhalb eines anderen Universalsystems, das der Rechner darstellt [48].

Ergebnis des vorliegenden Informationsaustauschprozesses ist die Transformation einer Eingangsinformation $\bar{a}_i^{(k)}$ in eine Ausgangsinformation, die in steuernde

$$\bar{\varphi}_i^{(h)} = \begin{pmatrix} \varphi_i^1 \\ \varphi_i^2 \\ \vdots \\ \varphi_i^h \end{pmatrix}$$

und in adaptierende

$$\bar{\beta}_i^{(m)} = \begin{pmatrix} \beta_i^1 \\ \beta_i^2 \\ \vdots \\ \beta_i^m \end{pmatrix}.$$

unterteilt werden kann.

Die Steuersignale werden über die peripheren Einrichtungen des Rechners und über Verbindungskanäle an die zu steuernden Objekte des großen Systems weitergegeben. Die adaptierenden Signale bestimmen den Prozeß der Selbstkorrektur des AlSU, der die Anpassung an konkrete Ablaufbedingungen zum Ziel hat. Die Verbindung zwischen den AlSU verschiedener Steuerungsebenen wird über die Eingabekanäle $\bar{a}^{(k)}$ und die Ausgabekanäle $\bar{\varphi}^{(h)}$ realisiert. Die Folge der Vektoren $\bar{a}^{(k)}$ und $\bar{\varphi}^{(h)}$, die entsprechend ihren Eingabe- bzw. Ausgabezeitpunkten angeordnet werden, bezeichnen wir demgemäß mit

$$\{\bar{a}^{(k)}\}_{T_A}^{T_E} \quad \text{und} \quad \{\bar{\varphi}^{(h)}\}_{T_A}^{T_E}.$$

In Übereinstimmung mit ROMANOWSKI [81] befindet sich das System in einem bestimmten Zustand, wenn es durch die gegebenen Werte der Variablen vollständig beschrieben wird, und es vollzieht den Übergang von einem Zustand in den anderen, wenn die Variablen, die das System beschreiben, sich von Werten, die den einen Zustand definieren, in Werte ändern, die den anderen Zustand bestimmen.

In jedem Punkt des Zeitintervalls (T_A, T_E) befindet sich das AlSU in einem Zustand $y \in Y$. Während des Arbeitsprozesses des AlSU verändern sich die Zustände seiner Ein- und Ausgänge, die Zustände der Speicherzellen mit den Zwischenergebnissen, die modifizierbaren Befehle u. ä.

Die Veränderung eines Zustandes des AlSU kann mit jedem Arbeitstakt der Prozessoren des Rechners erfolgen, d. h. als Ergebnis der Ausführung einer jeden Anweisung, wenn die entsprechenden Resultate jedesmal im Speicher des Rechners abgespeichert werden. Die Beschreibung des Ablaufes eines AlSU wird dabei außerordentlich kompliziert und wegen der großen Zahl verschiedener Zustände sogar praktisch unmöglich. Ein Ausweg aus dieser Situation kann durch Verallgemeinerung einer gewissen Anzahl von Zuständen gefunden werden. Dabei betrachtet man alle Zustände des AlSU während eines bestimmten Zeitintervalls $\tau > \tau_T$ (wobei τ_T ein getaktetes Intervall des Rechners ist) als einen Zustand. Im weiteren werden wir in der Regel nur Zustände am Ende jedes getakteten Intervalls unterscheiden, indem wir sie ihren entsprechenden Takten zuordnen. So wird beispielsweise der Zustand am Ende des getakteten Intervalls $\tau_i = t_i - t_{i-1}$ dem Takt t_i zugeordnet. Dabei ist es nicht notwendig, alle Speicherzellen des Rechners und deren Zustände zu betrachten. Je nach dem Untersuchungsziel beschreibt man zum Beispiel die Zustände des AlSU als Zustände der logischen Operatoren oder seiner Ausgänge.

Der Ablaufprozeß des AlSU kann jetzt folgendermaßen beschrieben werden. In jedem getakteten Intervall τ_j liegt am Eingang des AlSU eine Eingangsinformation $\overline{a}_j^{(k)}$ an. Im gleichen Takt wird sie in eine Ausgangsinformation $\overline{\varphi}_j^{(h)}$ transformiert. Dabei nimmt die Abbildung ψ: $X \to Y$ einen neuen vollständig bestimmten Wert an, d. h., das AlSU geht in den neuen Zustand

$$y_j = \psi(y_{j-1}, \overline{a}_j^{(k)}) , \qquad (14)$$

über.

Anders ausgedrückt, der Zustand des AlSU zu einem beliebigen Zeitpunkt t_j ist das Ergebnis einer gewissen Transformation des AlSU-Zustandes im vorhergehenden Zeitpunkt t_{j-1} unter dem Einfluß der Eingangsinformation $\overline{a}_j^{(k)}$. In diesem Sinne erweist sich das AlSU als determinierter Operator mit Gedächtnis (s. Kap. 2).

Berücksichtigt man jedoch, daß ein AlSU mit n logischen Elementen bis zu 2^n Zustände annehmen kann und die Zahl n in komplizierten Systemen größer als hundert oder gar tausend sein kann, wird offensichtlich, daß es faktisch unmöglich ist, das Verhalten determinierter Systeme zu beschreiben, wenn man sich nur auf Intuitionen verläßt. Deshalb ist, wie später noch gezeigt wird, für die Untersuchung dieser Systeme ein wahrscheinlichkeitstheoretisches Herangehen äußerst erfolgversprechend.

Die Zustände des AlSU kann man entsprechend den Untersuchungszielen als Zustände seiner Ausgänge, als Werte der Kombination logischer Funktionen u. ä. beschreiben. Jedem dieser möglichen paarweise verschiedenen Zustände kann man eine natürliche Zahl zuordnen. Die von uns betrachteten AlSU besitzen nur endliche viele Zustände, d. h. es ist auch die Ablaufzeit dieser Systeme endlich. Sie enthalten demzufolge auch nur endlich viele Elemente. Die Menge der Eingangssignale der Form $\overline{a}_j^{(k)}$ ist ebenfalls endlich (oder abzählbar).

Die Gesamtheit aller möglichen Zustände des AlSU (Phasenraum der Zustände), die durch n Größen (Zahlen) definiert wird, stellt in diesem Fall einen n-dimensionalen Raum dar, dessen Koordinaten die Größen sind, die jeden Zustand charakterisieren. Der Übergang von einem Zustand in den anderen kann, wie noch gezeigt werden wird, mit Hilfe von Graphen beschrieben werden.

Als Graph $G(X, U)$ wird eine Menge bezeichnet, die Elemente zweier Typen enthält [8, 72]: *Knoten* oder *Ecken*, die die Menge X bilden und *Kanten*, die die Menge U bilden, wobei $U \subseteq X \times X$ gilt. Dabei verbindet jede Kante des Graphen zwei verschiedene Knoten miteinander oder einen Knoten mit sich selbst. Die Knoten des Graphen stellen im allgemeinen die veränderlichen Größen des untersuchten Systems oder Prozesses dar, während die Kanten die funktionellen Zusammenhänge zwischen ihnen veranschaulichen. Kanten werden als *gerichtet* bezeichnet, wenn sie eine eindeutige Beziehung (Richtung) zwischen den durch sie verbundenen Knoten widerspiegeln. Ein nur aus gerichteten Kanten bestehender Graph wird *gerichteter Graph* oder *Bigraph* genannt.

Wir betrachten jetzt eine Methode zur Untersuchung der Struktur von AlSU mittels Graphen. Die Menge $X = \{x_l\}$ $(l = 1, 2, \dots, l^*)$ sei die Menge der Elemente des AlSU, wobei jedes Element einen elementaren Operator der folgenden Typen darstellt: Rechenoperator, logischer Operator, Stoppoperator.

Ein *Rechenoperator* wird dadurch charakterisiert, daß nach seiner Ausführung stets ein Übergang zum Operator mit der nächstfolgenden Nummer erfolgt [65]. Die funktionelle Bedeutung des *logischen Operators* besteht in der Prüfung einer bestimmten logischen Bedingung. Danach erfolgt ein Übergang zu einem von zwei wohldefinierten Operatoren, der von der Erfüllung dieser Bedingung abhängig ist. Die Erfüllung der Stoppbedingung hat den Abbruch des Informationsübertragungsprozesses des AlSU zur Folge. Der *Stoppoperator* besitzt keinen Ausgang.

Aus der Menge X wählen wir eine Menge $X_P \subset X$ aus, die alle logischen Operatoren P_k des AlSU enthält. Jedem Operator $P_k \in X_P$ ordnen wir eine solche logische Funktion p_k zu, daß $p_k = 1$ gilt, wenn die durch den Operator P_k geprüfte logische Bedingung erfüllt ist. Anderenfalls ist $p_k = 0$.

Die Menge X ist endlich. Jedes Element dieser Menge, mit Ausnahme des Stoppoperators, besitzt wenigstens einen Eingang und einen Ausgang zu einem der anderen Elemente, die zur Menge X gehören. Somit kann jedes AlSU in Form eines gerichteten Graphen dargestellt werden, wenn jedes Element der Menge X als Knoten betrachtet wird und die Reihenfolge der Abarbeitung der Elemente durch die Kanten gekennzeichnet wird. Im allgemeinen Fall ist der Graph des AlSU vollständig, da zwei beliebige Knoten wenigstens in einer Richtung verbunden sind.

Die Menge $U = \{U_{ij}\}$ $(i, j = 1, 2, \dots, l^*)$ sei die Menge der Kanten, die alle Knoten des Graphen verbinden. Der Index i bezeichnet hier die Nummer des Knotens von dem die Kante ausgeht und der Index j die Nummer des Knotens (Operators), der auf den Knoten i folgt. Wir vereinbaren, den Wert der logischen Funktion jedes Operators $P_k \in X_P$ bei der Bezeichnung der Kanten hinter den Index i zu setzen. Ist beispielsweise $U_{2_1,5}$ das Bezeichnungssymbol einer Kante, bedeutet das, daß der Operator mit der Nummer 2 ein logischer Operator ist und daß bei Erfüllung der durch den Operator P_2 geprüften Bedingung anschließend der Operator x_5 ausgeführt wird.

Die Menge U ist stets endlich, da von jedem Knoten nicht mehr als zwei Kanten ausgehen und die Zahl der Knoten endlich ist.

Zu jedem Arbeitszeitpunkt des AlSU kann jede der Funktionen je nach den konkreten Bedingungen einen der zwei Werte 0 oder 1 annehmen. Eine Folge von konkreten Werten der logischen Funktionen im j-ten Arbeitstakt des AlSU, die entsprechend der auszuführenden Operationen entstanden ist, nennen wir *Kombination* dieser Werte und werden sie mit K_j bezeichnen. Da von jedem Knoten des Graphen, der einem Rechenoperator entspricht, genau eine Kante ausgeht, ist es nicht schwer, sich davon zu überzeugen, daß jeder Kombination eine streng definierte Folge von Kanten des Graphen entspricht. Diejenige Kantenfolge bei der das Ende jeder Kante mit dem Anfang der nächsten Kante übereinstimmt, werden wir *Weg* des Graphen nennen. Dabei nehmen wir immer an, daß jeder Weg im Anfangselement der Menge X beginnt und entweder im gleichen Element endet oder zum Endelement dieser Menge führt. Wir vereinbaren weiterhin, daß in den von uns betrachteten AlSU die Anfangselemente der Menge X jene Operatoren sind, die den Empfang der vom Sender gelieferten Informationen realisieren. Die Endelemente sind Stoppoperatoren. Einem Stoppoperator wird in der Regel der Operator zur Ausgabe der Steuerinformation an die zu steuernden Objekte des großen Systems vorausgehen. Einen Weg, der in demselben Knoten beginnt und endet, werden wir *Zyklus* nennen. Ein Zyklus der Länge 1, der durch eine Kante der Form U_{tt} dargestellt wird, heißt *Schlinge*.

Ein Weg ist einfach, wenn in ihm keine Kante zweimal vorkommt. Anderenfalls heißt er zusammengesetzt. Im allgemeinen enthalten die Wege der Graphen von AlSU Schlingen und Zyklen, d. h. sie sind zusammengesetzt. In einigen Fällen werden wir jedoch nur mit geordneten zusammengesetzten Wegen operieren, die keine Schlingen und Zyklen in offensichtlicher Form enthalten. Zu diesem Zweck ist es notwendig, sich alle wiederkehrenden Prozeduren in abgewickelter Form vorzustellen, d. h. jede Schlinge oder jeder Zyklus ist so oft zu schreiben, wie es der entsprechenden Wiederholung bei einer gegebenen Realisierung entspricht.

In jeder Realisierung von Aufgaben des AlSU besteht das Zeitintervall des Ablaufes aus einer wohlbestimmten Anzahl getakteter Intervalle, deren Ende wir als Zustände des AlSU festgelegt hatten. Auf diese Weise ist die Zahl der Zustände und ihre Aufeinanderfolge bei einer konkreten Realisierung vollständig bestimmt, da bei jeder Realisierung die Folge der Eingangssignale, die den Prozeß der Zustandsveränderung des AlSU verursacht, ebenfalls vollständig bestimmt ist. So bedeutet z. B. die Folge 22 9 444 888 6 2, daß sich das betrachtete AlSU zweimal im Zustand 2, einmal im Zustand 9, dreimal im Zustand 4 usw. befand.

Im weiteren werden wir eine Folge von Zuständen, in denen sich das AlSU bei einer Realisierung η befindet, *Berechnungs-* oder *Phasentrajektorie* nennen und mit T_η bezeichnen. Jedem Zustand des AlSU im getakteten Intervall τ_j entspricht ein bestimmter Weg, auf dem sich die Informationstransformation im jeweiligen Arbeitstakt vollzieht. Die Gesamtheit der Wege, die durch die Trajektorie T_η vereinigt werden, kann man sich in Form eines Graphen der Realisierung η vorstellen. Die Menge der Realisierungen der Berechnungstrajektorien bildet ihrerseits ihren Phasenraum.

Somit stellt man fest, daß das AlSU in diesem Sinne als dynamisches System aufgefaßt werden kann. Ein derartiges Herangehen reflektiert in hohem Maße das Wesen der Wechselwirkung des AlSU mit den anderen Elementen des großen Systems.

Zur Veranschaulichung unserer Darlegungen betrachten wir den in Abb. 18 dargestellten Graphen eines AlSU.

Der Graph enthält 5 Knoten, von denen 4 logische Operatoren sind. Alle Wege des Graphen sind einfach. Außerdem bilden alle Wege, die nicht in den Knoten 5 führen, äußere Zyklen, da sie alle in ein und demselben Knoten 1 beginnen und enden sowie durch den dem Knoten 5 vorausgehenden Knoten führen.

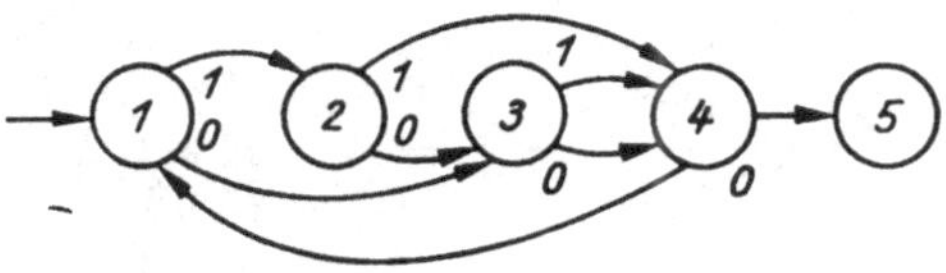

Abb. 18. Ein Beispiel für einen Graphen eines AlSU

Die Zustände des AlSU werden mit Hilfe der Kombinationen K_j beschrieben. Dabei berücksichtigen wir, daß jeder Kombination K_j ein Zustand Y_j des AlSU entspricht. Alle paarweise verschiedenen Kombinationen K_j der Werte der logischen Funktionen und auch ihre dementsprechenden Wege sind für das betrachtete AlSU aus Tabelle 9 ersichtlich.

Die Indizes jeder Kante bezeichnen die Nummer des Knotens, von dem die Kante ausgeht und die Nummer des Knotens zu dem sie führt sowie den Wert der logischen Funktion des entsprechenden Operators. Zum Beispiel bedeutet das Symbol $U_{1,2}$, daß bei Erfüllung der durch den Operator P_1 geprüften Bedingung ($p_1 = 1$) alle Rechenoperatoren ausgeführt werden, die in der Kante zusammengefaßt sind, die die Operatoren P_1 und P_2 verbindet. Aus Tabelle 9 folgt, daß der betrachtete Graph zehn paarweise verschiedene Rechenwege (Informationstransformationen) zuläßt. Jedem Weg entspricht eine vollständig bestimmte Kombination der Werte der logischen Funktionen und folglich ein wohldefinierter Zustand. In jedem Arbeitstakt des AlSU werden demzufolge nacheinander Operatoren ausgeführt, die durch einen der zehn möglichen Wege vereinigt werden.

Somit können die Zustände als Kombinationen der Werte der logischen Funktionen beschrieben werden, wenn man sie nur am Ende jedes Arbeitstaktes betrachtet. Jedem dieser Zustände kann man eine natürliche Zahl zuordnen. Der Phasenraum der Zustände des vorliegenden AlSU ist dann die Menge der in Tabelle 9 aufgeführten Zustände.

Tabelle 9

Kombinationen der Werte der logischen Funktionen (K_j)	Wege, die jeder Kombination K_j entsprechen
1 1 1 1	$U_{1_1 2}$ $U_{2_1 4}$ $U_{4_1 5}$
1 1 1 0	$U_{1_1 2}$ $U_{2_1 4}$ $U_{4_0 1}$
1 0 1 1	$U_{1_1 2}$ $U_{2_0 3}$ $U_{3_1 4}$ $U_{4_1 5}$
1 0 1 0	$U_{1_1 2}$ $U_{2_0 3}$ $U_{3_1 4}$ $U_{4_0 1}$
1 0 0 1	$U_{1_1 2}$ $U_{2_0 3}$ $U_{3_0 4}$ $U_{4_1 5}$
1 0 0 0	$U_{1_1 2}$ $U_{2_0 3}$ $U_{3_0 4}$ $U_{4_0 1}$
0 1 1 1	$U_{1_0 3}$ $U_{3_1 4}$ $U_{4_1 5}$
0 1 1 0	$U_{1_0 3}$ $U_{3_1 4}$ $U_{4_0 1}$
0 1 0 1	$U_{1_0 3}$ $U_{3_0 4}$ $U_{4_1 5}$
0 1 0 0	$U_{1_0 3}$ $U_{3_0 4}$ $U_{4_0 1}$

Der Graph der Übergänge des betrachteten AlSU hat dann die in Abb. 19 dargestellte Form.

Die Zustände 1, 3, 5, 7, 9 bedeuten den Abbruch des Ablaufes des AlSU. Zur besseren Anschaulichkeit der Darstellung im Graphen nehmen wir an, daß diese Zustände nur in sich selbst übergehen.

In Abb. 20 sind die Realisierungsgraphen der entsprechenden Phasentrajektorien $T_a = \{2, 2, 4, 6, 6\}$ und $T_b = \{6, 6, 4, 8, 9\}$ dargestellt.

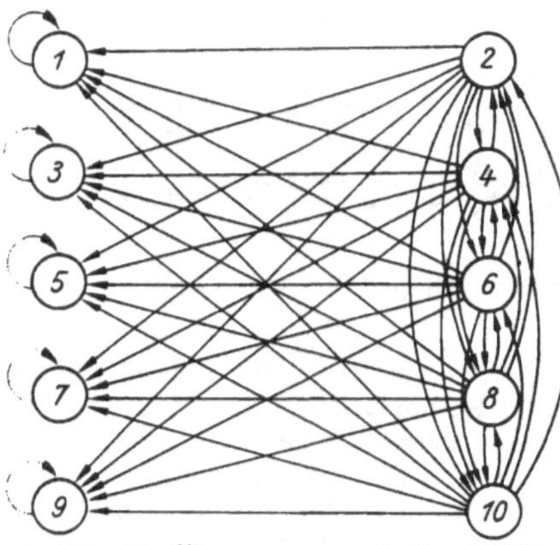

Abb. 19. Übergangsgraph des AlSU

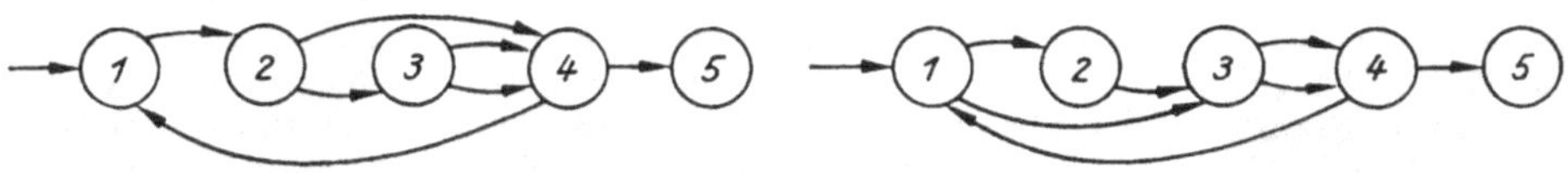

Abb. 20. Realisierungsgraphen der Phasentrajektorien T_a (a) und T_b (b)

Analysiert man die angegebenen Realisierungsgraphen und die Berechnungstrajektorien, stellt man unschwer fest, daß der Rechenprozeß für jede Realisierung seine Besonderheiten und folglich auch seine Charakteristika besitzt. Reale AlSU zeichnen sich durch eine hohe Kompliziertheit aus und lassen potentiell eine Menge von Berechnungstrajektorien zu, die in bedeutendem Maße die Abarbeitung und Erprobung von AlSU erschweren. Gleichzeitig erleichtern jedoch solche Begriffe wie Graphen, Phasentrajektorien und Realisierungsgraphen die Untersuchung der Funktionscharakteristika von AlSU und finden deshalb in den folgenden Paragraphen breite Anwendung.

7.2. Das algorithmische Steuerungssystem als diskreter Automat

Als diskrete Automaten bezeichnet man gewöhnlich Umwandler diskreter Informationen [5, 20]. Die grundlegenden Eigenschaften, die die diskreten Automaten von anderen Informationsumwandlern unterscheiden, sind die endliche diskrete Menge innerer Zustände und der taktweise Übergang des Automaten von einem Zustand in den anderen. Die Erfüllung der Forderung des taktweisen Überganges ist für konkrete Automaten nur auf einer bestimmten Abstraktionsstufe möglich, da in Wirklichkeit immer Übergangsprozesse stattfinden. Eine weitere Voraussetzung besteht darin, daß nach dem Übergang des Automaten in einen beliebigen Zustand der Übergang in den nächsten Zustand erst nach einem für den gegebenen Automaten festgelegten Zeitabstand, dem Intervall des Automaten, möglich ist. Diese beiden Voraussetzungen stimmen recht gut mit den Eigenschaften realer Rechenautomaten überein, und man nutzt sie weitgehend beim Aufbau einer Theorie digitaler automatischer Systeme aus.

Die Zustandsveränderung des digitalen Automaten erfolgt durch Eingangssignale, die außerhalb des Automaten entstehen und die durch endlich viele Eingabekanäle eingegeben werden. Das Arbeitsergebnis des Automaten ist die Ausgabe von Ausgangssignalen, die vom Automaten über endlich viele Ausgabekanäle nach außen gegeben werden. Sowohl die Eingangs- als auch die Ausgangssignale beziehen sich immer auf Zeitpunkte, die durch die ihnen entsprechenden Übergänge bestimmt werden und die man als Takte betrachtet.

Die Theorie der abstrakten Automaten entstand im Rahmen der Algorithmentheorie und kann deshalb zur Beschreibung algorithmischer Prozesse benutzt werden[1]), d. h. auf Prozesse der Anwendung von Algorithmen auf eine Ursprungsinformation [19, 20, 30]. In der Tat kann man ein AlSU, wie in den vorhergehenden Paragraphen gezeigt wurde, charakterisieren durch: eine endliche Menge von Eingangssignalen $\{\bar{a}^{(k)}\}$, eine endliche Menge von Ausgangssignalen $\{\bar{\varphi}^{(h)}\}$, eine beliebige Menge $\{Y\}$ von Zuständen des AlSU, eine Menge $\{Y_0\} \subset \{Y\}$, die als Anfangszustand des AlSU bezeichnet wird, sowie Funktionen, die eindeutige Abbildungen von $\bar{a}_i^{(k)} \in \{\bar{a}^{(k)}\}$ in die Mengen $\bar{\varphi}_i^{(h)} \in \{\bar{\varphi}^{(h)}\}$ liefern. Die angegebenen Charakteristika sind für einen abstrakten Automaten hinreichend [21].

Unter Verwendung der Begriffe der Automatentheorie erhalten wir die folgende Interpretation der Funktionsweise eines AlSU: Ein AlSU arbeitet in diskreten Zeitabständen, die die ganzzahligen Werte $t = 0, 1, 2, \ldots$ annehmen. In jedem Zeitpunkt t dieser Zeitskala befindet es sich in einem bestimmten Zustand $y(t) \in Y$. Zum Anfangszeitpunkt $t = 0$ befindet sich das AlSU in seinem Anfangszustand y_0, dem der Zustand des Speichers des Rechners vom Zeitpunkt der Programmeingabe bis zum Beginn der Umwandlung der Ursprungsinformation entspricht. In jedem Zeitpunkt $t \neq 0$ empfängt das AlSU ein Eingangssignal $a \in \{\bar{a}^{(k)}\}$ und gibt ein entsprechendes Ausgangssignal $\varphi \in \{\varphi^{(h)}\}$ aus.

[1]) Es ist folglich zu beachten, daß wir bei der Anwendung der Begriffe der Theorie der abstrakten Automaten zur Beschreibung des Prozesses der Transformation einer Eingangsinformation in eine Steuerinformation, neben den allgemein für abstrakte Automaten geltenden Einschränkungen auch von der Methode der Erfüllung elementarer im AlSU enthaltener Vorschriften abstrahieren und annehmen, daß sie taktweise ausgeführt werden.

Im allgemeinen kann die Funktionsweise des AlSU durch eine der folgenden zwei Gleichungen beschrieben werden:

$$y(t) = \delta[y(t-1), a(t)]\,, \qquad \varphi(t) = \lambda[y(t-1), a(t)]\,, \qquad t = 1, 2, \ldots$$

$$y(t) = \delta[y(t-1), a(t)]\,, \qquad \varphi(t) = \lambda[y(t), a(t)]\,, \qquad t = 1, 2, \ldots$$

Der Inhalt dieser Beschreibung des AlSU, die durch diese Gleichungen gegeben ist, besteht in folgendem: Im gesamten Zeitintervall $(0, T_E)$ des Ablaufes des AlSU werden an seinem Eingang nacheinander Eingangssignale $\bar{a}^{(k)} \in \{\bar{a}^{(k)}\}_0^{T_E}$ eingegeben. Die auf diese Weise entstehende Folge

$$a(1) = \bar{a}_1^{(k)}\,, \quad a(2) = \bar{a}_2^{(k)}, \quad \ldots\,, \quad a(T_E) = \bar{a}_{T_E}^{(k)}\,,$$

erzeugt auf der Grundlage der Funktionsgleichungen des AlSU eine eindeutig bestimmte Folge

$$q = \varphi(1), \quad \varphi(2), \quad \ldots\,, \quad \varphi(T_E)\,,$$

von Ausgangssignalen. Dabei erfolgt auch eine Veränderung der Zustände des AlSU.

Algorithmische Steuerungssysteme können im Prinzip durch Überführungs- und Ergebnistabellen, durch gerichtete Graphen und quadratische Automatenmatrizen beschrieben werden. Besonders anschaulich ist eine Beschreibung von AlSU mittels Graphen.

Ein Graph eines algorithmischen Systems ist eine Kombination von Knoten, die durch kleine Kreise dargestellt werden, und Pfeilen (Kanten des Graphen), die diese Knoten verbinden. Die Knoten werden mit den Zuständen des AlSU und die Pfeile mit den Eingangssignalen identifiziert. Einer Überführung des AlSU aus dem Zustand y_i in den Zustand y_j mittels des Eingangssignals a_i entspricht im Graphen ein mit a_i bezeichneter Pfeil, der den dem Zustand y_i entsprechenden Knoten mit den dem Zustand y_j entsprechenden Knoten verbindet. Dabei können die Knoten y_i und y_j zusammenfallen, falls das Eingangssignal faktisch nicht zu einer Veränderung des Zustandes des AlSU führt. Der auf diese Weise konstruierte Graph gibt nur die Überführungsfunktion des AlSU an. Zur Angabe der Ergebnisfunktion ist es notwendig, an der Kante des Graphen nicht nur die Eingangssignale, sondern auch die ihnen entsprechenden Ausgangssignale anzugeben.

Werden die Zustände des AlSU in den Zeitpunkten $t = 1, 2, \ldots$ durch die entsprechenden Zustände seiner Ausgänge beschrieben (jedem Vektor $\bar{\varphi}_t^{(h)}$ entspricht ein vollständig definierter Zustand y_t), ist es nicht notwendig, an die Kanten des Graphen die jeweiligen Ausgangssignale zu schreiben.

In Abb. 21 ist der Graph eines AlSU, das in Abhängigkeit von den Eingangssignalen $\bar{a}_1$, $\bar{a}_2$, $\bar{a}_3$ einen der fünf Zustände y_1, y_2, y_3, y_4, y_5 annehmen kann, dargestellt.

Die quadratische Automatenmatrix für das AlSU, dessen Graph in Abb. 21 dargestellt ist, hat unter Verwendung der dort angeführten Bezeichnungen und

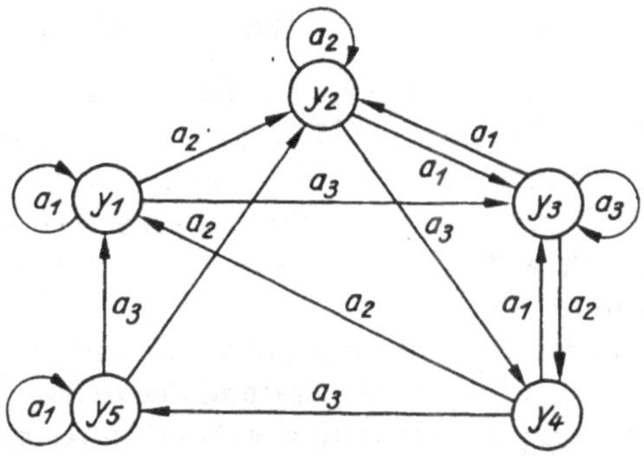

Abb. 21. Ein Beispiel für einen Automatengraphen eines AlSU

Numerierungen die folgende Form:

$$\begin{Vmatrix} a_1 & a_2 & a_3 & - & - \\ - & a_2 & a_1 & a_3 & - \\ - & a_1 & a_3 & a_2 & - \\ a_2 & - & a_1 & - & a_3 \\ a_3 & a_2 & - & - & a_2 \end{Vmatrix}.$$

Ein großer Vorzug der Beschreibungsmethoden von AlSU mit Hilfe der Automatentheorie besteht vor allem in ihrer Einfachheit und Anschaulichkeit. Dieser Vorteil zeigt sich jedoch nur bei relativ einfachen AlSU, deren Zustandszahl nicht allzu groß ist. In der Praxis haben wir es jedoch ausschließlich mit komplizierten AlSU zu tun. Die Graphen, Tabellen und Matrizen solcher Systeme werden selbst außergewöhnlich umfangreich und unübersichtlich sein. Deshalb findet diese Beschreibungsmethode von AlSU gegenwärtig keine breite Anwendung. Gleichzeitig besteht für die Beschreibung der Funktionsweise von AlSU und die Suche nach Wegen zur Anwendung für diese aus der Automatentheorie bekannten Methoden ein bedeutendes Interesse, solange keine andere alternative Lösung vorhanden ist.

Die einleuchtendste und möglicherweise einzige Methode zur Verbesserung der Anschaulichkeit der Beschreibung von AlSU ist die Methode der Aufstellung von Graphen, Tabellen und Matrizen ihrer verallgemeinerten Zustände. Dabei betrachtet man nicht alle paarweise verschiedenen Zustände, sondern nur bestimmte verallgemeinerte Zustände, deren Zahl relativ gering ist. Den Verallgemeinerungsgrad bestimmt man entsprechend der Untersuchungsziele.

Automatentheoretische Methoden können nicht nur zur Beschreibung von Prozessen der Ausführung von Algorithmen (z. B. des Ablaufes von AlSU), sondern auch zur Lösung anderer mit der Algorithmierung großer Systeme verbundener Aufgaben verwendet werden. So zeigt Gluschkow [20], daß die Automatentheorie für die Minimierung von Mikroprogrammen und gewöhnlichen Programmen für Rechenautomaten und folglich auch für AlSU in der hier aufgezeigten Form verwendet werden kann.

7.3. Algorithmische Steuerungssysteme und MARKOWscher Prozeß

Der Begriff des Zustandes eines Systems und der Begriff des Überganges von einem Zustand in den anderen ist für MARKOWsche Prozesse von grundlegender Bedeutung. In den vorangegangenen Paragraphen wurde eine Interpretation dieser Begriffe für AlSU gegeben. In Kapitel 2 wurde gesagt, daß die Funktionsweise des AlSU (der Prozeß der Informationsumwandlung) als MARKOWscher Prozeß beschrieben werden kann.

Tatsächlich trifft in jedem Arbeitstakt des AlSU am Eingang eine Information in Form des Vektors $\bar{a}_j^{(k)}$ über den Zustand des zu steuernden Objektes und der Informationsgeber ein, die Forderungsströme. In realen Systemen ist diese Information dem Einfluß zufälliger Störungen unterworfen, und die Folge der k-dimenionalen Vektoren $(\bar{a}_{1\eta}^{(k)}, \bar{a}_{2\eta}^{(k)}, \ldots, \bar{a}_{T_{E\eta}}^{(k)}; \eta = 1, 2, \ldots)$ bei einer Realisierung η erweist sich im allgemeinen Fall als Realisierung einer Folge zufälliger Vektoren $(\bar{a}_{1\eta}^{(k)}, \bar{a}_{2\eta}^{(k)}, \ldots, \bar{a}_{T_{E\eta}}^{(k)})$ mit gegebenen Wahrscheinlichkeitscharakteristika. Der zufällige Charakter der Vektoren $\bar{a}_\eta^{(k)}$ bestimmt den stochastischen Charakter der Funktionsweise des AlSU, da dessen Zustand im j-ten Arbeitstakt entsprechend Gleichung (14) durch den vorhergehenden Zustand und den Vektor $\bar{a}_j^{(k)}$ bestimmt wird. In diesem Sinne wird die Übergangswahrscheinlichkeit des AlSU aus einem Zustand y_α in einen Zustand y_β im j-ten Arbeitstakt durch die Auftrittswahrscheinlichkeit des diesem Übergang entsprechenden Eingangsvektors $\bar{a}_j^{(k)} = \bar{a}_{\alpha\beta}^{(k)}$ bestimmt, d. h.

$$P_{\alpha\beta} = P(\bar{a}_{\alpha\beta}^{(k)}) .$$

Diese Wahrscheinlichkeit P wird in der Theorie der MARKOWschen Ketten als *Übergangswahrscheinlichkeit* bezeichnet. Mit Hilfe der Matrizen der Übergangswahrscheinlichkeiten kann der Ablaufprozeß eines AlSU beschrieben werden. So hat die Matrix der Übergangswahrscheinlichkeiten für das vorher betrachtete AlSU (Abb. 19) folgendes Aussehen:

$$P = \begin{bmatrix} 1 & 0 & 0 & 0 & 0 & 0 & 0 & 0 & 0 & 0 \\ P_{2,1} & P_{2,2} & P_{2,3} & P_{2,4} & P_{2,5} & P_{2,6} & P_{2,7} & P_{2,8} & P_{2,9} & P_{2,10} \\ 0 & 0 & 1 & 0 & 0 & 0 & 0 & 0 & 0 & 0 \\ P_{4,1} & P_{4,2} & P_{4,3} & P_{4,4} & P_{4,5} & P_{4,6} & P_{4,7} & P_{4,8} & P_{4,9} & P_{4,10} \\ 0 & 0 & 0 & 0 & 1 & 0 & 0 & 0 & 0 & 0 \\ P_{6,1} & P_{6,2} & P_{6,3} & P_{6,4} & P_{6,5} & P_{6,6} & P_{6,7} & P_{6,8} & P_{6,9} & P_{6,10} \\ 0 & 0 & 0 & 0 & 0 & 0 & 1 & 0 & 0 & 0 \\ P_{8,1} & P_{8,2} & P_{8,3} & P_{8,4} & P_{8,5} & P_{8,6} & P_{8,7} & P_{8,8} & P_{8,9} & P_{8,10} \\ 0 & 0 & 0 & 0 & 0 & 0 & 0 & 1 & 0 & 0 \\ P_{10,1} & P_{10,2} & P_{10,3} & P_{10,4} & P_{10,5} & P_{10,6} & P_{10,7} & P_{10,8} & P_{10,9} & P_{10,10} \end{bmatrix}$$

Die MARKOWschen Ketten, mit deren Hilfe man ein AlSU beschreiben kann, sind diskret und besitzen nur endlich viele Zustände, da AlSU diskrete Systeme sind und die Ablaufzeit sowie die Zahl ihrer funktionellen Elemente ebenfalls endlich sind. Folglich enthält das AlSU als Kombinationen dieser endlich vielen Elemente eine endliche Zahl von Zuständen. Die betrachteten Ketten sind einfach, da die Zustände eines AlSU in einem beliebigen Arbeitstakt τ_j durch seinen Zustand im vorangegangenen Takt τ_{j-1} und durch das Eingangssignal $\bar{a}_j$ bestimmt sind.

Im allgemeinen erfolgt die Verarbeitung eines Signals $\bar{a}_j$ im Rechner schrittweise durch bestimmte Programme, wobei die Arbeit des Systems nach dem Prinzip des sukzessiven Überganges von einem Programm zum anderen entsprechend ihres funktionellen Zusammenhanges organisiert ist. Somit umfaßt der Ablaufprozeß eines AlSU mehrere Phasen.

Je nach den Aufbauprinzipien von ASU, der zugelassenen Struktur des Programmierungsapparates und den technischen Mitteln wird jede Phase charakterisiert durch:

- eine Anzahl von Programmen σ_{ij}, wobei j die jeweilige Programmnummer in der i-ten Phase ist,
- eine Verteilungsfunktion der Verarbeitungszeit der Informationen in der i-ten Phase $F_i(\xi) = P(t_i < \xi)$ oder durch einige Verteilungsfunktionen für verschiedene Informationsgruppen,
- die Kapazität des v_i Pufferspeichers der i-ten Phase, die auf eine maximale Informationsfolge in dieser Phase zugeschnitten ist.

Der Zustand der i-ten Phase in jedem Zeitpunkt t (in einem beliebigen Arbeitstakt des Systems) wird durch einen Vektor

$$\bar{Y}_i = [k_{1i}(t), k_{2i}(t), k_{3i}(t), \{t_{1i}^j\}, \{t_{2i}^r\}, \{t_{3i}^l\}]$$

beschrieben. Dabei ist $k_{1i}(t)$ die Anzahl der Informationen (Aufgaben), die in der i-ten Phase zum Zeitpunkt t abgearbeitet werden, $k_{2i}(t)$ die Anzahl gestörter Programme der i-ten Phase, d. h. jener Programme, die die Informationen im gegebenen Zeitpunkt nicht zur Verarbeitung annehmen können, $k_{3i}(t)$ die Anzahl der zur Verarbeitung anstehenden Informationen (Aufgaben). $\{t_{1i}^j\}$ ist eine Menge von Zeitpunkten in denen die Verarbeitung der j-ten Information aus der Gruppe k_{1i} beginnt oder von Zeitpunkten, die bis zum Ende der Arbeitung dieser Information verbleiben. $\{t_{2i}^r\}$ ist die Menge von Zeitpunkten zur Korrektur der gestörten Programme, $\{t_{3i}^l\}$ ist die Menge von Zeitpunkten zur Verarbeitung der Informationen der Gruppe k_{3i}.

Die Vereinigung $Y(t) = \bigcup_{i \in N_s} \bar{Y}_i(t)$ (wobei N_s die Menge der Phasen des AlSU ist) bildet den Zustandsraum zum Zeitpunkt t, und $\bigcup_{t \in (0, T)} \bar{Y}(t)$ ist der Zustandsraum in der Periode $(0, T)$.

Bezeichnet man mit P_{ij} die Wahrscheinlichkeit dafür, daß sich ein im Zeitpunkt t_0 im Zustand Y_i befindliches AlSU nach einer gewissen Zeit Δt im Zustand Y_j befinden wird, dann charakterisiert diese Übergangswahrscheinlichkeit P_{ij} recht gut die Dynamik des Systems.

Im allgemeinen ist die Untersuchung mehrphasiger Prozesse mit großen Schwierigkeiten verbunden. Geht man jedoch von vereinfachten Voraussetzungen über den Informationsfluß und die Verarbeitungszeiten im AlSU aus, wird die Durchführung derartiger Untersuchungen erleichtert.

Tatsächlich hängt im Fall eines unverzweigten Informationsflusses und eines exponentiellen Bedienungsgesetzes der weitere Verlauf des Informationsverarbeitungsprozesses im AlSU nicht davon ab, was bis zum Zeitpunkt t_0 stattgefunden hat. Der Ablauf eines AlSU wird bestimmt durch die Zeitpunkte des Auftretens neuer Informationen und deren Verarbeitungsdauer sowie durch die Zeitpunkte der Beendigung der Verarbeitung jener Informationen, die sich in der gegebenen Zeit im System befinden, und durch ein exponentielles Verteilungsgesetz

$$F(t_0 + t) = e^{-\nu(t_0+t)} = e^{-\nu t_0} e^{-\nu t} = F(t_0) F(t) .$$

Das bestätigt die schon früher aufgestellte Behauptung, daß sich der Informationsverarbeitungsprozeß im AlSU bei unverzweigtem Informationsfluß und einer exponentiellen Bedienungszeit als zufälliger MARKOWscher Prozeß erweist.

Für MARKOWsche Prozesse wird die Untersuchung der Übergangswahrscheinlichkeiten bedeutend vereinfacht [28, 81, 90]. Es gilt die Formel

$$P_{ij}(t_0 + \Delta t) = \sum_{k=1}^{r} P_{ik}(t_0) P_{kj}(t) ,$$

wobei r die Anzahl der Systemzustände ist.

Gleichzeitig gilt nach der Formel der totalen Wahrscheinlichkeit

$$P_k(t_0 + \Delta t) = \sum_{s=1}^{r} P_s(t_0) P_{sk}(\Delta t) ,$$

wobei $P_s(t_0)$ die unbedingten Wahrscheinlichkeiten und $P_{sk}(\Delta t)$ die Übergangswahrscheinlichkeiten sind.

Für $t_0 = 0$ gilt:

$$P_k(\Delta t) = \sum_{s=1}^{r} P_s(0) P_{sk}(\Delta t) .$$

Selbstverständlich gilt $P_{ij}(t) \geqq 0$ und $\sum_{j=1}^{r} P_{ij}(t) = 1$ $(0 < i, j \leqq r)$.

Wir stoßen hier auf den folgenden wichtigen Satz, der von A. A. MARKOW bewiesen wurde:

Für einen homogenen MARKOWschen Prozeß für den es ein $t > 0$ mit $P_{ij}(t) > 0$ gibt, existieren die Grenzwerte $\lim_{t\to\infty} P_{ij}(t) = p_j$ und hängen nicht von i ab.

Aus diesem Satz folgt insbesondere, daß die Wahrscheinlichkeiten $P_k(\Delta t)$ gegen die Größen p_k konvergieren, wenn der Informationsverarbeitungsprozeß hinreichend lange dauert.

Tatsächlich ist

$$\lim_{\Delta t\to\infty} P_k(\Delta t) = \sum_{s=1}^{r} \lim_{\Delta t\to\infty} [P_s(0) P_{sk}(\Delta t)] \to p_k \sum_{s=1}^{r} P_s(0) = p_k ,$$

weil

$$\sum_{s=1}^{r} P_s(0) = 1 \quad \text{ist und} \quad \lim_{\Delta t\to\infty} P_{sk}(\Delta t) = p_k$$

gilt.

Mit anderen Worten, die Grenzwerte der Wahrscheinlichkeiten $P_k(\Delta t)$ für $\Delta t \to \infty$ existieren dann und nur dann, wenn die Bedingungen des Satzes von A. A. MARKOW erfüllt sind. Die umgekehrte Behauptung ist gleichfalls einleuchtend: Wenn $P_k(\Delta t) \to p_k$ für $\Delta t \to \infty$, dann gilt $P_{ik}(\Delta t) \to p_k$ für $\Delta t \to \infty$.

Wir interpretieren jetzt den Inhalt der Größe p_k. Gegeben sei die Funktion

$$V(t) = \begin{cases} 1, \text{ wenn sich das AlSU im Zustand } Y_k \text{ befindet} \\ 0, \text{ sonst.} \end{cases}$$

Es ist klar, daß $\int_0^T V_k(t)\,dt$ die Summe der Zeiträume darstellt, in denen sich das AlSU im Zustand Y_k befand. Die mittlere Verweildauer des Systems im Zustand Y_k ist $1/T \int_0^T V_k\,dt$. Aus der Fachliteratur [28, 81] ist bekannt, daß eine derart konstruierte Funktion für große Werte von T gegen einen bestimmten Grenzwert konvergiert. Dieser Grenzwert, d. h. die maximale mittlere Verweildauer des AlSU im Zustand Y_k im Intervall $(0, T)$ charakterisiert auch die Größe p_k.

Man muß betonen, daß bei komplizierten AlSU die Untersuchung der Grenzwahrscheinlichkeiten der Systemzustände unter Umständen ein Weg zur Überwindung der sich aus der Größe des AlSU ergebenden Schwierigkeiten ist. Qualitative Abschätzungen der Grenzzustände sind jedoch mit der Notwendigkeit verbunden, die Konvergenz gegen diese Grenzwerte, die nicht von den Anfangs- und Zwischenzuständen des Systems abhängen, zu beweisen.

So kann es sich z. B. erweisen, daß die Konvergenzgeschwindigkeit gegen die Grenzzustände mit wachsender Zahl der Elemente im System abnimmt, oder eine solche Konvergenz in bestimmten Fällen überhaupt nicht existiert. Ergänzend bemerken wir dazu, daß komplizierte AlSU aus Programmen bestehen, die einen Umfang von 1—1,5 Millionen Befehlen und einen Informationsgehalt von $10^8 - 8 \cdot 10^8$ bit besitzen.

Die zur Ablaufbeschreibung eines AlSU benutzten MARKOWschen Ketten können sowohl inhomogen (d. h. die Matrizen der Übergangswahrscheinlichkeiten sind zeitabhängig variabel) als auch homogen sein (d. h. diese Matrizen bleiben in jedem Zeitpunkt unverändert). In der Praxis hat man es oft mit sich selbst ändernden (selbstkorrigierenden) AlSU zu tun, die deshalb nur durch inhomogene Ketten beschrieben werden können. Diese Tatsache schränkt die Anwendung der MARKOWschen Ketten zur Untersuchung von AlSU erheblich ein.

7.4. Algorithmische Steuerungssysteme und Bedienungssysteme

Bei der Untersuchung des Ablaufprozesses von AlSU bestimmter Klassen von ASU erweist sich die Anwendung von Methoden der Theorie der Bedienungstheorie manchmal als nützlich. Das liegt darin begründet, daß wir bei der Aufstellung eines mathematischen Modells eines Steuerungssystems vom technologischen Wesen des Produktionsprozesses absehen und nur seine funktionell-zeitliche Organisation widerspiegeln.

Algorithmische Steuerungssysteme kann man sich als bestimmte Bedienungssysteme vorstellen, an deren Eingang ein Strom von Forderungen eintrifft, der durch eine Zufallsfunktion $A(t)$ beschrieben wird. Die Funktion $A(t)$ definiert eine Anzahl von Forderungen[1]), die in der Zeit $(0, T)$ zu erfüllen sind. Der Aufgabenstrom wird vollständig bestimmt durch die Funktion

$$A_1(\tau_1, \tau_2, \dots, \tau_n, k_1, k_2, \dots, k_n) = P\{S(\tau_1) = k_1, S(\tau_2) = k_2, \dots, S(\tau_n) = k_n\} .$$

Dabei sind $\tau_1, \tau_2, \dots, \tau_n$ die betrachteten Zeitpunkte und $k_1, k_2, \dots, k_n$ die jeweilige Anzahl der in das System während der entsprechenden Zeiträume eingehenden Forderungen (es wird vorausgesetzt, daß für $\tau_1 \leqq \tau_2 \leqq \dots \leqq \tau_n$ auch $k_1 \leqq k_2 \leqq \dots \leqq k_n$ wird).

Der Forderungsstrom ist unter den Bedingungen der Produktion nichtstationär, d. h., er hängt von der Wahl des Anfangszeitpunktes ab, wenn man ihn im Verlauf eines 24-Stunden-Tages betrachtet. Wir nehmen an, daß ein 24-Stunden-Tag als Einheit des Zeitabstandes verstanden wird. Dann bilden die meisten, der in den Rechner eingegebenen Aufgaben einen stationären Strom. Bereits früher haben wir vorausgesetzt, daß der in das AlSU eingegebene Aufgabenstrom einfach ist und Nachwirkungen nicht vorhanden sind, d. h. daß er unverzweigt ist. Man muß jedoch darauf hinweisen, daß diese Einschränkungen das Wesen des Problems in bedeutendem Maße vereinfacht. In der Tat ist die Voraussetzung eines stationären Forderungsstromes in realen Systemen selbst dann nicht erfüllt, wenn als Zeitabstand der 24-Stunden-Tag angenommen wird. So kann beispielsweise der Informationsfluß in verschiedenen Dekaden, besonders in den letzten Tagen eines Monats, eines Quartals oder eines Jahres sowie in bestimmten, mit speziellen Revisionen, organisatorisch-technischen Maßnahmen und anderem verbundenen Perioden wesentlich von einem stationären Fluß abweichen. Die Voraussetzung, daß Nachwirkungen nicht vorhanden sind, ist gleichfalls nur annähernd erfüllt. Wird beispielsweise eine Anfrage des Dispatchers über den Zustand eines Prozesses mit einer Mitteilung über eine wesentliche Abweichung des Produktionsprozesses vom vorgegebenen Betriebszustand beantwortet, folgen dieser Anfrage zusätzliche Fragen zur Detaillierung der Merkmale sowie Anweisungen zur Korrektur der Abweichungen. Die Voraussetzung, daß der Strom einfach ist, wird unter Produktionsbedingungen schwer erfüllbar sein. Es ist tatsächlich schwerlich zu erwarten, daß z. B. in einem mittleren Maschinenbaubetrieb mit etwa 1000 Einheiten metallverarbeitender Einrichtungen diese Forderung erfüllt ist.

Ungeachtet dessen, daß in der Produktion die Bedingungen eines unverzweigten Informationsflusses nicht erfüllt sind, ist die Untersuchung eines

---

[1]) Unter Forderungen versteht man unregelmäßige Aufgaben des Steuerungssystems, die in den Rechner eingegeben werden, und zu denen man Aufgaben der Auskunfterteilung, Korrekturen der Pläne, Eintragungen von Veränderungen in Dateien der Ursprungsinformationen usw. zählen muß.

Modells unter solchen Voraussetzungen überaus nützlich. Dafür gibt es mindestens drei Gründe. Erstens ist es relativ einfach, für solche Bedingungen eine analytische Lösung zu finden. Zweitens kann man nach Erhalt dieser analytischen Lösung den Einfluß der angenommenen Einschränkungen abschätzen und auf diese Weise die Untersuchungsergebnisse präzisieren. Drittens kann man durch entsprechenden Aufbau eines mathematischen Grundgerüstes und einer technischen Struktur die Organisationsmethoden für den Ablauf eines AlSU an Bedingungen annähern, die den angenommenen weitestgehend entsprechen.

Die Wahrscheinlichkeit dafür, daß k Informationen im Zeitraum $(0, t)$ in das AlSU eingegeben werden, soll der POISSONschen Verteilung genügen:

$$P_k(t) = \frac{(\lambda t)^k}{k!} e^{-\lambda t} .$$

Dabei ist λ, der Parameter des Informationsflusses, gleich dem Erwartungswert der Anzahl der Informationen pro Zeiteinheit. Es ist leicht nachzuweisen, daß

$$M_k(t) = \sum_{k=1}^{\infty} k P_k(t) = \sum_{k=1}^{\infty} k \frac{(\lambda t)^k}{k!} e^{-\lambda t} = \lambda t$$

gilt, wobei $M_k(t)$ der Erwartungswert von k Informationen zum Zeitpunkt t ist $\left(\text{für } t = 1 \text{ ist } M_k(1) = \lambda\right)$.

Wir bemerken, daß für unverzweigte Ströme die Auftrittswahrscheinlichkeit jeder Information in einem bestimmten Zeitabschnitt proportional der Länge des Abschnitts ist und nicht von ihrer Lage im Intervall $(0, T)$ abhängt. Die Auftrittswahrscheinlichkeit von k Informationen im Zeitraum $(0, t)$ erreicht ihren größten Wert bei $t = \frac{k}{\lambda}$ $(k = 0, 1, 2, \ldots)$.

Als Beispiel betrachten wir Angaben über die Verteilung des Informationsflusses innerhalb eines 24-Stunden-Tages auf die Produktionsabteilungen eines Maschinenbaubetriebes:

Abteilungen:

Stahlgießerei	386
Konstruktionsabteilung	208
Mechanik	816
Montage	114
Schmiede	247
Gießerei	70
Versuchsabteilung	39
Werkzeugmacherei	206
Hilfsabteilungen	351
Lager	472

Aus diesen Angaben folgt, daß der Parameter des Informationsflusses unter den Produktionsbedingungen des betrachteten Werkes 3000 beträgt, d. h. $\lambda = 3000$.

Durch die Anwendung von Methoden der Bedienungstheorie [16, 22, 90] kann man den Betrag vieler technisch-ökonomischer Kennziffern algorithmischer Steuerungssysteme abschätzen: die mittlere Bedienungszeit einer Information, den zu erwartenden Zeitpunkt des Bedienungsbeginns, den Auslastungskoeffizienten des Rechners usw. Derartige analytische Untersuchungen sind zweckorientiert durchzuführen, um den Charakter der grundlegenden Beschränkungen der AlSU-Parameter und der Rechnerkennwerte unter den Bedingungen eines konkreten Steuerobjektes zu bestimmen. Das ist besonders wichtig im Anfangsstadium der Ausarbeitung eines ASU.

7.5. Graphen und Informationsgraphen der Programme

Bekanntlich besitzt jedes beliebige Programm für digitale Rechenautomaten eine bestimmte Struktur und muß eine vorgegebene Funktion erfüllen. Die Programmstruktur bestimmt die Art und Weise der Wechselwirkung seiner Elemente (Einzelbefehle oder Befehlsgruppen), und die Funktion charakterisiert die Methode der Transformation der Eingangsgrößen in die Endergebnisse der Berechnung.

Wir wollen jetzt die Programmstruktur als einen Graphen G und die Funktion als einen Informationsgraphen I darstellen.

Wir bezeichnen als *Graphen* $G(X, U)$ eines Programmes einen gerichteten (im allgemeinen Schlingen und Zyklen enthaltenden) Graphen, wobei die Menge X der Knoten durch die Menge U der Kanten in sich abgebildet wird. Wir setzen voraus, daß $X \neq \emptyset$ und $U \neq \emptyset$ sei. Als Knoten von $G(X, U)$ werden wir Elemente (Testoperatoren) nach KALUSCHNIN [38] verwenden, so daß der Austrittsgrad aller $x_i \in X$ gleich 2 ist.

Wenn $d^+(x_i)$ der Austrittsgrad des Knotens x_i und $d^-(x_i)$ sein Eintrittsgrad sind, gilt

$$\left.\begin{array}{l} d^+(x_i) = 2 \\ d^-(x_i) \geqq 1 \end{array}\right\} \text{ für alle } x_i \in X .$$

Im Graphen $G(X, U)$ gibt es zwei Pseudoknoten, die zur Erleichterung der Betrachtungen eingeführt werden, den Eingang s und den Ausgang f, so daß

$$d^+(s) = d^-(f) = 1$$

und

$$d^-(s) = d^+(f) = 0$$

gilt.

Damit berücksichtigt man bei der Aufstellung von Graphen für Programme nur logische Operatoren (bedingte Sprungbefehle). Das erleichtert den Aufbau und die Analyse der Graphen bedeutend. Ein Beispiel für einen Graphen eines Programms ist in Abb. 22 gezeigt.

Bei verschiedenen Transformationen findet auch eine Analyse der Graphen $G(X, U)$ mit einer formalisierten Beschreibung ihrer Struktur statt. Eine dieser Beschreibungsformen ist die *Berührungsmatrix.*

Nach Definition [8] ist eine Berührungsmatrix eine quadratische Matrix $||A||_{n \times n}$, deren Elemente a_{ij} $(i, j = 1, 2, \ldots, n)$ gleich 1 sind, wenn die Knoten

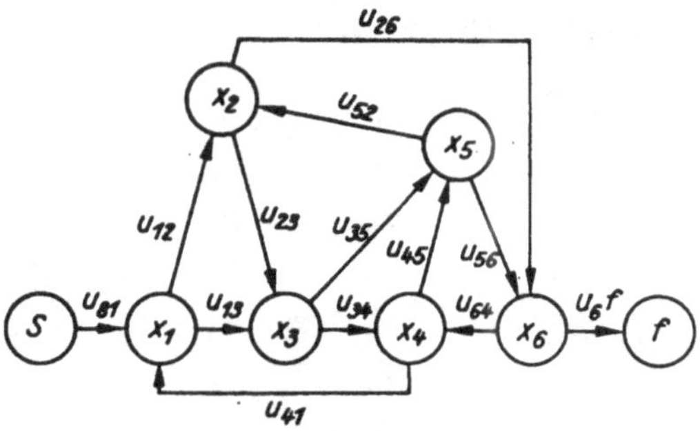

Abb. 22. Ein Beispiel für einen Programmgraphen

x_i und x_j des Graphen $G(X, U)$ durch den Pfeil U_{ij} verbunden sind. Im entgegengesetzten Fall ist $a_{ij} = 0$. Natürlich ist $a_{ii} = 1$, wenn beim Knoten x_i eine Schlinge existiert. Wenn x_i und x_j durch α-Kanten verbunden sind, ist $a_{ij} = \alpha$ (bei der Betrachtung von Graphen der Programme ist $\alpha \leqq 2$). Die dem Graphen aus Abb. 22 entsprechende Berührungsmatrix hat die Form

$||A|| =$

	s	x_1	x_2	x_3	x_4	x_5	x_6	f
s	0	1	0	0	0	0	0	0
x_1	0	0	1	1	0	0	0	0
x_2	0	0	0	1	0	0	1	0
x_3	0	0	0	0	1	1	0	0
x_4	0	1	0	0	0	1	0	0
x_5	0	0	1	0	0	0	1	0
x_6	0	0	0	0	1	0	0	1
f	0	0	0	0	0	0	0	0

.

Die Berührungsmatrix in der klassischen Form ist für die Eingabe und Verwendung in einem Digitalrechner nicht praktisch. Deshalb wird im weiteren eine andere Form ihrer Darstellung benutzt, die verkürzte Berührungsmatrix genannt wird. Wir vereinbaren, daß wir die Berührungsmatrix mit dem Symbol $||A||$ und die verkürzte Berührungsmatrix mit dem Symbol $||A||_v$ bezeichnen. Letztere wird in Form einer Tabelle mit drei Spalten dargestellt. In der ersten Spalte steht die Bezeichnung der Knoten des Graphen $G(X, U)$ oder deren Adresse. Die zweite und dritte Spalte entsprechen den benachbarten Knoten der in Spalte 1 stehenden Elemente. Der Eindeutigkeit halber legen wir fest, daß die zweite Spalte den Ausgängen „JA“ und die dritte Spalte den Ausgängen „NEIN“ entspricht. Wir geben hier noch ein Beispiel für eine verkürzte Berührungsmatrix zum Graphen Abb. 22 an:

$$||A||_v = \begin{vmatrix} s & x_1 & 0 \\ x_1 & x_2 & x_3 \\ x_2 & x_3 & x_6 \\ x_3 & x_4 & x_5 \\ x_4 & x_1 & x_5 \\ x_5 & x_2 & x_6 \\ x_6 & x_4 & f \\ f & 0 & 0 \end{vmatrix}$$

Ein *Informationsgraph* $I(Z, T, R)$ veranschaulicht den Prozeß der Transformation einer Menge Z von Ursprungsdaten in eine Menge R von Endresultaten über eine Menge T von Zwischenresultaten [97].

Seien $z_i \in Z$, $t_j \in T$ und $r_k \in R$. Dann gibt es zwei Abbildungen F und G, die Z in T und T in R abbilden. Das Aufbauprinzip eines Informationsgraphen ist sofort einleuchtend. Ist z. B. $t_1 = a \sin z_1$, $t_2 = bt_1 e^{z_2}$ und $r = c \frac{t_1 + t_2}{2}$ (a, b, c sind Konstanten), erhält man $Z = \{z_1, z_2\}$, $T = \{t_1, t_2\}$ und $R = \{r\}$. Den entsprechenden Informationsgraphen zeigt Abb. 23.

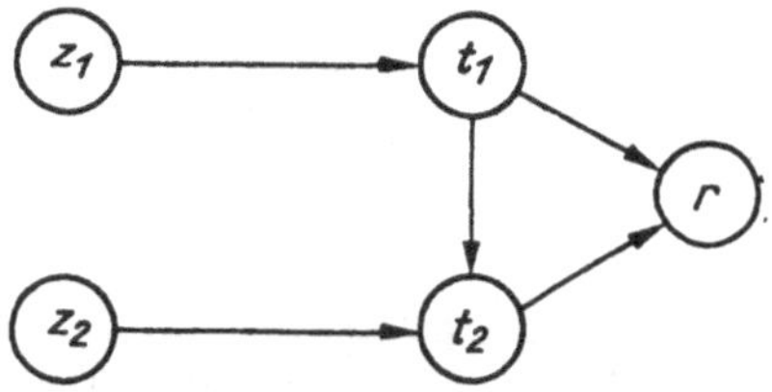

Abb. 23. Ein Beispiel für einen Informationsgraphen

Ein Spezialfall eines Informationsgraphen ist der Graph von Mason [80], der eine Darstellungsmöglichkeit linearer Gleichungssysteme in Form von Signalausbreitungsgraphen (gerichteter Graphen) zeigt. Die Unbestimmten dieses Systems sind als die entsprechenden Knoten des Graphen und die Koeffizienten als Kanten dargestellt. Somit gilt für die Variable x_i, die dem i-ten Knoten des gerichteten Graphen entspricht,

$$x_i = \sum_{j=1}^{n} x_j c_{ji}\,, \tag{15}$$

wobei n die Anzahl der Unbestimmten ist. Die c_{ji} sind die Kanten, die zu x_i führen. (Selbstverständlich ist $c_{ji} = 0$, wenn x_j und x_i nicht benachbart sind.)

Wir nehmen an, daß der Graph in Abb. 22 ein Mason-Graph ist. Dann erhalten wir, wenn wir den Kanten die Übergangskoeffizienten zuordnen, ein Gleichungssystem, das sich aus Formel (15) ergibt:

$$\begin{aligned}
x_1 &= sc_{s1} + x_4c_{41}\,,\\
x_2 &= x_1c_{12} + x_5c_{52}\,,\\
x_3 &= x_1c_{13} + x_2c_{23}\,,\\
x_4 &= x_3c_{34} + x_6c_{64}\,,\\
x_5 &= xc_{335} + x_4c_{45}\,,\\
x_6 &= x_2c_{26} + x_5c_{56}\,,\\
f &= x_6c_{6f}\,.
\end{aligned}$$

Die Mengen Z, T und R sind nach der Terminologie MASONs die Mengen der Quellen, inneren Knoten und Senken des gerichteten Graphen.

Wir haben nunmehr die Begriffe des Graphen $G(X, U)$ und des Informationsgraphen $I(T, Z, R)$ von Programmen eingeführt. Diese Graphen charakterisieren das Programm insgesamt vollständig. Der Kürze halber werden wir sie im weiteren als G- bzw. I-Graphen bezeichnen.

7.6. Formale Analyse der Graphen

Unter *formaler Analyse* eines Graphen wollen wir die Bewegung längs seiner einfachen Wege und Elementarzyklen verstehen. Der Typ des Graphen (G- oder I-Graph) soll vorläufig unwesentlich sein. Deshalb werden wir generell von formaler Analyse der Graphen sprechen.

Theoretisch ist das Problem einer derartigen Analyse in genügendem Umfang untersucht worden. So wird in [76] die folgende Aufgabe gestellt: Mittels der Berührungsmatrix $||A_{ij}||$ ist die vollständige Matrix $||\alpha_{ij}||$ der einfachen Wege zu finden. Hierbei bedeutet α_{ij} die Anzahl der Wege vom Knoten i zum Knoten j, dabei sei stets $\alpha_{ii} = 0$. Es ergibt sich das folgende fundamentale Resultat:

$$\alpha_{kl} = |a_{ij} \nearrow lk|_{kl}\,,$$

wobei[1]) $|a_{ij} \nearrow lk|_{kl}$ eine Art Determinante, der Quasiminor, ist.

Wir bemerken, daß die Berechnung von Quasiminoren in Anlehnung an das klassische Verfahren zur Berechnung von Determinanten [51] mittels Zerlegung nach einer bestimmten Zeile oder Spalte erfolgt. Es ist jedoch notwendig, zwei Besonderheiten zu beachten, die sich aus den Eigenschaften der Quasiminoren ergeben: Alle sich im Rechenprozeß ergebenden Glieder tragen nur positives Vorzeichen, und es gilt $A_{km}^{(1)} = l$ für $m = l$ sowie $A_{km}^{(l)} = 0$, falls alle Glieder von $A_{km}^{(l)}$ gleich Null sind.

---

[1]) Die Verwendung der Symbolik wird verständlich, wenn man berücksichtigt, daß l die Zeilennummer und k die Spaltennummer der Berührungsmatrix angibt. Das Zeichen $\nearrow lk$ bedeutet, daß die l-te Zeile und die k-te Spalte der Matrix zu streichen sind.

Wir veranschaulichen die Methodik der Arbeit mit Quasiminoren am Beispiel einer Berührungsmatrix. Dabei werden wir die Wege von s nach f auffinden.

$$\|A_{ij}\| = \begin{array}{c} \\ s \\ 1 \\ 2 \\ 3 \\ 4 \\ f \end{array} \begin{array}{c} s\ 1\ 2\ 3\ 4\ f \\ \left\| \begin{array}{cccccc} 0 & 1 & 0 & 0 & 0 & 0 \\ 0 & 0 & 1 & 0 & 1 & 0 \\ 0 & 0 & 1 & 1 & 0 & 0 \\ 0 & 1 & 0 & 0 & 1 & 0 \\ 0 & 0 & 1 & 0 & 0 & 1 \\ 0 & 0 & 0 & 0 & 0 & 0 \end{array} \right\| \end{array} . \tag{16}$$

1. Wir bestimmen den Anfangs-Quasiminor

$$|a_{ij} \nearrow fs|_{sf} = \begin{array}{|c|ccccc|} \hline & 1 & 2 & 3 & 4 & f \\ \hline s & 1 & 0 & 0 & 0 & 0 \\ 1 & 0 & 1 & 0 & 1 & 0 \\ 2 & 0 & 1 & 1 & 0 & 0 \\ 3 & 1 & 0 & 0 & 1 & 0 \\ 4 & 0 & 1 & 0 & 0 & 1 \end{array} .$$

Der rechts unten am Quasiminor stehende Index sf bestimmt diejenige Zeile m nach deren Durchmusterung festgelegt wird, nach welchem a_{km} die Zerlegung des Anfangs-Quasiminors erfolgt. Im betrachteten Fall ist $m = s$.

2. Wir zerlegen den Anfangs-Quasiminor nach den Elementen der Zeile s. Dabei vermindert sich seine Ordnung um eine Einheit. Weil in der Zeile s nur ein Element, das Element a_{s1} von Bedeutung ist, d. h. von s geht nur eine Kante aus, erhalten wir nach Streichung der Zeile s und der durch das Element bestimmten ersten Spalte, d. h. nach Entwicklung des Anfangsminors nach der Zeile s und der Spalte 1

$$|a_{ij} \nearrow fs|_{sf} = 1_{sl} \times \begin{array}{|c|cccc|} \hline & 2 & 3 & 4 & f \\ \hline 1 & 1 & 0 & 1 & 0 \\ 2 & 1 & 1 & 0 & 0 \\ 3 & 0 & 0 & 1 & 0 \\ 4 & 1 & 0 & 0 & 1 \end{array}_{\,1f} .$$

Ausgehend von der Notwendigkeit der Verknüpfung (notwendig für einen Weg), ist nun der so erhaltene Quasiminor nach der Zeile 1 zu entwickeln. Hier gibt es zwei Elemente, d. h., vom Knoten 1 gehen 2 Kanten aus.

3. Durch sukzessive Anwendung dieses Verfahrens zerlegen wir den Anfangs-Quasiminor bis in Quasiminoren erster Ordnung:

$$|a_{ij} \nearrow fs|_{sf} = 1_{sl} \times \begin{array}{|c|cccc|} \hline & 2 & 3 & 4 & f \\ \hline 1 & 1 & 0 & 1 & 0 \\ 2 & 1 & 1 & 0 & 0 \\ 3 & 0 & 0 & 1 & 0 \\ 4 & 1 & 0 & 0 & 1 \end{array}_{\,1f} = 1_{s1} \times 1_{12} \times \begin{array}{|c|ccc|} \hline & 3 & 4 & f \\ \hline 2 & 1 & 0 & 0 \\ 3 & 0 & 1 & 0 \\ 4 & 0 & 0 & 1 \end{array}_{\,2f} +$$

$$+ \mathbf{l}_{s1} \times \mathbf{l}_{14} \times \left|\begin{array}{c|ccc} & 2 & 3 & f \\ \hline 2 & 1 & 1 & 0 \\ 3 & 0 & 0 & 0 \\ 4 & 1 & 0 & 1 \end{array}\right|_{4f} = \mathbf{l}_{s1} \times \mathbf{l}_{12} \times \mathbf{l}_{23} \times \left|\begin{array}{c|cc} & 4 & f \\ \hline 3 & 1 & 0 \\ 4 & 0 & 1 \end{array}\right|_{3f} +$$

$$+ \mathbf{l}_{s1} \times \mathbf{l}_{14} \times \mathbf{l}_{42} \times \left|\begin{array}{c|cc} & 3 & f \\ \hline 2 & 1 & 0 \\ 3 & 0 & 0 \end{array}\right|_{2f} + \mathbf{l}_{s1} \times \mathbf{l}_{14} \times \mathbf{l}_{4f} \times \left|\begin{array}{c|cc} & 2 & 3 \\ \hline 2 & 1 & 1 \\ 3 & 0 & 0 \end{array}\right|_{ff} =$$

$$= \mathbf{l}_{s1} \times \mathbf{l}_{12} \times \mathbf{l}_{23} \times \mathbf{l}_{34} \times \left|\begin{array}{c|c} & f \\ \hline 4 & 1 \end{array}\right|_{4f} + \mathbf{l}_{s1} \times \mathbf{l}_{14} \times \mathbf{l}_{42} \times \mathbf{l}_{23} \times \left|\begin{array}{c|c} & f \\ \hline 3 & 0 \end{array}\right|_{3f} +$$

$$+ \mathbf{l}_{s1} \times \mathbf{l}_{14} \times \mathbf{l}_{4f} \times 1 = \mathbf{l}_{s1} \times \mathbf{l}_{12} \times \mathbf{l}_{23} \times \mathbf{l}_{34} \times \mathbf{l}_{4f} + 0 + \mathbf{l}_{s1} \times \mathbf{l}_{14} \times \mathbf{l}_{4f} = 2\,.$$

Somit haben wir nicht nur die Anzahl der Wege $\alpha_{sf} = 2$, sondern auch mittels der Indizes von a_{km}, die Wege selbst in Form der aneinandergereihten Kanten u_{ij} gefunden:

$$p_1 = u_{s1}u_{12}u_{23}u_{34}u_{4f}$$

$$p_2 = u_{s1}u_{14}u_{4f}\,.$$

Eine andere analytische Methode zur Berechnung der unverzweigten Wege ist von F. E. Chon und anderen beschrieben worden. Nach Chon werden alle einfachen Wege zwischen den Knoten x_i und x_j des Graphen durch eine Summe der Form

$$\gamma_{ij} = u_{ij} + \sum_k u_{ik}u_{kj} + \sum_{k_1k_2} u_{ik_1}u_{k_1k_2}u_{k_2j} + \cdots\,, \tag{17}$$

bestimmt, die durch eine Summe von Produkten aus $m - 1$ Faktoren für $i \neq j$ und m Faktoren für $i = j$ abgeschlossen wird. Die Summierung erstreckt sich nur auf eine Indexmenge ohne sich wiederholende Elemente. Die Summe (17) kann mit Hilfe der Berührungsmatrix auf folgende Weise aufgestellt werden:

1. Man beseitigt nacheinander alle Knoten. außer i und j.

2. Wenn die Beseitigung mit dem k-ten Knoten begonnen wurde, multipliziert man alle Elemente der Berührungsmatrix zuerst mit $u_{ik}u_{kj}$ und läßt danach die k-te Zeile und die k-te Spalte weg. Wir bemerken, daß $u_{ik}u_{kj} = 0$ ist, wenn wenigstens ein Faktor gleich Null ist.

3. Der Prozeß der Beseitigung der Knoten wird so lange fortgesetzt, bis man eine Matrix zweiter Ordnung der Form

$$\|A_{ij}\| = \begin{Vmatrix} \mu_{ii} & \gamma_{ij} \\ \gamma_{ij} & \mu_{jj} \end{Vmatrix},$$

erhält, die das gewünschte Ergebnis liefert. Der rationale Kern der Methode von Chon besteht in der Idee einer Beseitigung der Zwischenknoten. Sie wird später noch in einer Auswahl praktischer Algorithmen zur Analyse der Graphen Anwendung finden.

Analytische matrizentheoretische Methoden sind jedoch ganz offenbar uneffektiv. Das gilt sowohl für die manuelle als auch für die automatische Analyse genügend komplizierter Systeme. Der Umformungsprozeß der Berührungsmatrizen von Hand ist sogar für einfache Graphen unübersichtlich und zeitaufwendig, die automatische Umformung hingegen wird durch die notwendige Speicherung einer großen Anzahl von Zwischenresultaten erschwert.

Man kann einen praktischen Algorithmus zur Analyse der Graphen angeben, der auf den Ideen von MASON [80] beruht. Bekanntlich sind Graphen ein Spezialfall von Netzen (gewichteter gerichteter Graphen). Nach CHON beschreiben wir das System folgendermaßen: $X = \{x_1, x_2, \dots, x_n\}$ sei eine endliche Menge von Knoten des Systems, $W = \{w_1, w_2, \dots, w_n\}^T$ ein n-dimensionaler Gewichtsvektor der Knoten des Graphen. Die Menge der Paare (x_i, w_i) sei die Menge der gewichteten Knoten. Einige $x_i \in X$ sind miteinander durch gewichtete Kanten mit den Gewichten c_{ij} verbunden. Eine physikalische Interpretation der Gewichte w_k und c_{ij} sei vorläufig dahingestellt. Die Gewichte der Kanten werden wie üblich in einer gewichteten Berührungsmatrix C dargestellt, außerdem sei $c_{ij} \neq 0$. Die Matrizen C und W beschreiben den Graphen vollständig. Wir bilden (gemäß Formel (15)) jetzt die Verbindung der Kanten und der Knoten in der Form

$$W = CW^T . \tag{18}$$

Dadurch gelangen wir zu einem MASONschen Gleichungssystem bezüglich der Gewichte der Knoten des Graphen. Dieser Umstand ermöglicht es, für die Analyse beliebiger Graphen (in denen die Gewichte als rein abstrakte Begriffe betrachtet werden) den einfachen Apparat der Umformung von Signalausbreitungsgraphen anzuwenden. Die Umformung derartiger Graphen besteht in der Ermittlung der Gewichtsfunktion $P(c)$ (des Übertragungskoeffizienten) zwischen der Quelle x_i und der Senke x_j:

$$w_j = P(c)\, w_i ,$$

d. h. in der Lösung des Systems (18) bezüglich der Variablen w_i und w_j. Die direkte Lösung des Systems (18) ist meistens schwierig. Deshalb empfiehlt es sich, für die Bestimmung von $P(c)$ einfach grafische Umformungen, wie sie in Tabelle 10 gezeigt sind, anzuwenden[1]) [80].

[1]) Wir bemerken, daß zur Analyse von G-Graphen nur die Umformungen 1—3 verwendet werden. Die Umformung 4 wendet man in vollem Umfang nur zur Bestimmung der Übertragungsfunktion von I-Graphen an. Das wird dadurch erklärt, daß die Anwendung der Idee von MASON zur Analyse von G-Graphen nicht zu einem vollständigen analytischen Ausdruck für $P(c)$ führt, sondern daß man dabei nur partielle Übertragungsfunktionen für Wege und Elementarzyklen bestimmt, die es ermöglichen, die in sie mündenden Kanten herauszuschreiben.

Es empfiehlt sich, die Umformung des Graphen nach dem Verkettungsprinzip durchzuführen, indem man nacheinander alle Knoten beseitigt, die dem Eingang (der Quelle) des Graphen inzident sind. Es ist klar, daß im Ergebnis dieser Umformung alle Elementarzyklen in Schlingen an den Knoten des Graphen entarten. Bei der Analyse von G-Graphen werden die Gewichtsfunktionen dieser Schlingen in weiteren Umformungen nicht berücksichtigt (man schreibt nur die Kanten heraus, die in die Zyklen führen). Bei der Berechnung der Übertragungsfunktion (eines I-Graphen) werden Schlingen gemäß Umformung 4 (in Tabelle 10) berücksichtigt.

Tabelle 10

Nr.	Ausgangsgraph	Umformung
1	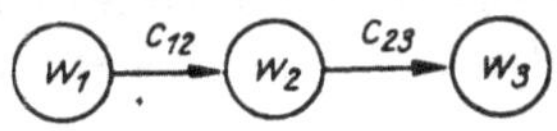	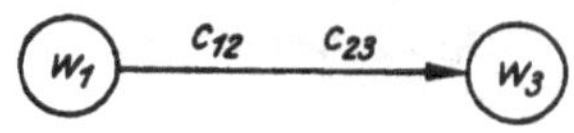
2	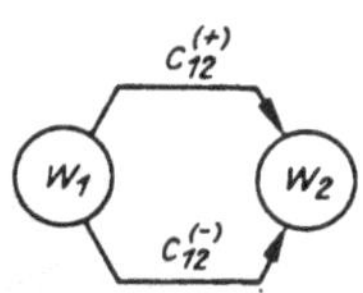	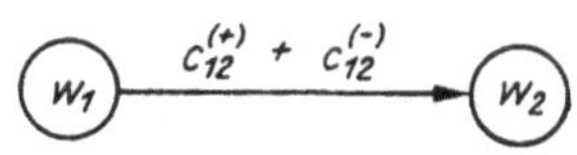
3	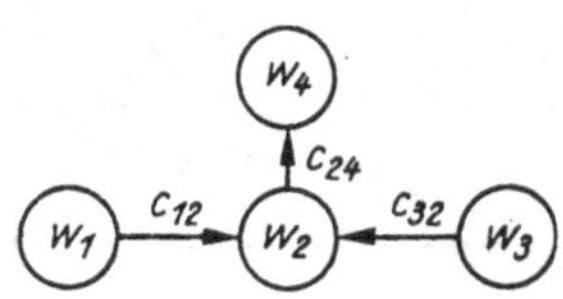	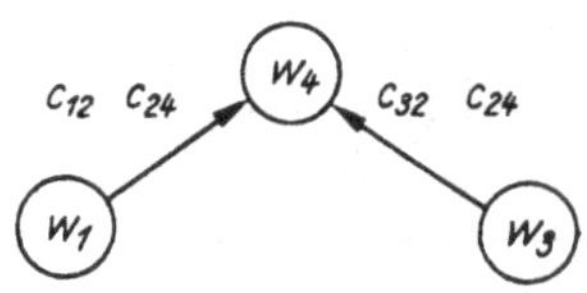
4	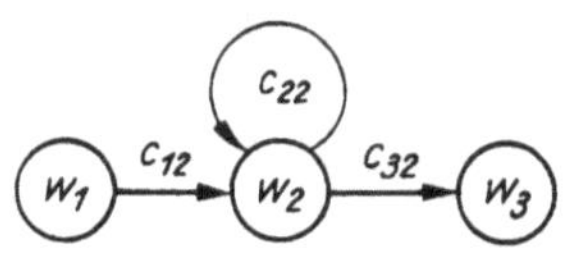	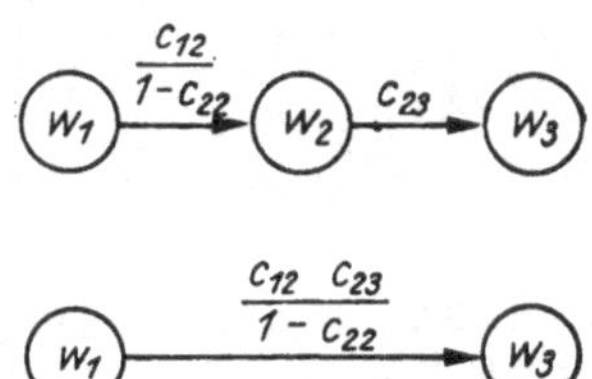

Die einzige Einschränkung des Anwendungsbereiches des angegebenen Algorithmus' besteht in der Forderung, Kanten, die zur Bildung zusammengesetzter Wege führen, unberücksichtigt zu lassen. Der erhaltene Algorithmus ist in Abb. 24 veranschaulicht.

Unterwege, die in Abb. 24 punktiert gezeichnet sind, entfallen aus der Betrachtung jener Unterwege, die mit ihnen zusammengesetzte Unterwege und Zyklen bilden. Nach Durchführung weiterer analoger Umformungen erhalten wir sieben echte Wege:

$\mu_1 = c_{s1}c_{12}c_{23}c_{35}c_{56}c_{6f}$, $\mu_2 = c_{s1}c_{12}c_{23}c_{34}c_{45}c_{56}c_{6f}$

$\mu_3 = c_{s1}c_{13}c_{34}c_{45}c_{56}c_{6f}$, $\mu_4 = c_{s1}c_{13}c_{35}c_{56}c_{6f}$,

$\mu_5 = c_{s1}c_{13}c_{34}c_{45}c_{52}c_{26}c_{6f}$, $\mu_6 = c_{s1}c_{13}c_{35}c_{52}c_{26}c_{6f}$,

$7 = c_{s1}c_{12}c_{26}c_{6f}$ und 10 Elementarzyklen: $k_1 = c_{52}c_{23}c_{35}$,

$k_2 = c_{41}c_{13}c_{34}$, $k_3 = c_{41}c_{12}c_{23}c_{34}$, $k_4 = c_{32}c_{23}c_{34}c_{43}$,

$k_5 = c_{64}c_{41}c_{12}c_{26}$, $k_6 = c_{64}c_{41}c_{13}c_{35}c_{56}$, $k_7 = c_{64}c_{41}c_{13}c_{35}c_{52}c_{26}$,

$k_8 = c_{64}c_{45}c_{56}$, $k_9 = c_{64}c_{45}c_{52}c_{26}$ und $k_{10} = c_{64}c_{41}c_{12}c_{23}c_{35}c_{56}$.

Natürlich wird in Wirklichkeit die Aufzeichnung des Graphen bei der Beseitigung des nächsten Knotens nicht vorgenommen. Alle Umformungen werden in der Ausgangszeichnung mit Hilfe von Bleistift und Radiergummi durchgeführt.

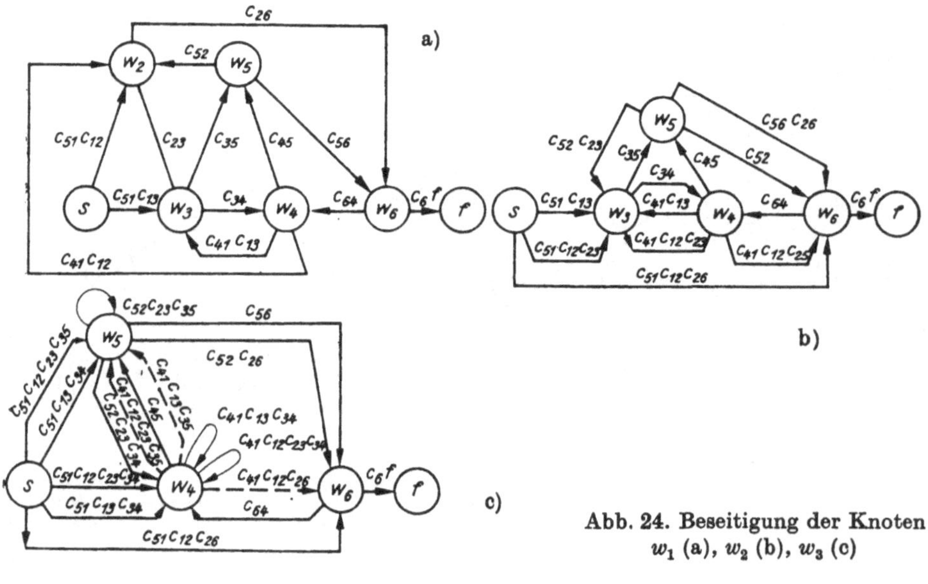

Abb. 24. Beseitigung der Knoten w_1 (a), w_2 (b), w_3 (c)

Wir haben somit einen einfachen graphisch-analytischen Algorithmus zur formalen Analyse der Graphen betrachtet. Seine Anwendung auf S-Graphen schafft die Möglichkeit, alle einfachen Wege und Elementarzyklen des G-Graphen zu bestimmen. Bei der Anwendung auf I-Graphen können wir die Übertragungsfunktion zwischen ausgewählten Variablen bestimmen.

Somit können beide Graphtypen der Programme im Rahmen einer einzigen Methode analysiert werden.

7.7. Einige Ergänzungen zur formalen Analyse der Graphen

Wir betrachten eine Reihe von Programmierungsaufgaben, die auf der Grundlage der Ergebnisse einer formalen Analyse der Graphen gelöst werden können.

Bestimmung von speziellen Wegen. Manchmal ist es bei der Analyse von *G*- oder *I*-Graphen notwendig, Wege minimaler oder maximaler Länge zu finden. Aufgaben solcher Art (die von der Interpretation des Längenbegriffes der Kanten abhängig sind) können bei der Bestimmung der Ordnung von *I*-Graphen u. a. auftreten.

Die allgemeine Aufgabenstellung lautet: Gegeben ist ein Graph eines Programms, gesucht ist ein Weg zwischen einem gegebenen Knotenpaar, dessen Gesamtlänge

$$l(\mu) = \sum_{u \in \mu} l(\mu)$$

minimal bzw. maximal ist.

Die Längen der Kanten können beliebige Größen sein: Zeit, Anzahl der Befehle oder der Variablen einer bestimmten Form usw. Zuerst betrachten wir das Problem des kürzesten Weges, das von A. SCHIMBEL [76] mittels einer matrizentheoretischen Methode gelöst wurde. Für einen Graphen $G(X, U)$ mit Kanten der Länge $l(u)$ wird eine entsprechende Matrix $D = ||d_{ij}||$ aufgestellt. Dabei ist

$$d_{ij} = \begin{cases} l(x_i), x_j) & \text{für} \quad u_{ij} \in U \\ \infty & \text{für} \quad u_{ij} \bar{\in} U \\ 0 & \text{für} \quad u_{ij} \text{ mit } i = j\,. \end{cases}$$

Unter Benutzung der Terminologie von C. BERGE [8] definieren wir zwei Operationen auf der Menge der positiven reellen Zahlen (einschließlich ∞), die wir als verallgemeinerte Addition ($\dot{+}$) und verallgemeinerte Multiplikation ($\dot{\times}$) bezeichnen. Für alle Zahlenpaare (x_1, x_2) gilt dann:

$$\begin{aligned} x_1 \dot{+} x_2 &= \min(x_1, x_2) \\ x_1 \dot{\times} x_2 &= x_1 + x_2\,. \end{aligned} \tag{19}$$

Wir bemerken, daß die eingeführten Operationen den Grundgesetzen der gewöhnlichen Arithmetik (Kommutativität, Assoziativität und Distributivität) genügen. Für $D \cdot D = D^2$ ergibt sich der Ausdruck

$$p_{ij} = \min_k (d_{ik} + d_{kj})\,.$$

p_{ij} ist die Länge des kürzesten Weges von x_i nach y_j, der durch ein Kantenpaar gebildet wird. Ganz allgemein geben die Elemente der Matrix D^α die Länge des kürzesten Weges von einem Knoten zum anderen an, der aus mindestens α Kanten besteht.

In der verallgemeinerten Arithmetik gilt die Formel

$$||d_{ij}||^{\alpha_0} = ||d_{ij}||^{p-1}\,,$$

wobei p die Ordnung der Berührungsmatrix ist und $\alpha_0 \leqq (p-1)$ der kleinste Exponent ist, für den

$$||d_{ij}||^{\alpha_0} = ||d_{ij}||^{\alpha_0+1}$$

gilt.

Somit gibt D^{α} die kürzeste Entfernung von einem Knoten zum anderen an, wobei die Potenzierung der Matrix D in dem oben angegebenen verallgemeinerten Sinne erfolgt.

Wenn δ_{ij} die Länge des kürzesten Weges von x_i nach x_j angibt, ist

$$||\delta_{ij}|| = ||d_{ij}||^{\alpha_0}.$$

G. N. Powarow schlug folgende, für Berechnungen gut geeignete, Formel vor:

$$\delta_{kl} = |d_{ij} \nearrow lk|_{kl}. \tag{20}$$

Bei Berechnungen nach Formel (20) wendet man die Symbolik und die Methoden an, die von uns bereits früher betrachtet wurden, wobei $A_{kl}^{(1)} = 0$ für $m = 1$ ist, weil 0 das Einselement der verallgemeinerten Multiplikation ist. Formel (20) erweist sich als gewöhnlicher Minor des Elementes d_{ik} in der Matrix $||d_{ij}||$, wobei alle Elemente positives Vorzeichen besitzen.

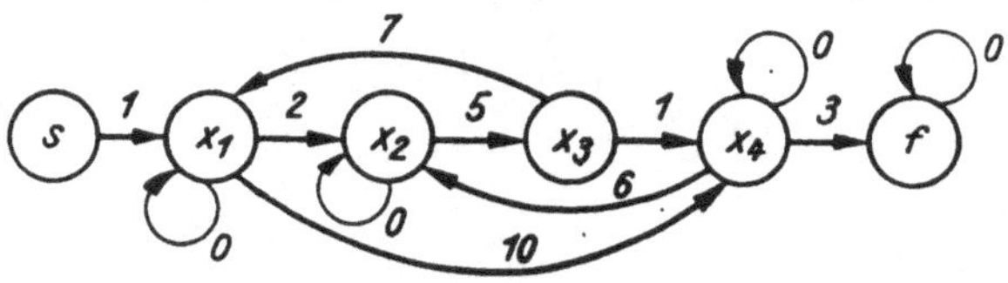

Abb. 25. Programmgraph

Wir erläutern die dargelegte Methode an einem Beispiel. Wenn man annimmt, daß im Graphen in Abb. 25 die Längen an den Kanten angegeben sind, ergibt sich:

$$\delta_{sf} = |d_{ij} \nearrow fs|_{sf} = \left| \begin{array}{c|ccccc} & 1 & 2 & 3 & 4 & f \\ \hline s & 1 & \infty & \infty & \infty & \infty \\ 1 & 0 & 2 & \infty & 10 & \infty \\ 2 & \infty & 0 & 5 & \infty & \infty \\ 3 & 7 & \infty & 0 & 1 & \infty \\ 4 & \infty & 6 & \infty & 0 & 3 \end{array} \right|_{sf} = 1_{s1} \dot{\times} \left| \begin{array}{c|cccc} & 2 & 3 & 4 & f \\ \hline 1 & 2 & \infty & 10 & \infty \\ 2 & 0 & 5 & \infty & \infty \\ 3 & \infty & 0 & 1 & \infty \\ 4 & 6 & \infty & 0 & 3 \end{array} \right|_{1f} =$$

$$= 1_{s1} \dot{\times} 2_{12} \dot{\times} \left| \begin{array}{c|ccc} & 3 & 4 & f \\ \hline 2 & 5 & \infty & \infty \\ 3 & 0 & 1 & \infty \\ 4 & \infty & 0 & 3 \end{array} \right|_{2f} \dotplus 1_{s1} \dot{\times} 10_{24} \dot{\times} \left| \begin{array}{c|ccc} & 2 & 3 & f \\ \hline 2 & 0 & 5 & \infty \\ 3 & \infty & 0 & \infty \\ 4 & 6 & \infty & 3 \end{array} \right|_{4f} = 1_{s1} \dot{\times} 2_{12} \dot{\times} 5_{23} \dot{\times}$$

$$\dot{\times} \left| \begin{array}{c|cc} & 4 & f \\ \hline 3 & 1 & \infty \\ 4 & 0 & 3 \end{array} \right|_{3f} \dotplus 1_{s1} \dot{\times} 10_{14} \dot{\times} 6_{42} \dot{\times} \left| \begin{array}{c|cc} & 3 & f \\ \hline 2 & 5 & \infty \\ 3 & 0 & \infty \end{array} \right|_{2f} \dotplus 1_{s1} \dot{\times} 10_{14} \dot{\times} 3_{4f} \dot{\times}$$

$$\dot{\times}\left|\begin{array}{c|cc} & 2 & 3 \\ \hline 2 & 0 & 5 \\ 3 & \infty & 0 \end{array}\right|_{tt} = 1_{s1} \dot{\times} 2_{12} \dot{\times} 5_{23} \dot{\times} 1_{34} \dot{\times} \left|\begin{array}{c|c} & f \\ \hline 4 & 3 \end{array}\right|_{4f} \dot{+} 1_{s1} \dot{\times} 10_{14} \dot{\times} 6_{42} \dot{\times} 5_{23} \dot{\times}$$

$$\dot{\times}\left|\begin{array}{c|c} & f \\ \hline 3 & \infty \end{array}\right|_{3f} \dot{+} 1_{s1} \dot{\times} 10_{14} \dot{\times} 3_{4f} \dot{\times} 0 = 1_{s1} \dot{\times} 2_{12} \dot{\times} 5_{23} \dot{\times} 1_{34} \dot{\times} 3_{4f} \dot{+} \infty \dot{+} 1_{s1} \dot{\times}$$

$$\dot{\times} 10_{14} \dot{\times} 3_{4f} \dot{\times} 0 = (1 + 2 + 5 + 1 + 3) \dot{+} \infty \dot{+} (1 + 10 + 3) \doteq 12 \dot{+} \infty \dot{+} 14 = 12\,.$$

Somit ist die Länge des kürzesten Weges $p = u_{s1}u_{12}u_{23}u_{34}u_{4f}$ gleich 12. Der Rechenweg wird klarer, wenn man Formel (19) beachtet. Auf analoge Weise wird das Problem des längsten Weges zwischen zwei Knoten des Graphen gelöst. Berücksichtigt man, daß dieses Problem die Umkehrung des Problems des kürzesten Weges ist, erhält man

$$\bar{d}_{ij} = \begin{cases} -\,l(x_i, x_j) & \text{für} \quad u_{ij} \in U \\ \infty & \text{für} \quad u_{ij} \notin U \\ 0 & \text{für} \quad u_{ij} \text{ und } i = j\,. \end{cases}$$

Dann ist offensichtlich

$$\bar{\delta}_{kl} = |\bar{d}_{ij} \nearrow lk|_{kl}\,.$$

Im vorigen Beispiel war

$$\bar{\delta}_{sf} = (-12) \dot{+} \infty \dot{+} (-14) = -14\,.$$

Folglich beträgt die Länge des maximalen Weges $p = u_{s1}u_{14}u_{4t}$ gleich 14.

Wir zeigen jetzt, daß die Anwendung einer Methode zur Vereinfachung von Graphen die rationellere Bestimmung der minimalen und maximalen Wege ermöglicht.

Das allgemeine Lösungsverfahren besteht in folgendem: Bei der Vereinfachung eines Graphen mit l Kanten, die jeweils ein benachbartes Knotenpaar verbinden, läßt man die längsten (kürzesten) Wege weg, d. h. man berücksichtigt sie bei weiteren Umformungen nicht mehr. Besteht die Aufgabe in der Bestimmung eines einzigen Vertreters der minimalen (maximalen) Wege, läßt man von h Kanten gleicher Länge, die ein benachbartes Knotenpaar verbinden, $h - 1$ Kanten weg. Sind die Gewichte der Zweige physikalisch meßbare Größen, muß das Produkt der einzelnen Gewichte in der Funktion $P(c)$ durch ihre Summe ersetzt werden.

Der beschriebene Algorithmus kann leicht auf den Fall der Bestimmung HAMILTONscher Wege [8] übertragen werden. Dabei ist ein maximaler Weg gesucht, aber beim Weglassen der Kanten wird immer die Verträglichkeit überprüft. Zwei Kanten heißen *verträglich*, wenn die Menge der Indizes der Gewichtsfunktion der einen Kante in der Menge der Indizes der anderen enthalten ist. Man kann zeigen, daß ein Graph genau dann einen HAMILTONschen Weg besitzt, wenn die Kanten, die ein beliebiges benachbartes Knotenpaar verbinden, während der Vereifachung der Graphen immer verträglich sind. Falls der Graph keine HAMILTONschen Wege besitzt, besteht das Problem darin, eine Serie von Wegen zu finden, die alle Knoten des Graphen überdecken. Das Verträglichkeitsprinzip wird dabei in vollem Umfang angewendet.

Es sei beispielsweise eine Überdeckung für den Graphen von Abb. 26a zu bestimmen, wobei w_0 und w_4 dem Anfangs- bzw. Endknoten entsprechen. Die Reihenfolge der Umformungen ist in den Abb. 26b und 26c dargestellt. Die wegzulassenden Kanten sind punktiert gezeichnet.

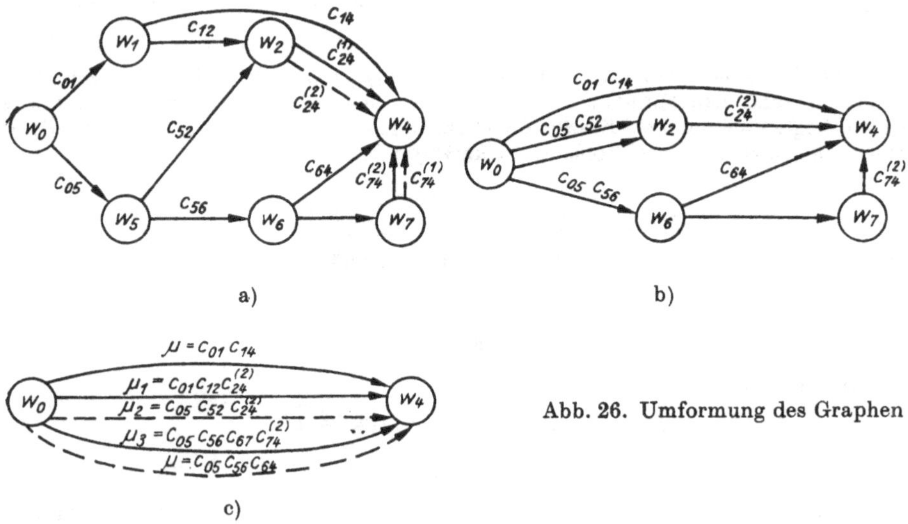

Abb. 26. Umformung des Graphen

Erster Umformungsschritt: Man läßt die zu w_0 inzidenten Knoten weg (also w_1 und w_5) und ersetzt die Kanten mit den Gewichten $c^{(1)}_{24}$ und $c^{(1)}_{74}$ durch $c^{(2)}_{24}$ und $c^{(2)}_{74}$. Die Kanten mit den Gewichten $c_{01}c_{12}$ und $c_{05}c_{52}$ sind unverträglich und werden somit nicht gestrichen.

Zweiter Umformungsschritt: Man beseitigt die Knoten w_2, w_6, w_7 und entfernt die Kante $c_{01}c_{14}$, die mit der Kante $c_{01}c_{12}c_{24}$ verträglich ist sowie die Kante $c_{01}c_{12}c_{24}$, die mit $c_{05}c_{56}c_{67}c_{74}$ verträglich ist.

Somit verbleiben die Kanten (μ_1, μ_2, μ_3) in der Betrachtung. Da $I(\mu_1) \cup I(\mu_2) = I$ ist (wobei I die Menge der sich nicht wiederholenden Indizes aller Knoten des Graphen ist), wird die Kante μ_2 als Linearkombination von μ_1 und μ_3 weggelassen. Folglich bilden μ_1 und μ_3 die gesuchte Überdeckung des Graphen.

Die Planung der Programmtestung. Die Planung der Programmtestung besteht, nach Meinung der Autoren, in der Bestimmung einer minimalen Anzahl von Wegen, die den G-Graphen überdecken[1]. Die Minimalität der Überdeckung gewährleistet einerseits ein Minimum an Kontrollrechnungsvarianten und Experimenten mit dem Programm, und andererseits ist das mindestens einmalige Durchlaufen jeder Kante des G-Graphen garantiert.

Die Planung der Testung eines bestimmten Programmes beginnt mit der Aufstellung und der formalen Analyse seines G-Graphen. Nach der Bestimmung aller einfachen Wege ermittelt man die Kanten, die nicht aktiv sind. Nach

[1] Der Terminus *Überdeckung* bedeutet hier den Einschluß aller Kanten des G-Graphen.

deren Aussonderung aus dem G-Graphen bestimmt man die Überdeckung mit Hilfe der Methode des minimalen Stromes, die in folgendem besteht:

Wir wenden die Größe des Anfangsstromes auf alle Kanten des Graphen an (nach Definition muß jede Kante wenigstens einmal durchlaufen werden). Nach dem Gesetz der Erhaltung des Stromes in einem Knoten des Graphen ist der in x_j eingehende Strom gleich dem aus x_j austretenden Strom. Wir bezeichnen die Knoten, für die diese Regel erfüllt ist, als *gesättigt*. Zuerst wird eine Sättigung aller Knoten, die dem Systemausgang benachbart sind, durchgeführt. Die Endlichkeit des beschriebenen Verfahrens für beliebige Graphen wird durch die Beseitigung aller Kanten, die nicht zu den einfachen Wegen gehören (diese spielen die Rolle einer positiven Rückkopplung) garantiert. Die Kontrolle seiner Richtigkeit besteht in der Feststellung, daß der aus s austretende Strom gleich der Summe aller in f einfließenden Ströme ist. Nach der Bestimmung der Ströme erhalten wir die gesuchten Wege der Überdeckung. Dabei erreichen wir f, wenn wir von s im Uhrzeigersinn ausgehen (das wird durch die Annehmbarkeit des Graphen gewährleistet [39]), wobei sich der Strom in jeder durchlaufenen Kante um eine Einheit vermindert. Alle durchlaufenen Kanten, die den Nullstrom übertragen, werden nicht betrachtet. Nach einer endlichen Anzahl von Schritten, die gleich dem Gesamtstrom am Ausgang f ist, übertragen alle Kanten den Nullstrom. Damit sind alle Wege der Überdeckung herausgeschrieben worden.

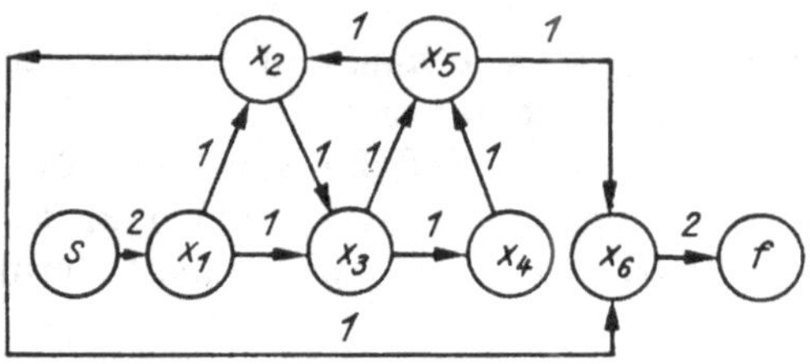

Abb. 27. Umformung des Graphen von Abb. 24a durch die Methode des minimalen Stroms

Wir demonstrieren die Methode des minimalen Stromes am Beispiel des Graphen aus Abb. 24, in dem wir alle Kanten positiver Rückkopplung entfernen (Abb. 27).

Die vorhandenen Ströme sind an die Kanten geschrieben worden. Es ist klar, daß die minimale Überdeckung aus zwei Wegen besteht. Die Anordnung der Ströme wurde richtig durchgeführt, weil der Strom aus s gleich dem Strom in f ist. Nachdem wir als Ausgangsweg $\mu_1 = u_{s1}u_{12}u_{23}u_{34}u_{45}u_{56}u_{6f}$ gewählt haben, bestimmen wir $\mu_2 = u_{s1}u_{13}u_{35}u_{52}u_{26}u_{6f}$. Es ist offensichtlich, daß die Auswahl der Überdeckungswege selbst nicht eindeutig ist. Ihre Anzahl ist jedoch genau bestimmt.

Statistische Berechnungen in G-Graphen. Wir konkretisieren die abstrakten Begriffe der Gewichte der Kanten (c_{ij}) und der Knoten (w_i), die oben eingeführt wurden, in folgender Weise: w_i sei die Wahrscheinlichkeit dafür, daß der Knoten x_i von s durch den Rechenprozeß erreicht wird, c_{ij} sei die Wahrscheinlichkeit dafür, daß der bedingte Sprung x_i über den Ausgang u_{ij} unter der Bedingung, daß x_i durch den Rechenprozeß erreicht worden ist, ausgeführt wird. Wir setzen $w_s = p \neq 0$, da $w_s = 0$ sinnlos ist.

Auf der Grundlage des Additionstheorems für Wahrscheinlichkeiten kann man zeigen, daß die Übergangsmatrix C eine stochastische Matrix ist, da die Ereignisse in x_i (die Wahl eines von zwei Ausgängen) Komplementärereignisse sind. Wenn x_i mit x_k und x_l verbunden ist, gilt

$$c_{ik} + c_{il} = 1\,.$$

Selbstverständlich können die beiden eingeführten Wahrscheinlichkeiten (w_i und c_{ij}) nur als bedingte Wahrscheinlichkeiten betrachtet werden. Wenn x_i und x_j durch die Kante u_{ij} verbunden sind, und wenn man die Erreichung von x_i und x_j als abhängige Ereignisse betrachtet, kann man gemäß dem Multiplikationssatz für Wahrscheinlichkeiten

$$w_j = w_i c_{ij} \tag{21}$$

schreiben.

Damit gilt Formel (18) auch für statistische Berechnungen in G-Graphen. Wir führen die dynamische Matrix

$$D = C - I \tag{22}$$

ein, wobei I die Einheitsmatrix mit derselben Ordnung wie C ist. Dann erhalten wir aus Formel (18) und (22)

$$D^T W = 0\,. \tag{23}$$

Die Wahrscheinlichkeiten c_{ij} seien bekannt (d. h. die Matrix C ist gegeben). Gesucht sind die Wahrscheinlichkeiten w_i.

Man überzeugt sich leicht davon, daß die Beziehung (23) ein lineares homogenes Gleichungssystem bezüglich der n Variablen w_i bildet. Damit dieses System eine nichttriviale Lösung besitzt, muß seine Determinante $|D^T|$ gleich Null sein:

$$|D^T| = \begin{vmatrix} c_{11} - 1 & c_{21} & \dots c_{n1} \\ c_{12} & c_{22} - 1 \cdots & c_{n2} \\ c_{13} & c_{23} c_{33} - 1 \cdots & c_{n3} \\ \dots & \dots & \dots \\ c_{1n} & c_{2n} & \cdots c_{nn} - 1 \end{vmatrix} = 0\,. \tag{24}$$

Für die Determinante (24) ist diese Bedingung immer erfüllt. Addiert man zu einer beliebigen Spalte von $|D|$ (Zeile von $|D^T|$) die Summe der übrigen Spalten (Zeilen), erhält man eine Spalte (Zeile), die nur aus Nullen besteht, da C eine stochastische Matrix ist. Hieraus folgt, daß $|D^T| = 0$ ist.

Selbstverständlich besitzt das System (23) eine unendliche Lösungsmenge. Wegen $w_s = p_0$ ist jedoch der Wert der übrigen w_i eindeutig bestimmt. Zur Bestimmung der Unbestimmten kann man entweder den G-Graphen unter Benutzung der Umformungen 1—4 (Tabelle 10) vereinfachen oder durch Auflösung jeder Gleichung des Systems (23) nach einer Variablen den entsprechenden gerichteten Graphen aufstellen und diesen gleichfalls vereinfachen. Die erste Methode ist im allgemeinen zu bevorzugen.

Wir veranschaulichen dieses Verfahren am Beispiel des Graphen in Abb. 28, in dem die c_{ij} direkt an den Kanten stehen. Aus der Aufgabenstellung und aus Formel (21) ergibt sich, daß die Übertragungsfunktionen zwischen den Knotenpaaren $sx_1, sx_2, \ldots, sx_n$ bestimmt werden müssen. Man erhält unmittelbar $w_s = w_1 = p_0$. Wir beseitigen zuerst die

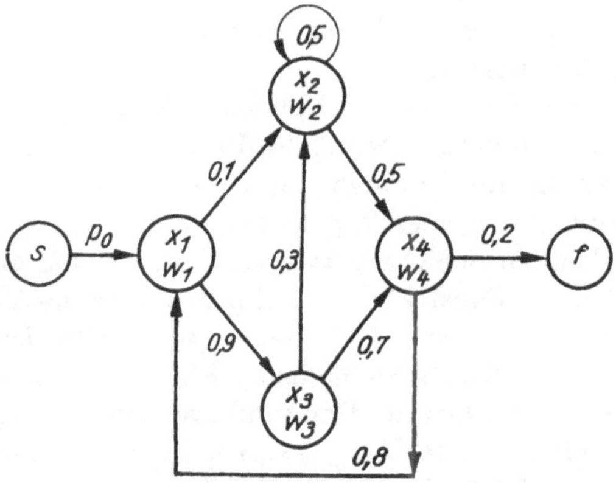

Abb. 28. Der G-Graph mit den Gewichten c_{ij}

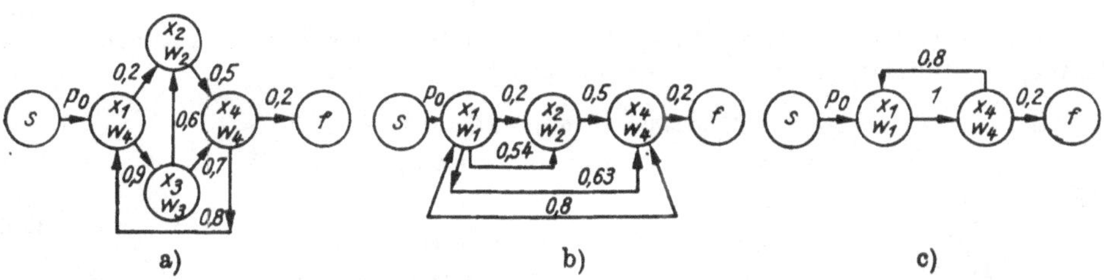

Abb. 29. Zur Erläuterung der Beseitigung der Schlinge beim Knoten x_2 (a) und der Beseitigung des Knotens x_3 (b) und des Knotens x_2 (c)

Schlinge am Knoten x_2 (Abb. 29a) und anschließend den Knoten x_3 (Abb. 29b). Dann erhalten wir $w_2 = 0{,}74p_0$. Nach Beseitigung des Knotens x_2 ergibt sich Abb. 29c.

In diesem durch Umformung erhaltenen Graphen ist

$$w_4 = p_0 \qquad \text{und} \qquad w_f = p_0 \,.$$

Mittels analoger Methoden kann man viele Probleme für lineare stochastische Netze lösen.

Die formale Analyse von *I*-Graphen. In der Arbeit [97] wurde gezeigt, daß zwischen den Mengen Z, T, und R sowie den I-Graphen eine Ordnungsrelation besteht, die es gestattet, in dem Rechenprozeß Takte zu unterscheiden. Es wird postuliert, daß alle $x_i \in Z$ die Ordnung Null besitzen. Im ersten Takt wird aus Z eine Menge $T^{(1)}$ von Zwischenresultaten erster Ordnung gebildet, im zweiten Takt wird aus Z und $T^{(1)}$ eine Menge $T^{(2)}$ gebildet usw. Die Länge des Weges von x_i nach x_j ist für einen I-Graphen gleich der Anzahl der Komponenten, die bei der Bewegung von x_i nach x_j längs des Weges $\mu = x_i x_{i+1}, \ldots, x_l, \ldots, x_j$ beteiligt sind. Somit ist die Weglänge in einem I-Graphen gleich der Anzahl der Takte im Rechenprozeß längs des Weges μ, und die Ordnung p_0 eines I-Graphen ist die Zahl der Kanten im maximalen Weg. Die Ordnung p_j der Komponente x_j ist gleich der Nummer des Taktes, in dem alle ihre Bestandteile berechnet worden sind. Mit anderen Worten ausgedrückt: Gesucht sind die maximalen Wege von allen $x_i \in Z$ zum Element x_j. Lösungsverfahren für diese Art von Aufgaben sind bereits angegeben worden.

Die Bestimmung der Ordnung der Elemente der Mengen T und Z ist zweckmäßigerweise vor der Programmierung des Problems durchzuführen, weil damit die Möglichkeit besteht, die Nummer des Taktes zu bestimmen, nach dem das betreffende Element von Z oder T gelöscht werden kann, d. h. nach dem die zur Verfügung stehenden Speicherplätze zur Speicherung anderer Größen verwendet werden können. Es ist klar, daß die Nummer des Taktes τ_j, nach dem die Speicherung der Variablen nicht mehr zweckmäßig ist, gleich der maximalen Ordnung der von Null verschiedenen Elemente der j-ten Spalte der Berührungsmatrix des I-Graphen ist. Man muß also eine quadratische Matrix $||P||$ der Ordnung $|X|$ aufstellen, so daß p_{ij} $(i, j \in X)$ die Ordnung von p_j (der Bewegung von x_i nach x_j) ist. Anschließend ist in jeder Spalte $\max\limits_i \{p_{ij} \neq 0\}$ zu ermitteln.

Wir lösen jetzt ein konkretes Beispiel. Es sei zur Bestimmung der Koordinate σ eines bestimmten Objektes das folgende Gleichungssystem gegeben:

$$\begin{aligned} \sigma(t) &= x_1(t) \cos\theta + y_1(t) \sin\theta; \\ x_1(t) &= x_2(t) \cos\beta + z_2(t) \sin\beta; \\ y_1(t) &= y_2(t); \\ x_2(t) &= l_1 x(t) + l_2 y(t) + l_3 z(t) + x_{20}; \\ y_2(t) &= m_1 x(t) + m_2 y(t) + m_3 z(t) + y_{20}; \\ z_2(t) &= n_1 x(t) + n_2 y(t) + n_3 z(t) + z_{20}\,. \end{aligned} \tag{25}$$

Die physikalische Deutung der Variablen und Übertragungskoeffizienten ist im Moment unwesentlich. Gesucht ist die Abhängigkeit zwischen σ und x, y, z.

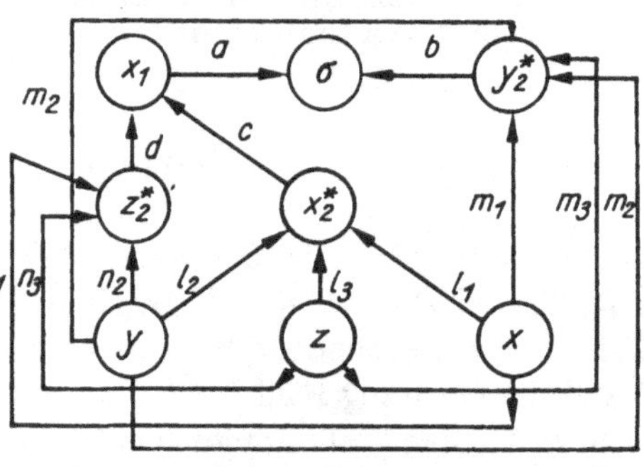

Abb. 30. Ein Beispiel eines I-Graphen

Der Einfachheit halben führen wir die folgenden Bezeichnungen ein: $x_2 - x_{20} = x_2$, $a = \cos\theta$, $c = \cos\beta$, $y_2 - y_{20} = y_2$, $b = \sin\theta$, $d = \sin\beta$, $z_2 = z_2 - z_{20}$, wobei x_{20}, y_{20}, z_{20} Konstanten sind. Dann kann das System (25) in Form eines I-Graphen dargestellt werden (Abb. 30).

Entsprechend der Definition eines I-Graphen gilt:

$$X = \{x, y, z\}$$
$$T = \{x_2^*, y_2^*, z_2^*, x_1\}$$
$$R = \{\sigma\}.$$

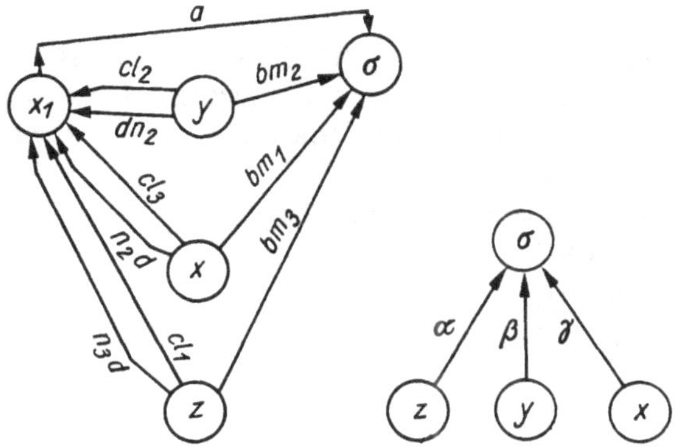

a) b)

Abb. 31. Zur Erläuterung der Beseitigung der Knoten X_2^*, Y_2^*, Z_2^* (a)
Zur Erläuterung der Beseitigung der Knoten x_1 (b)

Zuerst beseitigen wir die Knoten x_2^*, y_2^* und z_2^* sowie anschließend den Knoten x_1 (Abb. 31 a und b). Die Ordnung des ursprünglichen I-Graphen ist gleich drei, d. h. $p_0 = 3$, da die maximale Anzahl der Faktoren drei beträgt. Entsprechend Abb. 30 stellen wir die Matrix $||P||$ auf:

$||P|| =$

	x	y	z	x_2^*	y_2^*	z_2^*	x_1	σ
x	0	0	0	1	1	1	2	3
y	0	0	0	1	1	1	2	3
z	0	0	0	1	1	1	2	3
x_2^*	0	0	0	0	0	0	1	2
y_2^*	0	0	0	0	0	0	0	1
z_2^*	0	0	0	0	0	0	1	2
x_1	0	0	0	0	0	0	0	1
σ	0	0	0	0	0	0	0	0

Demnach kann man die Zwischenresultate x_2, y_2, z_2 nach dem ersten und x_1 nach dem zweiten Takt löschen. Alle Resultate sind mit Hilfe der Matrix $||P||$ leicht zu bestimmen.

Folglich kann man durch Anwendung der Analyse und Umformung vom I-Graphen zwei Fragen beantworten: Besteht zwischen einem gegebenen Variablenpaar eine Abhängigkeit? Wenn ja, welcher Art ist diese Abhängigkeit?

Natürlich kann man dieselben Ergebnisse auch einfach durch Lösen der Systeme erhalten. Man kann jedoch nur versichern, daß oftmals der gesamte Ablauf einer algebraischen Lösung in hohem Maße von der Struktur des sie beschreibenden Graphen abhängt. Es sei an dieser Stelle auf [80] verwiesen. An und für sich ermöglichen es die Gleichungen meistens nicht, bestimmte fundamentale Zusammenhänge ohne weiteres aufzudecken oder Vereinfachungen vorzunehmen, die durch ein topologisches Schema leichter überschaubar sind. Das trifft besonders auf komplizierte funktionelle Abhängigkeiten in AlSU zu.

Die Bestimmung der Annehmbarkeit eines Programmgraphen. Nach R. M. Karp [39] ist ein Graph $G(X, U)$, der entsprechend einem bestimmten Schema aufgestellt wurde, annehmbar, wenn jeder Knoten $x_i \in X$ zu einem endlichen Weg von s nach f gehört.

Bei der Aufstellung und Programmierung komplizierter Graphen stößt man oft auf folgende Fehler:

1. Es existiert eine Menge $X_1 \subset X$ von Knoten, die von s nicht erreichbar sind, so daß für jedes $x_j \in X_1$ gilt:

$$d^+(x_j) = 2 \qquad \text{und} \qquad d^-(x_j) = 0$$

d. h. der Eintrittsgrad oder die Erreichbarkeit ist Null.

2. Es gibt eine Menge von Knoten $x_2 \subset X$, von denen aus f nicht erreichbar ist, d. h. zu der Menge der Knoten $x_2 \subset X$, gibt es die Menge der Kanten $u_2 \subset u$ und es gilt:

$$u_2 \cap (u \backslash u_2) = \emptyset .$$

Dementsprechend bezeichnen wir diese Fehler als Fehler erster bzw. zweiter Art. Es ist selbstverständlich, daß andere Fehler (eingeschlossen ihre Kombination) im Graphen nicht auftreten können.

Das unmittelbare Auffinden der gezeigten Fehler mit Hilfe des Graphen ist oft schwieriger als die Kompliziertheit desselben. Es ist möglich, eine einfache algebraische Methodik zur Suche nach Fehlern beider Arten mittels einer formalisierten Tabelle der Graphen, d. h. ihrer Berührungsmatrizen, anzugeben. Fehler der ersten und zweiten Art sind in den Graphen der Abb. 32 dargestellt.

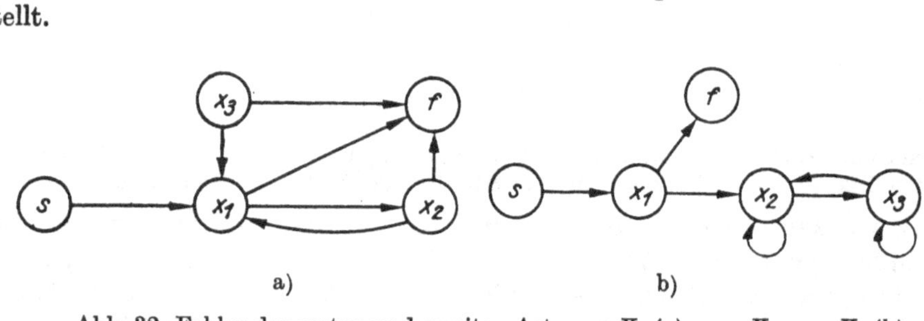

Abb. 32. Fehler der ersten und zweiten Art; $x_3 \in X_1$ (a); $x_2 \in X_2$, $x_3 \in X_2$ (b)

Ihnen entsprechen die Berührungsmatrizen $||A_1||$ (für Abb. 32a) und $||A_2||$ (für Abb. 32b).

$||A_1|| =$

	s	1	2	3	f
s	0	1	0	0	0
1	0	0	1	0	1
2	0	1	0	0	1
3	0	1	0	0	1
f	0	0	0	0	0

; $||A_2|| =$

	s	1	2	3	f
s	0	1	0	0	0
1	0	0	1	0	1
2	0	0	1	1	0
3	0	0	1	1	0
f	0	0	0	0	0

.

Die Berührungsmatrix ermöglicht die schnelle Entdeckung von Fehlern der ersten Art. Mit ihrer Hilfe können die von s aus nicht erreichbaren Knoten aufgezeigt werden. Das ist leicht einzusehen, da $d^-(x_1) = 0$ ist, d. h. einem $x_j \in X$ wird immer eine leere Spalte in der Berührungsmatrix entsprechen. Daraufhin ist es nicht schwer, x_j mittels der j-ten Spalte der Berührungsmatrix zu ermitteln. Das Auffinden von Fehlern der zweiten Art ist weniger trivial. Dafür gibt es eine analytische Methode, die in [101] beschrieben wird.

Wir definieren $||A||^T$ als Transponierte der Matrix $||A||$. $||A||^T$ ist die Berührungsmatrix eines Graphen, den man durch Umkehrung der Orientierung aller Kanten erhält. Im betrachteten Fall ist beispielsweise

$||A_2^T|| =$

	s	1	2	3	f
s	0	0	0	0	0
1	1	0	0	0	0
2	0	1	1	1	0
3	0	0	1	1	0
f	0	1	0	0	0

.

Der wie folgt definierte Ausdruck

$$R_f = \sum_{i=f}^{s}{}^{*} (\bar{c}_i^T) \quad \text{und} \quad i \neq 0 \tag{26}$$

gibt an, ob das Ende des Graphen erreichbar ist. Dabei ist $\bar{c}_i^T$ ein Zeilenvektor der transponierten Berührungsmatrix. Σ^* ist eine spezielle Summe, die über sich nicht wiederholende Komponenten i gebildet wird (der Prozeß der Bildung dieser speziellen Summe bricht ab, wenn die t-te Summe mit der $(t+1)$-ten Summe übereinstimmt).

R_f bestimmt also alle Knoten, von denen aus der Endknoten f nicht erreichbar ist. Demnach existiert ein Weg $u_{sf}u_{jk} \cdots u_{nf}$, wenn seine j-te Komponente von R_f gleich 1 ist. Folglich können Fehler der zweiten Art aufgedeckt werden, wenn man

R_f aufschreibt. Den Knoten, von denen aus f nicht zu erreichen ist, entsprechen die Koordinaten mit dem Wert Null in R_f.

In unserem betrachteten Beispiel ist zunächst $c_f^T = 01000$. Der erste Wert, des Indexes i ist gleich 1 (Knoten x_1), d. h. $c_1^T = 10000$. Demnach ist $R_f = c_f^T c_1^T$, weil weitere Indizes nicht mehr in Frage kommen. Folglich gilt x_2, $x_3 \in X_2$. Wir bemerken, daß bei der Analyse des Ausdruckes R_f die Nullen bei f nicht berücksichtigt werden.

Wir betrachten nun das Problem der Annehmbarkeit eines Graphen, der in Form einer verkürzten Berührungsmatrix gegeben ist.

Die Besonderheiten dieses Problems gegenüber dem analogen Problem für Berührungsmatrizen ergeben sich aus der anderen Form der Matrizendarstellung und aus der Notwendigkeit der Aussonderung von Untergraphen, der in Form einer verkürzten Berührungsmatrix gegebenen Graphen.

Autonome Teilgraphen kann man leicht bei der Aufstellung eines Programmgraphen mittels verkürzter Berührungsmatrizen feststellen. Das ist jedoch nicht immer ganz einfach. Hier hilft eine einfache Methode zur Aussonderung von Untergraphen weiter, die auf dem Begriff des Zusammenhanges eines Graphen beruht. Man gelangt dabei zu folgenden Resultaten.

Ein Graph $G(X, U)$ heißt zusammenhängend, wenn es für jedes Knotenpaar (x, y) stets eine Kette gibt, die von x nach y führt. Aus dieser Definition darf man nicht unmittelbar eine praktische und bequeme Methode zur Kontrolle des Zusammenhanges eines Graphen ableiten. In der Tat ist bei genügend großer Ordnung n der Berührungsmatrix die Suche nach Wegen für jedes der $\binom{n}{2}$ Knotenpaare ziemlich schwierig. Zur Herleitung eines bequemen Verfahrens zur Bestimmung des Zusammenhanges eines Graphen betrachten wir einige seiner Eigenschaften.

Ein Untergraph $G(A, \Gamma A : A \subset X)$ eines Graphen $G(X, \Gamma)$ heißt isoliert, wenn für alle $a_i \in A$ gilt: $\Gamma_{a_i} \cap X/A = \emptyset$. $G(X, \Gamma)$ heißt zusammenhängend, wenn jeder nichtleere Untergraph von $G(X, \Gamma)$ nicht isoliert ist.

Das Verfahren zur Bestimmung des Zusammenhanges eines durch eine verkürzte Berührungsmatrix gegebenen Graphen besteht dann in folgenden Schritten:

1. Man wählt willkürlich eine bestimmte Zeile der verkürzten Berührungsmatrix aus, die man als Anfangszeile betrachtet.

2. Man streicht alle wesentlichen Elemente dieser Zeile aus allen anderen Zeilen der Matrix.

3. Man wiederholt Punkt 2 solange für alle Zeilen in denen gestrichene Elemente auftreten, bis das nicht mehr möglich ist.

4. Erweisen sich alle Elemente der verkürzten Berührungsmatrix als gestrichen, ist der Graph zusammenhängend.

5. Verbleiben nicht gestrichene Zeilen, wird Punkt 1—3 wiederholt. Die Anzahl der Wiederholungen ist gleich der Anzahl der isolierten Untergraphen.

Wir betrachten ein Beispiel. Der Graph $G(X, \Gamma)$ sei durch eine achtzeilige verkürzte Berührungsmatrix gegeben:

$$||A_v|| = \left\| \begin{matrix} \alpha & \beta & \gamma \\ \varphi & \omega & t \\ \omega & f & \lambda \\ \beta & \gamma & \varrho \\ t & \psi & t \\ \varrho & \alpha & \varrho \\ \gamma & \beta & \beta \\ \psi & \lambda & \lambda \end{matrix} \right\| .$$

Wir wählen $\beta\gamma\varrho$ als Anfangszeile. Dann kann $||A||_v$ in zwei Matrizen $||A^T||_v$ und $||A''||_v$ zerlegt werden, denen zwei isolierte Untergraphen des Graphen $G(X, \Gamma)$ entsprechen:

$$||A'||_v = \left\| \begin{matrix} \alpha & \beta & \gamma \\ \beta & \gamma & \varrho \\ \varrho & \alpha & \varrho \\ \gamma & \beta & \beta \end{matrix} \right\| ; \quad ||A''||_v = \left\| \begin{matrix} \varphi & \omega & t \\ \omega & \psi & \lambda \\ t & \psi & t \\ \psi & \lambda & \lambda \end{matrix} \right\| .$$

Nachdem wir uns vom Zusammenhang eines Graphen überzeugt haben oder alle isolierten Untergraphen ausgesondert haben, ist es nun erforderlich, die Annehmbarkeit des Programmgraphen zu überprüfen. Es ist wohl selbstverständlich, daß der Zusammenhang eines Graphen seine Annehmbarkeit noch nicht garantiert.

Fehler der ersten Art lassen sich leicht durch eine Methode der Elementestreichung in der verkürzten Berührungsmatrix ermitteln, deren Wesen darin besteht, daß man die Elemente der ersten Spalte aus der zweiten und dritten Spalte streicht. Wenn es in der ersten Spalte ein Element α gibt, das nirgendwo weggestrichen werden kann, ist $\alpha \in X_1$. Die Verbindungen sind über die Zeilen der verkürzten Berührungsmatrix zu finden.

Die Methodik der Suche nach Fehlern der zweiten Art führt, wie bei den Berührungsmatrizen, zur Analyse der Transponierten der verkürzten Berührungsmatrix und zur Aufstellung des Vektors R_f (26).

8. EIGENSCHAFTEN UND QUALITÄTSKENNZIFFERN VON ALGORITHMISCHEN STEUERUNGSSYSTEMEN

8.1. Die allgemeine Problemstellung bei der Qualitätsuntersuchung

Im Prozeß der Ausarbeitung von algorithmischen Steuerungssystemen und besonders bei ihrer Erprobung taucht das Problem auf, dem AlSU eine solche Struktur zu geben, die eine hohe Effektivität des großen Systems gewährleistet.

Zur Lösung von Aufgaben dieser Art ist es erforderlich, über eine quantitative Effektivitätskennziffer oder ein Effektivitätskriterium zu verfügen. Man ist bestrebt, eine solche Lösung des Problems zu finden, die dieses Kriterium maximiert (minimiert). Zur Bewertung komplizierter Systeme ist man gezwungen, mehrere Effektivitätskriterien zu benutzen, von denen eins zu maximieren ist, andere hingegen zu minimieren sind, obwohl diese Forderungen theoretisch unvereinbar sind.

Algorithmische Steuerungssysteme sind, wie schon oben bemerkt wurde, ausschließlich Systeme hoher Kompliziertheit. Deshalb muß man bei ihrer Bewertung sowohl allgemeine als auch spezielle Kriterien anwenden.

Die allgemeine Problemstellung der Effektivitätsbewertung von AlSU kann man in folgender Weise formulieren.

Der Hauptzweck von AlSU besteht in der Ausarbeitung von Stellgrößen, die ein optimales[1]) Verhalten der Objekte des großen Systems gewährleisten. Die Effektivität eines AlSU wird durch ein gewisses Kriterium W charakterisiert, das von einer Reihe von Größen abhängt, die zu einer der folgenden Gruppen gehören: Eingangsbedingungen (Ursprungsdaten) $\alpha_1, \alpha_2, \ldots \alpha_k$, Parameter $m_1, m_2, \ldots, m_m$ der Rechengeräte, durch die die Transformation einer Eingangsinformation in eine Stellgröße realisiert wird und Parameter des AlSU $\beta_1, \beta_2, \ldots, \beta_n$. Anders ausgedrückt ist

$$W = f(\alpha_1, \alpha_2, \ldots \alpha_k, m_1, m_2, \ldots, m_m, \beta_1, \beta_2, \ldots, \beta_n) . \quad (27)$$

Die Eingangsbedingungen $\alpha_1, \alpha_2, \ldots, \alpha_k$ hängen von den Zuständen der Elemente des großen Systems, von den in ihm ablaufenden Prozessen sowie vom Umwelteinfluß ab und sind in bezug auf das AlSU vorgegeben.

Bezüglich der Parameter der Rechengeräte sind bei der Untersuchung von AlSU zwei Fälle möglich: 1. Die Rechengeräte des großen Systems sind bereits bei Beginn der Ausarbeitung des AlSU ausgewählt, und die Parameter m_1,

---

[1]) Als optimal werden wir solche Steuerverhaltensweisen bezeichnen, die infolge bestimmter Überlegungen anderen Verhaltensweisen gegenüber zu bevorzugen sind und durch die die Aufgabe des großen Systems auf die beste Weise erfüllt wird.

$m_2, \ldots, m_m$ sind folglich vorgegeben. 2. Die Parameter der Recheneinrichtungen können im Prozeß der Ausarbeitung von AlSU ausgewählt und in bekannten Grenzen variiert werden. Gewöhnlich wählt man die endgültigen Parameter des AlSU, indem man von ihren Realisierungsbedingungen auf völlig bestimmten Recheneinrichtungen ausgeht, weil wesentliche Strukturveränderungen dieser Einrichtungen immer mit großen Schwierigkeiten verbunden sind. Aus diesem Grund soll der zweite Fall hier nicht betrachtet werden.

Die Parameter des AlSU sind Elemente der Lösung, und man wählt sie nach Gutdünken des Ausarbeitenden aus. Somit läßt das Problem der Effektivitätsuntersuchung folgende Formulierung zu: Bei vorgegebenen Parametern $\alpha_1, \alpha_2, \ldots, \alpha_k, m_1, m_2, \ldots, m_m$ werden jene Werte der Parameter $\beta_1, \beta_2, \ldots, \beta_n$ gesucht, die W (in (27)) maximieren.

Die in der vorliegenden Arbeit durchgeführten Untersuchungen tragen begrenzten Charakter in dem Sinne, daß uns nicht die konkreten Werte der Parameter $\beta_1, \beta_2, \ldots, \beta_n$, sondern nur eine Aufstellung und die Interpretation derjenigen von ihnen, die für eine Bewertung der Effektivität des AlSU benutzt werden können.

8.2. Funktions- und Operationseigenschaften und Qualitätskennziffern

Bekanntlich können die Aufgaben jedes komplizierten Systems in zwei Klassen von Aufgaben eingeteilt werden: funktionelle und operative [9]. Dementsprechend kann man zwei Klassen[1]) von Eigenschaften bestimmen, die den Verwendbarkeitsgrad eines AlSU zur Lösung eines Problems, vor das das große System gestellt ist, angeben.

Zu den *Operationseigenschaften* zählen wir diejenigen, die die folgenden Gesichtspunkte berücksichtigen:

— die Tauglichkeit des AlSU für die Lösung bestimmter Aufgaben,
— die Planung des Ablaufprozesses des AlSU in verschiedenen Zeitintervallen (einschließlich der Auswahl der zweckmäßigen Intervalle dieser Zeit),
— die Absicherung und Analyse des Ablaufprozesses des AlSU,
— die Vervollkommnung des AlSU mittels der Resultate der Analyse,
— die Aufrechterhaltung der Arbeitsfähigkeit,
— die Tauglichkeit des AlSU als Mensch—Maschine—System.

Zu den *Funktionseigenschaften* zählen wir:

— die Anpassungsfähigkeit des Systems an innere und äußere Bedingungen zur Erreichung des Funktionszieles des großen Systems.

[1]) Die Gesamtheit der Eigenschaften dieser Klassen wollen wir als Qualität eines AlSU bezeichnen.

Sowohl die Operations- als auch die Funktionseigenschaften können grundlegend verschiedenen Charakter besitzen. Einige von ihnen charakterisieren die Genauigkeit der Transformation der Eingangsinformationen, andere die Stabilität des AlSU gegen jede Art von Störungen und wieder andere seinen Wirkungsgrad.

Zur Beurteilung der Qualität eines AlSU muß man Kennziffern auswählen, die seine soeben aufgezählten, durch komplizierte Korrelationen verbundenen Teileigenschaften charakterisieren. Deshalb kann man von vornherein annehmen, daß eine Qualitätsbewertung von AlSU nur mittels bestimmter verallgemeinerter Kennziffern möglich ist, die alle oder wenigstens die wichtigsten Korrelationen zwischen den partiellen Qualitätskriterien berücksichtigen.

Zur Bewertung von Systemen benutzt man im allgemeinen Kennziffern, die ihre Arbeitsfähigkeit, Zuverlässigkeit, Kosten, Projektierungs- und Aufstellungszeit, Betriebsdauer und Nutzungsvorteile charakterisieren. Die Kosten- und Zeitkennziffern werden im vorliegenden nicht betrachtet. Einerseits ist das Untersuchungsobjekt ein endliches Produkt einer Algorithmierung (AlSU), für dessen Ausarbeitung schon unwiderruflich Zeit und bestimmte Mittel aufgewendet worden sind. Andererseits ist, da AlSU außergewöhnlich kompliziert und individuell sind, die Möglichkeit ihrer parallelen Ausarbeitung in verschiedenen Organisationen ausgeschlossen. Dies schließt wiederum meistens die Möglichkeit der Auswahl von AlSU mit Hilfe dieser Kennziffern aus. Somit verbleiben nur solche Kennziffern wie Arbeitsfähigkeit, Zuverlässigkeit und Nutzungsvorteile in der Betrachtung.

Die *Arbeitsfähigkeit* eines AlSU kann man als seine Fähigkeit interpretieren, durch Entscheidungsfindung und durch Ausarbeitung von Stellgrößen das geforderte Funktionsniveau des großen Systems unter der Bedingung zu gewährleisten, daß alle anderen Elemente des großen Systems normal funktionieren.

Die *Zuverlässigkeit* eines AlSU ist die Wahrscheinlichkeit, mit der es in vorgeschriebener Weise unter den Bedingungen jeder Art von Störungen[1]) (auch äußeren) funktioniert.

Die Bedeutung der Kennziffer *Nutzungsvorteile*, die die Operationseigenschaften des AlSU charakterisiert, bedarf wohl hier keiner Erläuterung.

Bei der Erprobung von AlSU muß man sogar ein Kriterium für die Qualität der Programmierung (Effektivität der Realisierung des Algorithmus' auf Digitalrechnern) einführen, weil man auf der Grundlage dieses Kriteriums eine annähernde Bewertung der Möglichkeiten einer weiteren Vervollkommnung der Programme (zwecks effektiverer Ausnutzung der Speicher und der Rechengeschwindigkeit) vornehmen kann.

---

[1]) Während des durch das AlSU organisierten Rechenprozesses entstehen solche Störungen wie Ausfälle und Fehler in den Eingangsinformationen sowie Störungen in der Arbeit der Rechengeräte. Deshalb kann man als eine weitere Kennziffer des AlSU seine *Stabilität* gegen jegliche Art von Verzerrungen einführen. Die Effektivität des AlSU ist eine verallgemeinerte Funktionskennziffer der Qualität des AlSU.

Somit werden für die Qualitätsbewertung von AlSU folgende Kennziffern vorgeschlagen: Genauigkeit, Stabilität, Effektivität, Nutzungsvorteile und Effektivität der programmierungstechnischen Realisierung.

Aus eben dieser Definition des Begriffes der Qualität für AlSU folgt, daß dieselbe nicht beurteilt werden kann, wenn das Funktionsziel des Systems nicht bekannt ist. Im allgemeinen besteht dieses Ziel darin, eine Entscheidung zu treffen und Ausgangssignale (Steuersignale) vorgegebener Qualität auszuarbeiten, die dieser Entscheidung entsprechen und die für die Gewährleistung der Erreichung des Funktionszieles des großen Systems als Ganzes hinreichend sind. In der vorliegenden Arbeit erweist es sich als unmöglich, eine Bewertung der Vielzahl der ausgewählten Kennziffern vorzunehmen, solange es nicht gelungen ist, den Rechenprozeß in den Stellgliedern des großen Systems mathematisch exakt zu formalisieren.

8.3. Die Genauigkeit der Berechnung der Steuersignale

Bei der Berechnung von Steuersignalen können verschiedene Fehler auftreten. Zu den *methodologischen Fehlern* gehören Fehler, die aus der Unvollkommenheit der Theorie der zu untersuchenden Prozesse, aus Vereinfachungen und aus der Nichtberechenbarkeit dieses oder jenes Faktors bei der Verwendung einer bestimmten mathematischen Methode resultieren (Fehler der Integrationsmethoden, Rundungs- und Extrapolationsfehler, Fehler, die vom zu geringem Stichprobenumfang herrühren, Fehler, die infolge der Ersetzung der Nichtlinearität durch Linearität auftreten u. a.). Wenn die Bestimmung irgendeines Parameters auf der Grundlage statistischer Größen durchgeführt wird, kann die Genauigkeit im allgemeinen durch den mittleren quadratischen methodologischen Gesamtfehler charakterisiert werden [47]:

$$\Delta_{jM} = \sqrt{\sum_{j=1}^{m} \left(\frac{\partial k}{\partial y}\right)^2 \sigma_{x_j} + \sigma_y^2 + \sigma^2} \, .$$

Dabei ist k das Kriterium. Die x_j sind die Faktoren, die den Wert des Kriteriums beeinflussen, σ_{x_j} sind die mittleren quadratischen Fehler der Meßwerte dieser Faktoren. σ_y ist der Fehler, der aus der Vereinfachung und Vernachlässigung bestimmter Faktoren resultiert, und σ ist der Fehler, der durch die geringe Zahl der Realisierungen (Punkte) auftritt.

Die Größe Δ_{jM} kann man durch Modellierung bestimmen. Für einige Operatoren kann man entweder eine analytische Formel für Abhängigkeit des Δ_{jM} von verschiedenen Faktoren anführen, z. B. von der Zahl der Realisierungen bzw. dem Verarbeitungsintervall. Man kann aber auch bei bekannter Form des mathematischen Operators eine Extremwertabschätzung vornehmen. Die mathematischen Methoden für diese Abschätzungen sind genügend gut ausgearbeitet.

Fehler in der Eingangsinformation charakterisieren in der Hauptsache die Qualität der Arbeit der Informationssender. Der Grad ihrer Auswirkungen hängt jedoch von der Struktur des AlSU ab. Den Betrag dieser Fehler kann man manchmal rechtzeitig bei der Durchführung vorgeschriebener Arbeiten, der Funktionskontrolle der Systemeinrichtungen, bestimmen und somit ihren Einfluß auf den Ablauf des zu steuernden Prozesses beseitigen.

In der Praxis treten sogar *Fehler* auf, *die sich nach einem bestimmten Gesetz determiniert verändern,* so daß für ein Eingangssignal gilt:

$$a_D^k(t) = F(t, k, l, \ldots) ,$$

wobei $k, l, \ldots$ gewisse Parameter der Informationssender sind.

Falls die Funktion $F(t, k, l, \ldots)$ vorher bekannt ist oder ihre Form unmittelbar im Verlauf der Arbeit bestimmt werden kann, ist es möglich, diese Fehler auf algorithmischem Wege zu beseitigen.

Rundungsfehler treten sowohl infolge der begrenzten technischen Möglichkeiten der Rechengeräte (Stellenbereiche) als auch durch die Wahl der Skalenfaktoren und die Reihenfolge der wesentlichen Ziffern der verschiedenen Konstanten und Koeffizienten, die in den Programmen verwendet werden, auf. Den Einfluß der Rundungsfehler auf das gesuchte Resultat kann man immer durch die Art der Berechnungsformel, der Operanden und der Länge des Stellenbereiches bestimmen. Es ist klar, daß man für jede noch so große vorgegebene Stellenzahl N eine solche Formel finden kann, die bei der Berechnung unter Verwendung von N und einer kleineren Stellenzahl einen Fehler ergibt, der jeden (ebenfalls vorgegebenen) Wert übertrifft. Besonders empfindlich gegen Rundungsfehler sind Formeln, in denen Differenzen von Näherungswerten auftreten.

Rundungsfehler kommen nur bei Ausführung arithmetischer Operationen wie Addition (Subtraktion), Multiplikation, Division, Radizieren usw. vor. Für besonders einfache Operationen kann man eine angenäherte analytische Abhängigkeit des Rundungsfehlers von der Anzahl der Operationen bei verschiedenen Stellenwerten der Berechnung erhalten. Im AlSU ist jedoch die Lösung einer großen Anzahl sehr komplizierter, voneinander abhängiger Aufgaben enthalten. Deshalb erweist sich die Bestimmung eines Verteilungsgesetzes der Rundungsfehler praktisch als unmöglich, und man benutzt zur Abschätzung ihres Einflusses auf die Resultate Modellierungsmethoden bei Variation der verwendeten Stellenzahl. Dabei wird der Stellenwert des Rechners oder die Anzahl der verwendeten Stellen in Abhängigkeit von der maximal zulässigen Abweichung gewählt.

Fehler durch Versagen (Maschinenfehler) rufen zufällige Abweichungen der Resultate des Rechenvorganges und des Betriebsverhaltens der Einrichtungen des AlSU hervor. Deshalb kann man über den Betrag und den Charakter dieser Fehler nur Aussagen mit Wahrscheinlichkeitscharakter machen. Da die Folgen der Maschinenfehler und ihr Charakter von spezifischer Natur sind, berücksichtigen wir die Stabilität des AlSU gegen solche Ausfälle als selbständige Kennziffer.

Fehler, die durch zeitliche Nichtübereinstimmung der Informationen hervorgerufen werden, bezeichnen wir als *Synchronisationsfehler*.

In den Arbeiten [23, 55] wird gezeigt, daß ein Rechensystem als fortlaufende Vereinigung eines diskreten Filters, der das Modulationsgesetz einer Eingangsimpulsfolge verändert, und eines Verzögerungselementes dargestellt werden kann. Die Übertragungsfunktion des diskreten Filters charakterisiert den Verarbeitungsalgorithmus der Eingangsinformationen und die Übertragungsfunktion des Verzögerungselementes den Zeitraum zwischen der Eingabe der Größen in den Rechner und der Ausgabe der gewünschten Resultate. Diese Zeit nennen wir *Verzögerungszeit* und bezeichnen sie mit τ_V. Die Führungsgröße $\varphi(t)$ kann im allgemeinsten Fall als Summe zweier Zufallsgrößen geschrieben werden:

$$\varphi(t) = z(t - \tau_V) + u(t) .$$

Hierbei ist $a(t - \tau_V)$ die Eingangsgröße, die in die Größe $\varphi(t)$ transformiert wird, und $u(t)$ ist der zufällige Fehler.

Die Genauigkeit des AlSU und damit die Effektivität des großen Systems hängen in bedeutendem Maße von der Verzögerungszeit τ_V ab, denn je größer der Wert ist, den τ_V annimmt, desto geringer ist die Übereinstimmung zwischen der Einwirkung auf das zu steuernde Objekt im Zeitpunkt t und dem tatsächlichen Wert der Ausgangsgröße, die den Zustand dieses Objektes in ebendiesem Zeitpunkt charakterisiert.

Unter der *Genauigkeitskennziffer* über einem Kanal h des AlSU wollen wir ein gewisses Funktional verstehen, das den absoluten Fehler eines Signals darstellt, der durch die Unvollkommenheit des AlSU hervorgerufen wird. (Dabei wird das Fehlen verzerrender Einwirkungen vorausgesetzt.) Als *absoluten Fehler* des AlSU über einem Kanal h bezeichnen wir die Differenz zwischen dem idealen Ausgangssignal und seinem tatsächlichen Wert. Bezeichnen wir mit $\bar{f}$ den idealen Vektor der Ausgangssignale, der das Resultat der Anwendung einer Transformation auf einen Eingangsvektor $\bar{a}$ ist, und mit $\bar{f}_1$ den tatsächlichen Wert des Ausgangsvektors, beträgt der absolute Fehler der Informationstransformation

$$\bar{\varepsilon} = \bar{f} - \bar{f}_1 .$$

Dabei ist $\bar{f}_1 = N\bar{a}$, und N ist der auf einem Digitalrechner realisierte Transformationsalgorithmus. Die Differenz $\bar{f} - \bar{f}_1$ kann man als Abstand der Vektoren der Ausgangssignale im zugehörigen metrischen Raum interpretieren.

Im Kapitel 7 wurde gezeigt, daß man ein AlSU als ein dynamisches System in dem Sinne betrachten kann, daß sein Rechenprozeß durch Zustandsmatrizen und Phasentrajektorien der Zustände beschrieben wird. Beim Fehlen von Störungen seitens der Außenwelt entspricht jedem Anfangszustand des Systems bei konstanter äußerer Einwirkung eindeutig sein weiteres Verhalten.

In diesem Fall ist das AlSU ein determiniertes System. Das bedeutet, daß jeder Folge von Eingangssignalen $\{\bar{a}^{(k)}\}_0^{T_E}$ eindeutig eine Phasentrajektorie T_η der Zustandsveränderungen, ein Realisierungsgraph G_η und ein Fehler $\bar{\Delta}(T_\eta)$ entspricht:

$$\{\bar{a}_\eta^{(k)}\}_0^{T_k} \to T_\eta \in \{T_0\} \to \Gamma_\eta \in \{\Gamma_0\} - \bar{\Delta}(T_\eta)\,.$$

Jede Phasentrajektorie verbindet eine wohldefinierte, lineare Folge von Rechenwegen und Operatoren. Demzufolge hängt der Fehler in den Ausgangssignalen davon ab, über welche Phasentrajektorie der Rechenprozeß (der Prozeß der Entscheidungsfindung und der Ausarbeitung von Steuersignalen) verlaufen ist.

Den bedingten Fehler des AlSU, d. h., den Fehler unter der Bedingung, daß der Rechenprozeß über die Trajektorie T_η erfolgte, bezeichnen wir mit $\Delta(T_\eta)$. Die Gesamtheit der durch die Trajektorie T_η verbundenen Wege bildet den Realisierungsgraphen G_η (s. Kap. 7). Jeder Weg des Graphen der Realisierung η wird in dieser Realisierung mindestens einmal benutzt, jedem Takt eines Intervalls des AlSU entspricht ein einziger, wohldefinierter Weg. Die Wahrscheinlichkeit für die Auswahl dieses oder jenes Weges hängt von der Vorgeschichte des Rechenprozesses und den am Eingang des AlSU im jeweiligen Takt eingehenden Informationen ab.

Die Auswahl eines Rechenweges ist ein abhängiges Ereignis. Wenn zu einem großen System nur ein Prozessor gehört, sind, gemäß der in Kapitel 7 vorgenommenen Formalisierung, die Verwendungen zweier oder mehrerer Wege in einem Arbeitstakt unverträgliche Ereignisse. Folglich bildet jede Phasentrajektorie eine vollständige Gruppe unverträglicher Ereignisse, wenn als Ereignis die Benutzung eines bestimmten Weges im j-ten Takt der Realisierung η angenommen wird.

Somit erhalten wir, wenn wir die Wahrscheinlichkeit der Auswahl eines Weges l_{μ_n} ($\mu = 1, 2, \ldots, \mu^*$; $n = 1, 2, \ldots, n^k$) bei der Realisierung η mit $P(l_{\mu_n}^\eta)$ bezeichnen

$$\sum_{\mu_n} P(l_{\mu_n}^\eta) = 1\,.$$

Der Index n bedeutet die Anzahl der möglichen Wege, und n^k sei die maximal mögliche Anzahl der Benutzungen ein und desselben Weges. Die Notwendigkeit der Einführung dieses Indexes ergibt sich daraus, daß ein und derselbe Rechenweg bei einer Arbeit mehrfach benutzt wird und der Fehler dabei vervielfacht wird.

Da ein Weg eines Realisierungsgraphen G_η eine vollständig definierte Folge elementarer Operatoren darstellt, kann man jedem Weg l_μ^η den entsprechenden Fehlervektor $\bar{\Delta}_\mu$ der Transformation $\bar{a}^{(k)} \to \bar{\varphi}^{(h)}$ zuordnen. Dann kann der bedingte Gesamtfehler ΔT_η in den Ausgangssignalen bei der Realisierung η in Form des mathematischen Erwartungswertes der Transformationsfehler mittels der Menge der Wege dieser Realisierung dargestellt werden:

$$\bar{\Delta}(T_\eta) = \sum_{\mu=1}^{\mu^k} \bar{\Delta}_\mu(l_\mu)\, P(l_{\mu_n}^\eta)\,,$$

Dabei ist μ^k die Anzahl der durchgeführten Berechnungen bei der Realisierung η über alle Wege, und das Verteilungsgesetz der Wahrscheinlichkeiten $P(l^{\eta}_{\mu_n})$ wird als bekannt angenommen.

Der Fehler $\bar{\Delta}(l_\mu)$ wird als Gesamtfehler dargestellt, der infolge der durch die Wege l_μ verbundenen arithmetischen Operationen auftritt:

$$\bar{\Delta}_\mu(l_\mu) = \sum_{k=1}^{l} \bar{\Delta}^\mu_k ,$$

wobei $\bar{\Delta}^\mu_k$ der Transformationsfehler über dem k-ten Operator des μ-ten Weges ist, und l ist die Anzahl der Operatoren des Weges.

Der Fehler $\bar{\Delta}(T_\eta)$ ändert sich in Abhängigkeit von der Berechnungstrajektorie. Den absoluten Fehler $\bar{\varepsilon}$ kann man in Form des Erwartungswertes eines Fehlers über der Menge der Phasentrajektorien (Realisierungen) schreiben:

$$\bar{\varepsilon} = \sum_{\eta=1}^{\eta^k} \bar{\Delta}(T_\eta)\, P(T_\eta) . \tag{28}$$

Nach Einsetzung ergibt sich:

$$\bar{\varepsilon} = \sum_{\eta=1}^{\eta^k} \left[\sum_{\mu=1}^{\mu} \bar{\Delta}_\mu\, (l_\mu)\, P(l^{\eta}_{\mu_n}) \right] P(T_\eta) . \tag{29}$$

Somit ist es zur Abschätzung des Betrages des algorithmischen Fehlers (der Genauigkeit) notwendig:

1. über dem Graphen des AlSU vermittels statistischer Modellierung die Berechnungstrajektorien sowie ihre Wahrscheinlichkeiten und Verteilungsgesetze aufzustellen,
2. die Wege der Realisierungsgraphen sowie ihre Wahrscheinlichkeiten und Verteilungsgesetze zu markieren,
3. die Rechenfehler über jedem Weg l_u zu bestimmen und
4. durch Einsetzung der erhaltenen Werte in Formel (29) den Gesamtvektor, der den Betrag des absoluten Fehlers mit dem des AlSU behaftet ist, charakterisiert, zu berechnen.

In der Praxis ist eine vollständige Abschätzung des algorithmischen Fehlers wegen der Vielzahl der im AlSU enthaltenen Wege und Realisierungsgraphen außerordentlich schwer vorzunehmen. Formel (29) ermöglicht jedoch eine Beurteilung des Entstehungscharakters eines algorithmischen Fehlers in realen Systemen. Mit ihrer Hilfe gelangt man zu der Schlußfolgerung, daß eine Qualitätsbewertung von AlSU beliebiger Art durch Kontrollrechnungen nicht ausreichend ist.

8.4. Stabilität gegen verzerrende Einwirkungen

Im vorigen Paragraphen wurde der Entstehungscharakter algorithmischer Rechenfehler bei Nichtvorhandensein verzerrender Einwirkungen seitens der Umgebung und des Rechensystems gezeigt. Unter realen Bedingungen üben die

Verzerrungseinflüsse, die bezüglich der zu steuernden Objekte sowohl innere als auch äußere Einflüsse sein können, einen wesentlichen Beitrag auf den Prozeß der Zustandsveränderung des AlSU und den Fehler der Ausgangssignale aus. Dabei wollen wir unter *inneren Einflüssen* jene verstehen, die zur Verzerrung der Parameter des AlSU und der Resultate einiger Transformationsvorgänge sowie zur Störung der funktionellen Zusammenhänge zwischen den Operatoren des AlSU führen. *Äußere Einflüsse* hingegen führen zur Verzerrung der Informationen $\{\bar{a}\}$. Ihre Quelle befindet sich (bezüglich des zu steuernden Objektes) außerhalb des Systems, und sie sind mit Fehlern in der Bestimmung der Parameter des zu steuernden Prozesses, mit Ausfällen in der Arbeit des Informationssenders, der Verbindungskanäle und der Transformationseinrichtungen verbunden. Innere Einflüsse, deren Quellen die bei der Realisierung des algorithmischen Systems verwendeten Digitalrechner oder deren Komplexe sind, werden durch Defekte, teilweises Versagen und Unterbrechungen hervorgerufen.

Fehler durch Versagen können bei der Ausführung jeder Operation entstehen und nicht nur zur Verzerrung des Moduls einer Zahl, sondern auch des Moduls der Mantisse und ihres Vorzeichens, der Kodes der Operationsbefehle und ihres Adreßteiles führen. Charakteristische Besonderheit des Einflusses von Arbeitsausfällen des Rechners auf den Rechenprozeß ist die zufällige Bildung der Phasentrajektorie und folglich auch des Fehlers $\bar{\Delta}(T_\eta)$, obwohl bei normaler Arbeit des Rechners jeder Folge $\{a^{(k)}\}_0 T_k^\eta$, wie im vorigen Paragraphen gezeigt wurde, ein vollständig bestimmter Realisierungsgraph und eine ebenso bestimmte Phasentrajektorie T_η entspricht. Diese Besonderheit gilt nur dann, wenn im Algorithmus keine speziellen Maßnahmen zur Vermeidung dieser Einflüsse vorgesehen sind.

Ausfälle in den Befehlskodes und den Konstanten der Steuerprogramme rufen sehr schwerwiegende Folgen hervor, die noch betrachtet werden. Ausfälle in den Kodes der Eingangssignale $\{\bar{a}^{(k)}\}$ führen in der Regel zu Verzerrungen der Steuersignale ohne wesentliche Abweichung von der tatsächlichen Berechnungstrajektorie. Ausfälle in den Zwischenresultaten sind ihrem Charakter nach mit Ausfällen in den Eingangssignalen verwandt, da jedes gesuchte Resultat einer Informationstransformation mittels des i-ten Operators als Signal (Ausgangsinformation) für den $(i + 1)$-ten Operator betrachtet werden kann.

Da in den modernen Rechenautomaten die Zahl der möglichen Zustände der elementaren Datenträger gewöhnlich gleich zwei ist, erzeugt ein Ausfall in der n-ten Kodestelle der Mantisse einer Zahl einen Fehler, dessen Modul gleich 2^n ist, unabhängig davon, ob an dieser Stelle vor dem Ausfall Null oder Eins eingetragen war. Ein Ausfall in den Vorzeichen der Mantissenstellen ruft einen absoluten Fehler hervor, dessen Betrag gleich dem doppelten Wert der Mantisse der Zahl ist, die in dieser Speicherzelle eingetragen wurde. Ausfälle sind in jeder Speicherzelle (Register) gleichwahrscheinlich. Deshalb können Fehler durch Ausfälle in den Zahlenkodes schwerwiegende Folgen haben. Nicht weniger ernste Fehler rufen Ausfälle in den Kanälen nur einmal auftretender Befehle hervor, weil sie die Arbeitsweise der zu steuernden Objekte und des AlSU bestimmen. So können beispielsweise Ausfälle von einmaligen Befehlen zu einer Verhaltensweise der Systemeinrichtungen führen, die im technologischen Prozeß nicht vorgesehen ist.

Zur Verringerung des Einflusses der Folgen von verzerrenden Einwirkungen auf die Arbeitsergebnisse des AlSU sind spezielle Operatoren vorgesehen. Die meistverbreiteten Methoden zur Vermeidung dieser Einflüsse sind die Kontrolle der Richtigkeit der Berechnungen und die Beseitigung der verzerrten Größen (Filtration). Statistische Methoden zur Lösung der Aufgaben besitzen infolge des Gesetzes der großen Zahlen bestimmte Eigenschaften der Unterdrückung von Verzerrungseinflüssen.

Wir bezeichnen mit $\bar{\Delta}_{A_\mu}(l_\mu)$ den Fehler in den Ausgangssignalen, der durch Ausfälle bei der Ausführung von Operatoren des Weges $l_\mu \in L_{G_\eta}$ entstehen. Der Weg l_μ enthalte keine Operatoren zur Unterdrückung der Ausfallfolgen. $\bar{\bar{\Delta}}_{A_\mu}(l_\mu)$ sei der Grad der Unterdrückung der Ausfallfolgen, falls spezielle Operatoren für diesen Zweck im Weg l_μ enthalten sind. Der Gesamtfehler in der Ausgangsinformation ist dann:

$$\bar{\Delta}_\Sigma(l_\mu) = \bar{\bar{\Delta}}_\mu(l_\mu) + \bar{\Delta}_{A_\mu}(l_\mu) - \bar{\bar{\Delta}}_{A_\mu}(l_\mu) .$$

Der Ausdruck (28) für den absoluten Fehler nimmt nunmehr folgende Form an:

$$\bar{\varepsilon} = \sum_{\eta}^{\eta l} \left[\sum_{\mu}^{\mu k} (\bar{\Delta}_\mu(l_\mu) + \bar{\Delta}_{A_\mu}(l_\mu) - \bar{\bar{\Delta}}_{A_\mu}(l_\mu)) \, P(l_{\mu_n}^{\eta}) \right] P(T_\eta) .$$

Das AlSU wird als stabil betrachtet, wenn es in jedem Arbeitstakt die Fähigkeit behält, die Transformation einer Gesamtheit von Eingangssignalen in eine annehmbare[1]) Gesamtheit von Ausgangsisgnalen zu gewährleisten. Die Fähigkeit des AlSU, in diesem Sinne stabil zu sein, ist eine seiner Qualitätskennziffern.

Zur quantitativen Abschätzung des Einflusses verzerrender Einwirkungen kann man als Kriterium den Bereich der stabilen Funktionsweise anwenden. Unter dem *Bereich der stabilen Funktionsweise* wird jener Bereich der Eingangsbedingungen und Störgrößen verstanden, in dem der Funktionsparameter (der Fehler der Ausgangsinformation) eine bestimmte Toleranzgrenze nicht überschreitet und das AlSU einen stabilen Prozeß der Ausarbeitung von Steuersignalen bei veränderlichen Verzerrungseinwirkungen gewährleistet.

Im weiteren werden wir unter der *Stabilitätskennziffer* des AlSU gegen verzerrende Einwirkungen ein Funktional verstehen, das ein Maß für den Unterdrückungsgrad dieser Einwirkungen auf die Ausgangssignale des Systems darstellt.

---

[1]) Als annehmbare Ausgangssignale gelten solche Signale, bei deren Ausführung durch intakte Ausführungselemente des großen Systems in allen Funktionsintervallen die Fähigkeit zur Erreichung des Funktionszieles erhalten bleibt.

8.5. Die Zuverlässigkeit

Im Kapitel 7 wurde festgestellt, daß man das Strukturbild eines AlSU in Form eines gerichteten Graphen darstellen kann, dessen Knoten den Funktionselementen des AlSU (den Operatoren) entsprechen und dessen Kanten die Verbindung zwischen ihnen symbolisieren. Eine auf bestimmte Weise angeordnete Folge von Kanten wird als *Weg* des Graphen bezeichnet, wenn das Ende jeder Kante mit dem Anfang der nächsten übereinstimmt. Jeder Weg verbindet folglich eine bestimmte Menge von Elementen des AlSU, dem j-ten Takt des AlSU entspricht ein wohlbestimmter Weg μ_{ij} ($j = 1, 2, \ldots, t_k$; $i = 1, 2, \ldots, i^*$). Andererseits verbindet in jeder Realisierung der Arbeit des AlSU eine Phasentrajektorie eine wohldefinierte Menge von Wegen, längs derer sich die Transformation der Eingangsinformationen bis zur Erreichung des Steuerungszieles vollzieht.

Seien $W = \{w_n\}$ ($n = 1, 2, \ldots, n^*$) die Menge der Elemente des AlSU, $W_{\mu_i} \subset W$ die Teilmenge der durch den i-ten Weg verbundenen Elemente des AlSU. Wir definieren noch eine Menge W_{T_η} auf folgende Weise: Sei T eine Trajektorie bei einer Realisierung η, die beispielsweise die Länge von 7 getakteten Intervallen hat und in der Form

$$T = 1, 1, 4, 2, 6, 6, 7$$

dargestellt ist, wobei durch die natürlichen Zahlen die Reihenfolge der Wege markiert wird. Dann gilt in diesem Fall für die Menge W_{T_η} ($\eta = 1, 2, \ldots$)

$$W_{T_\eta} = \{W_{\mu_1}, W_{\mu_4}, W_{\mu_2}, W_{\mu_6}, W_{\mu_7}\}\,.$$

Wir weisen darauf hin, daß die Teilmengen W_μ und W_{T_η} im allgemeinen nicht disjunkt sind, d. h., es gilt

$$\bigcap W_\mu\colon \neq \emptyset \quad \text{und} \quad \bigcap W_{T_\eta} \neq \emptyset\,.$$

Wir nehmen an, daß sich jedes Element $w_n \in W$ nur in einem von zwei Zuständen Y_n befinden kann:

$$Y_n = 1, \text{ falls das } n\text{-te Element funktioniert}$$

$$Y_n = 0, \text{ falls das } n\text{-te Element versagt.}$$

Ein Versagen der Elemente des AlSU kann eintreten bei Störungen des Rechners, durch den das vorliegende AlSU realisiert wird, durch einen Defekt der Zellen des Arbeitsspeichers, die das entsprechende Element des AlSU enthalten oder durch falsche Adressierung der Ergebnisse bestimmter Informationstransformationen.

In Analogie zu [92] stellen wir die Tätigkeit des AlSU durch das Symbol Θ dar, das den Wert 1 annimmt, wenn das AlSU funktioniert (genauer, wenn es die Ausgabe richtiger Ergebnisse gewährleistet). Falls das System versagt, ist $\Theta = 0$. Es wird vorausgesetzt, daß die Tätigkeit des AlSU determiniert von der

Tätigkeit seiner Elemente abhängt, d. h., Θ ist eine Funktion[1]) von $Y = (y_1, y_2, \ldots, y_n)$.

Im allgemeinsten Fall ist eine solche Einteilung der Elemente der AlSU möglich, bei der ein Teil von ihnen sich in der Gesamtheit A der intakten Elemente und der verbleibende Teil sich in der Gesamtheit B der versagenden Elemente befindet. Zur Erreichung des Funktionszieles des AlSU ist es somit offensichtlich notwendig, daß alle Elemente des AlSU, die zur Menge W_{T_η} gehören, im Verlauf des Funktionsintervalls intakt waren, d. h., es ist $\Theta = 1$ unter der Bedingung, daß $W_{T_\eta} \subset A$ ist. Für $B_\eta \neq \emptyset$ im Zeitintervall $(0, T_\eta)$ sind zwei Fälle möglich:

1. $B_\eta \cap W_{T_\eta} = \emptyset$. Das bedeutet, daß alle an der Informationstransformation $\{\bar{a}\}^T \to \{\varphi\}^{T_\eta}$ im Zeitintervall $(0, T_\mu)$ beteiligten Elemente des AlSU funktionsfähig sind. Dabei funktioniert das AlSU normal ($\Theta = 1$), weil keins der defekten Elemente wirksam ist, d. h., sich in der Menge W_{T_η} befindet.

2. $B_\eta \cap W_{T_\eta} \neq \emptyset$. Ein nichtleerer Durchschnitt bedeutet, daß ein Teil der Elemente von W_{T_η} nicht funktionsfähig ist. Der Wert der Funktion Θ ist dabei nicht definiert, weil eine solche Aufteilung der Menge B_η' in Teilmengen B_η' und B_η'' möglich ist, bei der die Teilnahme B_η Elemente enthält, deren Ausfall unvermeidlich den Ausfall des AlSU oder die Ausgabe unannehmbarer Ausgangssignale nach sich zieht, während die Teilmenge B_η'' unwesentliche Elemente enthält.

Gemäß [92] wird das n-te Element eines Systems mit der Strukturfunktion als *unwesentlich* bezeichnet, wenn $\Theta(1_n, Y) = \Theta(0_n, Y)$ für alle Werte $y_1, y_2, \ldots, y_{n-1}, y_{n+1}, \ldots, y_k$ gilt, wobei $(1_n, Y) = (y_1, y_2, \ldots, y_{n-1}, 1, y_{n+1}, \ldots, y_k)$ und $(0_n, Y) = (y_1, y_2, \ldots, y_{n-1}\ 0, y_{n+1}, y_k)$ ist. Demzufolge ist ein Element unwesentlich, wenn sein Ausfall entweder die Qualität der Ausgangssignale überhaupt nicht beeinflußt oder nur in dem Maße, daß die prinzipielle Möglichkeit gewahrt bleibt, das Funktionsziel doch zu erreichen. Zur Teilmenge B_η'' können z. B. solche Elemente gehören, wie Operatoren zur Festlegung der Daten für die nachfolgende Analyse der Arbeitsergebnisse des AlSU, Operatoren zur Darstellung einer bestimmten Situation usw.

Ein im System nicht unwesentliches Element bezeichnet man folglich als *wesentlich*, und die Menge B_η' besteht somit nur aus wesentlichen Elementen. Daher ist $\Theta = 1$ für $B_\eta \cap W_{T_\eta} = \emptyset$. Für $B_\eta \cap W_{T_\eta} \neq \emptyset$ ist $\Theta = 1$, wenn $B_\eta = B_\eta''$ gilt und $\Theta = 0$, wenn $B_\eta \subset B_\eta'$ ist.

Wenn die Elemente des AlSU nicht reserviert sind, unterscheidet sich bei $W_{T_\eta} \cap B_\eta \neq \emptyset$ der Ablaufprozeß in jedem Fall vom vorgegebenen. Deshalb können die Verzerrungen der Struktur des AlSU als sein inneres Rauschen interpretiert werden. Da das innere Rauschen seiner Natur nach rein zufälligen Charakter trägt, ist das AlSU in diesem Sinne kein streng determiniertes System.

[1]) Die Funktion $\Theta(Y)$ bezeichnet man als ***Strukturfunktion*** eines AlSU.

Faßt man die Wahrscheinlichkeitsverteilung der Arbeit des n-ten Elementes des AlSU, die mit $P_n = P$ (das n-te Element funktioniert) bezeichnet wird und gleich $P[y_n = 1] = Ey_n$ ist, als Zuverlässigkeit des n-ten Elementes auf, wird die Strukturfunktion $\Theta(y_n)$ bei einer Realisierung η eine binäre Zufallsgröße mit einer Wahrscheinlichkeitsverteilung sein, die durch die Wahrscheinlichkeitsverteilung $y_{\eta_1}, y_{\eta_2}, \ldots, y_{\eta_n}$, bestimmt wird. Dabei sind die y_{η_n} die bei der Realisierung aktiven Elemente. Die Wahrscheinlichkeit

$$P_\eta = E[\Theta(y_n) = 1]\, h(T_\eta)$$

dafür, daß das AlSU funktioniert (wobei $h(T_\eta)$ die Wahrscheinlichkeit der Auswahl der Berechnungstrajektorie T_η ist), bezeichnen wir als *Zuverlässigkeit* des AlSU.

Die Zuverlässigkeit des AlSU kann bei vorgegebenen Zuverlässigkeitscharakteristika des Rechners durch Einführung einer Strukturredundanz oder die Durchführung einer Zustandskontrolle des AlSU und der Reparatur defekter Elemente erhöht werden.

Beispiel 1: Erhöhung der Zuverlässigkeit durch die Methode der Kontrolle und Reparatur.

Bei der vorliegenden Methode wird vor jedem Aufruf einer bestimmten Gruppe von Elementen des AlSU eine Kontrolle ihrer Zustände durchgeführt. Eine derartige Kontrolle kann z. B. durch ihren Vergleich mit den Standardwerten, die in anderen Speichereinrichtungen aufbewahrt werden, realisiert werden. Bei der Entdeckung defekter Elemente wird ihre Instandsetzung oder die Einstellung der Arbeit veranlaßt. Die Speicherelemente zur Aufbewahrung der Standards müssen eine höhere Zuverlässigkeitskennziffer haben. Ein möglicher Weg zur Erhöhung ihrer Zuverlässigkeit kann die Blockierung dieser Speicher sein. Bei der Methode der Kontrolle und Reparatur hat der in Kapitel 7 betrachtete Graph eines AlSU die in Abb. 33 dargestellte Form.

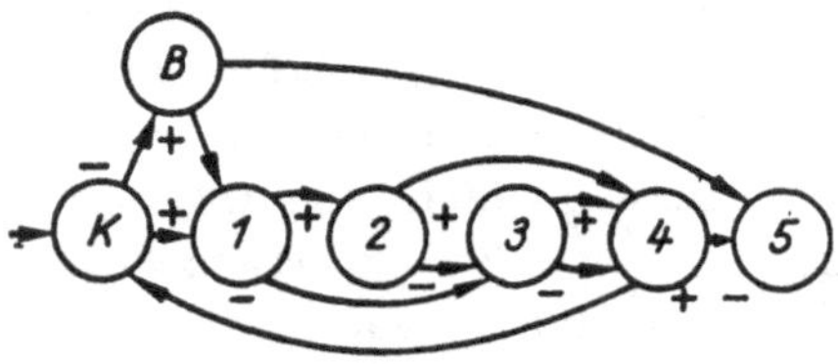

Abb. 33. Ein Graph für die Methode der Kontrolle und Reparatur

Das Element K führt hier die Zustandskontrolle des AlSU und das Element R die Wiederherstellung der defekten Elemente durch. In der Praxis findet die angegebene Methode breite Anwendung.

Beispiel 2: Erhöhung der Zuverlässigkeit des AlSU durch Duplizierung der wesentlichsten Elemente (Elementegruppen).

Es sind einige Duplizierungsvarianten möglich. Wir betrachten eine Variante, die in Abb. 34 angegeben ist, bei der Gruppen von Grundelementen $\{w_G\}$ und Reserveelementen $\{w_R\}$ dargestellt sind. Bei $\Theta_G\{y_G\} = \Theta_R\{y_R\}$ arbeiten beide Elementegruppen, wobei $\Theta_G\{y_G\}$ und $\Theta\{y_R\}$ die Strukturfunktionen der entsprechenden Grund- und Reserveelemente sind.

Die Arbeitsergebnisse werden kontrolliert (verglichen). Bei Nichtübereinstimmung wird eine Bewertung jedes Resultates vorgenommen und das exaktere von ihnen ausgewählt.

Dann wird ein Zustandsvergleich beider Elemente vorgenommen und das defekte Element ersetzt.

Bei $\Theta_G(y_G) = 1$ und $\Theta_R(y_R) = 0$ arbeitet das Grundelement, bei $\Theta_G(y_G) = 0$ und $\Theta_R(y_R) = 1$ das Reserveelement.

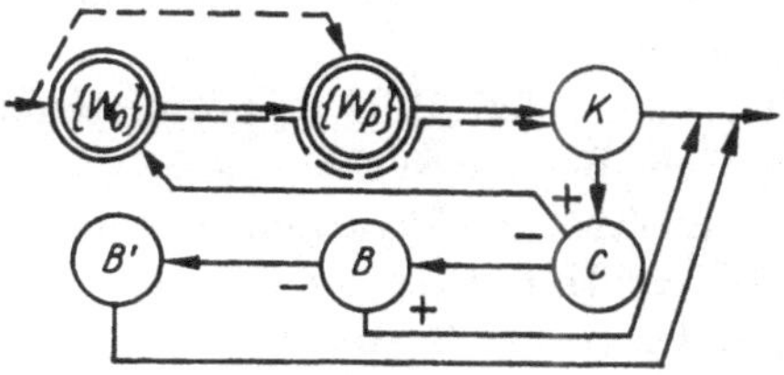

Abb. 34. Ein Graph für die Duplizierungsmethode

Die zweite Methode ist analog zur bekannten Methode der doppelten Berechnung. Sie ist jedoch frei von der dieser Methode eigenen Unzulänglichkeit, die darin besteht, daß eine Übereinstimmung der falschen Resultate beider Rechnungen bei Ausfall von Elementen des AlSU möglich ist. In der dargelegten Methode ist eine Übereinstimmung falscher Resultate nur bei Ausfall der analogen Elemente $w_{k_G} \in \{w_G\}$ und $w_{k_R} \in \{w_R\}$ möglich. Dieser Fall ist jedoch wenig wahrscheinlich. Andererseits findet die Duplizierung der Elemente des AlSU keine breite Anwendung, da die Rechner hinsichtlich Geschwindigkeit und Speicherkapazität begrenzt sind.

8.6. Operationskennziffern für die Qualität

Operationskennziffern charakterisieren die Tauglichkeit des AlSU hinsichtlich der Nutzung, die in der Kontrolle des Zustandes der Programmaufzeichnung im Speicher des Rechners, in der Vorbereitung der Ein- und Ausschaltung, der Analyse der Arbeitsergebnisse und der Eingabe von Korrekturen besteht.

Dementsprechend kann man zu den Operationskennziffern für die Qualität des AlSU zählen:

1. die bequeme Durchführbarkeit der Untersuchung des AlSU und der Unterweisung des Bedienungspersonals in den Betriebsvorschriften,
2. die einfache und bequeme Gewährleistung der Funktion des AlSU und der Aufrechterhaltung seiner Arbeitsfähigkeit,
3. die bequeme und leicht zugängliche Analyse der Funktionsergebnisse des AlSU und
4. die Anpassungsfähigkeit an die Eingabe von Korrekturen.

Die erste Kennziffer wird durch das Vorhandensein entsprechender Dokumentationen und spezieller Ausbildungseinrichtungen erfüllt. Je nach ihrer Bestimmung kann die Dokumentation des AlSU in eine technische und eine Betriebsdokumentation unterteilt werden. Die Zusammensetzung der Dokumentation wird in Kapitel 10 ausführlich betrachtet. Wir führen hier nur einige grundsätzliche Angaben auf.

Zur *technischen Dokumentation* gehören folgende Bestandteile:

— die Beschreibung der Probleme und der mathematischen Abhängigkeiten, die im AlSU realisiert werden,

— die Funktionsdiagramme des AlSU und seinen einzelnen Elemente,

— das Zeitdiagramm des Betriebsverhaltens,

— der Text des zu realisierenden Programmes auf besonderen Vordrucken,

— eine Charakteristik des Umfanges der Informationen zwischen dem AlSU und anderen Elementen des großen Systems,

— eine Beschreibung der Verteilung der Elemente in den internen und externen Speichereinrichtungen und

— ein Blockschaltbild sowie ein Schema der Wechselwirkungen der Elemente des Systems.

Die *Betriebsdokumentation* ist für die Untersuchung des AlSU und die Festlegung von Regeln zur Arbeit mit ihm vorgesehen (Anwendung, Analyse der Arbeitsergebnisse, Eingabe von Korrekturen, Zustandskontrolle des Speicherinhalts im Rechner usw.). Sie setzt beim Bedienungspersonal eine bereits durchgeführte Spezialausbildung voraus. Ihr ist eine Anweisung über das geforderte Vorbereitungsniveau des Bedienungspersonals beizufügen. Für den serienmäßigen Einsatz gedachte Betriebsdokumente für algorithmische Steuerungssysteme vervielfältigt man mit typographischen Methoden. Für Muster- und Versuchszwecke benutzt man beliebige Vervielfältigungsverfahren. Anmerkungen zu den Betriebsdokumenten darf man nur in Dokumenten vornehmen, die im Verzeichnis der Betriebsdokumente des jeweiligen AlSU enthalten sind. Die Betriebsunterlagen werden in das AlSU in Form eines Lochkartensatzes, eines Lochbandes oder eines anderen Datenträgers beim Beginn der (im Rahmen des großen Systems) gemeinsamen Erprobungen ein. Veränderungen der beim Besteller befindlichen Betriebsunterlagen nimmt man entsprechend den Forderungen des GOST 2.603-68 vor. Die Betriebsunterlagen werden für das gesamte AlSU ausgearbeitet, unabhängig davon, ob für seine einzelnen Blöcke (Unterprogramme) schon Dokumente vorhanden sind. Die Gesamtheit der Betriebsunterlagen wird mit dem Besteller abgestimmt.

Die einfache und unkomplizierte Absicherung des Ablaufprozesses des AlSU und die Aufrechterhaltung seiner Arbeitsfähigkeit wird infolge des hohen Automatisierungsgrades der folgenden Prozesse erreicht: Kontrolle der Zustände des AlSU und Überprüfung seiner Arbeitsfähigkeit, Anlauf des AlSU, Parametereingabe und -veränderung.

Zur Gewährleistung einer qualitativen Analyse des Prozeßablaufes eines AlSU müssen Elemente vorgesehen werden, die Speicherung aller Informationen über Ablaufprozeß, die für die Analyse nützlich sein können, garantieren. Darüberhinaus sind Elemente notwendig, die die operative Ausgabe dieser Informationen über den Drucker, auf Lochkarten oder mittels eines Diagrammschreibers ermöglichen, sobald die Arbeit des großen Systems beendet ist. Modelle zur Simulation realer Arbeitsbedingungen erweisen sich ebenfalls als nützlich.

Bei der Aufstellung und Erprobung von AlSU muß man die Ungewißheit über künftige Veränderungen und Verbesserungen berücksichtigen. Aus diesem Grund muß die Struktur des AlSU so beschaffen sein, daß sie das zukünftige Wachstum infolge der Vervollkommnung der Systemeinrichtungen in Rechnung stellt.

Die Anpassungsfähigkeit des AlSU an die Eingabe von Korrekturen wird durch die Existenz entsprechender Speicher- und Kapazitätsreserven sowie den Automatisierungsgrad des Korrekturprozesses gekennzeichnet. Selbstverständlich muß man auch über Kriterien zur Bestimmung der Effektivität der einzelnen Verbesserungen verfügen.

Eine quantitative Bewertung der Operationskennziffern für die Qualität ist sehr schwierig, jedoch durchaus möglich. Die qualitative Beurteilung dieser Kennziffern ist durch die Festlegung konkreter inhaltlicher Forderungen an die Faktoren, die diese Kennziffern beeinflussen, möglich So bereitet beispielsweise die Festlegung von Forderungen an die technische bzw. die Betriebsdokumentation, an ein System, das die Gewinnung von Informationen für die Analyse des Prozeßablaufes des AlSU ermöglicht u. ä. keine bedeutenden Schwierigkeiten.

8.7. Die Effektivität der programmierungstechnischen Realisierung von Steuerungsalgorithmen

Auf der Grundlage der Bewertung von Funktions- und Operationskennziffern für die Qualität eines AlSU kann man Schlüsse auf seine Tauglichkeit zur Ausarbeitung von Stellgrößen und zum Einsatz unter verschiedenen Bedingungen ziehen. Zur vollständigen Bewertung der Qualität der Ausarbeitung muß man eine Effektivitätsbewertung der programmierungstechnischen Realisierung des Algorithmus' auf den Recheneinrichtungen vornehmen. Darunter verstehen wir ein Maß für die Zweckmäßigkeit und Vollständigkeit des Einsatzes der rechentechnischen Möglichkeiten des Rechners. Der Sinn dieser Kennziffer besteht in folgendem: Jeder Algorithmus erlaubt eine Vielzahl von Realisierungen. Eine konkrete Realisierung hängt von der Qualifikation und den individuellen Besonderheiten der an der Ausarbeitung des gesamten Programmes beteiligten Programmierer, vom Niveau der Arbeitsorganisation im Bearbeiterkollektiv sowie einer Reihe weiterer Faktoren, die ausführlich in Kapitel 3 beschrieben wurden und letztlich von den Parametern der Recheneinrichtungen ab. Die Gesamtzahl der auf die Parameter der programmierungstechnischen Realisierung einwirkenden Faktoren beträgt mehrere Dutzend. Dabei wird die Anzahl der möglichen Varianten eines Programms durch den Ausdruck

$$N = n^k ,$$

bestimmt, wobei n die Anzahl der Variationsstufen jedes Faktors angibt.

Jede konkrete Realisierung eines Algorithmus auf ein und demselben Rechensystem hat ihre Parameter, so z. B. die Koeffizienten der Speicherauslastung und der Auslastung der Arbeitsgeschwindigkeit. Unter dem Speicherbelegungskoeffizienten K_s eines gegebenen Rechners in der j-ten Arbeitsetappe verstehen wir die Beziehung

$$K_s = \frac{K_{j,\text{ver}}}{K_\Sigma},$$

wobei $K_{j,\text{ver}}$ die Gesamtzahl der verwendeten Speicherplätze des betrachteten Rechners in der j-ten Arbeitsetappe und K_Σ die Gesamtzahl der Speicherplätze dieses Rechners ist.

An und für sich kann der Koeffizient K_s nur für eine vergleichende Bewertung verschiedener programmierungstechnischer Realisierungen ein und desselben Algorithmus und für die Auswahl einer optimalen Realisierung aus den vorhandenen Möglichkeiten benutzt werden. Zweckmäßig erscheint es hier festzulegen

$$K_{s,\text{opt}} = \min K_s .$$

Infolge des erheblichen Arbeitsaufwandes für die Ausarbeitung des gesamten Programmes ist die gleichzeitige Ausarbeitung mehrerer Varianten dieses Programmes praktisch ausgeschlossen. In diesem Fall kann die Bewertung der Speicherauslastung mittels des relativen Speicherauslastungskoeffizienten

$$K_{s,\text{rel}} = \frac{K_{s,\text{opt}}}{K_s}$$

durchgeführt werden. Je näher $K_{s,\text{rel}}$ dem Wert Eins kommt, desto besser ist das Programm aufgestellt worden.

Die größte Schwierigkeit stellt die Ermittlung von $K_{s,\text{opt}}$ dar. Eine Lösung dieser Aufgabe ist mittels Klassifikation und der Gesamtheit der statistischen Charakteristika gleichartiger Programme möglich.

Bei der Bewertung der Ausnutzung der Arbeitsgeschwindigkeit des Rechners muß man beachten, daß die Zeit T_T für die Transformation eines Eingangs- in ein Ausgangssignal von einer Reihe von Faktoren abhängig ist: Struktur und Charakter des Eingangsinformationsflusses $A(\alpha_1, \alpha_2, \ldots, \alpha_k)$, Leistungsfähigkeit der Recheneinrichtungen $M(m_1, m_2, \ldots, m_m)$ und Charakter der zu lösenden Aufgaben und Organisationsverfahren des Rechenprozesses (Struktur des AlSU) $B(\beta_1, E_2, \ldots, \beta_n)$. Somit gilt:

$$T_T = \tau(A, M, B) .$$

Alle diese Faktoren beeinflussen sich gegenseitig. So erfolgt beispielsweise die Auswahl des Rechners auf der Grundlage einer Analyse der Steuerungsaufgaben und der Informationsströme im großen System. Das Verfahren zur Organisation der rechentechnischen Möglichkeiten des großen Systems erfolgt entsprechend dem Charakter der zu transformierenden Informationen.

In der Praxis ist eine große Zahl von Organisationsmethoden für Rechenprozesse bekannt. Einige von ihnen werden in [23] dargelegt. Wir betrachten eine Methode, die durch folgende Kennziffern charakterisiert wird:

– Die Eingangsinformation wird in den Rechner eingegeben und in ihm während gleicher Zeitintervalle τ_i fixiert, wobei $\tau_i < T_T$ ist.

– Die Informationsverarbeitung erfolgt im Echtzeitbetrieb unter Verwendung aktueller und alter (in den Speichern aufbewahrter) Informationen.

– Das AlSU enthält auch logische Operationen.

– Die Ausgabe der Steuerinformationen im j-ten Takt erfolgt erst nach Beendigung der Transformation der Eingangsinformation, die in eben diesem Takt eingegeben wurde.

Wie man leicht sieht, stimmt der Begriff der Transformationszeit einer Eingangsinformation hier mit dem Begriff des Arbeitstaktes des AlSU überein.

Da im AlSU logische Operationen enthalten sind, ist es klar, daß der Informationsverarbeitungsprozeß über einen Weg aus der Menge der möglichen Wege verläuft, die sich sämtlich entweder durch die Zahl der durch sie verbundenen Operatoren oder zumindest durch ihre Zweckbestimmung und folglich durch ihre Struktur unterscheiden. Das bedeutet aber, daß die für eine Transformation $\bar{a}^{(k)} \to \bar{\varphi}^{(h)}$ benötigte Zeit vom Weg dieser Transformation abhängt und somit unterschiedlich ist.

Zur Untersuchung der Zeitcharakteristika des AlSU ist es zweckmäßig, an jedem Knoten seines Graphen die Ausführungszeit des entsprechenden Operators und an jede Kante die diesem Übergang entsprechende Wahrscheinlichkeit zu schreiben. Auf diese Weise erhält man den stochastischen Graphen eines AlSU:

$$G(B, T, P, U)\,.$$

Hierbei ist B die Menge der Knoten des Graphen, U die Menge seiner Kanten, T eine Zeitverteilung über B und P eine Wahrscheinlichkeitsverteilung über U.

Die Ausführungszeit für einen Operator $b \in B$, der zu einem Weg l gehört, kann mit Hilfe der Formel

$$T_B = \sum_{B=1}^{B^*} n_{kB_l} t_{kB_l} \quad (B_l = 1, 2, \ldots, B_l^*; \quad k = 1, 2, \ldots, k^*)$$

bestimmt werden. Die Anzahl der elementaren Operationen des Typs k im Operator sei n_k, und t_k die Ausführungszeit einer Operation des Typs k.

Dann beträgt die zur Ausführung aller dem Weg l angehörenden Operatoren aufgewendete Zeit

$$T_l = \sum_{B_l=1}^{B_l^*} \sum_{k=1}^{k^*} n_{kB_l} t_{kB_l}\,.$$

Da jedem Arbeitstakt sein zugehöriger Weg entspricht und die Realisierung durch die Menge der Wege, die die Berechnungstrajektorie T_η bilden, charakterisiert wird, beträgt die gesamte Maschinenbelegungszeit, die zur Transformation einer Folge von Eingangssignalen in eine Menge von Ausgangssignalen bei der Realisierung aufgewendet wird

$$T_{\Sigma\eta} = \sum_{l=1}^{l*} \sum_{B_l=1}^{B_l^*} \sum_{k=1}^{k*} n_{kB_l} t_{kB_l} .$$

Die Realisierungsmenge wird durch den mathematischen Erwartungswert der für einen Arbeitsgang (Arbeitszyklus) aufgewendeten Maschinenbelegungszeit charakterisiert

$$M_{T_\Sigma} = \sum_{\eta=1}^{\eta*} T_{\Sigma\eta} P_\eta \quad (\eta = 1, 2, \dots, \eta^*) .$$

Diese Kennziffer kann zur Bewertung der Effektivität der aufgestellten Programme, die mit konstanten Takten arbeiten, benutzt werden, da sie es gestattet, die Arbeitsgeschwindigkeitsreserve des Rechners abzuschätzen oder eine Aussage über die Zweckmäßigkeit des Ersatzes der gewählten Recheneinrichtungen durch weniger leistungsfähige und folglich einfachere und billigere zu machen.

In der Tat beträgt, wenn der Erwartungswert der Gesamtarbeitszeit gleich $M_{T_{\Sigma p}}$ ist, die Arbeitsgeschwindigkeitsreserve des Rechners

$$N_3 = (M_{T_{\Sigma p}} - M_{T_\Sigma})\, N_e ,$$

wobei N_e die mittlere effektive Arbeitsgeschwindigkeit des Rechners ist.

Selbstverständlich kann man aus mehreren AlSU mit identischen Funktions- und Operationskennziffern am besten berechnen, welches einen großen Vorrat an Speicherkapazität im Rechner gewährleistet. Darüberhinaus kann man auch die Arbeitsgeschwindigkeitsreserven sehr gut vergleichen. Zur Bewertung einer einzigen Variante eines AlSU kann der relative Arbeitsgeschwindigkeitskoeffizient verwendet werden:

$$K_{A,\mathrm{rel}} = \frac{M_{T_{\Sigma.\mathrm{opt}}}}{M_{T_\Sigma}}$$

wobei $M_{T_{\Sigma.\mathrm{opt}}}$ der Erwartungswert der für die Informationsverarbeitung in einem Arbeitsgang benötigten Optimalzeit ist. Eine analytische Berechnung der Effektivitätskennziffern der Ausnutzung der Arbeitsgeschwindigkeit mit Hilfe der angegebenen Formeln ist, angesichts der großen Zahl der Wege und Trajektorien des Graphen des AlSU, sehr schwierig. Deshalb werden diese Kennziffern in der Praxis mittels spezieller Programme automatisch ermittelt.

8.8. Eine Auswahl verallgemeinerter Qualitätskennziffern

Bekanntlich gehört jedes AlSU zu einer von zwei möglichen Klassen: reguläre und nichtreguläre Systeme. In nichtregulären Systemen (Systemen mit einmaligem Funktionsablauf) wird das Funktionsziel am Anfang festgelegt und am Ende eines bestimmten Zeitintervalls erreicht. In regulären Systemen (Systemen mit ununterbrochenem Funktionsablauf) wird das Ziel auch nach einer Zeitspanne, in der ein zweckmäßiges Steuerverhalten bestimmt wurde, bewahrt.

Wir betrachten die Klasse der nichtregulären Systeme, die mit dem Ziel funktionieren, ein gewisses, völlig bestimmtes Resultat zu erreichen. Dieses Resultat kann erreicht oder nicht erreicht werden, wobei nur diese Alternative zulässig ist und kein Zwischenresultat als endgültiges betrachtet wird.

Wir werden AlSU als Teile (Teilsysteme) von großen Systemen betrachten. Gemäß den Prinzipien der technischen Kybernetik kann man für jedes Teilsystem des großen Systems ein Funktionsziel mittels eines Funktionals bestimmen, das von den auf das gegebene Teilsystem einwirkenden Eingangsströmen abhängt. Das Funktionsziel des AlSU ist die Ausarbeitung von Ausgangssignalen, die ein vorgegebenes Steuerverhalten durch die Objekte des technischen Komplexes des großen Systems gewährleisten. Deshalb kann die Qualitätsbewertung des Funktionsablaufes des AlSU auf die Bewertung der Qualität der Ausgangssignale, die vom Anfangszustand des AlSU abhängen, die Zuverlässigkeitscharakteristika des Rechners, auf dem das AlSU realisiert wird, und die Eingangsinformationen zurückgeführt werden. Für eine Realisierung ($\eta = 1, 2, \dots, \eta^*$) hat diese Abhängigkeit die Form

$$\{\bar{\varphi}\}_0^{T_\eta} = \Phi[Y_{0\eta}, \{a\}_0^{T_\eta}, \omega_\eta],$$

$Y_{0\eta}$ ist der Anfangszustand des AlSU bei der Realisierung η, $\{\bar{a}\}_0^{T_\eta}$ ist eine Eingangssignalfolge während der Arbeitszeit $(0, T_\eta)$, ω_η ist eine gewisse Funktion[1]), die die Richtigkeit der Ausführung der algorithmischen Vorschriften charakterisiert. Die Elemente von $\{\bar{a}\}_0^{T_\eta}$ sind entsprechend der Reihenfolge ihres Auftretens angeordnet.

Unter einem verallgemeinerten Qualitätskriterium eines AlSU kann man die Wahrscheinlichkeit für die Erreichung seines Funktionszieles

$$Q = P(N_{\text{AlSU}})$$

verstehen. N_{AlSU} ist das in der Erreichung des Funktionszieles des AlSU bestehende Ereignis.

Der Wert von Q kann mittels statistischer Modellierung mit Simulation des zu erwartenden Bereiches der Bedingungen am AlSU-Eingang bestimmt werden.

Die Tatsache, daß das Funktionsziel des AlSU in einer beliebigenRealisierung $\eta(\eta = 1, 2, \dots, \eta^*)$ erreicht worden ist, kann unmittelbar oder aberindirekt festgestellt werden.

Eine *direkte Bewertung* ist bei Existenz von Standardwerten der Ausgangssignale $\{\bar{\varphi}_{\text{St}}\}_0^{T_\eta}$ für jede Realisierung möglich. Das Funktionsziel ist erreicht worden, wenn für jede Komponente φ_m des Ausgangsvektors $\{\bar{\varphi}\}_0^{T_\eta}$ die Ungleichung $\varphi_{j\eta}^m - \varphi_{\text{St}_{j\eta}}^m \leqq \Delta_{j\eta}^m$ $(m = 1, 2, \dots, m;\ j = 1, 2, \dots, j)$ gilt, wobei $\Delta_{j\eta}^m$ die

[1]) Bei hoher Zuverlässigkeit des Rechners und Vorhandensein einer maschinellen Kontrolle der Richtigkeit der Ausführung der algorithmischen Vorschriften durch den Rechner kann der Einfluß von ω_η auf die Qualität der Ausgabesignale vernachlässigt werden.

zulässige Abweichung der tatsächlichen Werte der Ausgangssignale von den Standardwerten im j-ten Arbeitstakt der Realisierung η ist.

In der Praxis gelingt es relativ selten Standardwerte $\{\bar{\varphi}_{St}\}_0^{T_\eta}$ für alle $\{\bar{a}\}_0^{T_\eta} \in A$ (A ist der zu erwartende Bereich der Bedingungen am Eingang des AlSU) aufzustellen. In diesem Fall kann die Erreichung des Funktionszieles des AlSU mit Hilfe der Wirkung des Gesamteinflusses der Ausgangssignale auf das gesteuerte Objekt, d. h., durch indirekte Bewertung, festgestellt werden. Wenn dabei die Qualität aller Elemente des großen Systems, außer denen des zu prüfenden AlSU, den Anforderungen genügt, folgt aus dem Ereignis N_{gS} das Ereignis N_{AlSU}, d. h.,

$$P(N_{AlSU}) = P[N_{gS}/P(N_k) = 1]\,,$$

N_k bedeutet, daß die Qualität von $k - 1$ Elementen des großen Systems (mit Ausnahme des AlSU) den Forderungen entspricht.

Zur Durchführung der statistischen Modellierung zur Bestimmung verallgemeinerter Qualitätskennziffern des AlSU mit Hilfe der indirekten Methode ist es erforderlich, Simulatoren für die Eingangsinformationen des AlSU und ein Modell des gesteuerten Objektes [44] zu schaffen. Die Qualität der Ausgangssignale wird durch die Reaktion der gesteuerten Objekte auf diese Signale bewertet. Das Funktionsziel des AlSU gilt als erreicht, wenn das Funktionsziel des gesteuerten Objektes erreicht ist.

Wir glauben im übrigen, daß wegen der offenkundigen Schwierigkeiten, die bei der Anwendung der direkten Bewertung verallgemeinerter Qualitätskennziffern von AlSU auftreten, die indirekte Bewertung als Arbeitsmethode angewendet werden wird.

9. DIE ERPROBUNG ALGORITHMISCHER STEUERUNGSSYSTEME

9.1. Der Begriff der Erprobung

Mit der Entstehung von ASU und der gesonderten Betrachtung ihrer selbständigen Teilsysteme (AlSU) verwandelte und erweiterte sich eine Reihe grundlegender Begriffe der Programmierung. Insbesondere widerspiegelt der traditionelle Begriff der Programmtestung bereits nicht mehr alle Fragen, deren Lösung im Prozeß der Aufstellung großer AlSU erforderlich ist. Tatsächlich geht die Programmtestung davon aus, daß nach der Konstatierung der Äquivalenz des Ausgangsalgorithmius mit seiner programmierungstechnischen Realisierung ein für eine serienmäßige Verwendung geeignetes Ergebnis (Programm) vorliegt. Mit zunehmender Kompliziertheit der Programme ist jedoch eine Testung des Programmes in allen denkbaren Zuständen oft unmöglich, und man ist gezwungen, die Kontrolle auf die wahrscheinlichsten Fälle zu beschränken. Daraus folgt, daß nach Testung nur ein Teil der offensichtlichsten, an der Oberfläche liegenden Fehler beseitigt worden ist und die allgemeine Wahrscheinlichkeit fehlerhafter Arbeit eines großen Programmes vermindert worden ist.

Eine natürliche Erweiterung des Begriffes der Programmtestung ist der Begriff der Programmerprobung. Über seinen Inhalt besteht gegenwärtig noch keine festgelegte Meinung [23, 49]. Wir geben hier eine Interpretation dieses Begriffes, die keinen Anspruch auf Unbestreitbarkeit und Endgültigkeit erhebt.

Erprobungsobjekt ist ein Produkt einer programmierungstechnischen Realisierung eines Steuerungsalgorithmus auf einem konkreten Digitalrechner oder Rechensystem. Es wird vorausgesetzt, daß das AlSU in Form einer gewissen funktionellen Struktur aufgestellt worden ist, d. h., einer Gesamtheit von Funktionsblöcken und deren Verbindungselementen. Die Erprobung jedes einzelnen Funktionsblockes des AlSU bezeichnen wir als *lokale* und die Erprobung des AlSU im ganzen als *globale.* Der Unterschied von lokaler und globaler Erprobung besteht in den Untersuchungsmethoden und in der Verwendung unterschiedlicher Programmapparate.

Ziel der lokalen Erprobung ist die Kontrolle der Adäquatheit der Darstellung der Funktionsblöcke des Ausgangsalgorithmus' durch entsprechende Unterprogramme. Ziel der globalen Erprobung ist die Prüfung der Richtigkeit der informationellen und steuernden Verbindungen zwischen den Funktionsblöcken des AlSU und der Gewährleistung ihrer korrekten und stabilen Arbeitsweise im gesamten möglichen Bereich von Anfangsbedingungen und realen Umwelteinwirkungen.

Da es sich hier um Eingänge des AlSU in einer realen Umgebung handelt, weist die Definition der globalen Erprobung klar auf den grundlegenden Apparat ihrer Durchführung, die statistische Modellierung, hin. Die Erprobung des AlSU wird durch einen gemeinsamen Probelauf mit dem technischen Komplex abgeschlossen.

Die drei aufgezählten Erprobungsetappen sind nicht autonom und nicht ohne Rückkopplungen. Die Erprobung von AlSU ist ein komplizierter dynamischer Prozeß (Abb. 35).

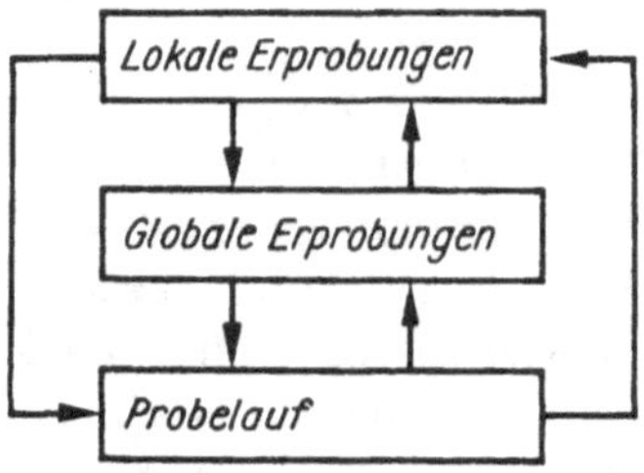

Abb. 35. Ein Schema für die Durchführung der Erprobungen des AlSU

In der Etappe der lokalen Erprobung unterliegt die Qualität des Ausgangsalgorithmus keinem Zweifel. Bei der globalen Erprobung setzt man jedoch den Einfluß seiner eventuellen Ungenauigkeiten auf das Objekt (AlSU), das diesen Algorithmus adäquat widerspiegelt, voraus. Angesichts der Kompliziertheit des Untersuchungsobjektes führt man die lokale Erprobung des AlSU zweckmäßigerweise in zwei Etappen durch: *statische lokale Erprobung* (blockweise Kontrolle der Annehmbarkeit der Graphen des AlSU und ihrer Isomorphie mit dem Ausgangsalgorithmus) und *dynamische lokale Erprobung* (blockweise Kontrolle der Äquivalenz aller Funktionen des AlSU mit dem Ausgangsalgorithmus).

Es ist zu berücksichtigen, daß das Schema eines AlSU (im allgemeinen Sinne) ein Graph ist, der in Form einer Berührungsmatrix der Menge der Testoperatoren (bedingter Sprungbefehle) gegeben ist. Der Graph des Ausgangsalgorithmus' wird von Hand mit Hilfe seines Blockschaltbildes aufgestellt. Der Graph des AlSU wird durch ein spezielles Programm dem Speicher des Rechners entnommen.

Der Graph wird als *annehmbar* betrachtet, wenn er weder Testoperatoren besitzt, die von seinem Eingang nicht erreichbar sind, noch solche, von denen aus sein Ausgang nicht zu erreichen ist. Die Annehmbarkeit eines Graphen kann mittels der in Kapitel 7 dargelegten Algorithmen bestimmt werden. Dabei ist die Frage nach der Isomorphie von Graph und Ausgangsalgorithmus am einfachsten zu lösen, wenn die Testoperatoren in ein und demselben Alphabet bezeichnet worden sind (z. B. in Form paarweise übereinstimmender Adressen des Arbeitsspeichers).

Die statische lokale Erprobung garantiert wegen der möglichen Fehler bei der Realisierung der arithmetischen Blöcke noch keinen korrekten Ablaufprozeß. Deshalb muß als abschließende Etappe der lokalen Erprobung eine Kontrolle der Arbeitsfähigkeit der Blöcke des AlSU innerhalb ihres Funktionsprozesses, die dynamische lokale Erprobung, erfolgen. Ihre Grundprinzip besteht in der

Kontrolle sämtlicher Blöcke des AlSU durch Vergleich von Standardwerten mit den tatsächlichen Rechenergebnissen. Die dynamische lokale Erprobung umfaßt im allgemeinen zwei Teiletappen: Planung und Experiment.

Die allgemeine Problemstellung bei der Planung der Erprobung bestimmter Unterprogramme des AlSU besteht in folgendem: Gegeben ist der Graph des Unterprogrammes mit markierten Eingangs- und Ausgangselementen. Gesucht ist eine bestimmte minimale Menge von Berechnungstrajektorien (d. h. von Wegen, die vom Eingang zum Ausgang führen), die alle Kanten des Graphen umfaßt. Wir bezeichnen diese Trajektorien als Trajektorien der *minimalen Überdeckung*[1]). Die Planungsetappe wird durch die Organisation der manuellen Berechnung entlang ausgewählter Trajektorien der minimalen Überdeckung und die Bestimmung der Anfangsbedingungen, die ein Durchlaufen dieser Trajektorien garantieren, abgeschlossen.

Die Teiletappe des Experimentes umfaßt die Durchführung von Experimenten mit den Blöcken des AlSU und die Analyse ihrer Ergebnisse, deren Ziel darin besteht, das Durchlaufen der ausgewählten Trajektorien zu bestätigen sowie die Ergebnisse der manuellen und maschinellen Berechnungen zu vergleichen, soweit das überhaupt möglich ist.

Auf diese Weise ermöglicht es die lokale Erprobung, die meisten Unkorrektheiten der programmäßigen Realisierung des Ausgangsalgorithmus festzustellen. Sie gibt jedoch keine Möglichkeit zur Beurteilung der Qualität des Ausgangsalgorithmus. Ganz offensichtlich kann man eine entsprechende Einschätzung nur bei Erprobung des AlSU mittels Methoden der statistischen Modellierung in einem vorgegebenen Bereich von Anfangsbedingungen erhalten. Eben darin besteht das Wesen der Etappe der globalen Erprobung des AlSU.

Die globale Erprobung von AlSU kann zwei Teiletappen umfassen. In der *ersten Teiletappe* wird das AlSU ohne Benutzung realer Systemobjekte erprobt. Ziel dieser Teiletappe ist es, die Richtigkeit der Wechselwirkungen des Unterprogrammes im gesamten Bereich der simulierten Eingänge zu überprüfen. Als Hauptproblem der ersten Teiletappe der globalen Erprobung muß man die Schaffung von Simulatoren der Objekte mittels bestimmter Programme betrachten. Wir bemerken, daß in dieser Teiletappe selbst einfache (symbolische) Simulatoren, in denen man nur bestimmte Grundbeziehungen (z. B. zeitliche) zwischen Eingang und Ausgang beachtet, nützlich sind. Die Schaffung und Verwendung entsprechender Simulatoren kann allerdings nicht als Alternative zur Schaffung korrekter Modelle der realen Objekte dienen, weil solche wichtigen Arbeiten wie Optimierung des gesamten Systems mittels ausgewählter Effektivitätskriterien, Kontrolle der geplanten Systemkorrekturen u. a., nur bei Existenz dieser Modelle durchgeführt werden können. Deshalb müssen die Schaffung und Vervollkommnung sorgfältig getesteter Objektsimulatoren, die durch ein

---

[1]) Die Minimalitätsforderung der Überdeckung ist völlig natürlich. Ihre Erfüllung liefert eine minimale Anzahl von manuellen Berechnungsvarianten zur Bestimmung der Standarddaten (Vergleichsdaten) und zur Verringerung der Anzahl der Experimente mit dem Programm.

gemeinsames Steuerprogramm im sogenannten komplexen Prüf- und Simulationsmodell verbunden sind, als wichtigste Aufgaben bei der Projektierung und Anwendung eines großen Systems betrachtet werden. Die Bedeutung dieses Problems ist so groß, daß sich die Aufstellung spezieller Digitalrechner zur Realisierung des Modells für eine ganze Reihe von Systemen als ökonomisch zweckmäßig erweist. Demzufolge kann man die erste Etappe der globalen Erprobung von AlSU als *modellmäßige Erprobung* bezeichnen.

Die *zweite Teiletappe* der globalen Erprobung von AlSU besteht in der Überprüfung der Beziehungen zwischen dem AlSU und den Objekten des ASU bei der Arbeit in Echtzeit (*Probelauf des AlSU*). Eines der Hauptprobleme dieser Teiletappe ist Analyse der Ergebnisse der Arbeit mit den realen Objekten.

Somit kann der Inhalt der Erprobungsetappen des AlSU als Zusammenfassung unserer Darlegungen in Form eines Blockdiagramms (Abb. 36) dargestellt werden.

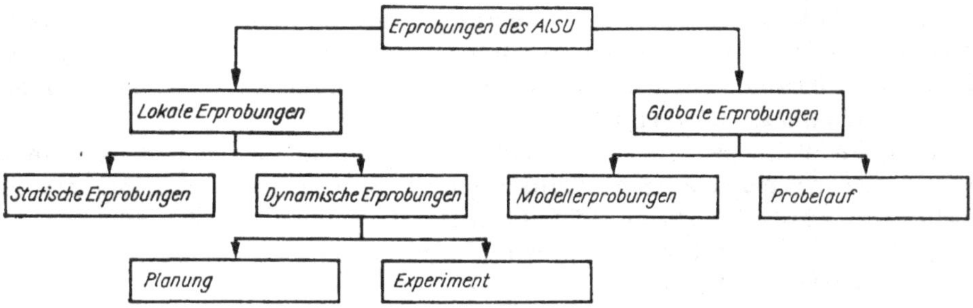

Abb. 36. Erprobungsarten für AlSU

Abschließend bemerken wir, daß selbst eine solche sorgfältige und schwierige Kontrolle (Erprobung) eines AlSU die absolute Effektivität des AlSU in einer realen Umgebung keinesfalls garantiert. Die wirkliche Nutzung des Systems als Ganzes führt stets zu einer Modernisierung und Vervollkommnung des AlSU.

9.2. Eine Methodik zur lokalen Erprobung

Die Methodik der statischen lokalen Erprobung besteht in folgenden Punkten:

1. Bildung der Standardberührungsmatrix des Ausgangsalgorithmus' von Hand und deren Eingabe in den Speicher des Rechners.

2. Einlesen des zu erprobenden Programmes in den Speicher des Rechners an die seinem Text entsprechenden Adressen.

3. Einlesen des automatischen Speicherabzugprogrammes für die Graphen.

4. Sammeln der für den Abzug notwendigen Informationen und Übergang zum Anfang des Speicherabzugprogrammes.

5. Kontrolle des Programmgraphen auf Nichtvorhandensein von Elementen, von denen aus der Ausgang des Graphen nicht erreichbar ist. Wenn das Speicher-

abzugprogramm seine Arbeit ordnungsgemäß beendet hat (Stopp mit vorgegebener Anzeige), existieren solche Elemente nicht.

6. Kontrolle des Programmgraphen auf Nichtvorhandensein von Elementen, die von seinem Eingang aus nicht erreichbar sind. Dazu ist es erforderlich, die Elemente der ersten Spalte der Standardberührungsmatrix aus den Elementen der automatisch abgenommenen Matrix zu streichen. Wenn Elemente verbleiben, die nicht gestrichen werden können, wird der Programmgraph als nicht annehmbar betrachtet. Natürlich handelt es sich hier überall um eine automatische Kontrolle, wobei immer eine Aussonderung autonomer Teilsysteme vorgenommen wird (siehe Kapitel 7).

7. Ist der Graph annehmbar, wird seine Richtigkeit durch automatischen Vergleich der Elemente der von Hand aufgestellten Berührungsmatrix mit den entsprechenden Elementen der automatisch aufgestellten Matrix überprüft. Bei diesem Vergleichsprozeß werden unvergleichbare Elemente ausgedruckt. Der Programmgraph ist vollständig richtig, wenn keine unvergleichbaren Elemente existieren.

8. Bei Existenz unvergleichbarer Matrizenelemente erfordert die Frage nach der Richtigkeit eine weitere Präzisierung. Wurde die Ausgangsmatrix falsch aufgestellt, wird der Fehler korrigiert und Punkt 7 wiederholt. Anderenfalls muß das physikalische Wesen der Nichtübereinstimmung analysiert werden. Insbesondere kann sich das Programm vom Ausgangsalgorithmus durch Organisation einer unterschiedlichen Zyklusart, durch programminterne Proben, die mit Adressenänderung verbunden sind, u. ä. unterscheiden. Deshalb wird, falls durch eine Analyse die Äquivalenz der Varianten von Programm und Algorithmus festgestellt wurde, der Programmgraph als richtig betrachtet. Die gefundene Nichtübereinstimmung wird im Protokoll festgehalten. Trifft auch dieser Fall nicht zu, wird das Programm als nicht annehmbar betrachtet und muß überarbeitet werden.

Wir bemerken, daß eine vollständige Richtigkeit der Programmgraphen nur möglich ist, wenn man von einem Graphen ausgeht, der während des Programmierungsprozesses aufgestellt worden ist. Selbstverständlich darf die Logik des Programmes keine Fehler enthalten. In diesem Fall kontrollieren die statischen Erprobungen die Richtigkeit der Realisierung der Programmlogik.

Für die Praxis wird die folgende Variante der Methodik empfohlen, die die Kontrolle der Äquivalenz der Graphen von Algorithmus und Programm auf Grund nichtübereinstimmender Elemente der Berührungsmatrizen ausschließt: Der Programmierer und der Ausarbeiter des Algorithmus' erörtern den im Verlauf der Programmierung aufgestellten Graphen und gelangen zu einer Vereinbarung bezüglich der semantischen Äquivalenz der Graphen von Algorithmus und Programm. Der im Programmierungsprozeß entstandene Graph wird als Graph des Algorithmus' betrachtet. Davon ausgehend wird die Standardberührungsmatrix aufgestellt. Die Punkte 1—7 bleiben in Kraft, und die Frage nach der Richtigkeit des Programmgraphen wird eindeutig beantwortet, wenn die Standardmatrix richtig aufgestellt wurde.

Die Methodik der dynamischen Erprobung besteht in folgendem:

Planung:

1. Abnahme (und Aufstellung)[1]) des Graphen des zu erprobenden Programmes gemäß der in Kapitel 9/8 dargelegten Methodik.

2. Unter Verwendung des aufgestellten Graphen oder der Berührungsmatrix bestimmt man alle einfachen Wege des Graphen. Manuelle Umformungsmethoden für Graphen sind in Kapitel 7 beschrieben worden.

3. Durch Herausschreiben aller Kanten, die in einfache Wege münden, bestimmt man die nichtaktiven Kanten.

4. Durch Beseitigung[2]) aller nichtaktiven Kanten wird der Graph für die Anwendung der Methode des minimalen Stromes vorbereitet. Zuerst wird eine Sättigung aller dem Ausgang des Graphen benachbarten Knoten durchgeführt. Danach erfolgt eine Sättigung aller Knoten, die den schon gesättigten Knoten benachbart sind. Dies wird solange wiederholt, bis alle Knoten gesättigt sind. Die Endlichkeit des beschriebenen Verfahrens für jeden Graphen wird durch das Fehlen von Kanten positiver Rückkopplung gewährleistet (siehe Punkt 3). Die Kontrolle seiner Richtigkeit besteht darin, daß der vom Anfang des Graphen ausgehende Strom gleich dem Gesamtstrom am Ende des Graphen sein muß.

5. Festsetzung des Stromes zur Bestimmung der gesuchten Überdeckungstrajektorie. Dabei erreicht man das Ende (das wird durch die Annehmbarkeit des Graphen garantiert), wenn man vom Anfangsknoten im Uhrzeigersinn ausgeht. In jeder durchlaufenen Kante vermindert sich der Strom um eine Einheit. Alle durchlaufenen Kanten werden herausgeschrieben, und die Kanten, die den Nullstrom übertragen, werden nicht mehr betrachtet. Nach endlich vielen Schritten, deren Anzahl gleich dem Gesamtstrom am Systemausgang ist, übertragen alle Kanten den Nullstrom, und alle Wege (der Überdeckungstrajektorie) sind herausgeschrieben worden.

6. Bestimmung der Anfangsbedingungen des Programmes, die einen Durchlauf der ausgewählten Berechnungstrajektorie gewährleisten. Wenn die ausgewählte Trajektorie erhebliche Anstrengungen zur Fixierung der Anfangsbedingungen erfordert, kann Punkt 5 wiederholt werden. Es ist zu berücksichtigen, daß man immer eine Überdeckungstrajektorie finden kann, die hinreichend einfache Anfangsbedingungen zuläßt.

7. Durchführung einer Kontrollrechnung von Hand entlang der endgültig ausgewählten Trajektorie. Die Kontrollrechnung wird durch zwei Personen

[1]) Die Aufstellung des Graphen ist nur für manuelle Umformungsmethoden der Graphen erforderlich. Die Punkte 2–5 sind nur dann sinnvoll, wenn der Untersuchende ein Programm zur Analyse der Graphen nicht zur Verfügung hat. Liegt ein derartiges Programm vor, geht man unmittelbar zu Punkt 6 über.

[2]) Die nichtaktiven Kanten können doppelt verwendet werden: Die Überdeckungstrajektorie und die nichtaktiven Kanten bilden zusammengesetzte Wege und die Zahl der Experimente ist gleich der Zahl der Wege der Überdeckung. Die nichtaktiven Kanten werden als einzelne Elemente des Graphen betrachtet, und man organisiert spezielle Experimente zu ihrer Überprüfung. Die erste Methode ist vorteilhafter.

zwecks besserer Kontrolle des Rechenweges durchgeführt. Es ist empfehlenswert, die wichtigsten Zwischenresultate zum Vergleich mit den Maschinenresultaten festzuhalten.

Experiment: Die dynamische Erprobung kann in verschiedenen Arbeitszuständen der Blöcke des AlSU durchgeführt werden. Wir werden nur zwei Zustände, Echtzeit und Nicht-Echtzeit, betrachten, die beispielsweise folgenden Sinn haben können: Ein neuer Block wird innerhalb des AlSU erprobt (Echtzeit), oder ein bestimmter Block wird autonom erprobt (Nicht-Echtzeit). Entsprechend dem jeweiligen Betriebszustand können die lokalen Erprobungen auf verschiedene Weise organisiert werden:

Echtzeitbetrieb:

8a. Nach der in Kapitel 9/6 angegebenen Methodik wird eine Aufstellung der Marken im zu erprobenden Programm vorgenommen.

9a. Organisation der Parameterfestlegung, um die darauffolgende Simulation der Arbeit des AlSU als Ganzes zu gewährleisten (siehe Kapitel 6/2).

10a. Durchführung eines Experimentes mit dem AlSU mit gemäß Punkt 6 gewählten Anfangsbedingungen. Nach Durchführung des Experimentes werden Markenfolge-Tabellen ausgedruckt, die die tatsächliche Berechnungstrajektorie des erprobten Blockes charakterisieren.

11a. Durchführung der Simulation der Arbeit des AlSU und Druck der numerischen Ergebnisse entlang der tatsächlichen Berechnungstrajektorie.

12a. Vergleich der Markenfolge-Tabellen mit den vorgeplanten Überdeckungstrajektorien und der numerischen Maschinenresultate mit den Resultaten der Kontrollrechnung. Bei vollständiger Übereinstimmung der Resultate werden die dynamischen lokalen Erprobungen als beendet betrachtet. Anderenfalls wird eine Analyse der Ursachen der Nichtübereinstimmung durchgeführt und eine Entscheidung über die Fortsetzung oder den Abbruch der Erprobungen getroffen.

Nicht-Echtzeitbetrieb:

8b. Durch Benutzung eines Protokollprogrammes (siehe Kapitel 9/7) und festgelegte Anfangsbedingungen, die gemäß Punkt 6 gewählt wurden, werden die trajektoriellen und die numerischen Informationen ausgedruckt. Der Vergleich[1]) der Resultate wird wie in Punkt 12a durchgeführt.

Die betrachtete Methode der lokalen Erprobungen gibt keine vollständige Garantie der Arbeitsfähigkeit der erprobten Blöcke und kann sie auch nicht geben. Die Ursache liegt darin, daß jeder ausgewählten Trajektorie minimaler Überdeckung im allgemeinen eine bestimmte Teilmenge von Anfangsbedingun-

[1]) Genauso könnte man auch bei der Simulation der Arbeit des Programmes vorgehen (Punkt 11a). Den Untersuchenden interessiert jedoch immer die Arbeit des Unterbrechersystems. Ebendadurch (sowie durch eine kompaktere und bequemere Form der Ausgabe) wird die Notwendigkeit der Aufstellung und Ausgabe von Marken für Echtzeitbetrieb erklärt.

gen entspricht, während in der betrachteten Methode aus dieser Menge nur ein Element benutzt wird. Deshalb sind Fälle äußerst wahrscheinlich, in denen der erprobte Block nicht richtig arbeiten wird.

Wir betrachten ein einfaches Beispiel, das die erwähnte Situation veranschaulicht. In einem Digitalrechner mit Festkommadarstellung sollen zwei Zahlen A und B verglichen werden. Wenn $A \geqq B$ ist, soll zur Adresse α gesprungen werden, bei $A < B$ zur Adresse β. Die Menge der Anfangsbedingungen sei so beschaffen, daß $A, B \in [-1, 1]$ gilt. Ungeachtet dessen beging jedoch der Programmierer einen Fehler, indem er folgenden Algorithmus realisierte:

1. $\Delta = A - B$,
2. Wenn $\Delta \geqq 0$ sprung nach α.
3. Wenn $\Delta < 0$ sprung nach β.

Es kann dann u. a. der folgende Fall eintreten: $A \geqq 0$ und $B < 0$. Für $|A| + |B| < 1$ wird der bedingte Sprung richtig abgearbeitet. Für $|A| + |B| \geqq 1$ entsteht jedoch ein Überlauf, in der Vorzeichenstelle taucht eine „1" auf (d. h. $\Delta < 0$), und der bedingte Sprung wird falsch abgearbeitet. Eine analoge Situation kann im Fall $A < 0$ und $B \geqq 0$ eintreten.

Lokale Erprobungen jedes Blockes ermöglichen keine Beurteilung der Qualität des AlSU als Ganzes. Zeigt beispielsweise ein iterativer, mehrere Blöcke betreffender Prozeß schlechte Konvergenz, ist es meistens unmöglich, diese Tatsache bei lokalen Erprobungen festzustellen. Wenn wir bei der Durchführung lokaler Erprobungen von der Abarbeitung eines Blockes entlang aller möglichen Berechnungstrajektorien sprechen werden, hat diese Aufgabenstellung keinen praktischen Sinn. In der Tat ist der Begriff „alle möglichen Trajektorien" nicht genau definiert, da Kriterien zur Identifikation der verschiedenen Trajektorien fehlen. Es ist beispielsweise unklar, ob man zwei Trajektorien, die sich in der Zahl der Iterationen unterscheiden, als verschieden betrachten soll. Bei Bejahung dieser Frage werden diese Trajektorien eine zwar endliche, aber augenscheinlich hinreichend mächtige Menge sein. Bei Verneinung erweist sich die Organisation einer manuellen Berechnung über alle einfachen und zusammengesetzten Wege eines komplizierten Graphen praktisch als unmöglich.

Hieraus folgt, daß die vorgeschlagene Methodik lokaler Erprobungen der Blöcke des AlSU nur im Kleinen korrekt ist. Jedoch folgt keinesfalls, daß solche Erprobungen nicht durchgeführt zu werden brauchen. Lokale Erprobungen der Blöcke bereiten das AlSU für die globalen Erprobungen vor, mit denen die Richtigkeit im Großen erreicht werden kann. Es bedarf wohl keines Beweises, daß globale Erprobungen einer Gesamtheit von unbearbeiteten Blöcken, deren Arbeitsfähigkeit in keiner Weise kontrolliert wurde, praktisch unmöglich ist.

9.3. Die Anwendung des komplexen Prüf- und Simulationsmodells

Die Zweckmäßigkeit der Verwendung der Methode der statistischen Modellierung zur Qualitätsbewertung von AlSU ist durch den stochastischen Charakter des Ablaufprozesses, die Kompliziertheit von ASU und durch das Fehlen mathematischer Modelle, die globale Erprobungen mittels analytischer Methoden ermöglichen, bedingt.

Bei der Durchführung der Erprobungen von AlSU mit Hilfe der Methode der statistischen Modellierung benutzt man mitunter die sogenannten komplexen Prüf- und Simulationsmodelle.

Ein komplexes Prüf- und Simulationsmodell ist die Gesamtheit aller Modelle der Systemeinrichtungen und der Umwelt, sowie aller Programme zur Verarbeitung der Modellierungsergebnisse, die auf der Grundlage des AlSU funktionell verknüpft sind. Die funktionelle Verknüpfung der Modelle mit dem AlSU wird durch Koordinierung des Signalflusses der durch die Modelle simulierten Einrichtungen des ASU mit den Verbindungskanälen und dem Arbeitszeitdiagramm des AlSU erreicht.

In der Regel benutzt man bei der Modellierung das zu erprobende AlSU, das auf einem Digitalrechner des Steuerobjektes ASU realisiert wird. Mit anderen Worten, die Erprobung des AlSU wird nicht unmittelbar innerhalb des ASU durchgeführt. Damit sind bestimmte Vorteile verbunden, da dies günstige Bedingungen für den Ersatz von Systemelementen durch ihre Modelle, für die Verknüpfung von Modellen und Elementen des ASU in gewissen Kombinationen entsprechend den Untersuchungszielen und für die Schaffung des komplexen Prüf- und Simulationsmodells selbst bietet. Die Ausarbeitung des Modellierungsalgorithmus' wird in diesem Fall vereinfacht. Die Zuverlässigkeit der Qualitätskennziffern des AlSU steigt infolge der Verwendung der Ergebnisse der Modellerprobung.

Die Idee zur Schaffung eines komplexen Prüf- und Simulationsmodells beruht darauf, daß es für AlSU gleichgültig ist, ob der eingehende Informationsfluß von realen Objekten stammt oder durch ein Programm auf einem Rechnersystem simuliert wird. Es ist nur erforderlich, daß der Fluß der simulierten Eingangsinformationen in den gleichen Kanälen und Takten eingegeben wird, wie der von den realen Objekten herrührende Informationsfluß. Folglich genügt es, ein Modell von Eingangsinformationsflüssen über die Kunden, die Systemelemente und die Ausführungsorgane zu schaffen. Der Funktionsprozeß der realen Objekte (der Quellen der Eingangsinformationen) in allen Details braucht nicht modelliert zu werden. Die Modelle der ASU-Elemente müssen nicht unbedingt reale Prozesse in diesen Elementen widerspiegeln. Wichtig ist nur, daß man mit ihrer Hilfe den geforderten Bereich der Bedingungen am Eingang des AlSU wiedergeben kann.

Bei der Durchführung von Erprobungen und Untersuchungen von AlSU großer Systeme muß das komplexe Prüf- und Simulationsmodell folgendes gewährleisten:

— die Modellierung der Umwelteinflüsse im gesamten möglichen Wertebereich unter Beachtung der schwankenden Komponenten,

— die Arbeit des Modells in Echtzeit, wenn man bei der Modellierung reale Elemente verwendet und in Nicht-Echtzeit, wenn die Systemobjekte nicht verwendet werden;

— die Möglichkeit der etappenweisen Bewertung des Ablaufprozesses;

— die mögliche Verwendung des Modells zur Modernisierung einzelner Blöcke des AlSU;

— die Möglichkeit des Erhalts von Effektivitätscharakteristika eines Eingriffes des Bedienungspersonals in den Steuerprozeß und in die Entwicklungsarbeiten;

— die eventuelle Verwendung als Trainingssimulator für die Bediener des AlSU;

— die Synchronisation der simulierten Eingangsinformationen mit den Zeitdiagrammen des Prozeßablaufes des zu erprobenden Systems;

— die geforderte Genauigkeit und Zuverlässigkeit der Modellierungsergebnisse.

Bei der Ausarbeitung des komplexen Prüf- und Simulationsmodells ist es sogar notwendig, eine Automatisierung des Modells zu versuchen, nämlich die Darstellung der Funktionsergebnisse des Modells durch entsprechende Anzeigegeräte.

Das Modell besteht dann aus einem Komplex von einzelnen Modellen, die das Verhalten des ASU und des zu steuernden Objektes unter Berücksichtigung der Umwelteinflüsse simulieren.

Dieser Modellkomplex dient zur Simulation des Eingangsinformationsstromes, der dem tatsächlichen Strom beim Prozeßablauf des AlSU angenähert ist. Zu diesem Zweck wirken auf den regelmäßig auftretenden Teil der simulierten Signale sich langsam oder schnell verändernde sowie systematische Fehler ein. Darüber hinaus simuliert man sogar Ausfälle der Eingangsinformationen. Die Auftrittszeit einmaliger Signale ist gewöhnlich mit einer bestimmten Wahrscheinlichkeitsdichte um den Mittelwert verteilt. Deshalb müssen die Zeitpunkte ihres Auftretens modelliert werden.

Zum komplexen Prüf- und Simulationsmodell gehört sogar ein Analysesystem, das aus Programmen zur Organisation eines algorithmischen Modells und algorithmischer Schnellinformation, die in Kapitel 9/5 beschrieben wird, besteht. Das angegebene System wird zur Analyse der Ursachen von Modellexperimenten mit negativem Ausgang verwendet.

Das Modell enthält noch einige Blöcke zur Synchronisation des Ablaufprozesses des Modells, zur Simulation von Defekten des Steuerobjektes und zur Festlegung und Bewertung von Qualitätskennziffern des AlSU. Die Bedeutung dieser Blöcke bedarf keiner Erläuterung. Im Modell ist sogar ein besonderer Block zur Verarbeitung der Modellierungsergebnisse vorgesehen. Zur Organisation der Abarbeitung und Erprobung des ASU können reale Systemelemente im komplexen Prüf- und Simulationsmodell verwendet werden: Informationsquellen über die Kunden und über den Zustand der Systemelemente, Ausführungsorgane, das Steuerpult des Systems, der zentrale Systemsynchronisator

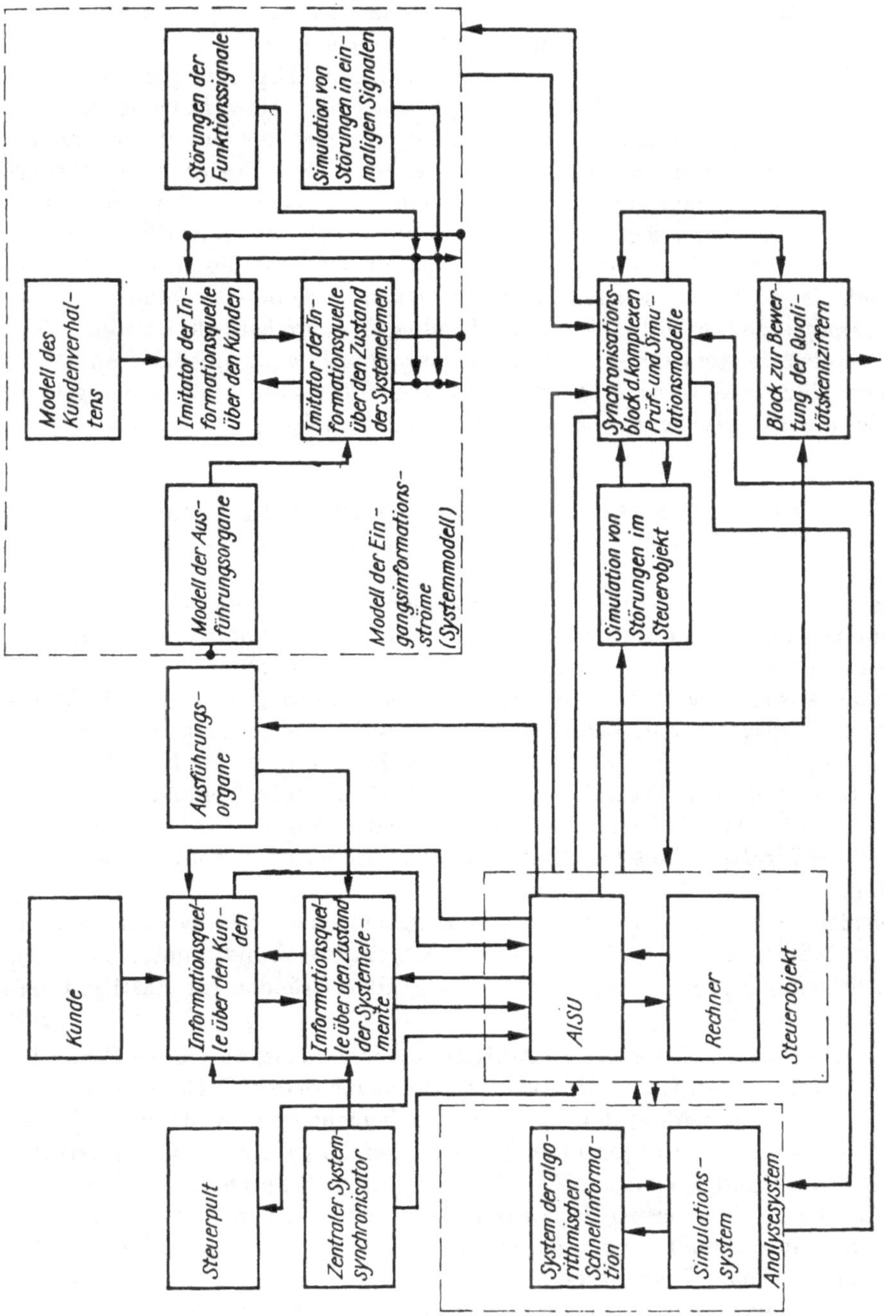

Abb. 37. Blockschaltbild des komplexen Prüf- und Simulationsmodells

und das Steuerobjekt des ASU, das aus dem Rechnersystem und dem AlSU besteht. Ein Blockschaltbild einer solchen Variante des komplexen Prüf- und Simulationsmodells (das mit einem Kunden verbunden ist) zeigt Abb. 37.

Das komplexe Prüf- und Simulationsmodell kann Erprobungen unter Verwendung von AlSU großer Systeme sowohl bei Erhalt einer Eingangsinformation vom Modell der Eingangsinformationsströme und des Simulationssystems als auch bei Erhalt dieser Information von realen Systemelementen gewährleisten. Dies bringt eine gewisse Erleichterung bei der Testung des Modells und bei der Untersuchung des AlSU mit sich und erhöht die Zuverlässigkeit der Ergebnisse. Mit Hilfe des Modells kann man die Qualität des AlSU durch die Methode des schwarzen Kastens bewerten. Damit wird die Durchführung einer Makroanalyse gewährleistet, d. h., die Modellierung offenbart die Existenz eines Fehlers, aber sie gestattet es nicht, den Fehler unmittelbar zu lokalisieren. Dafür ist eine Mikroanalyse unter Verwendung der Blöcke des Simulationssystems und der algorithmischen Schnellinformation notwendig.

9.4. Die Auswahl der Bedingungen zur Durchführung von Erprobungen

Die Auswahl der Durchführungsbedingungen für die Erprobungen des AlSU ist eine komplizierte und wichtige Aufgabe, von deren erfolgreicher Lösung die Vollständigkeit und Zuverlässigkeit der Qualitätsbewertung des AlSU und sogar die Ausdehnung der Erprobungsergebnisse (die das Resultat einer Erprobung unter ausgewählten Bedingungen sind) auf den Gesamtbereich der Eingänge des AlSU abhängt. Die Auswahl dieser Bedingungen zur Erprobung des AlSU wird durch seine Besonderheiten erschwert: die hohe Kompliziertheit und Verzweigtheit des AlSU und die Unmöglichkeit, traditionelle Erprobungsmethoden, die für die technischen Einrichtungen durchaus verwendbar sind, anzuwenden.

Beispielsweise ist eine weitverbreitete Erprobungsmethode, bei der man annimmt, daß das auf diese Weise erprobte Objekt offenkundig unter normalen Betriebsbedingungen arbeiten wird, aus folgenden Gründen für AlSU untauglich:

1. Die beliebigen Eingänge des AlSU garantieren nicht, daß keine Fehler im AlSU enthalten sind. Ganz offensichtlich kann eine derartige Garantie nur für den Fall gegeben werden, daß die Funktionskontrolle des AlSU entlang aller möglichen Berechnungstrajektorien bei zulässiger Ausgangswirkung im Gesamtbereich der Eingänge, einschließlich der „schwierigen“ durchgeführt wurde.

2. Die bloße Erweiterung der Anzahl der Punkte, in denen eine Erprobung des AlSU durchgeführt wird, garantiert ihrerseits nicht die Erfassung des gesamten möglichen Eingangsbereiches.

3. Die Kontrolle an den einzelnen Eingängen unter den „schwierigsten“ Bedingungen ist unkorrekt, da sich in Wirklichkeit der Einfluß der einzelnen

Blöcke nicht isoliert, sondern nur im Zusammenspiel mit den anderen Blöcken zeigt. Deshalb darf man keine einzelnen Größen betrachten, sondern nur deren Gesamtheit [15]. In der Tat führt, wie die Erfahrung bei Erprobungen großer AlSU gezeigt hat, eine Verringerung des Variabilitätsbereiches beliebiger wesentlicher Faktoren zu einer starken Verminderung der Empfindlichkeit des Ausgangseffektes gegen andere wesentliche Faktoren, selbst wenn deren Variabilitätsbereich erhalten bleibt.

Die Auswahl der Erprobungsbedingungen für AlSU wird durch den Umstand erleichtert, daß sein Ablaufprozeß durch eine einzige verallgemeinerte Qualitätskennziffer (siehe Kapitel 10) bewertet werden kann. Deshalb kann man das AlSU als Ganzes als mehrparametriges System mit k Eingängen ($k > 1$) und einem einzigen Ausgang betrachten. Die Beziehung Eingang — Ausgang ist streng determiniert, so daß für einen k-dimensionalen Eingangsvektor $\bar{a}$ [1]) und einen skalaren Ausgang G gilt: $G = f(\bar{a})$.

Wir bezeichnen $\bar{a} = (a_1, a_2, \dots, a_k)$ als *Parametervektor* (Vektor der Faktoren) und $G = f(\bar{a})$ als *Antwortfunktion* des AlSU. Die Faktoren sollen die Beschränkungen eines Ungleichungssystems der Form

$$\lambda_i(\bar{a}) \geqq 0; \qquad i = 1, 2, \dots, m$$

erfüllen.

Die Gesamtheit dieser Ungleichungen kennzeichnet dann den (unter den Betriebsbedingungen des großen Systems) zulässigen Bereich der Faktoren. Es ist klar, daß ein auf die Bestimmung optimaler Durchführungsbedingungen zur Erprobung des AlSU gerichtetes Experiment seinen Sinn verliert, wenn infolge unzureichender A-Priori-Informationen ein oder mehrere wesentliche Eingänge des AlSU nicht untersucht wurden.

Für konkrete AlSU ist die Menge A der Eingänge immer vorgegeben. Man braucht jedoch eine gewisse Teilmenge $Z \subset A$, wegen des unbedeutenden Einflusses[2]) der Elemente dieser Menge auf die Qualitätskennziffer des AlSU, nicht zu betrachten. Demzufolge ist es möglich, daß wir eine Aussonderung einer Menge D durchführen. Die Elemente von D bezeichnen wir als dominierende Faktoren, und $f(\bar{a})$ geht in $f(\bar{d})$ über, wobei $D \cup Z = A$ gilt. Es sei $|D| = k$ die Anzahl der Elemente von D. Dann ist der Plan zur Organisation von Erprobungen des AlSU offensichtlich: Die Gesamtzahl der Experimente zur Erprobung beträgt

$$N = 2^k .$$

Die Eingangsinformation des AlSU muß so beschaffen sein, daß jeder Faktor $d \in D$ einen extremalen Wert (Minimum oder Maximum) zum Zeitpunkt T_η

[1]) Jede Gesamtheit von Eingängen des AlSU kann als k-dimensionaler Vektor interpretiert werden. Somit entspricht ihm ein Punkt im k-dimensionalen Raum.

[2]) Die Selektion der wesentlichen Eingänge kann durch Organisation ausgewählter Experimente realisiert werden, denen die Idee der Mehrfaktoranalyse zugrunde liegt. Bekanntlich ermöglicht die Mehrfaktoranalyse die Durchführung einer Erprobung mit minimalen Abweichungen (bei Benutzung eines komplexen Prüf- und Simulationsmodells ist dieses Argument unwesentlich) und erfordert einen minimalen Erfahrungsschatz [68, 69, 71].

angenommen hat. Natürlich kann dieser Zeitpunkt nur für AlSU nichtregulärer Systeme festgelegt werden. Es kann jedoch auch für reguläre Systeme eine analoge Methodik angewendet werden, die in [14] beschrieben ist.

Wir betrachten ein äußerst einfaches Beispiel. Für ein gewisses großes System seien 3 dominierende Faktoren ausgewählt worden: d_1, d_2, d_3. Das bedeutet, daß $Q = f(d_1, d_2, d_3)$ ist. Dann ist $N = 2^3 = 8$, und der Durchführungsplan der Erprobungen ist in Tabelle 11 dargestellt.

Tabelle 11

Nr. des Experimentes	Werte der Faktoren		
	a_1	a_2	a_3
1	+	+	+
2	+	+	—
3	+	—	—
4	—	—	—
5	—	—	+
6	—	+	+
7	+	—	+
8	—	+	—

Anmerkung: Das Zeichen „+" ist der maximale Wert des Faktors a_i ($i = 1, 2, 3$), und das Zeichen „—" ist der minimale Wert im Zeitpunkt T_y.

Selbstverständlich ist die Durchführung der Erprobungen so genau wie die Planungsmatrix im Faktorexperiment. Es ergibt sich völlig logisch die Frage, ob die Durchführung von N Experimenten eine notwendige Bedingung sein könnte, die die Arbeitsfähigkeit des AlSU garantiert. Eine eindeutige Antwort auf diese Frage gibt es offenbar nicht. Auf der einen Seite besitzt die Zahl N gewisse Merkmale, die für eine Bewertung notwendig sind, da $N = 2^k$ ist, d. h., sie hängt nur von den wesentlichen Faktoren ab. Bei der Planung der Eingänge legt man die oberen und die unteren Variabilitätsgrenzen dieser Faktoren fest. Andererseits kann man stets die Arbeitsfähigkeit des AlSU bei bestimmten Zwischenwerten der ausgewählten Faktoren zum Zeitpunkt T_η bezweifeln.

Deshalb muß man ein Urteil über die Notwendigkeit der Durchführung von Experimenten bei Erprobungen von AlSU jedesmal unter dem Gesichtspunkt der Bedingungen für jedes konkrete AlSU fällen. So schließt beispielsweise die Angabe der maximalen und minimalen Werte der ausgewählten Faktoren ihre Veränderung im Zeitraum $t_0 - T$ (t_0 ist der Zeitpunkt des Experimentbeginns) nicht aus. Offenbar kann man immer einen Anfangsbedingungsvektor $\bar{d}_0$ so vorgeben, daß die dominierenden Faktoren d_i im Zeitpunkt t_0 einen Wert angenommen haben, der entgegengesetzt dem im Zeitpunkt T_η vorgeplanten ist (d. h. eine Veränderung der d_i vom Minimum zum Maximum und umgekehrt).

Wenn für konkrete AlSU die Veränderungen aller wesentlichen Faktoren im gesamten möglichen Bereich eine Garantie für die Arbeitsfähigkeit geben, sind für Erprobungen des AlSU N geplante Experimente notwendig, die nach der vorgeschlagenen Methodik bestimmt wurden. Das ist jedoch kein Grund, die

Durchführung von N Experimenten als hinreichende Bedingung für die Arbeitsfähigkeit zu betrachten. Die nichtgeplante Menge Z der unwesentlichen Faktoren verändert sich nicht unbedingt im gesamten möglichen Bereich. Folglich bleiben stets einige Blöcke und Operatoren des AlSU unkontrolliert. Die Faktoren, die die Menge Z bilden, werden wegen ihres geringen Einflusses auf die Qualitätskennziffer als unwesentlich bezeichnet. Fehler in der Programmierung der Blöcke, die diese Faktoren bedienen, können jedoch zum totalen Ausfall des AlSU führen ($Q = 0$).

Somit ist es offensichtlich, daß man als notwendige Bedingung für die Arbeitsfähigkeit des AlSU die Aktivität aller Operatoren und Blöcke (mit anderen Worten, aller Befehle) im Verlauf der Erprobungen betrachten muß. Das bedeutet formal ausgedrückt, daß im topologischen Schema des AlSU, d. h., im Graphen G, dessen Knoten die bedingten Sprünge (Testoperatoren) sind, alle Kanten (Ausgänge der Testoperatoren) während der Erprobung durchlaufen worden sein müssen.

Damit kehren wir zur Idee der vollständigen Überdeckung des Graphen zurück. Der Unterschied besteht darin, daß bei der Durchführung lokaler Erprobungen zielgerichtet die Auswahl einer minimalen Überdeckung geplant wird, während man bei der Durchführung globaler Erprobungen bestrebt ist, über einen beliebigen Weg die Überdeckung des Graphen zu gewährleisten, der geplante Anfang hier jedoch fehlt.

Im allgemeinen kann man wegen der Kompliziertheit des AlSU nicht genau vorhersagen, wieviel Ausgänge der bedingten Sprünge durchlaufen werden. Deshalb ist die globale Erprobung nach dem N-ten Experiment noch nicht beendet, sondern die Frage nach der Fortsetzung der Erprobungen wird nach der Bestimmung der Hinlänglichkeit der Experimente beantwortet. Dieses Problem wird noch ausführlicher behandelt werden.

9.5. Allgemeine Anforderungen an das Erprobungsprogramm und die Erprobungsmethodik

Die grundlegenden Führungsdokumente bei der Erprobung von AlSU sind Erprobungsprogramm und -methodik, die zwischen Besteller und Ausarbeiter abgestimmt sind. Als Grundlage für diese Dokumente können die folgenden Begriffe und Richtlinien empfohlen werden.

Erprobungsobjekt ist der Steuerungsalgorithmus, der in Form eines Komplexes miteinander verflochtener Programme auf den Rechensystemen des ASU (AlSU) realisiert wird.

Ziel der globalen Erprobung von AlSU großer Systeme:

a) Bestimmung realer Eigenschaften und Kennziffern des AlSU, die den Gewährleistungsgrad einer (in einem festgelegten Sinne) optimalen Lösung eines Problems der Steuerung von Elementen eines großen Systems im vorausgesetzten Gesamtbereich äußerer Bedingungen charakterisieren.

b) Beurteilung der Übereinstimmung der Charakteristika des AlSU, die ihm als taktisch-technische Aufgabe und taktisch-technische Forderungen vorgegeben sind.

c) Aufdeckung von Mängeln, die beseitigt werden können.

Besonderheiten der Erprobung von AlSU: Der Erprobung des AlSU auf den Recheneinrichtungen des Steuerobjektes gehen voraus:

a) die Erprobung des AlSU auf den vom Ausarbeitenden benutzten Rechensystemen,

b) die Erprobung der Recheneinrichtungen des Steuerobjektes, in deren Verlauf ihre realen technischen Kennziffern festgestellt werden,

c) die Erprobung der im AlSU verwendeten Standard- und Bedienungsprogramme.

Bei globalen Erprobungen von AlSU setzt man die Standard- und Bedienungsprogramme sowie die Charakteristik der Rechensysteme des Steuerobjektes als bekannt voraus.

Ausgangsdokumentation:

a) taktisch-technische Aufgabe und taktisch-technische Forderungen an die Ausarbeitung des AlSU,

b) technische Bedingungen,

c) Erprobungsprogramm und -methodik,

d) ein Verzeichnis und ein kompletter Satz der technischen und der Betriebsdokumentation in Übereinstimmung mit den Kundenwünschen,

e) Formular und Stammkarte zum AlSU, in denen der Umfang und der Charakter der Erprobungen des AlSU niedergelegt sind. In einer besonderen Beilage zur Stammkarte sind alle Korrekturen, die im und nach dem Erprobungsprozeß durchgeführt worden sind, verzeichnet.

f) das bestätigte technische Projekt (Steueralgorithmus),

g) eine Dokumentation über die Sammlung statistischen Materials zur Beurteilung der technischen und Betriebscharakteristika des AlSU,

h) eine Methodik zur Verarbeitung der statistischen Ergebnisse in Form von regelmäßigen Berichten während der Periode der Erprobung des AlSU im Rahmen des großen Systems und während des Probelaufes.

Führungsdokumente: In der Etappe der globalen Erprobungen wird das AlSU auf die Übereinstimmung von allgemeinen systemtheoretischen und speziellen Forderungen, die in entsprechenden Abschnitten der technischen Bedingungen vorgesehen sein müssen, überprüft. Bei Fehlen dieser Abschnitte der globalen Erprobungsbedingungen vereinbart in besonderen Absprachen zwischen Besteller und Ausarbeitendem Erprobungsprogramm und Erprobungsmethodik.

Erprobungsprogramm:

1. *Allgemeine Forderungen*

— Überprüfung der Vollständigkeit des AlSU mittels der Struktur, der von ihm zu lösenden Aufgaben (Struktur der Unterprogramme), Überprüfung der

Existenz und Vollständigkeit der Bedienungsprogramme, des Formulars[1]) und der Stammkarte des AlSU mit dem Vermerk über Ablauf, Charakter und Ergebnisse der vorangegangenen Erprobungen des AlSU,

— Kontrolle der technischen und der Betriebsdokumentation auf Existenz und Übereinstimmung von Liste und Verzeichnis sowie Überprüfung der Übereinstimmung des Standards in der Dokumentation.

2. *Forderungen an die Programmierung*

— Überprüfung der Übereinstimmung der Niederschrift des Steueralgorithmus' in der Rechnersprache des Steuerobjektes mit dem bestätigten Text des Steueralgorithmus' (lokale Erprobung des AlSU),

— Überprüfung der Qualität der Programmierung (Zweckmäßigkeit der Speicherauslastung des Rechners sowie der Auslastung seiner rechentechnischen Möglichkeiten und Kontrolle der Kompaktheit der Einspeicherung von Teilalgorithmen u. a.),

— Kontrolle der Möglichkeit operativer Regenerierung defekter Blöcke des AlSU im Speicher des Rechners.

3. *Funktionsbedingungen*

— Kontrolle der Beibehaltung der Universalitätseigenschaft und Kontrolle der Fähigkeit, Probleme mit der geforderten Genauigkeit im vorausgesetzten Gesamtbereich (in bezug auf das AlSU) äußerer Bedingungen zu lösen,

— Kontrolle der Stabilität gegen Ausfälle.

4. *Operationsbedingungen* (*Betriebsbedingungen*)

— Kontrolle der Unkompliziertheit und bequemen Handhabung der Festlegung und Veränderung des Verhaltens, der Eingabe der Anfangsbedingungen, des Anlaufes und des Abstoppens des AlSU,

— Kontrolle der Zuverlässigkeit der Einrichtungen zur Blockierung der Einspeicherung des AlSU in allen Speicherarten der Rechengeräte,

— Funktionsüberprüfung der akustischen und optischen Anzeigegeräte, die es ermöglichen, den Prozeßablauf zu kontrollieren,

— Feststellung des Umfanges an Speicher- und Geschwindigkeitsreserven der Rechengeräte,

— Einschätzung der Tauglichkeit des AlSU zur operativen Eingabe von Korrekturen.

5. *Spezielle Forderungen*

— Überprüfung der Annahme verschiedener Verhaltensweisen (Arbeit, Kontrolle usw.),

— Kontrolle der Übergangszeit aus verschiedenen Zuständen in den Arbeitszustand.

Im Verlauf der globalen Erprobungen des AlSU müssen sogar die Zusammensetzung und die Funktionspflichten des Bedienungspersonals bestimmt werden. Als Ergebnis der globalen Erprobungen müssen zu beseitigende Mängel aufge-

---

[1]) Ein Musterformular wird in Kapitel 10 beschrieben.

deckt und die Möglichkeit der Übernahme des AlSU zur serienmäßigen Nutzung angegeben werden.

Die Erprobungsdauer kann sich für die Gewinnung einer vollständigen und zuverlässigen Einschätzung der Charakteristika des AlSU als unzureichend erweisen. In diesem Fall muß die Präzisierung der Charakteristika in der Probelaufetappe durch Sammlung und Verarbeitung statistischer Daten entsprechend den in den Punkten *g* und *h* des Abschnittes „Ausgangsdokumentation" vorgesehenen Dokumenten erfolgen.

9.6. Die Gewinnung und Nutzung algorithmischer Schnellinformation

Gemäß den Prinzipien der Systemtechnik [26] muß jedes Objekt, das einer Erprobung unterworfen wird, unbedingt durch eine Apparatur ergänzt werden, die mit der Zeitveränderung, der Variableneingabe und der Ausgabe der Lösungen verbunden ist. Diese Apparatur muß rechtzeitig projektiert und in die zu erprobende Anlage eingebaut werden.

Leider wurden solche Forderungen in bezug auf das AlSU nicht gestellt. Das algorithmische Modell, das nach dem Simulationsprinzip aufgestellt worden ist, löst vollständig das Problem der Ausgabe numerischer Schnellinformationen, d. h., der Ausgabe der Variablen und der ihnen entsprechenden Zeitpunkte. Diese Informationen beinhalten jedoch keine Mitteilung über die Entscheidungen, die das AlSU im Rechenprozeß getroffen hat. Wie die Erfahrung zeigt, ist der Versuch der Wiederherstellung der Berechnungstrajektorie bei einer Funktionsanalyse aussichtslos.

Eine hypothetische Bestimmung der Berechnungstrajektorie ist möglich, wenn die Funktion des AlSU in jedem Arbeitszeitpunkt bekannt ist. Die Bestätigung der Hypothese ist jedoch außerordentlich schwierig. In der Tat stößt man bei der Testung von AlSU immer wieder auf das gleiche Problem der Reproduktion der Berechnungstrajektorie. Aus diesen Darlegungen ergibt sich die zwingende Notwendigkeit der Ausarbeitung von Methoden zur Gewinnung eines bestimmten, rein algorithmischen Materials, das eine eindeutige Bestimmung der Berechnungstrajektorie erlaubt. Diesem Zweck dient die algorithmische Schnellinformation.

Methoden zur Gewinnung algorithmischer Schnellinformation:

Als Untersuchungsobjekt wählen wir einen Verzweigungspunkt (Entscheidungspunkt) des Rechenprozesses im AlSU. Es ist einleuchtend, daß wir durch Markierung eines der zwei Ausgänge aller bedingten Sprungbefehle und durch Wahl einer Methode zur Fixierung dieser Markierungen eine erschöpfende Information über die Berechnungstrajektorie im AlSU erhalten. Diese Information charakterisiert eindeutig die Berechnungstrajektorie, wobei jede Trajektorie in algorithmische Termini dechiffriert werden kann, d. h., in verbaler oder symbolischer Beschreibung angegeben werden kann. Dabei verwendet man ein Blockschema des AlSU, das so aufgestellt wurde, daß jeder Block seine Adresse im Speicher besitzt und innerhalb des Blockes eine Beschreibung verwendet wird, die für das Verständnis der Funktion ausreichend ist.

Die gleiche Möglichkeit zur Organisation algorithmischer Schnellinformation im AlSU wurde im Befehlssystem moderner Rechner geschaffen. Bei der Benutzung unbedingter Rücksprungbefehle, die zum Aufruf von Standardprogrammen benötigt werden, wird die Adresse des unbedingten Sprunges in ein spezielles Register des Rechners eingetragen. Steht ein solcher Befehl in einem

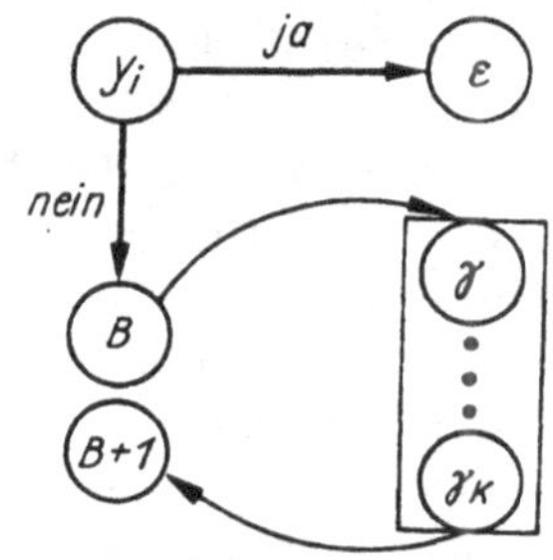

Abb. 38. Das Schema zur Aufstellung der Marken: B, $B + 1$ und ε sind Befehlsadressen

der Zweige eines bedingten Sprungbefehls Y_i (Abb. 38), bestimmt die Ausführung (Nichtausführung) eines bestimmten festgelegten Programmes mit der Anfangsadresse γ_1 eindeutig die Entscheidung, die im AlSU bei Ausführung des bedingten Sprunges Y_i getroffen wird. Das festgelegte Programm $(\gamma_1 - \gamma_k)$ bildet die sogenannten Markenfolgetabellen, d. h., es ordnet alle Marken des j-ten Schrittes des AlSU und bereitet sie zur Fixierung vor. Als Marken verwendet man die Adressen der unbedingten Sprünge, die in einem Spezialregister des Rechners eingespeichert sind.

In einigen Fällen (z. B. bei Benutzung eines Rechners, der Befehle des angegebenen Typs nicht besitzt) kann zur Organisation der algorithmischen Schnellinformation die folgende einfache Methode empfohlen werden. Jedem bedingten Sprung Y_i entspricht die μ-te Stelle der φ-ten Arbeitszelle. Wenn die Wortlänge des Rechners l Stellen beträgt und die Anzahl der bedingten Sprünge gleich m ist, sind $T = m/l$ solcher Arbeitszellen erforderlich. Es ist klar, daß der bedingte Sprung Y_i entlang des markierten Zweiges abgearbeitet wurde, wenn die Koordinate $ij = 1$ $(i \in I;\ j \in l)$ ist. Die Marke (Koordinate ij) wird mittels Addition in die Arbeitszelle eingetragen. Die Dechiffrierung der Gesamtheit aller Koordinaten ij kann mit Hilfe des Blockschemas durchgeführt werden, in dem jeder bedingte Sprung mit einem „Fähnchen" im markierten Zweig mit Angabe der entsprechenden Koordinate ausgestattet ist.

Trotz ihrer Einfachheit besitzt die angegebene Methode der Organisation algorithmischer Schnellinformation zwei wesentliche Mängel. Zum einen ist es nötig, auf die Markierung jener Zweige der bedingten Sprünge zu verzichten, die an Zyklen beteiligt sind, d. h., die mehr als einmal während eines Arbeitsschrittes des AlSU abgearbeitet werden. Zum anderen spiegelt die Gesamtheit der Koordinaten ij, obwohl sie auch Informationen über Ereignisse im AlSU beinhaltet, nicht die Aufeinanderfolge dieser Ereignisse wider. Aus diesem Grund wird zur Dechiffrierung der algorithmischen Schnellinformation viel Zeit beansprucht, wobei eine Garantie der Eindeutigkeit dieser Dechiffrierung in einigen Fällen fragwürdig ist. Deshalb wird diese Methode im weiteren nicht benutzt werden.

Minimierung des Umfangs der algorithmischen Schnellinformation:

Bei der Organisation der algorithmischen Schnellinformation strebt man natürlich einen minimalen Umfang der Markenfolgetabellen an. Dazu kann man zwei Methodiken, die statistische und die formale, vorschlagen.

Die *statistische Methodik* zur Minimierung der Markenfolgetabellen basiert auf einem einfachen Prinzip. Es wurde gezeigt, daß wegen der Eindeutigkeit der Bestimmung der Berechnungstrajektorie die Marken an eine der zwei Kanten jedes bedingten Sprunges gesetzt wurden. Deshalb ist es zur Minimierung der Anzahl der Marken notwendig, dieselben jedes Mal an die Kante mit der geringeren Ausführungswahrscheinlichkeit zu setzen. Anders ausgedrückt, es wird für jeden bedingten Sprung Y_i die Kante min $\{P_i^+, P_i^-\}$ gesucht, wobei P_i^+ und P_i^- die Ausführungswahrscheinlichkeiten von Y_i entlang der Zweige, die JA (+) und NEIN (−) entsprechen, sind. Wenn P_i^+ und P_i^- von vornherein für alle Y_i bekannt sind oder hinreichend zuverlässig aus bestimmten A-Priori-Erwägungen abgeschätzt werden können, wird die Aufstellung der Marken mit der Programmierung verbunden, falls in jedem konkreten Fall das formulierte Prinzip angewendet wird.

Wie die Erfahrung zeigt, besteht eine solche Möglichkeit jedoch nicht immer, und das Problem der Minimierung der Markenfolgetabellen erfordert ein systematisches Herangehen. Beim Fehlen zuverlässiger Kenntnisse über die Wahrscheinlichkeiten P_i^+ und P_i^- empfiehlt es sich, auf folgende Weise vorzugehen: Während der Programmierung des AlSU orientiert man die unbedingten Sprungbefehle im Programm zur Bildung der Markenfolgetabellen eindeutig auf alle Y_i (z. B. werden die Y_i unter die Befehle geschrieben). Während der Nutzung wird statistisches Material gesammelt, das es ermöglicht, P_i^+ und P_i^- für alle bedingten Sprünge Y_i des Programms zu bestimmen.

So ist, wenn bekannt ist, daß an einem bestimmten bedingten Sprung, der γ-mal durchlaufen wurde, die markierte Kante (+) α-mal und die nichtmarkierte Kante (−) β-mal abgearbeitet wurde,

$$P_j^+ = \frac{\alpha}{\gamma} \quad \text{und} \quad P_j^- = \frac{\beta}{\gamma},$$

wobei $\gamma = \alpha + \beta$ gilt.

Es ist klar, daß Ausführungshäufigkeiten α, β und γ als Ströme entlang der entsprechenden Kanten klassifiziert werden können. Im betrachteten Fall werden sie wie folgt bestimmt: Wir betrachten die Durchlaßfähigkeit k_{ij} aller Kanten als unendlich ($k_{ij} = \infty$). Der in den Knoten Y_j mündende Strom ist gleich dem aus dem Knoten Y_j austretenden Strom [8].

Nunmehr kann das oben dargelegte Prinzip der Minimierung der Markenfolgetabellen folgendermaßen formuliert werden: Die Markierungen müssen an die Kanten mit dem jeweils geringeren Strom gesetzt werden (mit den angenommenen Bezeichnungen ist für jedes Y_j die Kante mit min $\{f_{jk}, f_{jl}\}$ gesucht). Die letzte Formulierung kann zur praktischen Durchführung der Minimierung benutzt werden. Da jedoch die Anfangsmarkierungen nur an einer der beiden von Y_j ausgehenden Kanten stehen, entsteht die Frage nach der Bestimmung des Stromes entlang der anderen Kante. Dieser wird unmittelbar mit Hilfe des Graphen oder durch Lösung des Gleichungssystems für diesen Strom bestimmt. Zu diesem Zweck muß am Eingang (oder, was dasselbe ist, am Ausgang) des Programmes ein Zähler des Eingangsstromes (Ausgangsstromes) installiert werden, damit diese Aufgabe lösbar ist. Wir betrachten ein elementares Beispiel.

Es sei während eines Arbeitszyklus' des ASU der betrachtete Block von außen μ-mal aufgerufen worden, wobei bekannt ist, daß jeder der markierten (dick gezeichneten) Zweige Y_i ($i = 2(1), 5$) entsprechend γ_i-mal ($i = 2(1), 5$) ausgeführt wurde. Dann sind die Ausführungshäufigkeiten $\varkappa_i$ der nichtmarkierten Zweige leicht zu bestimmen:

$$\varkappa_2 = \mu - \gamma_2 + \varkappa_4 + \gamma_5; \quad \varkappa_3 = \gamma_2 - \gamma_3;$$

$$\varkappa_4 = \gamma_3 - \gamma_4; \quad \varkappa_5 = \gamma_4 + \varkappa_3 + \varkappa_2 - \gamma_5 = \mu .$$

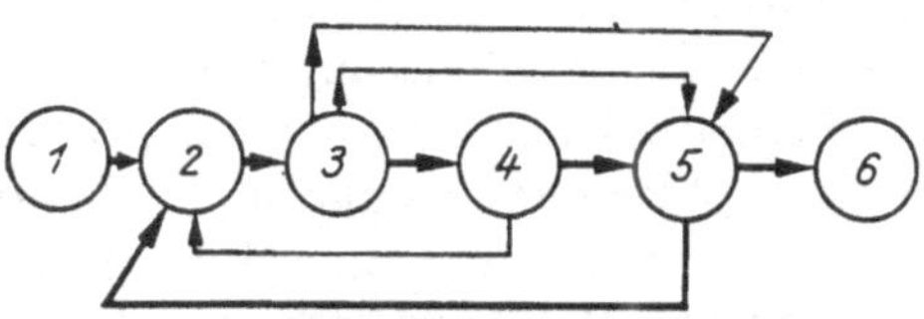

Abb. 39. Graph eines AlSU-Blockes

Somit führt die Minimierung der Markenfolgetabellen mit Hilfe der statistischen Methodik zur Berechnung der Ströme entlang der nichtmarkierten Kanten mit den geringeren Strömen. Als Ergebnis verbleibt ein Teil der vorgegebenen Markierungen an seinen Plätzen, und ein Teil tritt an die Stelle vorher nichtmarkierter Kanten.

Die *formale Methodik zur Minimierung der Markenfolgetabellen*:

Die statistische Methode ist nur auf jene Programme anwendbar, die während des Betriebs angewendet werden können. Folgende Erwägungen sind einleuchtend: Die Ausführungshäufigkeiten P_j^+ und P_j^- der jeweiligen Kanten der bedingten Sprünge sind nur bei genügend großem Eingangsstrom als Wahrscheinlichkeitsabschätzungen zulässig (wegen des Gesetzes der großen Zahlen). Erfahrungsgemäß erreichen die Eingangsströme der meisten Funktionsprogramme des AlSU Werte, die für die Durchführung statistischer Berechnungen genügen. Es existieren jedoch auch solche Programme, deren Eingangsströme unbedeutend sind. In diesem Fall ist die statistische Methodik nicht anwendbar, und oft kann eine formale Aufstellung der Markierungen den Umfang der Markenfolgetabellen erheblich vergrößern, wenn das gegebene Programm eine große Anzahl bedingter Sprünge enthält. Zur Minimierung der Tabellen in Programmen dieser Art wird vorgeschlagen, formale Methoden der Graphentheorie anzuwenden. Da der Untersuchende keinerlei zuverlässige Information über die Ströme in den Zweigen der Y_i besitzt, ist a priori anzunehmen, daß die Auswahl jedes Weges (einer Berechnungstrajektorie) im Graphen eines derartigen Programms gleichwahrscheinlich ist. Es ist zu beachten, daß die Zahl der möglichen Wege endlich ist, d. h. man betrachtet nur einfache Wege, die die Gesamtheit aller Knoten Y_i repräsentieren und unter denen kein Knoten zweimal vorkommt.

Wir bezeichnen als *Auftrittshäufigkeit*[1]) der Kante c_{ij} eine Zahl α_{ij}, die auf folgende Weise bestimmt wird: Man numeriert alle l einfachen Wege des Graphen, wobei kein Weg zweimal numeriert werden darf. Wenn die Kante c_{ij} in den k-ten Weg mündet, ist $\alpha_{ij}^{(k)} = 1$. Anderenfalls gilt $\alpha_{ij}^{(k)} = 0$. Wir erhalten dann

$$\alpha_{ij} = \sum_{k=1}^{l} \alpha_{ij}^{(k)} .$$

Ganz offensichtlich ist $\max \alpha_{ij} = l$ und $\min \alpha_{ij} = 0$, d. h., es gilt

$$0 \leqq \alpha_{ij} \leqq l .$$

Nachdem die Auftrittshäufigkeiten für alle Kanten des Graphen bestimmt sind, kann die Regel zur formalen Minimierung der Markenfolgetabellen formuliert werden: Zu jedem Y_i gibt es eine Kante mit $\min \{\alpha_i^{(+)}, \alpha_i^{(-)}\}$. Das bedeutet, daß bei der Arbeit entlang jeder der l möglichen Trajektorien die tatsächlich geringste Anzahl der Markierungen im Vergleich zu anderen leistungsfähigen Methoden nicht garantiert wird. Man kann jedoch zeigen, daß bei Betrachtung der vollständigen Gesamtheit der möglichen Trajektorien die vorgeschlagene Methodik die geringste mittlere Anzahl der Markierungen an einem Weg gewährleistet. Es ist klar, daß die Grundschwierigkeit bei der Bestimmung der Auftrittshäufigkeit der Kanten die Aufzählung der echten Wege des Graphen ist.

In Kapitel 7 wurde ein für die Praxis bequemer und einfacher Algorithmus beschrieben. Der Graph in Abb. 40 hat sieben echte Wege $l_1, l_2, \ldots, l_7$, die in Form der Gesamtheit der Kanten c_{ij} dargestellt sind. Es ist nicht weiter schwierig, die Auftrittshäufigkeiten α_{ij} der Kanten des Graphen in Abb. 40 zu bestimmen.

$$\alpha_{01} = 4; \quad \alpha_{12} = 3; \quad \alpha_{24} = 2; \quad \alpha_{34}^{(1)} = 2; \quad \alpha_{02} = 3;$$
$$\alpha_{14} = 1; \quad \alpha_{23} = 4; \quad \alpha_{34}^{(2)} = 2 .$$

Dann müssen, gemäß der Regel der formalen Minimierung, die Markierungen an den Kanten c_{02}, c_{14}, c_{24} und entweder an $c_{34}^{(1)}$ oder $c_{34}^{(2)}$ angebracht werden. Diese Kanten sind in Abb. 40 mit dickeren Linien gezeichnet.

[1]) Der Begriff der Auftrittshäufigkeit einer Kante spielt eine bestimmende Rolle bei der Anwendung der formalen Methodik, da nur die Auftrittshäufigkeit ein einheitliches numerisches Charakteristikum ist, das eindeutig mit Hilfe der Struktur des Graphen ohne Berücksichtigung irgendwelcher A-priori-Mitteilungen über die Ströme in den Zweigen bestimmt wird.

Selbstverständlich sind wir hier etwas unnatürlich nach einer pseudostatistischen Methodik vorgegangen, da man die Auftrittshäufigkeiten α_{ij} als Pseudoströme an den Kanten c_{ij} betrachten kann.

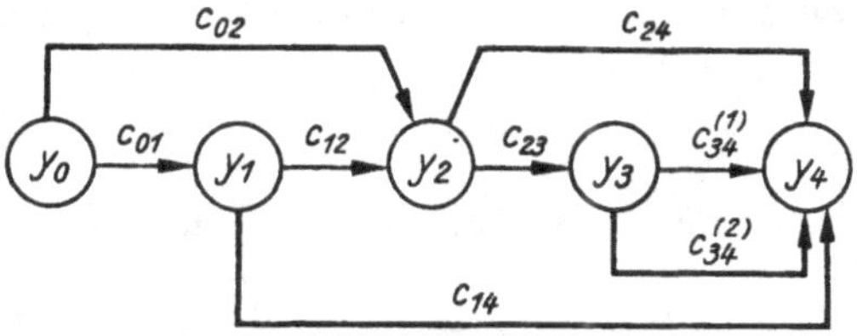

Abb. 40. Ein Beispiel zur Erläuterung der Auftrittshäufigkeit

Einige einfache Überlegungen gestatten eine bedeutende Vereinfachung der formalen Methodik. Insbesondere kann man aus der Betrachtung der Abb. 40 intuitiv folgende Regel aufstellen: Man markiert keine Kanten, die in den längsten Weg münden, d. h., die größte Kantenanzahl des Graphen umfassen. In der Graphentheorie [8] wird gewöhnlich der durch alle Knoten des Graphen verlaufende Weg als HAMILTONscher Weg bezeichnet. Selbstverständlich ist von allen möglichen echten Wegen des Graphen der HAMILTONsche Weg der längste. Dann kann die Minimierung mit Hilfe der formalen Methodik in folgenden einfachen Regeln zusammengefaßt werden:

1. Man bestimmt den HAMILTONschen Weg oder die $\varphi (\varphi > 1)$ Wege größter Länge, die alle Knoten des Graphen überdecken. Diese Wege werden nur ermittelt, wenn der Graph keinen HAMILTONschen Weg besitzt.

2. Der HAMILTONsche Weg (bzw. jeder der φ Wege) wird als 0-Weg (Nullweg) bezeichnet und enthält vereinbarungsgemäß keine Markierungen.

3. Man markiert nur diejenigen Kanten, die nicht in den 0-Weg (die Menge der 0-Wege) münden.

Die Regel ist eindeutig, da mindestens eine Kante der bedingten Sprünge in die Menge der 0-Wege mündet (sonst wäre der Graph nicht annehmbar).

Die Strategie der formalen Methodik besteht darin, daß man durch die Nichtmarkierung der 0-Wege jene Kanten nicht markiert, die in der Menge aller Wege (oder des größten Teils der Wege) am häufigsten auftreten.

Fixierung und Ausgabe der algorithmischen Schnellinformation:

Das System zur Fixierung und Ausgabe der algorithmischen Schnellinformation besteht aus drei autonomen Programmen: Bildung der Markenfolgetabellen, Fixierung dieser Tabellen, Ausgabe und Verarbeitung der algorithmischen Schnellinformation.

Das Programm zur Bildung der Markenfolgetabellen verfügt über λ (λ hängt von der Wortlänge des Rechners ab) Marken in einer Zelle des Magnetspeichers entsprechend der Reihenfolge ihres Auftretens. Nach Ausführung dieses Programms wird eine automatische Rückkehr zur Fortsetzung der Hauptarbeit organisiert. Die Abschaltung des Programmes wird durch Annullierung des Befehlskodes für den Aufruf des Programmes zur Bildung der Markenfolgetabellen realisiert.

Der Speicheraufwand für die Fixierung der Markenfolgetabellen beträgt

$$\pi_0 \leqq \frac{N_0}{\lambda},$$

wobei N_0 die maximal mögliche Markenanzahl im μ-ten Arbeitsschritt des AlSU ist.

Da es für die Arbeit des Programmes zur Fixierung der Markenfolgetabellen erforderlich ist, die Tabellen des vorangegangenen Arbeitsschrittes zu speichern, beträgt der totale Speicheraufwand

$$W'_{\max} = 2\pi_0 ,$$

und der Zeitaufwand ist gleich

$$t'_{\max} = N_0 \hat{t}_1 ,$$

wobei $\hat{t}_1$ die mittlere Dauer der Programmausführung darstellt.

Das *Programm zur Fixierung der Markenfolgetabellen* vergleicht zeilenweise die Tabellen des vorangegangenen $(\mu - 1)$-ten Schrittes mit denen des μ-ten Schrittes des AlSU, beläßt die unvergleichbaren Zellen auch während des μ-ten Schrittes an ihrem Platz in der μ-ten Tabelle und fixiert die Resultate des Vergleiches in einem externen Speicher.

Während bei der Aufstellung der Marken im AlSU das Ziel darin bestand, den Gesamtaufwand $W'_{\max}$ zu minimieren, ist man beim Vergleich bestrebt, die Anzahl der Zellen der externen Speicher, die der Aufbewahrung der Markenfolgetabellen dienen, zu minimieren. Der Charakter der Arbeit des AlSU selbst erleichtert diese Aufgabe. Bei der Arbeit des AlSU treten sogenannte Konstanzintervalle der Berechnungstrajektorie auf, wenn sich im Intervall Δt die Trajektorie nicht verändert, d. h., im externen Speicher werden nur jene Tabellen fixiert, die den Zeitpunkten der Veränderung der Berechnungstrajektorie entsprechen. Die Erfahrung zeigt, daß gerade jene Abschnitte, in denen die Trajektorie konstant ist, einen bedeutenden Prozentsatz der Zeitbilanz des AlSU ausmachen. Deshalb erweist sich die für die Ausfüllung der Markenfolgetabellen benötigte Kapazität der externen Speicher als durchaus annehmbar.

Das *Verarbeitungs- und Druckprogramm der algorithmischen Schnellinformation* erfüllt die folgenden Funktionen:

1. Druck der gesamten algorithmischen Schnellinformation einer Operation oder eines beliebigen Teiles davon, je nach Wunsch des Untersuchenden.

2. Ausdrucken der Zeitpunkte t_α, die dem Auftreten (Ausbleiben) der Ereignisse α im Verlauf der gesamten Operation oder eines Teiles dieser Operation entsprechen. Die Auswahl des Ereignisses α geschieht durch den Untersuchenden.

3. Verarbeitung und Druck der Förderungsströme f_0 am Eingang des Teilalgorithmus' und der Ströme f_{ij} an den Kanten Y_i. Diese Information kann zur Minimierung der algorithmischen Schnellinformation mit Hilfe statistischer Methoden und für andere Zwecke benutzt werden.

Die algorithmische Schnellinformation kann in zwei Varianten organisiert werden.

In der ersten Variante kann man bei Existenz einer Reserve im Arbeitsspeicher des Rechners die algorithmische Schnellinformation organisch in das AlSU einfügen. Dabei wird diese Information während des Arbeitsprozesses des AlSU gebildet und fixiert. Der Vorteil dieser Variante besteht darin, die Ursachen der während des Prozeßablaufes aufgetretenen Fehler aufzudecken und deren Platz lokalisieren zu können. Falls ein Defekt des Rechners (oder ein Fehler im AlSU) zur Verzerrung der Befehle oder zu einem Störungshalt des Rechners führt, ist der Platz des Defektes (des Fehlers) leicht mit Hilfe der Markenfolgetabellen zu bestimmen. Einer der Grundmängel dieser Variante ist der zusätzliche Speicherbedarf im Rechner. Dieser kann jedoch durch ausgewählte Merkmale der bedingten Sprünge des AlSU beseitigt werden. So braucht man die bedingten Sprünge der meistens arithmetischen Blöcke, die einfache Graphen besitzen, nicht zu markieren. Man markiert nur die Steuerprogramme mit einer komplizierten logischen Struktur. Der Speicherbedarf erweist sich dabei als völlig annehmbar, weil auf den Anteil derartiger Programme ein unbedeutender Teil aller bedingten Sprünge des AlSU entfällt.

Das Wesen der zweiten Variante der Organisation zur Ausgabe algorithmischer Schnellinformation besteht im Verzicht auf die Erweiterung des Arbeitstextes des AlSU. Es wird vorausgesetzt, daß die algorithmische Schnellinformation automatisch nur während des Simulationsverhaltens realisiert wird. Dabei sind Speicherbedarf und Rechenzeit ausgeschlossen. Gleichzeitig wird jedoch auch die Möglichkeit der Lokalisierung von Defekten (Ausfällen) des Rechners ausgeschlossen. Wenn eine Texterweiterung des AlSU automatisch realisiert werden kann, ist außerdem eine Reihe von Programmen zur Zuweisung der Adressen des erweiterten AlSU an ihre tatsächlichen Adressen erforderlich. (die Berechnungstrajektorie ermittelt man mit Hilfe des Blockschemas des AlSU, das durch die tatsächlichen Adressen markiert ist).

Zur Beseitigung dieses Hindernisses kann man eine dritte Variante zur Organisation der Ausgabe algorithmischer Schnellinformation vorschlagen. Das Wesen dieser Variante besteht in der Schaffung eines Duplikates (Untersuchungsexemplars) des AlSU, das speziell für das Simulationsverhalten vorgesehen ist. Dieses Exemplar wird durch die Marken erweitert und dient nur zur Organisation der algorithmischen Modelle. Das Arbeitsexemplar des AlSU gewährleistet die Simulation auf dem Untersuchungsexemplar. Die gesamte Testung des AlSU sowie die Untersuchungsarbeiten werden nur auf diesem Exemplar durchgeführt, das nur einmal durch die Marken erweitert wird. Es ist klar, daß bei der Ausgabe der algorithmischen Schnellinformation über das algorithmische Modell die Notwendigkeit der Benutzung externer Speicher mit kurzer Zugriffszeit, deren Kapazität ohnehin beschränkt ist, entfällt. Die Aufzeichnung der algorithmischen Schnellinformation kann in diesem Fall auf Magnetband erfolgen.

9.7. Die Gewinnung und Nutzung verallgemeinerter Schnellinformation

Die Arbeitserfahrung zeigt, daß eine Analyse, deren Apparat aus einem algorithmischen Modellsystem und der algorithmischen Schnellinformation besteht, eine verfeinerte nochmalige Analyse der Dynamik des Ablaufprozesses des AlSU ist, d. h., es wird angenommen, daß vorher eine grobe erste Analyse einer bestimmten Situation im AlSU durchgeführt, ein Untersuchungsplanentwurf skizziert und eine Arbeitshypothese aufgestellt worden ist. Diese Arbeitshypothese wird dann im Ergebnis einer zweiten Analyse bestätigt oder widerlegt. Beispielsweise ist es vor der Ausgabe der Schnellinformation wichtig, zu wissen, welche Informationen tatsächlich gebraucht werden. Wenn die gesamte mögliche Information ausgegeben wird, verzögert sich der Analyseprozeß, da die umfangreichen Zahlenkolonnen, die auf Lochband ausgegeben werden, schwer zu übersehen sind. Dieselbe Situation tritt auch bei der Ausgabe algorithmischer Schnellinformation auf. Ferner ist es klar, daß man den Umfang des auszugebenden Materials nur beeinflussen und seine Darstellungsform auswählen kann, wenn wenigstens irgendein Aktionsplan oder eine Hypothese vorhanden sind.

Alle diese Überlegungen lassen die Ausarbeitung des Hilfsapparates der Primäranalyse als zwingend notwendig erscheinen. Diese Analyse besitzt zwar nicht die Feinheit und Vollständigkeit des Apparates der Sekundäranalyse, unterscheidet sich aber von dieser vorteilhaft durch den operativen Charakter der Bewertung konkreter Situationen. Ohne einen derartigen wird nicht nur die Sekundäranalyse erschwert, sondern auch die operative Bewertung der Funktionsergebnisse des AlSU, seine Testung und andere Arbeiten.

Eine der möglichen Lösungsmethoden dieses Problems ist in [103] dargelegt. Dieser auf einem Digitalrechner zu realisierenden Methode liegt die Idee der Verwendung des Flußdiagramms (des Graphen) des Programms zugrunde. Der Graph wird auf Transparentpapier gezeichnet[1]) und auf eine spezielle Anzeigetafel übertragen. Jedes Lämpchen der Anzeigetafel leuchtet bei Ausführung eines vorher ausgewählten charakteristischen Befehls auf. Der Wert dieser Methode besteht in ihrer Universalität, die dadurch erreicht wird, daß ein spezielles Programm jedes beliebige Arbeitsprogramm so modifiziert, daß sich anstelle der vom Bediener ausgewählten charakteristischen Befehle unbedingte Sprungbefehle zu einer bestimmten Adresse des Anzeigeprogramms befinden. Mittels dieser Adresse werden auch der gegebene charakteristische Befehl und der Rückkehrbefehl zum Arbeitsprogramm gespeichert. Wenn das Arbeitspro-

[1]) Das Blockschema wird so aufgezeichnet, daß in jedem Block der charakteristischen Befehle ein Lämpchen paßt.

gramm die Adressen erreicht hat, in denen sich die charakteristischen Befehle befinden, läßt ein spezieller Dekodierer die entsprechenden Lämpchen der Tafel aufleuchten. Die Reihenfolge ihres Aufleuchtens entspricht dem Lösungsablauf des Problems. Unter dem Gesichtspunkt der Benutzung im Analysesystem des AlSU besitzt die beschriebene Methode folgende Mängel: die unmögliche oder zumindest schwierige Beobachtung des Ablaufes von Programmen, die auf Rechnern mit hoher Arbeitsgeschwindigkeit in Echtzeit realisiert werden sowie die notwendige Schaffung spezieller Geräte (Anzeigetafel, Dekodierer usw.). Außerdem gibt die vorgelegte Methode, wenngleich sie eine gewisse Orientierung über den Ablauf im AlSU gestattet, nicht die Möglichkeit, Arbeitsergebnisse dieses oder jenes Blocks einzuschätzen. In der Tat sagt der bloße Fakt der Ausführung eines Blocks nichts über die Richtigkeit seiner Ausführung aus.

Deshalb war es notwendig, automatische Programme zu schaffen, die nicht nur die Berechnungstrajektorie im AlSU veranschaulichen, sondern auch einige Resultate fixieren (berechnen), um eine Bewertung der Arbeit des AlSU und seiner Teile zu ermöglichen. Wir werden derartige Resultate als verallgemeinerte Schnellinformation bezeichnen.

Das System zur Ausgabe der verallgemeinerten Schnellinformation besteht aus zwei Programmen: Erzeugung und Druck der Information. Die Kennzeichnung der charakteristischen Befehle und ihr Vergleich mit den Knoten des Graphen wird mit Hilfe des Programms zur Erzeugung der verallgemeinerten Schnellinformation realisiert, und die Anzeige der charakteristischen Befehle besteht in der Ausgabe der Nummern und der Resultate (Bewertungen) der Blöcke auf Lochband. Die wesentlichen Abschnitte des Arbeitsprogramms werden durch die Festlegung der charakteristischen Befehle gekennzeichnet. Die Auswahl der charakteristischen Befehle unterwirft man folgenden Beschränkungen:

— Ein charakteristischer Befehl ist ein Funktionsbefehl eines bestimmten Blockes des AlSU.

— Ein charakteristischer Befehl muß seinen Platz nach dem Programmteil einnehmen, in dem die für den jeweiligen Block charakteristischen Berechnungen beendet sind.

— Ein charakteristischer Befehl ist kein modifizierbarer Befehl.

Da die Aufstellung von Programmen zur Erzeugung und zum Druck verallgemeinerter Schnellinformation einleuchtend ist, werden deren Arbeitsprinzipien und Ablaufpläne nicht weiter betrachtet. Wir gehen hier ausführlicher auf die Auswahl von Kriterien zur Bewertung der Arbeit der Blöcke des AlSU ein. Im AlSU muß man das Funktionieren jedes Unterprogrammes (Blockes) in der Regel in zwei Stufen bewerten: Einschätzung des Funktionierens des Blockes im gegebenen j-ten Arbeitsschritt und Einschätzung seines Funktionierens während aller vorangegangenen $j - 1$ Arbeitsschritte. Demzufolge muß man im ersten Fall einige aktuelle Arbeitsergebnisse des Blockes benutzen, wogegen im zweiten Fall eine statistische Verarbeitung und Analyse der Gesamtheit solcher Resultate durchgeführt wird.

Es ist notwendig zu bemerken, daß im AlSU sowohl arithmetische Resultate, die sich in einer Zahl (bzw. einer Gesamtheit von Zahlen) ausdrücken, als auch logische Resultate, die sich in Merkmalen, Vorzeichen usw. ausdrücken, auftreten können. Selbstverständlich muß die Bewertung der arithmetischen und der logischen Resultate auf verschiedene Weise durchgeführt werden.

Besondere Aufmerksamkeit muß man der Anschaulichkeit der Bewertungsergebnisse des Funktionierens der Blöcke widmen, weil davon letztendlich die Flexibilität der Bewertung abhängt. Die geeignetste Form der Bewertung ist eine alternative Bewertung nach dem Prinzip „gut — schlecht" mit minimalem Zahlenmaterial zur Bestätigung der erhaltenen Schlußfolgerung.

Des weiteren muß das Bewertungssystem der Funktionsergebnisse der Blöcke so organisiert sein, daß die Bewertungen der gesuchten Größen sukzessive im Arbeitsablauf ohne spezielle Speicherung der gesamten Information über die Zustände des Prozesses gebildet werden. Es ist klar, daß aus den gleichen Gründen das System der verallgemeinerten Schnellinformation keine komplizierten statistischen Berechnungen, die durch Verteilungsgesetze usw. bestimmt werden, durchführen kann. Einfachheit und Kompaktheit sind notwendige Forderungen an das System zur Erzeugung der verallgemeinerten Schnellinformation, da es unter den Bedingungen eines Speicherdefizits des Rechners gemeinsam mit den Arbeitsblöcken des AlSU arbeiten muß. Deshalb kann man bei der Erzeugung verallgemeinerter Schnellinformation nur einfachste statistische Berechnungen mittels „sparsamer" Formeln verwenden.

Tabelle 12

Charakteristikum	Formel	Anmerkung
Wahrscheinlichkeit der Nichtdurchführung der Kontrolle	$P = \frac{m}{N}$	N Gesamtzahl der Punkte m Zahl der nichtkontrollierten Punkte
Mittelwert	$\alpha = \frac{1}{N} \sum_{i=1}^{N} \alpha_i$	$\alpha_i = x_i - x_k$ (siehe (30))
Varianz	$\sigma^2 = \frac{1}{N} \sum_{i=1}^{N} \alpha_i^2 - \frac{1}{N^2} \left(\sum_{i=1}^{N} \alpha_i \right)^2$	Es wird angenommen, daß ein dynamischer Fehler nicht existiert
Qualität einer Information		
gut	$P > P_v$	P_v ist die statistische Vergleichswahrscheinlichkeit
schlecht	$P \leqq P_v$	
Laufende Messung:		
unzuverlässig	$\alpha_i > \Delta$	siehe Formel (30)
zuverlässig	$\alpha_i \leqq \Delta$	

Die drei elementaren Charakteristika von Zufallsgrößen (die Wahrscheinlichkeit des Ereignisses, Mittelwert und Streuung) sind völlig ausreichend für jene Untersuchungsziele, die in der Ausgabe verallgemeinerter Schnellinformation zur qualitativen (wenn möglich, auch zur quantitativen) Charakterisierung der

Arbeit eines konkreten AlSU-Blockes nach dem Prinzip „gut — schlecht" bestehen.

Wir betrachten das Verfahren zur Bewertung des Funktionierens eines der typischsten Blöcke des AlSU, des Blockes zur Verarbeitung der Objektinformation. Dabei postulieren wir das Obenerwähnte als Forderung an das System zur Erzeugung verallgemeinerter Schnellinformation. In der Regel ist die Verarbeitung von Informationen über die Einrichtungen des ASU mit einer Kontrolle der Zuverlässigkeit dieser Informationen verbunden. Typische Kontrollmethoden sind die Kontrolle mit Hilfe von Vergleichswerten und die Kontrolle der reibungslosen Informationsveränderung. In beiden Fällen wird die Erfüllung der Ungleichung

$$|x_a - x_k| > \Delta \tag{30}$$

kontrolliert, wobei x_a und x_k dem aktuellen bzw. dem Kontrollwert bestimmter Koordinaten entsprechen. Δ ist die „Totzone" der Kontrolle.

Die Größe x_a wird kontrolliert, wenn die Bedingung (30) erfüllt ist. Im entgegengesetzten Fall wird sie nicht kontrolliert.

Eine vollständige Charakteristik (Bewertung) des Funktionierens eines Blockes zur Verarbeitung von Objektinformationen kann wie in Tabelle 12 dargestellt werden, die in Form von sechs Zahlen ausgedruckt wird.

Mit Hilfe einer analogen Methodik kann man das Funktionieren beliebiger Blöcke, die mit einer Kontrolle der Zuverlässigkeit der Informationen verbunden sind, bewerten. Infolge der Mannigfaltigkeit der Blöcke des AlSU und ihrer Funktionen ist es unmöglich, irgendeine allgemeine Empfehlung über die Zusammensetzung der verallgemeinerten Schnellinformation, die diese Blöcke charakterisiert, zu geben, da es in jedem Fall eine ganz konkrete Information sein wird, die durch die Rolle, die Funktion und die Verbindungen des jeweiligen Blockes bestimmt wird. Aus den vorangegangenen Betrachtungen ergibt sich, der Hauptvorteil der verallgemeinerten Schnellinformation in ihrer einfachen Erzeugung und der Flexibilität des Systems besteht. Deshalb darf man aber nicht annehmen, daß ihre Zusammensetzung ein für allemal vorgegeben und unveränderlich ist. Im Gegenteil, die verallgemeinerte Schnellinformation wird immer das beweglichste Mittel zur Bewertung des Prozeßablaufes eines AlSU sein, und ihr Umfang kann erst nach einer ganzen Anzahl von Experimenten festgestellt werden.

9.8. Einige spezielle Untersuchungsprogramme

Das **Programm zur Aufstellung der Berührungsmatrizen** arbeitet mit dem Speicher des Rechners in seinem statischen Zustand und trägt die verkürzte Berührungsmatrix in einen vorgegebenen Speicherbereich ein. Wie schon in Kapitel 7 gezeigt wurde, sind die Elemente der verkürzten Berührungsmatrix die Adressen der bedingten Sprungbefehle, und die Matrix definiert die Verbindungen zwischen ihnen. Das Programm zur Aufstellung der Berührungsmatrizen ist in der Lage:

— die verkürzte Berührungsmatrix des untersuchten Programms aufzustellen, zu fixieren und auszudrucken,

— bestimmte Informationen über die Programmstruktur, die für die Untersuchung von Interesse sind, auszudrucken,

— eine Statistik über die benutzten Befehlsarten aufzustellen.

Das angegebene Programm kann wie folgt benutzt werden:

— zur Gewinnung einer formalen Aufzeichnung der Programmstruktur, die für eine automatische Verarbeitung und Analyse auf einem Digitalrechner sehr bequem ist,

— zum Aufbau von Graphen (Blockschemata) der untersuchten Programme, darunter auch (nach einer gewissen Modernisierung) für die automatische Programmdokumentation. Ein verallgemeinertes Blockschema des Programms ist in Abb. 41 angegeben.

Der Arbeitsalgorithmus des Programms zur Aufstellung der Berührungsmatrizen ist einfach und besteht im folgenden: Es wird jede Textzeile des untersuchten Programms (Speicherzelle) durchgesehen. Wenn die j-te Zeile kein bedingter Sprungbefehl ist, wird die $(j + 1)$-te Zeile analysiert. Ist die j-te Zeile jedoch ein bedingter Sprungbefehl, wird ihre Adresse fixiert und die Suche nach den bedingten Sprüngen, die dem bedingten Sprung der j-ten Zeile, entsprechend seinen Ausgängen „JA“ und „NEIN“, benachbart sind, organisiert. Danach wird ebenfalls die $(j + 1)$-te Zeile durchgesehen, und der ganze Prozeß beginnt von vorn. Die Aufstellung der verkürzten Berührungsmatrix ist mit der Durchsicht der μ-ten Textzeile, die mit der vorgegebenen Grenze der Speicherdurchsicht übereinstimmt, beendet.

Wie erinnern daran, daß bedingte Sprungbefehle in der Regel auf folgende Weise arbeiten: Bei Erfüllung einer bestimmten, durch den Typ des bedingten Sprunges definierten Bedingung (Ausgang „JA“) wird die natürliche Reihenfolge der Befehlsabarbeitung des Rechners unterbrochen, und die Berechnungen werden an einer gewissen Adresse α fortgesetzt, die im bedingten Sprungbefehl festgelegt worden ist. Bei Nichterfüllung der Bedingung (Ausgang „NEIN“) wird die natürliche Reihenfolge der Befehlsabarbeitung im Rechner beibehalten.

Zur besseren Anschaulichkeit der folgenden Darlegungen schreiben wir an den Ausgang „NEIN“ eine 1 und an den Ausgang „JA“ eine 2. Dann besitzt das Zeilenformat der verkürzten Berührungsmatrix für einen Dreiadreßrechner folgende Form: $\beta_i A_{1i} A_{2i}$, wobei β_i die Adresse des i-ten bedingten Sprunges und A_{1i} und A_{2i} die dem i-ten Sprung benachbarten Adressen, entsprechend der Ausgänge 1 und 2 sind.

Wir geben hier eine kurze Beschreibung des Programmablaufplanes in Abb. 41 an. Es erfolgt eine Wiederherstellung des Programmes in den Ausgangszustand, und die Marke „Drucken?“ wird geprüft. Bei Negierung dieser Bedingung werden alle Druckbefehle des Programmes zur Aufstellung der Berührungsmatrizen blockiert. Danach erfolgt die Abarbeitung des eigentlichen Programmes.

γ wird auf γ_0 gestellt und die Anfangsadresse A sowie die Endadresse E der Speicherdurchsicht werden bestimmt und fixiert. Über die Adresse $A - 1$ erfolgt das Abtasten der ersten Textzeile des zu untersuchenden Programmes, und der Abtastbefehl verändert seine Adresse zum Abtasten der nächsten Zeile. Wenn $\gamma - \gamma_0$ ist, wird überprüft, ob das Ende E der Durchsicht erreicht ist. Bei Bejahung wird die vollständige verkürzte Berührungsmatrix, die im Speicher fixiert ist, ausgedruckt. Anderenfalls wird die Zeilenanalyse des betrachteten Textes fortgesetzt. Ist die Zeile weder ein unbedingter Sprung noch ein bedingter Sprung, wird nach β_1 gesprungen, und das Abtasten der nächsten Zeile durchgeführt.

Jetzt sei eine bestimmte Zeile ein unbedingter Sprungbefehl. Es ist klar, daß diese Tatsache für $\gamma = \gamma_0$ ignoriert wird, da es das Ziel des betrachteten Prozesses ist, den ersten bedingten Sprungbefehl des untersuchten Programmes zu finden. Da gewisse, für die Untersuchung interessante Wirkungen des Programmes vor Auftreten des ersten bedingten Sprunges möglich sind, wurde in das Programm zur Aufstellung der Berührungsmatrizen ein sogenannter fiktiver bedingter Startsprung eingeführt, der die Adresse $A - 1$ besitzt. Der Ausgang „JA“ dieses fiktiven bedingten Sprunges besitzt ebenfalls die Adresse $A - 1$, so daß der Anfangsteil des untersuchten Programmes genauso wie alle übrigen Teile analysiert wird.

Nun sei der erste bedingte Sprung gefunden, und das Programm zur Aufstellung der Berührungsmatrizen springt in Abhängigkeit vom Wert von γ zum entsprechenden Programmteil. Im betrachteten Fall ist $\gamma = \gamma_0$. Beim Sprung nach γ_0 wird die Adresse β_i gebildet (siehe Zeilenformat der verkürzten Berührungsmatrix) und die Anfangsadresse der Suche entlang des Zweiges 1 des gefundenen bedingten Sprunges β_i bestimmt. Die Suche entlang des Zweiges 1 wird analog zum beschriebenen Verfahren durchgeführt. Es verändert sich jedoch die Logik der Reaktion auf unbedingte Sprungbefehle. Bei $\gamma \neq \gamma_0$ wird bei Entdeckung eines unbedingten Sprungbefehles eine „Färbung“ des Befehls durch den Wert von γ vorgenommen, so daß man nach dem Druck der Adresse des unbedingten Sprunges bestimmen kann, in welchem Zweig (1 oder 2) dieser Befehl steht, Für $\gamma = \gamma_0$ wird nach der Feststellung des unbedingten Sprungbefehles nach der entsprechenden Adresse, die durch ihn bestimmt wird, gesprungen und die Suche nach einem bedingten Sprungbefehl fortgesetzt. Nach Feststellung eines bedingten Sprungbefehles werden die entsprechenden A_{1i} und A_{2i} der Matrixzeile gebildet.

Die verkürzte Berührungsmatrix kann zeilenweise ausgedruckt werden. Zur Erleichterung des Aufbaus des Graphen mittels der verkürzten Berührungsmatrix wird zusammen mit den Zeilen die sogenannte „Vorhersage“ ausgedruckt, die darauf hinweist, ob die Adressen A_{1i} und A_{2i} der Zeile schon früher benutzt (verzeichnet) worden sind. Zur Bildung der „Vorhersage“ werden alle bis zum gegebenen Zeitpunkt schon vorhandenen Zeilen auf die Existenz der Adressen A_{1i} und A_{2i} durchgesehen.

Abschließend führen wir alle im Programm zur Aufstellung der Berührungsmatrizen verwendeten Druckformen auf: Druck einer Zeile der verkürzten Berührungsmatrix mit der „Vorhersage", Druck aller unbedingten Sprünge mit Zweigmarkierung und Adresse, Druck aller modifizierbaren Sprünge mit

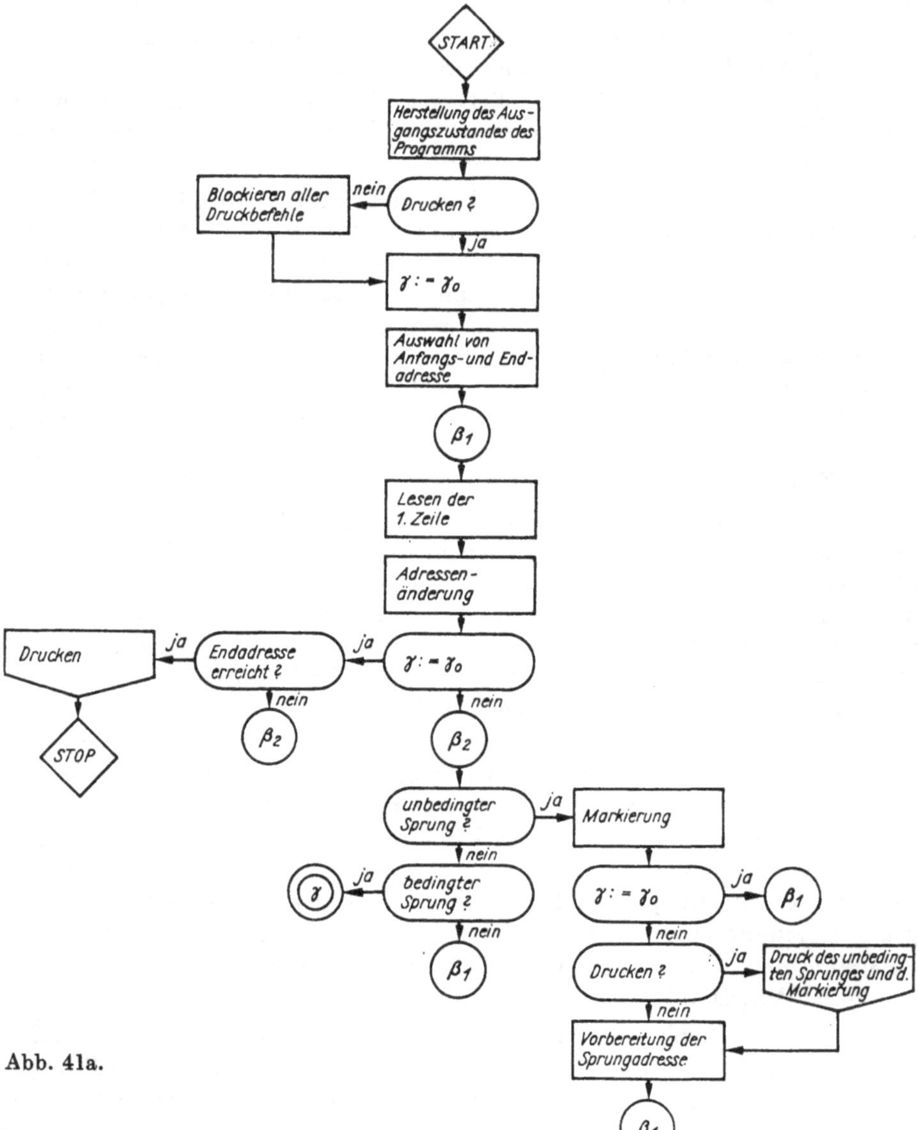

Abb. 41a.

Abb. 41. Der Programmablaufplan des Programms zur Aufstellung der Berührungsmatrizen

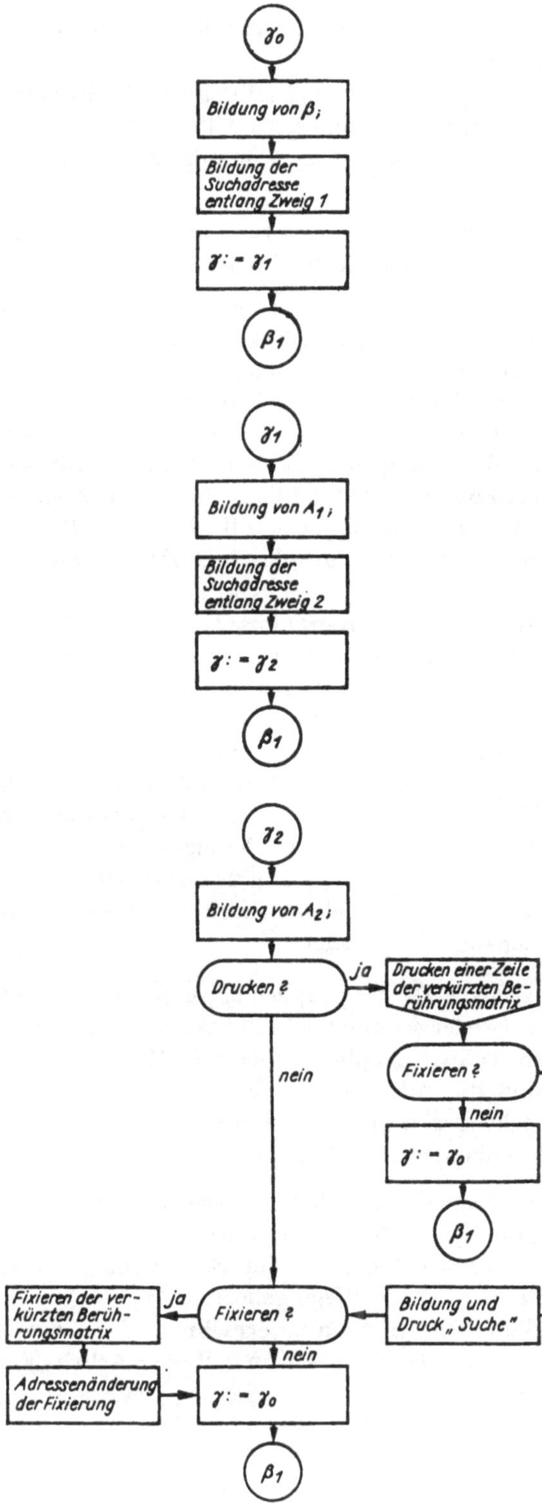
γ_0
Bildung von β_i
Bildung der Suchadresse entlang Zweig 1
$\gamma := \gamma_1$
β_1
γ_1
Bildung von A_1;
Bildung der Suchadresse entlang Zweig 2
$\gamma := \gamma_2$
β_1
γ_2
Bildung von A_2;
Drucken ?
ja
Drucken einer Zeile der verkürzten Berührungsmatrix
Fixieren ?
ja
nein
$\gamma := \gamma_0$
β_1
nein
Fixieren der verkürzten Berührungsmatrix
ja
Fixieren ?
Bildung und Druck „Suche"
nein
Adressenänderung der Fixierung
$\gamma := \gamma_0$
β_1

Abb. 41b.

Adresse, Druck aller Operationen, die mit der Modifikation der Programmbefehle zusammenhängen.

Der Umfang des Programms zur Aufstellung der Berührungsmatrizen beträgt etwa 300 Speicherzellen eines Rechners vom Typ M-20. Die Zeit zur Aufstellung der Matrix hängt von der logischen Kompliziertheit des untersuchten Programmes ab.

Wir geben noch einige Empfehlungen zur Vervollkommnung des Programmes zur Erhöhung der Anschaulichkeit der Programmablaufpläne:

1. Bei Vorhandensein von Fernschreibern können die Standardlegenden auf Papier ausgedruckt werden, wenn im Text des zu analysierenden Programmes Befehle enthalten sind, die auf eine bestimmte Form der Erläuterung hinweisen. Es ist bemerkenswert, daß man bei der Programmierung Sprachen verwendet, die es fast alle gestatten, in den Kode Erklärungen einzufügen, durch die ein Programmcompiler überflüssig wird. Deshalb kann der Aufbau der zu kommentierenden Programmabläufe auf der Ebene der Eingangssprache durchgeführt werden, wenn der Programmcompiler den Kode für die Maschine und das Programm der Dokumentation und graphischen Darstellung für den Menschen übersetzt.

2. Die Anschaulichkeit des Programmablaufplanes wird um vieles erhöht, wenn in ihm die differenzierte Bedeutung der einzelnen Wege betont wird. In der Tat ist in großen AlSU ein Weg wichtiger als ein anderer in dem Sinne, daß die Bewegung entlang dieses Weges intensiver ist. Beispielsweise werden ständig die Blöcke zur Informationsaufnahme und -ausgabe sowie die Blöcke zur Informationsverarbeitung benutzt. Andere Befehle benutzt man in bestimmten Abständen (Ende der Arbeit, Druck der Endergebnisse), und einige Befehle werden fast niemals benutzt (besondere Bedingungen beim Auftreten von Störungen). Wenn alle diese Informationen in das Blockschema eingetragen werden (z. B. in Form von Linien verschiedener Stärke), könnte die Programmstruktur dem Verständnis zugänglicher werden.

Das **Programm zur Analyse der Graphen** arbeitet mit den Berührungsmatrizen der Graphen, die entweder automatisch im Speicher des Rechners abgenommen werden (s. vorigen Teilparagraphen) oder mit Hand aufgestellt werden. Die Matrixelemente sind die Adressen der bedingten Sprungbefehle oder andere durch den Untersuchenden festgesetzte Punkte des Programms. Das Programm zur Analyse der Graphen ermöglicht:

— alle einfachen Wege des Graphen zu bestimmen und auszudrucken,

— alle Kanten, die Zyklen bilden, zu bestimmen,

— die bedingte Wahrscheinlichkeit der Benutzung jeder Kante zu bestimmen, die zur Menge der echten Wege gehört,

— die Überdeckung des Graphen zu errechnen, d. h., das Minimum an Experimenten zur Gewährleistung einer Kontrolle der Arbeitsfähigkeit des untersuchten Programms.

Die angegebenen Möglichkeiten des Analyseprogramms erlauben seine Verwendung bei der Analyse der Programmgraphen (insbesondere bei Problemen der Bestimmung von Isomorphie und Annehmbarkeit der Graphen sowie zur Bestimmung der minimalen Überdeckung), bei Arbeiten, die mit der Analyse der Netzwerkgraphik zusammenhängen und bei der Lösung anderer Aufgaben, die mit den Struktur- oder Funktionsgraphen zu tun haben.

Den Arbeitsalgorithmus des Programms zur Analyse der Graphen betrachten wir an einem einfachen Beispiel. Dabei bezeichnen wir mit s (6100) den ersten bedingten Sprung und mit f (6600) den letzten. Die für das Programm verwendete Ausgangsmatrix habe die Form

6100	6200	6100
6200	6231	6240
6231	6454	6240
6240	6242	6301
6242	6200	6301
6301	6231	6454
6454	6242	6600

Die Umformung der Matrix erfolgt etappenweise. In der ersten Etappe (der Zerlegung der Matrix in Kanten) werden Paare der folgenden Form gebildet:

6100	6200
6100	6100
6200	6231
6200	6240
. . . .	.
6454	6242
6454	6600

Wenn die Ordnung der Matrix N ist, gibt es $2N$ Paare. Diese $2N$ Paare verdoppelt man, d. h., es werden $4N$ Paare gebildet, dir auch im folgenden zur Bildung von Tripeln (den Wegen, die durch drei Knoten des Graphen führen) benutzt werden.

6100	6200	6231
6100	6200	6240
6200	6231	6454
6200	6231	6240
6200	6240	6242
6200	6240	6301
. . . .	. . . .	. .
6454	6242	6200
6454	6242	6301
6454	6600	0000
6454	6600	0000

Selbstverständlich werden bei der Bildung der Tripel Schlingen und Hängeknoten (Adressen bedingter Sprünge, die außerhalb des Adressenfeldes liegen, das die Berührungsmatrix bestimmt) ausgesondert und gedruckt. Außerdem werden Wege und Zyklen der Länge drei herausgesucht und gedruckt. Die entsprechenden Adressen der Tripel werden annulliert und im Block zur Einsparung von Tripeln erfolgt eine Verdichtung des Feldes der Tripel, derart, daß alle annullierten Adressen aufgefüllt werden. Dann erfolgt eine sogenannte Ordnungsverminderung der Tripel, die in der Subtraktion der Anfangsadresse des Graphen ($s - 1$) von allen Tripelelementen besteht. Das wird durch die Notwendigkeit bedingt, die höchsten Stellen aller Speicherzellen der Tripel für die Aufnahme der entsprechenden Marken freizumachen. Nach der Verminderung der Ordnung erhalten wir:

0001	0101	0132
0001	0101	0141
0101	0132	0355
0101	0132	0141
0101	0141	0143
0101	0141	0202
...	...	...
0355	0143	0101
0355	0143	0202
0355	0501	0000
0355	0501	0000

Jetzt besteht der Prozeß der Bestimmung einfacher Wege in der Kombination der Tripel. Wir führen als Beispiel einige Schritte des Algorithmus' an. Wir nehmen die erste Zeile der Tripel und markieren alle Tripel, in denen die Adressen des ersten Tripels auftreten. Die Adressen der gekennzeichneten Tripel werden in eine Tabelle der markierten Adressen eingetragen. Weiterhin wird in der ersten Spalte der Tripel die nichtmarkierte Adresse gesucht, die mit der Adresse der dritten Spalte des ersten Tripels übereinstimmt. Ist diese gefunden, erfolgt eine Kennzeichnung der Tripel, in denen die Adressen der gefundenen Zeile auftreten. Insbesondere erhalten wir folgenden Teilweg:

0001	0101	0132
0132	0355	0143

Das Element 0143 ist überall gekennzeichnet, folglich ist eine Fortsetzung der Suche in dieser Richtung sinnlos. Es wird das Zeichen „Sackgasse" ausgegeben, und es werden die Tripel blockiert, die durch die Adressen der letzten Zeile markiert sind. Als mögliche Fortsetzung wird ein Tripel benutzt, das nach dem eben genannten Tripel vorkommt. Die gesamte beschriebene Prozedur wird wiederholt, und als Ergebnis erhält man den ersten einfachen Weg:

0001	0101	0132
0132	0355	0501

Dieser Weg wird unter Wiederherstellung der Anfangsadresse gedruckt, und als Fortsetzung wird die auf das Element 0132 folgende Zeile gewählt. Es ergibt sich der zweite einfache Weg:

0001	0101	0132
0132	0141	0143
0143	0202	0355
0355	0501	0000

Das darauffolgende Verfahren ist analog.

Jede Kante (Adressenpaar) befördert den sogenannten Strom, dessen Größe sich um eine Einheit bei jedem Vorkommen der Kante in einem einfachen Weg erhöht. Selbstverständlich befördern die Kanten, die Elementarzyklen abschließen, den Nullstrom.

Das Verfahren zur Bestimmung der einfachen Wege ist abgeschlossen, wenn die Elemente der Tripel, die mit der Adresse s beginnen erschöpft sind. Die Paare werden mit den Strömen, die die Beziehung

$$\Sigma \Pi^{(+)}(x_i) = \Sigma \Pi^{(-)}(x_i)\,, \tag{31}$$

erfüllen müssen (d. h., der in den Knoten x_i eingehende Strom muß gleich dem aus x_i austretenden Strom sein), ausgedruckt.

Ferner wird die Wahrscheinlichkeit der Benutzung jeder Kante berechnet und ausgedruckt:

$$p(x_i, x_j) = \frac{\Pi(x_i, x_j)}{\Sigma \Pi^{(-)}(x_i)}.$$

Die letzte Etappe ist die Bestimmung der sogenannten minimalen Überdeckung, d. h., des minimalen Stromes an jeder Kante, die in einfache Wege mündet. Diese Ströme genügen selbstverständlich der Beziehung (31). Der aus s austretende Strom ist gleich der minimalen Anzahl von Experimenten, die für wenigstens einen Durchlauf aller echten Kanten des Graphen notwendig sind. Die Kanten, die den Nullstrom befördern, schließen Zyklen ab und können bei der Planung von Experimenten mit dem Programm weggelassen werden.

Im betrachteten Beispiel wurde ein Graph mit einem Eingang und einem Ausgang dargestellt. Für m Eingänge und n Ausgänge ist das Verfahren analog und führt zur Analyse von $1 = mn$ Graphen. Dabei werden spezielle Adressentabellen der Ein- und Ausgänge verwendet. Besondere Beachtung verdienen zwei Fälle: 1. Im Graphen existieren autonome Untergraphen (z. B. mehrfach benutzte Standardblöcke). 2. Der Graph besitzt eine gewisse Teilmenge von Knoten, die nicht in die Menge der einfachen Wege münden. Der erste Fall ist elementar: Zur Bestimmung der autonomen Untergraphen benutzt man den in Kapitel 7 beschriebenen Algorithmus, und für ihre Analyse legt man autonome Ein- und Ausgänge fest. Der zweite Fall ist weniger trivial und erfordert eine kompliziertere Analyse.

Als Beispiel betrachten wir die sogenannten „Hängematten". Das sind Untergraphen von denen kein einziges Element in einen einfachen Weg mündet (Abb. 42).

Eine „Hängematte" enthält natürlich keine einfachen Wege, weil sie im Knoten α beginnt und endet, der zur Menge der einfachen Wege gehört (gestrichelte Linie in Abb. 42). Selbstverständlich darf man derartige Untergraphen

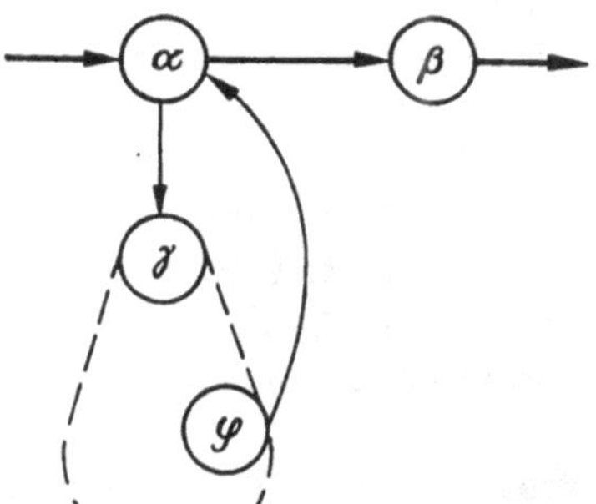

Abb. 42. Ein Graph mit „Hängematte": φ ist der Ausgangsknoten aus der „Hängematte"

nicht aus der Analyse ausschließen. Sie können eine beträchtliche Anzahl von Knoten enthalten, und die Planung von Experimenten mit dem Programm würde unkorrekt werden. Das Programm zur Analyse der Graphen geht in diesem Fall folgendermaßen vor: Nach Analyse des Graphen vom Haupteingang s bis zum Ausgang f wird der Kopplungsknoten der „Hängematte" mit dem Hauptgraphen ermittelt. Im betrachteten Beispiel ist das der Knoten α. Dann wird der einzige ihm inzidente Knoten γ, der nicht zur Menge der einfachen Wege gehört, als Zusatzeingang des zu analysierenden Graphen betrachtet. Selbstverständlich wird keine erneute Analyse des Graphen durchgeführt, aber es befinden sich einfache Wege zwischen α und φ, deren Ströme bei der Berechnung der minimalen Überdeckung berücksichtigt werden. Die minimalen Ströme an jeder Kante werden ausgedruckt. Danach ist die Arbeit des Programms zur Analyse der Graphen beendet.

Das Programm zur Analyse der Graphen benötigt für den eigentlichen Programmtext 672 Zellen des Arbeitsspeichers eines Rechners des Typs M-20. Das Arbeitsfeld des Programms hat folgende Struktur:

Feld der Teilwege	Paare	Tripel	Markierte Adressen

Zum Feld der Teilwege gehören γ_1 Speicherzellen, wobei $\gamma_1 \leqq l_{\max}$ ist, wenn $l_{\max}$ die maximale Weglänge im Graphen ist. Das Feld der Anfangsmatrix der Ordnung N wird danach für die Bildung der $2N$ Paare benutzt, ferner wird ein Tripelfeld vom Umfang $4N$ und ein Feld der markierten Adressen mit dem Umfang $\gamma_2 \leqq l_{\max}$ aufgestellt. Somit übersteigt das Arbeitsfeld des Programms nicht die Anzahl von $G = 6N + 2l_{\max}$ Speicherzellen. Damit kann der Algorithmus des Programms durchaus als wirtschaftlich angesehen werden.

Die Anfangsadressierung der aufgezählten Files der Arbeitsfelder erfolgt automatisch, so daß die Arbeit mit dem Analyseprogramm bedeutend erleichtert wird. Das Programm ist genügend schnell, da eine vollständige Analyse einer Berührungsmatrix der Ordnung 100 ohne Druck 12,5 Minuten auf einem Rechner des Typs M-20 in Anspruch nimmt. Dabei sind 1476 einfache Wege und 6 Wege minimaler Überdeckung gefunden worden.

Das **Protokollprogramm** ist ein traditionelles und beliebtes Testmittel [62]. Das Wesen seiner Arbeit besteht in der programmierten Ausführung jedes Befehls des untersuchten Programms und des Druckes jeder Information, die diesen Prozeß charakterisiert. Es ist klar, daß hier jeder Befehl des untersuchten Programms als Pseudobefehl bei Benutzung einer Interpretationsmethode betrachtet wird. Gerade die Möglichkeit, Informationen über die Befehlsausführung zu erhalten, zwingt dazu, den Prozeß der Befehlsausführung bestimmter bedingter Sprungbefehle durch einen Rechner auf demselben Rechner zu modellieren.

Die Anwendung derartiger Interpretationsprogramme ist bedeutend effektiver als beispielsweise manuelle Arbeit in Zyklen, bei der der Bediener zwar auch den Prozeß der Befehlsausführung sieht, aber nicht die Möglichkeit hat, alle Informationen in anschaulicher Form festzuhalten (z. B. in Dezimalform). Kurz gesagt besteht das Protokollprogramm aus drei großen Teilen: Dechiffrierung des Befehlskodes, Aufstellung von Standardprogrammen zur Interpretation der Befehle sowie Blöcke für Druck und Analyse. Wir gehen nicht auf Einzelheiten der Organisation des Programms ein. Zur Darstellung seiner Möglichkeiten geben wir eine Liste der auszudruckenden Informationen für eine seiner

Varianten an, die auf einem Rechner mit automatischer Befehlsmodifikation realisiert wird. Je nach Wunsch des Programmierers können folgende Informationen über jeden auszuführenden Befehl gedruckt werden:

- die Adresse des auszuführenden Befehls,
- die Form des Befehls bis zur Modifikation,
- die Form des Modifikators,
- die Form des Befehls nach der Modifikation,
- der Inhalt der Befehlsadressen in Oktal- oder Dezimalform,
- das Ergebnis der Befehlsausführung in Oktal- oder Dezimalform.

Das Protokollprogramm kann eine Reihe spezieller Arbeitszustände besitzen: Halt nach der Ausführung jedes Befehls, Halt durch Stoppadresse, Druck der Sprungbefehle, Druck von Befehlen aus einem vorgegebenen Feld, Ausführung des Programms ohne Druck usw. Häufig wird dieser Programmart die Arbeit zur Signalisierung der Verletzung gewisser Programmierungsgrundsätze übertragen: Überlauf des Stellenbereiches, Verwendung einer Zahl vor ihrer Einspeisung usw.

Die wesentlichsten Mängel sind die enorme Verzögerung des Prozesses der Ausführung des untersuchten Programms, die zu geringe Anschaulichkeit des ausgegebenen Materials und die Beschränkung auf die auszuführenden Befehlsarten, So kann kein Aufrufbefehl an periphere Geräte, die in Echtzeit synchron laufen. während der Interpretation und des sie begleitenden Drucks, ausgeführt werden.

Die Protokollprogramme können doppelte Anwendung finden: bei lokalen und bei globalen Erprobungen der Blöcke des AlSU.

Somit bildet die Gesamtheit aller drei betrachteten Programmsysteme den Apparat zur Analyse des AlSU. Mit ihrer Hilfe ist der Untersuchende in der Lage:

— das Funktionieren des AlSU während der Simulation des Originals nach einem algorithmischen Modell zu verfolgen, d. h., zu jedem Zeitpunkt zu erkennen, in welchem Teil (Block) das AlSU arbeitet und wie die Bewertung der Arbeit des Blockes ist; diese Möglichkeit erhält der Untersuchende durch das System zur Bildung der verallgemeinerten Schnellinformation,

— Schnellinformationen jedes vorgegebenen Detaillierungsgrades bis zur Ausgabe des Ergebnisses der Ausführung besonders ausgewählter Befehle zu erhalten. Diese Möglichkeit ergibt sich im Zusammenhang mit der Schaffung eines algorithmischen Modells (s. Kapitel 6, § 2),

— das Tempo der Simulation des Originals und den Umfang der auszugebenden Schnellinformation im Simulationsprozeß zu steuern, was durch die Konstruktion von algorithmischen Modellsystemen und verallgemeinerter Schnellinformation gewährleistet wird,

— die Funktion des AlSU im Operationsoriginal so oft zu reproduzieren, wie es für die detaillierte Untersuchung der Dynamik des Funktionierens des AlSU notwendig ist,

– mit Hilfe des Systems der algorithmischen Schnellinformation Informationen zu erhalten, die die Berechnungstrajektorie im AlSU in jedem Zeitpunkt seines Ablaufes charakterisieren,

– durch im System der algorithmischen Schnellinformation enthaltene Programme eine Statistik über die Berechnungstrajektorie aufzustellen.

Trotz der umfangreichen Möglichkeiten ist der Analyseapparat einfach und erfordert keine außergewöhnliche Speicherkapazität des Rechners sowie vertretbare Rechenzeit. Einige Schwierigkeiten ergeben sich bei der Schaffung einer einzelnen, sogenannten Testvariante des AlSU die mit der Arbeitsvariante funktionell identisch ist, jedoch im Unterschied zu dieser durch die drei beschriebenen Systeme erweitert ist.

9.9. Ein Beispiel der Organisation globaler Erprobungen

Wenn von der Organisation globaler Erprobungen des AlSU die Rede ist, beabsichtigt man vor allem die Organisation von Erprobungen durch Modelle. Ein mögliches Schema der Organisation globaler Erprobungen ist in Abb. 43 dargestellt. Wir werden noch kurz den Prozeß der modellmäßigen Erprobungen beschreiben, da alles Wissenswerte darüber bereits früher erwähnt wurde.

Der Prozeß der globalen Erprobungen kann in drei Etappen unterteilt werden: Vorbereitung der Erprobung mittels Modellen, das eigentliche Experiment und die Beurteilung der Vollständigkeit der Erprobungen mit Hilfe von Modellen.

Die erste Etappe umfaßt die Auswahl verallgemeinerter Qualitätskennziffern des AlSU, die Organisation des komplexen Prüf- und Simulationsmodells und die Planung der Eingangsgrößen. Alle diese Fragen wurden bereits erörtert.

Die zweite Etappe besteht in der Durchführung von Erprobungen mittels des ausgewählten Graphen und in der Durchführung einer Analyse zur Bewertung der Erprobungsergebnisse. Es sind mindestens vier Schemata zur Organisation eines Experimentes möglich:

1. Verwendung realer Elemente des AlSU,
2. Simulation verschiedener Ablaufzustände des AlSU unter Benutzung der Simulationseinrichtung,
3. statistische Modellierung mit Hilfe des komplexen Prüf- und Simulationsmodells,
4. Kombination dieser drei Schemata.

Das erste und das dritte Schema können für globale Erprobungen des AlSU, und das zweite und vierte können zur Analyse der Erprobungsergebnisse und zur Vervollkommnung des AlSU verwendet werden.

Wenn die Erprobungen mittels des ersten oder des dritten Schemas durchgeführt werden, ist die Durchführungsmethodik jedesmal dieselbe:

1. Mittels vorgegebener Anfangsbedingungen wird das AlSU eingegeben, und die Einrichtungen des ASU oder deren Simulationseinrichtungen nehmen ihren vorgegebenen Betriebszustand an.

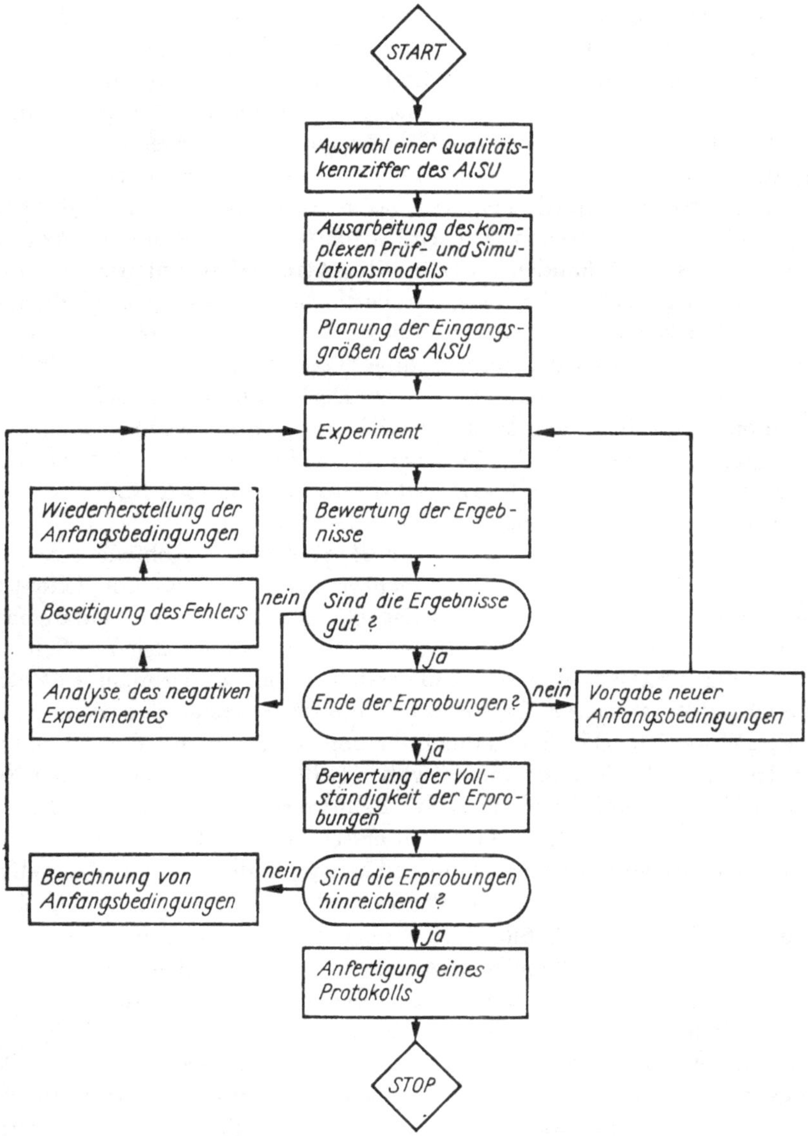

Abb. 43. Ein Flußdiagramm zur Organisation globaler Erprobungen

2. Der Ablauf des Modells beginnt gemäß einem angenommenen Zeitdiagramm, in dessen Verlauf die Fixierung der Informationen für die Simulation organisiert wird (im ersten Schema im AlSU; im dritten Schema im AlSU und in den Programmen der Objektsimulatoren). Die Notwendigkeit zweier Simulationssysteme ist offensichtlich: Beide Programmsysteme (das AlSU und die Objektsimulatoren) können Fehler enthalten. Für die Verteilung der Verantwortung

und die Geschwindigkeit der Analyse ist es wünschenswert, verschiedene Simulationssysteme zu besitzen.

3. Wenn das Experiment bis zum Ende durchgeführt worden ist, (die Zeitbilanz des ASU erschöpft ist), wird die Analyse der Ergebnisse organisiert. Anderenfalls beginnt die Analyse der Ursachen der Nichtfortsetzung des Experiments unter Verwendung der algorithmischen Schnellinformation. Man darf jedoch nicht denken, daß die Fehlersuche im AlSU oder in den Objektsimulatoren ein schneller und ergebnisreicher Prozeß ist, selbst wenn ein Programmapparat zur Analyse vorhanden ist. In der Regel treten bei Modell-Experimenten selten elementare technische Programmierungsfehler auf (die folglich auch schnell beseitigt werden). Typischer sind die Fälle des Auftretens prinzipieller Fehler: falsche Realisierung infolge ungenauer Deutung des Algorithmus', Unkorrektheit des Algorithmus' selbst usw. Deshalb darf man sich den Prozeß der Erprobung mit Hilfe von Modellen nicht als kontinuierlichen Prozeß über einem begrenzten Zeitintervall, der nach Stunden gemessen wird, vorstellen. In der Regel ist das ein langwieriger diskreter Prozeß mit Unterbrechungen und mehrmaliger Wiederholung von Experimenten.

Man muß dabei auch beachten, daß die Möglichkeit, verschiedene Schemata zur Durchführung von Modell-Experimenten zu verwenden, die Effektivität der Fehlersuche erhöht. Erhält man beispielsweise bei gewissen Anfangsbedingungen eines Experimentes mittels des dritten Schemas eine Ausgabe „Schlecht", kann man zur Lokalisierung der Unkorrektheit ein Experiment mittels des ersten Schemas organisieren. Ergibt sich in diesem Schema die Ausgabe „Gut", liegt der Fehler höchstwahrscheinlich in den Programmen der Objektsimulatoren des ASU. Wird jedoch die Ausgabe „Schlecht" bestätigt, ist der Fehler mit großer Wahrscheinlichkeit im AlSU. Selbstverständlich ist auch die umgekehrte Variante möglich: Übergang vom ersten zum dritten Schema.

Natürlich kann man keine erschöpfenden Empfehlungen zur Methodik der Fehlersuche im AlSU während des Prozesses der Erprobungen durch Modelle geben, da in jeder konkreten Situation ein bestimmtes Verfahren notwendig ist, das vom Geschick des Bedienungspersonals, von der Struktur des Modells und dem Typ des ASU abhängt. Die einzige objektive Tatsache, die noch einmal betont werden muß, besteht darin, daß globale Erprobungen eines AlSU grundsätzlich schwer durchzuführen sind. Ohne die Organisation eines komplexen Prüf- und Simulationsmodells sind sie jedoch noch schwieriger durchzuführen.

4. Die globalen Modell-Erprobungen sind im wesentlichen beendet, wenn die Menge der für die Durchführung ausgewählten Anfangsbedingungen erschöpft ist, die aufgetretenen Fehler des AlSU gefunden und beseitigt worden sind und alle Experimente positiven Ausgang haben. Die endgültige Entscheidung über die Einstellung oder die Fortsetzung der Experimente kann jedoch erst nach der Beurteilung ihrer Vollständigkeit getroffen werden.

Die Etappe der Beurteilung der Vollständigkeit hat das Endziel, die Frage nach der Hinlänglichkeit der Zahl der durchgeführten Experimente zu beantworten. Es wurde schon festgestellt, daß die auszuwählende Zahl von Experimenten aus der Tatsache der Überdeckung des gesamten möglichen Eingangsbereiches des AlSU in realer Umgebung folgt. Ob diese Experimente jedoch ausreichend sind, kann nur nach Analyse der Materialien über den Durchlauf aller Abschnitte des AlSU festgestellt werden. Dieses Problem werden wir jetzt ausführlicher betrachten.

Wegen der Kompliziertheit des AlSU ist die Verwendung bestimmter, teilweise automatisierter Analysemethoden ausgeschlossen. Selbst wenn angenommen wird, daß Informationen über die Berechnungstrajektorie (algorithmische Schnellinformation) oder das Protokoll der Testung vorliegen und die Berührungsmatrix des AlSU aufgestellt ist, wird bei manueller Ausstreichung der abgearbeiteten Matrixelemente viel Zeit benötigt. Die Automatisierung der Analyse der Materialien über die Berechnungstrajektorie während der globalen Erprobungen kann in folgendem bestehen:

1. Unter Verwendung des Programms zur Aufstellung der Berührungsmatrizen erstellt und fixiert man die verkürzte Berührungsmatrix des gesamten AlSU in seinem statischen Zustand. Gewöhnlich erreicht die Ordnung der Matrix für große AlSU einige Tausend. Deshalb kann man zur Speicherung der verkürzten Berührungsmatrix Magnetbänder benutzen. Die verkürzte Berührungsmatrix des gesamten AlSU wird einmal vor Beginn der globalen Erprobungen aufgestellt. Bei Veränderung der Logik des AlSU (Auftreten neuer Sprünge) muß die verkürzte Berührungsmatrix jedoch nach jeder Veränderung neu aufgestellt werden. Wie schon gezeigt wurde, erfolgt die Bestimmung der Elemente der verkürzten Berührungsmatrix (der Adressen der bedingten Sprungbefehle) durch sukzessive Durchsicht des AlSU-Textes im Arbeitsspeicher des Rechners. Bei unkorrekter Einspeicherung können die Konstantenfelder und einzelne Konstanten innerhalb der Funktionsblöcke des AlSU liegen. Da einige Konstanten mit bedingten Sprungbefehlen identisch sein können, sind bei der Aufstellung der verkürzten Berührungsmatrix falsche Elemente möglich, die die Arbeit mit der Matrix erschweren. Ein einfaches Verfahren, die Annullierung aller Konstanten des AlSU vor der Aufstellung der verkürzten Berührungsmatrix erlaubt es, viele Schwierigkeiten zu vermeiden.

2. Durchführung des Modell-Experimentes, indem man die Anfangsbedingungen eines der geplanten N Experimente vorgibt. Je nach der Ausrüstung des AlSU sind verschiedene Arbeitsvarianten durch den oben beschriebenen Programmapparat zur Analyse möglich:

a) Das AlSU ist durch das System zur Erzeugung der algorithmischen Schnellinformation erweitert und kann in Echtzeit arbeiten.

b) Dasselbe, jedoch unter Ausschluß der Arbeit in Echtzeit.

c) Das AlSU ist nicht durch das System zur Erzeugung algorithmischer Schnellinformationen erweitert, aber es besitzt ein Protokollprogramm.

d) Das AlSU ist weder erweitert, noch besitzt es ein Protokollprogramm.

Die Konsequenz der Variante d) ist offensichtlich: Die Frage nach der Vollständigkeit der Erprobungen des AlSU stellt sich einfach nicht. Die Variante a) führt in der verkürzten Berührungsmatrix zur Organisation der Suche nach den Adressen der bedingten Sprungbefehle, die in der algorithmischen Schnellinformation enthalten sind. Die Algorithmen dieser Suche sind den bekannten Suchalgorithmen in der Tabelle analog (siehe z. B. [40]). Wenn die Zeitreserve in einem Arbeitsschritt des AlSU und die Speicherreserven des Rechners ausreichend sind, kann bei der Variante a) das Verfahren zur Ausstreichung abgearbeiteter bedingter Sprungbefehle in Echtzeit realisiert werden. Das ist in der Regel wenig wahrscheinlich. Deshalb ist die Variante b) typischer, wenn die Möglichkeit der Bildung algorithmischer Schnellinformation die Arbeit in Echtzeit ausschließt. Für diese Variante kann man eine wiederholte Simulation Experiment — Original innerhalb des komplexen Prüf- und Simulationsmodells in Nicht-Echtzeit organisieren. Im Simulationsprozeß werden Informationen über die Berechnungstrajektorie gebildet (algorithmische Schnellinformation), die auch als Ausgangsinformationen für die Organisation der Suche in der verkürzten Berührungsmatrix verwendet werden. Die Variante c) ist offenbar die in der Praxis am weitesten verbreitete, da ein Protokollprogramm im Servicesystem der Programmierung meistens existiert. Die Realisierung der Variante c) erfordert jedoch wieder die Organisation einer Simulation.

3. Folglich werden nach jedem Experiment die abgearbeiteten Ausgänge der bedingten Sprünge in der verkürzten Berührungsmatrix gekennzeichnet (z. B. durch Durchstreichen). Im Endergebnis zerfällt die Menge aller bedingten Sprünge nach N Experimenten in drei disjunkte Teilmengen, derart, daß $W = W_1 \cup W_2 \cup W_3$ ist. Dabei ist W_1 die Teilmenge der bedingten Sprünge, die entlang beider Ausgänge abgearbeitet wurde; W_2 ist die Teilmenge der nur über einen Ausgang abgearbeiteten Sprünge; und W_3 ist die Teilmenge der überhaupt nicht abgearbeiteten Sprünge.

4. Zur Analyse der Teilmengen W_2 und W_3 bestimmt man eine Reihe zusätzlicher Experimente, deren Ziel darin besteht, W_2 und W_3 durch W_1 zu absorbieren.

5. Die globalen Erprobungen sind beendet, wenn $W = W_1$ ist.

Folglich ist eine der Hauptaufgaben der Erprobungen des AlSU die Schaffung des komplexen Prüf- und Simulationsmodells, das aus dem AlSU und den Modellen der Elemente des großen Systems besteht. Wir geben jetzt einige Empfehlungen zur Projektierung und Nutzung der Modelle der Elemente großer Systeme (Systemmodelle):

1. Die Projektierung der Systemmodelle erfordert einheitliche komplexe Kollektive, die aus qualifizierten Programmierern bestehen, die den materiellen Teil der zu modellierenden Objekte kennen und mit den Grundlagen der Algorithmierung und der automatischen Regelung vertraut sind. Man muß betonen, daß eine gewisse administrative Einheit dieser Kollektive nicht Selbstzweck ist, sondern der rationelleren Verteilung der Kräfte und Mittel im Interesse der Hauptaufgabe, der Erprobung des AlSU, ist.

Was wird durch die Einheit des Systemmodellierungskollektivs im Prinzip erreicht? Erstens wird die Leitung der Ausarbeitung der Systemmodelle bedeutend vereinfacht. Zweitens ist, wie in [73] ausgeführt wird, das Hauptergebnis jeder großen Ausarbeitung ein umfassenderes Verständnis der Probleme und neu geschaffenen Methoden durch die am Ausarbeitungsprozeß beteiligten Menschen. Wenn jedoch das Kollektiv zur Systemmodellierung jedesmal neu zusammengestellt wird, wird es zum überwiegenden Teil die Fehler seiner Vorgänger wiederholen. Diese Empfehlung erfordert in breiterem und praktischerem Maße die Schaffung eines Kollektivs, das in der Lage ist, Modellierungsaufträge beliebiger großer Systeme auszuführen.

2. Die Systemmodelle müssen in der Regel auf besonderen Rechnern realisiert werden und mit dem AlSU durch reale Verbindungskanäle verbunden sein. Diese Forderung ergibt sich aus dem Prinzip der Realisierbarkeit der Erprobungen und der Nichteinmischung in das Betriebsverhalten des AlSU. Die Erfahrungen bei der Schaffung und Nutzung komplexer Prüf- und Simulationsmodelle sind bisher nicht sehr groß. Es ist jedoch anzunehmen, daß der Effekt der Erprobungen einiger Formen des AlSU den Aufwand zur Aufstellung eines speziellen Rechners übertrifft.

3. Die Systemmodelle für die Erprobungen des AlSU müssen bei der Schaffung des AlSU diesem gegenüber einen gewissen Vorlauf besitzen, denn der Nutzen des komplexen Prüf- und Simulationsmodells zeigt sich in der Anfangsphase der Einführung des AlSU, infolge vieler Fehler und Materialschäden, wesentlich stärker. Eine grundlegende Forderung besteht darin, daß die Methodik zur Anwendung des Modells rechtzeitig für alle vorgesehenen Etappen der Einführung des großen Systems ausgearbeitet werden muß.

4. Der Grad der Richtigkeit der speziellen Modelle des komplexen Prüf- und Simulationsmodells (die Verträglichkeit von Modell und Objekt) wird stets durch die Modellierungsziele bestimmt. Die Erfahrung hat gezeigt, daß jedes Modell in zwei Modifikationen erwünscht ist: einer vereinfachten und einer vollständigen. Das weist auf die Notwendigkeit der Baukastenmethode des Aufbaus allgemeiner Programme für Systemmodelle hin, denn die Konstruktion des Programms muß unter Berücksichtigung seiner letzten Vervollkommnung und Erweiterung festgelegt werden.

5. Die umfangreichen Programmsysteme zur Analyse und Informationsverarbeitung, die im komplexen Prüf- und Simulationsmodell im Umlauf sind, müssen untrennbarer Bestandteil desselben sein. Ihr Fehlen würde es nicht gestatten, Erprobungen des AlSU in praktisch vertretbaren Fristen durchzuführen. Es ist notwendig, hier darauf hinzuweisen, daß der im vorliegenden Kapitel beschriebene Programmapparat zur Analyse des AlSU erst ausgearbeitet wird, nachdem die Grundprinzipien der Erprobungen des AlSU ausgearbeitet und die Bedürfnisse seiner praktischen Schaffung analysiert worden sind. Bei der Organisation des komplexen Prüf- und Simulationsmodells nach dem Prinzip „AlSU — Systemmodelle", wobei letztere auf einem besonderen Rechner realisiert werden, ist es wünschenswert, einen Programmapparat in zwei Komplexen zur Verfügung zu haben, d. h., sowohl für das AlSU als auch für die

Systemmodelle. Die Notwendigkeit dafür ist offensichtlich: Beide Seiten sind umfangreiche komplizierte Programme.

6. Sowohl die Systemmodelle als auch sämtliche anderen großen Programme benötigen eine detaillierte und genaue Dokumentation. Eine besondere Rolle muß dabei die fachmännische und straffe Darlegung der im Modell enthaltenen Grundidee spielen. Bei Fehlen derartiger Mitteilungen ist das Vertrauen sowohl zu den Systemmodellen als auch zum Vergleichs- und Untersuchungsapparat sehr schwer zu gewinnen.

7. Schließlich sind die Systemmodelle ebenso wie alle großen Programme gezwungen, unter den Bedingungen ständig drohender Zeitnot beim Informationsaustausch und eines Speicherdefizits der sie realisierenden Rechner zu arbeiten. Die Programmierung der Systemmodelle erfordert große Berufspraxis und gründliche Kenntnisse des zur Realisierung verwendeten Rechners. Sie ist nur durch gemeinsame Anstrengungen eines bedeutenden Kollektivs erfahrener Programmierer unter den Bedingungen der entscheidenden Rolle des Faktors Termintreue zu lösen.

10. DIE NUTZUNG VON ALGORITHMISCHEN STEUERUNGSSYSTEMEN

10.1. Der Begriff der Nutzung

Der Einsatz jeder technischen Einrichtung beinhaltet Maßnahmen zur Kontrolle (Vorbeugung) und Aufrechterhaltung der Arbeitsfähigkeit (Instandsetzung) sowie zur Modernisierung (Verbesserung) der Einrichtung bei Veränderung des technologischen Prozesses. Etwa der gleiche Sinn steckt im Inhalt des Begriffes „Nutzung des AlSU“.

Die *Kontrolle der Arbeitsfähigkeit* eines AlSU besteht in der Kontrolle der Datenträger auf denen das AlSU aufgezeichnet ist und in der Kontrolle des Zustandes dieser Aufzeichnung.

Die *Aufrechterhaltung der Arbeitsfähigkeit* des AlSU im statischen Zustand beinhaltet die Regeneration der Datenträger und die Wiederherstellung der verlorengegangenen Informationen. Aufrechterhaltung der Arbeitsfähigkeit im dynamischen Zustand bedeutet Beseitigung der Folgen von Defekten des Rechners und der Informationsquellen, Korrektur des Prozeßverlaufs der Steuerung bei Abweichungen von der Norm infolge Störungen (die Korrektur ist durch den Bediener möglich).

Die *Modernisierung* des AlSU führt zu Verbesserungen (Veränderungen) des AlSU, die durch verschiedene Ursachen (z. B. durch Veränderung des Ausgangsalgorithmus', Beseitigung aufgetretener Fehler) ermöglicht werden.

Das AlSU besitzt, wie auch jedes andere reale Objekt, spezifische Betriebscharakteristika, die seinen Tauglichkeitsgrad für einen serienmäßigen Einsatz bestimmen:

— bequemes Erlernen und Vermitteln der Betriebsvorschriften an das Bedienungspersonal,

— Einfachheit und leichte Handhabung bei der Gewährleistung des Ablaufes und der Aufrechterhaltung der Arbeitsfähigkeit in realer Umgebung,

— unkomplizierte und leicht zugängliche Durchführung von Analysen der Arbeitsergebnisse,

— Tauglichkeit zur Modernisierung.

Die aufgezählten Charakteristika sind schwer quantifizierbar. Deshalb ist ein Vergleich gleichartiger AlSU recht schwierig. Das Ziel der Einführung dieser Charakteristika besteht darin, gewisse Forderungen aufzustellen und die Aufmerksamkeit auf eine Reihe von Fragen zu lenken, die während der Projektierung eines AlSU gelöst werden müssen.

Der Inhalt des Einsatzes von AlSU hängt offenbar von seinen Ausarbeitungsetappen ab. So überwiegen in den Test- und Erprobungsetappen Modernisierungsmaßnahmen. In der Probelaufetappe dominieren jedoch Maßnahmen zur Kontrolle und Aufrechterhaltung der Arbeitsfähigkeit. Es gibt aber etwas Gemeinsames für alle Etappen, nämlich die Technik für den Betrieb des AlSU, d. h., die Gesamtheit der Verfahren und Methoden für den Umgang der Programmierer mit dem AlSU unter Benutzung des Rechners, auf dem das AlSU realisiert wird. Vom Standpunkt der Ingenieurpsychologie gehört das alles zum Faktor Mensch. Man braucht schwerlich Beispiele dafür anzuführen, daß die Außerachtlassung dieses Faktors alle Anstrengungen der Projektanten großer Systeme zunichte machte und die Notwendigkeit dieses Punktes in allen Projektierungsstadien zu beweisen.

Somit besteht das Ziel der weiteren Darlegungen darin, den Problemkreis der Technik des Einsatzes von AlSU zu umreißen und eine Reihe von Empfehlungen zu formulieren, die durch die Praxis bestätigt sind. Viele dieser Empfehlungen können nicht hinreichend streng begründet werden, obgleich die Autoren mit solchen, oft qualitativen, Begriffen wie Bedienungskomfort, Zuverlässigkeit, Einfachheit usw. operieren müssen. Einige Empfehlungen wurden durch die traurige Erfahrung der Arbeit mit einer ehemals „unfertigen“ Apparatur hervorgerufen und können deshalb eine subjektive Schattierung haben.

Aus der ganzen Problemvielfalt der Technik für den Einsatz von AlSU erweisen sich im vorliegenden Kapitel zwei Probleme einer Betrachtung zugänglich: der Programmapparat für die Nutzung von AlSU, d. h., typisch programminterne Verfahren, die den Einsatz erleichtern und eine erhöhte Zuverlässigkeit des AlSU ermöglichen sowie die materielle Sicherstellung des Einsatzes, d. h., ein typisch systemexterner Faktor des AlSU. Beide Probleme bedingen einander, und deshalb wird jedes Programm des Apparates zusammen mit der Einrichtung betrachtet, die seine Anwendung gewährleistet.

10.2. Die Technik für den Einsatz

Die Auswahl der Datenträger des AlSU, die Kontrolle der Funktionsfähigkeit des AlSU. Ein AlSU wird stets in kodierter Form (in der jeweiligen Rechnersprache) auf Datenträgern gespeichert, zu denen solche Mittel zur Informationsspeicherung wie Lochkarten, Lochbänder, Magnetbänder und -platten, Magnettrommeln usw. zählen. Als *Informationsdatenträger* wollen wir ein gewisses Mittel (Einrichtung, materielles Objekt) bezeichnen, das zur unmittelbaren Eingabe des AlSU in den Arbeitsspeicher des Rechners geeignet ist. Deshalb ist jede Form der Niederschrift eines AlSU auf Papier (Befehlstext, Flußdiagramm, verbale Beschreibung) kein Informationsdatenträger in dem eben festgelegten Sinn.

Man kann eine ganze Anzahl von Klassifikationen der Informationsdatenträger eines AlSU nach solchen Merkmalen wie Eingabegeschwindigkeit, Zuverlässigkeit der Informationsspeicherung, Prinzip der technischen Ausführung, Transportierbarkeit, Abmessungen usw. angeben. Hier werden jedoch nur zwei große Klassen betrachtet werden: die Arbeits- und die Vergleichsdatenträger. Als *Arbeitsdatenträger* werden wir einen solchen Informationsdatenträger betrachten, mit dem die direkte Eingabe des AlSU in den Arbeitsspeicher vor jedem Betriebsbeginn realisiert wird. Ein *Vergleichsdatenträger* dient zur Kontrolle der Speicherung und zur Wiederherstellung der Informationen des Arbeitsdatenträgers bei deren Verlust. Natürlich muß der Vergleichsdatenträger zuverlässiger und folglich auch konstruktiv einfacher als der Arbeitsdatenträger sein.

Die Auswahl der jeweiligen Datenträger als Arbeits- oder Vergleichsdatenträger des AlSU wird durch ihr Vorhandensein in einem konkreten System bestimmt. So muß man beispielsweise bei Vorhandensein von Magnettrommel und Magnetband die Trommel als Arbeitsdatenträger auswählen, da sie im Vergleich zum Magnetband die kürzere Zugriffszeit besitzt. Das Magnetband wird als Vergleichsdatenträger verwendet, da es im Vergleich zur Magnettrommel eine höhere Zuverlässigkeit aufweist (erstens erlaubt die riesige Kapazität des Magnetbandes viele Doppelaufzeichnungen des AlSU, zweitens kann ein derartiger Datenträger mit geringen Ausmaßen unter idealen Lagerbedingungen aufbewahrt werden, z. B. im Thermostaten bei konstanter Temperatur und Feuchtigkeit). Das Magnetband ist auch als Arbeitsdatenträger vorstellbar, wenn die Eingabezeit des AlSU oder seiner Teile nicht von entscheidender Bedeutung ist.

Lochbänder und Lochkarten werden seltener als Arbeitsdatenträger verwendet (wegen der Unzuverlässigkeit der elektromechanischen Ein- und Ausgabegeräte). Sie werden jedoch oft als Vergleichsdatenträger des AlSU benutzt, da ihre Aufbewahrung und die Informationsduplizierung auf ihnen unkompliziert sind. Außerdem werden keine besonderen Aufbewahrungsbedingungen benötigt, und das verwendete Material (Papierstreifen, Karton) ist relativ billig.

Wenn Arbeits- und Vergleichsdatenträger des AlSU vorhanden sind, entsteht das Problem einer Kontrolle der Informationsspeicherung, das bei dem bedeutenden Umfang eines AlSU prinzipiell nicht durch manuelle Methoden (z. B. durch Vergleich der Druckbögen mit dem Text des Programmformulars) gelöst werden kann, da diese Kontrolle periodisch und zuverlässig erfolgen muß. Folglich ergibt sich die Notwendigkeit der Ausarbeitung und Realisierung von Methoden zur mechanisierten oder programmierten Kontrolle der Informationsspeicherung auf den Arbeitsdatenträgern.

Die Situation wird durch den Umstand erschwert, daß es manchmal unmöglich ist, den Informationsverlust auf dem Datenträger selbst von einem Defekt der Elemente zur Eingabe zu unterscheiden. In der Regel werden zur Gewährleistung der Unversehrtheit der eingespeicherten Informationen des AlSU die Arbeitsdatenträger blockiert (meistens durch Abschaltung der Elemente zur Informationseingabe). Die Kontrolle der Unversehrtheit der Datenträger ist aber gerade mit der Aufzeichnung der Vergleichskodes, ihrer Eingabe und dem darauffolgenden Vergleich verbunden [67]. Es ist klar, daß auf einem blockierten Datenträger eine derartige Kontrolle unmöglich ist.

Für den Bediener des AlSU ist die Ursache der falschen Datenträgerabtastung des AlSU gleichgültig. Bedeutend wichtiger ist es, die Tatsache der falschen Abtastung selbst festzustellen. Deshalb ist natürlich die Kontrolle der Funktionsfähigkeit des AlSU während der Abtastung der Arbeitsdatenträger durchzuführen. In einem Rechner, der mit einer Apparatur zur Kontrolle der Ziele der Informationsübertragung ausgerüstet ist, wird diese Kontrolle auf folgende Weise realisiert: Jedes Wort der zu übertragenden Information hat α Zusatzstellen zur Aufnahme seiner Kontrollsumme. Diese ist das Ergebnis des Durchlaufes des Wortes durch einen α-stelligen Zähler mit Rückübertrag (Addition modulo α). Die Zuverlässigkeit des Wortes im Bestimmungspunkt wird durch Vergleich der Kontrollsumme des Wortes mit der bei fortgesetzter Addition erhaltenen Summe bestimmt. Bei deren Nichtübereinstimmung wird ein Signal über die Unzuverlässigkeit des Wortes ausgegeben.

In Rechnern, die keinen derartigen Kontrollapparat besitzen, wird eine sinngemäß analoge Operation durch ein Programm realisiert. Dabei ist eine Zuverlässigkeitskontrolle jedes Wortes nicht möglich, da keinesfalls die Kontrollsumme aller Wörter des AlSU gespeichert werden kann. Dabei geht man auf folgende Weise vor: Man zerlegt das gesamte AlSU in eine Reihe von Blöcken, die in der Regel verschiedenen Umfang besitzen (ein Block wird im allgemeinen nach dem Prinzip der logischen Einheitlichkeit der ihn bildenden Befehle ausgewählt). Der letzten Zelle des Blockes ordnet man seine Kontrollsumme zu, die bei jeder Aufzeichnung des Blockes auf dem Arbeitsdatenträger addiert und eingetragen wird. Dieselbe Berechnung der Kontrollsumme wird bei jeder Abtastung des Blockes durchgeführt. Man betrachtet den Verlauf der Einlesung des Blockes als normal, wenn seine Kontrollsumme bei der Einlesung mit der Kontrollsumme übereinstimmt, die bei der letzten Aufzeichnung erhalten wurde. Die beschriebene Methode erfreut sich unter den Bedienern des AlSU großer Beliebtheit und trägt die Bezeichnung „Lesung (Aufzeichnung) mit Kontrolle".

Es ist notwendig zu bemerken, daß das blockweise Lesen des AlSU mit Kontrolle auch dann nicht an Bedeutung verliert, wenn eine Einrichtung zur Kontrolle des Arbeitsdatenträgers vorhanden ist. Erstens ermöglicht die Dynamik der Veränderung der Kontrollsummen aller Blöcke des AlSU ein qualitatives Bild der Entwicklung des AlSU. Zweitens kann man einen nicht allzu komplizierten Berechnungsalgorithmus für die Kontrollsummen aufstellen, der eine höhere Zuverlässigkeit der Kontrolle als die Kontrolleinrichtung des Rechners gewährleistet.

Wir wenden uns nun ausführlicher der Organisation der Kontrolle der Speicherung mit Hilfe eines Programms zu. Als Beispiel betrachten wir ein AlSU mit einmaliger Wirkung.

Wir berücksichtigen, daß das AlSU zu jedem Zeitpunkt arbeitsbereit sein muß und nach einem speziellen Signal des Bedieners oder eines anderen AlSU[1]) seine Arbeit aufnimmt. In diesem Fall ist eine ständige Kontrolle der Zustände des Arbeitsdatenträgers und der Blöcke des AlSU, die sich ständig im Speicher des Rechners befinden (Programme zum Vergleich mit den Arbeitsdatenträgern, Standard- und Bedienungsprogramme, Programme zur Berechnung der Kontrollsumme u. a.), überaus wünschenswert.

Für diese Variante empfiehlt es sich, einen sogenannten zyklischen Vergleich der AlSU-Blöcke zu organisieren, dessen Wesen in folgendem besteht:

— Es wird ein blockweises Lesen des AlSU mit Kontrolle organisiert.

— Nach dem Lesen aller AlSU-Blöcke wird die Erneuerung aller Programme, die sich ständig im Speicher des Rechners befinden, durchgeführt und eine kurze Kontrollrechnung mit Hilfe von Standardprogrammen organisiert.

— Es wird das Vorhandensein des Einschaltsignales zur Betriebsaufnahme des AlSU kontrolliert.

— Bei dessen Vorhandensein erfolgt der Aufruf an den Eingang des AlSU.

— Bei dessen Fehlen wird die oben beschriebene Operation von Anfang an wiederholt.

Das angegebene Verfahren erlaubt die Realisierung einer Kontrolle der Zustände des Rechners (an der Arbeit sind fast alle Blöcke beteiligt, außer jenen zum Austausch mit den Informationsquellen) und des Arbeitsdatenträgers sowie die ständige Existenz eines aktuellen Exemplars des AlSU im Arbeitsspeicher.

Die Inbetriebnahme des AlSU, Kontrolle der Richtigkeit der Inbetriebnahme. In der Regel kann ein genügend kompliziertes AlSU in mehreren Betriebszuständen funktionieren. Bei jedem Verfahren zur Annahme eines Betriebsverhaltens (zentralisiert, direkte Bedienung vom Steuerpult des Rechners u. a.) und der entsprechenden Kodierungsmethode darf die Frage nach der Richtigkeit der Annahme dieses Verhaltens nicht ausgeklammert werden, denn hier sind Fehler zweierlei Art möglich: die Annahme eines unwesentlichen Betriebsverhaltens und die Annahme eines zwar wesentlichen, aber nicht den Ausstattungsbedingungen entsprechendes Betriebsverhaltens.

Fehler der ersten Art schließt man durch Angabe einer Tabelle mit den für das AlSU unwesentlichen Verhaltensweisen aus. Gegeben seien z. B. β logische Register, durch die die Einstellung einer bestimmten Teilmenge der AlSU-Blöcke bestimmt wird. Die Gesamtzahl der möglichen Einstellungen ist dann 2^β. Von diesen 2^β Einstellungen besitzen p Einstellungen Sinn und können zur Festlegung der Verhaltensweisen des AlSU benutzt werden. Dann sind $2^\beta - p$ Einstellungen unzulässig und müssen in das AlSU in Tabellenform eingegeben werden. Für den Fall, daß die Anzahl der wesentlichen Zustände kleiner ist als die Anzahl der unwesentlichen, ist es einfacher, Tabellen der wesentlichen Ver-

[1]) Eine derartige Situation ist typisch für nichtreguläre Systeme mit spezieller Bestimmung und für große Leitungsaufgaben des Produktionsprozesses, die blockweise auf mehreren Digitalrechnern realisiert werden.

haltensweisen aufzustellen. Die Kontrolle der formalen Richtigkeit der Verhaltensweisen (d. h. die Bestätigung der Tatsache, daß das angenommene Verhalten nicht unzulässig ist) wird nach einer Suche in der aufgestellten Tabelle verwirklicht.

Die formale Richtigkeit des angenommenen Betriebsverhaltens garantiert noch nicht seine inhaltliche Richtigkeit. Gilt z. B. für ein gewisses Verhalten $m \in p$, so kann es im Sinne einer gegebenen konkreten Ausstattung (Fehler der zweiten Art) durchaus falsch sein. Deshalb muß sich der Bediener durch irgendein objektives Verfahren davon überzeugen, daß das AlSU im richtigen Betriebszustand ist. Zu diesem Zweck ist es empfehlenswert, die Inbetriebnahme des AlSU mittels einer Reihe von Kontrollunterbrechungen durchzuführen, so daß der Übergang zur nächsten Kontrollunterbrechung und der Übergang zum Anfang des ersten Programmes des AlSU nur mit Zustimmung des Bedieners erfolgen kann (z. B. nur bei Betätigung des Schalters „Rechneranlauf". Selbstverständlich darf die Einstellung des AlSU auf das gegebene Betriebsverhalten nur nach Durchlauf aller Kontrollunterbrechungen erfolgen. Dadurch wird dem Bediener die Beseitigung möglicher Fehler in der Einstellung des Betriebsverhaltens ohne erneuten Vergleich mit dem Arbeitsdatenträger ermöglicht.

Kontrolle des Verlaufes des Steuerungsprozesses. Besondere Aufmerksamkeit beim Einsatz des AlSU wird der Kontrolle und Dokumentierung seiner Arbeit in realer Umgebung gewidmet, d. h., letztlich der Kontrolle und Dokumentierung des Steuerungsprozesses. Die erhaltenen Informationen werden für die nachfolgende Vervollkommnung des Steuerungsprozesses sowie zur Korrektur seines Verlaufes bei verschiedenen Arten der Abweichung von der Norm benutzt.

Wir betrachten einige Verfahren und Mittel[1]) der Wechselwirkung des Bedieners mit dem AlSU während des Steuerprozesses. Der Bediener hat infolge einleuchtender Ursachen nur die Möglichkeit, unmittelbar das Verhalten des AlSU und der Steuerungsobjekte zu überwachen. Alle für die Überwachung notwendigen Informationen stellen sich ihm als Informationsmodelle dar. Nach Definition ist das Informationsmodell gemäß einem Regelsystem organisiert und verdeutlicht dem Bediener mit Hilfe von Wiedergabemitteln die Gesamtheit der Informationen über den Zustand und das Verhalten des AlSU sowie über die Umwelt.

Es existieren manuelle und automatische Methoden zur Demonstration der Arbeit des AlSU.

Zu den manuellen Methoden gehören:

1. Störungshalt, dessen Wesen darin besteht, daß ein automatischer Halt des Rechners bei verschiedenen Situationen erfolgt: Überschreitung des Stellenwertes, Nichtdurchführung der Paritätsprüfung eines gewissen Wortes.

2. Zyklische Arbeit, die eine Überprüfung der Ausführung des AlSU in elementaren Arbeitsoperationen (Takten) des Rechners ermöglicht.

---

[1]) Diese sind in Form meist technischer Fragen dieser Wechselwirkung vorhanden.

3. Halt an einer bestimmten Befehlsnummer, wodurch ein automatischer Halt des Rechners an jedem vom Bediener ausgewählten Befehl möglich ist.

4. Halt an der Adresse der Ergebnisaufzeichnung, der eine Kontrolle der Resultatseinspeicherung an der vorgesehenen Adresse erlaubt.

Alle diese Methoden können in verschiedenen Kombinationen zur Kontrolle der Arbeit des AlSU verwendet werden. Mindestens zwei Mängel vermindern jedoch die Effektivität ihrer Anwendung. Die angegebenen Verfahren können bei der Arbeit des AlSU in Echtzeit nicht benutzt werden, wenngleich ihre Verwendung bei der Testung spezieller Programme durchaus möglich ist. Weiterhin erfordert die manuelle Bedienung vom Steuerpult des Rechners und die optische Kontrolle einen großen Zeitaufwand und ermüdet den Bediener.

Automatische Methoden, die nach dem Prinzip der Verbindung von Programm- und Apparaturmethoden aufgebaut sind, erweisen sich als aussichtsreicher. Derartige Methoden können bedingt in zwei große Klassen eingeteilt werden: einfache qualitative Methoden mit akustischer oder optischer Anzeige und einfache quantitative optische Anzeigemethoden.

Einfache qualitative akustische oder optische Anzeige. Akustische Begleitung der Arbeit des AlSU. In einigen Rechnern ist das Leitwerk über einen Pufferverstärker mit akustischen Systemen verbunden, mit denen die Arbeit des AlSU durch Schall bestimmter Klangfarbe und Taktfrequenz begleitet wird. Die Taktfrequenz stimmt mit dem Arbeitsschritt des AlSU überein, und die Klangfarbe hängt von der Nummer des Schrittes und der Zahl der aktiven Objektinformatoren ab. Somit kann ein erfahrener Bediener mit dem Gehör nicht nur die Arbeitsetappe des AlSU, sondern auch die an der Arbeit beteiligten Objekte feststellen und bestimmte Maßnahmen ergreifen, falls das möglich ist.

Der Vorzug dieser Methode ist ihre Unkompliziertheit und der minimale Aufwand an Zusatzeinrichtungen. Ihr Nachteil ist die Schwierigkeit der quantitativen Bewertung, obwohl diese im Prinzip auch möglich ist. Man kann beispielsweise den Schall mit einem Tonbandgerät aufnehmen und mit einer Musteraufzeichnung vergleichen. Eine solche Analyse ist prinzipiell auch während der Arbeit des AlSU möglich.

Demonstration der Arbeit des AlSU auf einem Spezialtableau. Eine Methode, die die Demonstrierbarkeit des AlSU auf einem speziellen Tableau gewährleistet, ist in [101] beschrieben. Dieser Methode liegt die Idee der Benutzung des Blockschemas zugrunde, das auf Transparentpapier gezeichnet und auf eine besondere Anzeigetafel übertragen wird, so daß jedem Block ein bestimmtes Lämpchen entspricht. Jedes Lämpchen der Anzeigetafel leuchtet bei Ausführung eines vorher ausgewählten charakteristischen Befehls auf.

Der rationale Kern dieser Methode liegt in ihrer Universalität. Diese wird dadurch erreicht, daß ein Spezialprogramm automatisch jedes AlSU so modifiziert, daß sich an Stelle der ausgewählten charakteristischen Befehle unbedingte Sprungbefehle zu einer vorher bestimmten Adresse befinden. Dort werden der gegebene charakteristische Befehl und der Rückkehrbefehl zum AlSU gespeichert. Wenn das AlSU die Adressen erreicht, an denen sich die charakteristischen

Befehle befinden, leuchten mittels eines speziellen Dekodierschemas die jeweiligen Lämpchen der Anzeigetafel auf. Die Reihenfolge des Aufleuchtens der Lämpchen gibt den Arbeitsablauf des AlSU wieder. Selbstverständlich wählt man die charakteristischen Befehle so aus, daß im Programmgraphen keine Wege zur Umgehung dieser Befehle vorkommen.

Die offenkundigen Vorteile dieser Methode sind ihre Zuverlässigkeit und der vertretbare Zeitaufwand. Ihre Anwendung bei der Arbeit des AlSU in Echtzeit stößt auf eine Reihe von Einschränkungen, die mit der Trägheit des Sehvermögens des Bedieners zusammenhängen, da die Orientierung im Schema bei kleinen Arbeitsschritten schwierig wird. Außerdem ist die Methode meistens qualitativ. Nichtsdestoweniger kann sie bei der Testung des AlSU äußerst nützlich sein. Das liegt daran, daß das in [101] beschriebene Verfahren vielfältige logische Möglichkeiten zur Bestimmung der Zahl der Iterationszyklen, zur Lokalisierung von Störungen, Überläufen und anderen Abweichungen besitzt.

Quantitative Methoden der optischen Anzeige. Bei der Projektierung der Informationsmodelle stößt man stets auf die Notwendigkeit, die Informationen in verallgemeinerter (integrierter) Form darzustellen, um die Zeit für die Suche, den Vergleich und die Qualitätsbewertung zu verkürzen. Ein integriertes Informationsmodell eines technologischen Prozesses kann eine bestimmte graphische Darstellung sein, die in Echtzeit in den zulässigen Toleranzgrenzen aufgezeichnet wird. Wir betrachten Methoden zur Aufstellung solcher Modelle auf der Grundlage des Begriffes der Berechnungstrajektorie und des in Kapitel 9 betrachteten Apparates zur Aufstellung der Markenfolgetabellen [66].

Eine formale Methode. Zur Veranschaulichung der Aufstellung betrachten wir den Entwicklungsprozeß der Berechnungstrajektorie des AlSU in einem kartesischen Koordinatensystem, auf dessen Abszisse die Zeit T des Steuerprozeßverlaufes und auf dessen Ordinate die Anzahl N der Veränderungen der Berechnungstrajektorie aufgetragen wird. Wir nehmen an, daß der Prozeß im Zeitpunkt T_0 beginnt und daß eine Zähleinrichtung existiert, deren Stand N um eine Einheit bei jeder Veränderung der Berechnungstrajektorie erhöht wird.

Wie in Kapitel 9 gezeigt wurde, wird die Tatsache der Veränderung der Berechnungstrajektorie durch Vergleich der Markenfolgetabellen des j-ten und des $(j + 1)$-ten Arbeitstaktes des AlSU bestimmt. Am Ende des j-ten Taktes ist die Berechnungstrajektorie zum Übergang in einen von zwei möglichen Zuständen bereit: Entweder ist die Trajektorie des $(j - 1)$-ten Taktes zu wiederholen, oder diese Trajektorie ist entsprechend zu verändern. Im ersten Fall ist $N(j) = N(j - 1)$, und im zweiten Fall ist $N(j) = N(j - 1) + 1$. Wir bezeichnen diesen Veränderungsprozeß der Berechnungstrajektorie als *Entwicklung der Berechnungstrajektorie* und die Funktion $N(T)$ als *Entwicklungsgraphik* der Berechnungstrajektorie (die Bezeichnung $N(j)$ ist äquivalent, da $T = jh$ ist, wobei h der Arbeitstakt des AlSU ist).

Aus der Definition ist klar, daß $N(T)$ eine monoton wachsende Funktion des Argumentes T ist, wobei jedem i-ten Betriebsverhalten des AlSU eindeutig seine entsprechende Graphik $N_i(T)$ zugeordnet wird. Der Menge R aller möglichen Betriebszustände des AlSU entspricht die Menge D aller Graphiken. Wir bezeichnen die Menge D als *Baum* der Entwicklung der Berechnungstrajektorie.

Nehmen wir an, daß die Möglichkeit besteht, die gesamte Menge R zu simulieren (z. B. im Erprobungsprozeß des AlSU) und daß es ein Kriterium zur eindeutigen Bestimmung der Tatsache, daß das Funktionsziel erreicht ist, gibt. Es seien $D_0 \subseteq D$ Graphiken durch die Erreichung des Zieles charakterisiert. Wir bezeichnen die Elemente der Teilmenge D_0 als *Graphiken mit positivem Ergebnis* und den der Teilmenge D_0 entsprechenden Teilbaum als *positiven Baum*. Im allgemeinen Fall können die Graphiken von D_0 sich in einer beliebigen

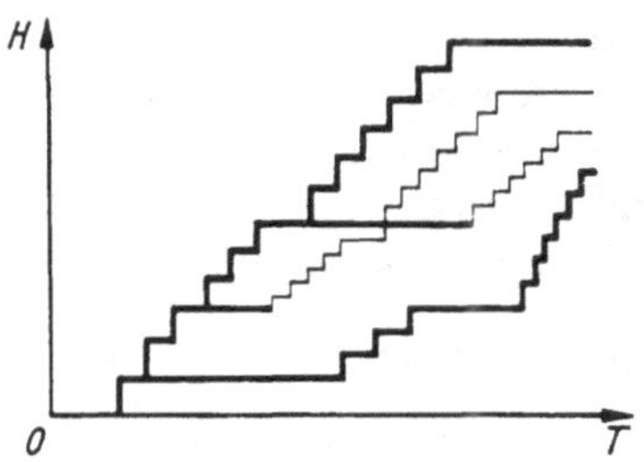

Abb. 44. Zur Veranschaulichung des Baumes der Entwicklung der Berechnungstrajektorie

Anzahl von Punkten schneiden, d. h., es ist unmöglich, die am weitesten rechts und die am weitesten links gelegenen Graphiken auszusondern. Man kann jedoch die am weitesten rechts bzw. links liegende Gesamtheit von Abschnitten der Menge D_0 erkennen (in Abb. 44 dick gezeichnet), die wir als *Rahmen* des positiven Baumes bezeichnen. Der Rahmen charakterisiert das Gebiet der positiven Prozeßergebnisse und bestimmt eindeutig die Zone für einen notwendigen Eingriff des Bedieners in den Steuerprozeß. Ist in ein gewisses AlSU ein Apparat zur Bildung der Markenfolgetabellen eingebaut und ist ein gewisser Indikator vorhanden auf dem der Rahmen des positiven Baumes aufgetragen ist und werden die Werte von $N(T)$ erleuchtet, dann bescheinigt der Verbleib der Graphik innerhalb des Gebietes mit positivem Ergebnis den normalen Verlauf des Steuerprozesses, anderenfalls ist ein Eingriff erforderlich. Ein nach einem derartigen Prinzip realisiertes integriertes Informationsmodell ist jedoch viel zu formal und gibt keinerlei Auskunft über die Ursachen der Abweichung des Prozesses vom Normalverlauf. Wir werden nun ein Modell aufbauen, das diesen Nachteil nicht besitzt.

Ein formal-logisches Verfahren. Wir nehmen an, daß im Verlauf jedes Steuerprozesses immer einige disjunkte Teiletappen (Steuerebenen) ausgesucht werden können, die bei normalem Prozeßverlauf unbedingt vorhanden sein müssen. Wir setzen weiter voraus, daß alle Teiletappen eindeutig durch eine gewisse Menge von Signalen und Befehlen definiert werden, die das AlSU und die zu steuernden Objekte austauschen. Es sei eine gewisse Menge Q derartiger Teiletappen ausgesucht. Dann können in jeder positiven Graphik Q Punkte ausgesucht werden, die den Zeitpunkten des Auftretens der ausgewählten Signale entsprechen. Wir bezeichnen solche Punkte als *charakteristische Punkte.* Der Einfachheit halber werden wir annehmen, daß ein Leuchtschirm so konstruiert ist, daß aus der Gesamtheit aller Punkte der Graphik nur die charakteristischen Punkte erleuchtet werden. Somit wird die j-te Graphik durch die Menge Q_j der charakteristischen Punkte ersetzt. Wir nehmen an, daß Axiom 1 erfüllt ist:

$N_j^i(T)$ und $N_j^{i+1}(T)$ seien die Funktionswerte von $N_j(T)$ in den charakteristischen Punkten der i-ten und $(i + 1)$-ten Teiletappe $(i, i + 1 \in Q)$ in der j-ten Graphik. Dann gilt:

$$N_j^i(T) < N_j^{i+1}(T)\,.$$

Tatsächlich können die Teiletappen so ausgewählt werden, daß der Übergang von der i-ten zur $(i + 1)$-ten Etappe mit wenigstens einer Veränderung der Berechnungstrajektorie verbunden ist.

Die Gesamtheit aller charakteristischen Punkte der μ-ten Teiletappe bezeichnen wir als *charakteristische Teilmenge* X_μ dieser Etappe. Es ist klar, daß $X = \bigcup_{i=1}^{Q} N_j(T)$ ist. Dabei liegt die Menge aller charakteristischen Teilmengen $\bigcup_{\mu=1}^{Q} X_\mu$ innerhalb des Rahmens des positiven Baumes.

Verbindet man die benachbarten Randpunkte jeder charakteristischen Teilmenge durch Geraden, erhält man die Gebiete mit positivem Ergebnis jeder Teiletappe, die sich im allgemeinen schneiden. Wir nehmen an, daß Axiom 2 erfüllt ist:

Wenn $X_i \cap X_j \cap \cdots \cap X_\mu \neq 0$ ist, gibt es keine Teilmengen X_r und X_n $(r, n \in Q$ und $n = r)$ mit $X_r \subseteq X_n$.

Mit anderen Worten, es gibt keine charakteristische Teilmenge X_r zu der eine charakteristische Teilmenge X_n gefunden werden kann, so daß X_r eine uneigentliche Teilmenge von X_n ist.

Wenn unter realen Bedingungen Axiom 2 nicht erfüllt ist (es gibt charakteristische Mengen, die gewisse andere Mengen umfassen), kann man durch geschickte Wahl des Maßstabs der abstrakten Einheit auf der Ordinate immer erreichen, daß die oberen Grenzen der verschiedenen positiven Ergebnisgebiete sich nicht schneiden und so voneinander entfernt sind, daß eine Beobachtung bequem möglich ist.

Wir präzisieren, daß die obere Grenze eines Gebietes mit positivem Ausgang als Polygon definiert werden kann, das über der Geraden liegt, die die obersten Punkte des Durchschnittes des Rahmens mit dem positiven Ergebnisgebiet verbindet. Somit bilden die oberen Grenzen Trennlinien im Rahmen des positiven Baumes (Abb. 45).

Die Teile des Raumes, die durch den Rahmen und die Trennlinien der $(i - 1)$-ten und der i-ten Teiletappe begrenzt werden, bezeichnen wir als *Arbeitsgebiet* der i-ten Teiletappe.

Die Notwendigkeit eines Eingriffs des Bedieners in den Steuerprozeß entsteht, falls die Graphik $N(T)$ entweder über den Rahmen des positiven Baumes hinausgeht oder der Durchlauf der Oberfläche des j-ten Gebietes mit positivem

Ergebnis nicht durch das Auftreten des charakteristischen Signals begleitet wird (Abb. 45). Ein Eingriff des Bedieners ist sinnvoll, wenn der Graphikpunkt $N(T)$ in der Nähe des Rahmens oder der oberen Grenze beim Ausbleiben des charakteristischen Signals ist. Der Begriff „nah" ist aber unbestimmt. Folglich ist es unmöglich, das Gebiet eines möglichen Eingriffes streng zu definieren.

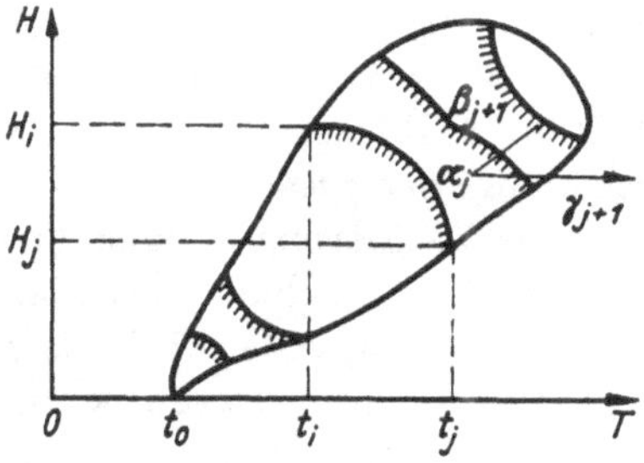

Abb. 45. Zur Veranschaulichung des Arbeitsgebietes

Das ist ein wesentlicher Mangel und kann ein nach diesem formal-logischen Verfahren aufgebautes integriertes Informationsmodell in seiner Anwendung einschränken. Das Modell kann nur als dichotomisches Modell betrachtet werden (Reaktion des Typs „eingreifen – nicht eingreifen"), das eine gewisse Information über die Ursache der Abweichung des Prozesses von der Norm gibt.

Eine wünschenswerte Eigenschaft des integrierten Informationsmodells ist offenbar die Existenz eines gewissen Zwischengebietes (Eingriff ist möglich), das dem Bediener des AlSU die Möglichkeit gibt, sich auf die Situation zu orientieren und einen Plan des weiteren Vorgehens für den Fall des Übergangs des Prozesses in das Störungsgebiet aufzustellen.

Ein logisches Verfahren: Wie schon vorher nehmen wir an, daß im Steuerprozeß bestimmte Teiletappen ausgesucht sind. Es ist natürlich, zu versuchen, sie mit den Berechnungstrajektorien zu vergleichen (Markenfolgetabellen). Beispielsweise kann man die Tatsache der Erreichung der j-ten Teiletappe über die gesamte Menge Q der Berechnungstrajektorien des AlSU durch entsprechende Mengen S und R charakterisieren, wobei S die Menge der Taktnummern zur Erreichung der j-ten Teiletappe und R die Menge der Berechnungstrajektorien, die zur Erreichung der j-ten Teiletappe führen, ist. Im allgemeinen ist die Mächtigkeit von R kleiner als die Mächtigkeiten von S und Q, da die Benutzung ein und derselben Trajektorie zur Erreichung der j-ten Teiletappe möglich ist.

Es ist unmittelbar zu sehen, daß die Menge formal bestimmt werden kann, wenn die Tatsache der Erreichung einer bestimmten Teiletappe mit der Adresse eines bedingten Sprunges, der nur ausgeführt wird, wenn die Teiletappe erreicht ist, zu vergleichen ist. Wir nehmen an, daß Axiom 3 erfüllt ist:

Zu jeder ausgewählten Teiletappe der Steuerung kann man eine oder mehrere charakteristische Adressen kennzeichnen, die in allen zur ausgewählten Teiletappe führenden Berechnungstrajektorie existieren.

Leider ist Axiom 3 nicht immer erfüllt, und man kann Graphen konstruieren, für die es nicht gilt. Insbesondere ist das Auftreten inhaltsloser Trajektorien, die zu einer gewissen Teiletappe führen, möglich.

Somit ergibt sich die Notwendigkeit, bestimmte noch allgemeinere Charakteristika der Arbeit des AlSU zu verwenden. Das können die sogenannten Programmarkierungen sein (Zähler, Einsen und Nullen an bestimmten Stellen). Formal bedeutet die Erreichung der j-ten Teiletappe für das AlSU folgendes: Es ist die Existenz irgendeiner Markierung zu kontrollieren und eine Entscheidung über den weiteren Verlauf der Berechnungen zu fällen. In der Regel existieren diese Markierungen in klarer Form, wobei die Teiletappe des Steuerprozesses und die Zeichen miteinander korrelieren. Darum kann man voraussetzen, daß Axiom 4 erfüllt ist:

Zu jeder Teiletappe der Steuerung existiert eine Menge von Programmarkierungen, die eindeutig die Erreichung der Teiletappe definiert.

Der Algorithmus zur Realisierung eines integrierten Informationsmodells nach dem logischen Prinzip besteht in folgendem:

1. Man analysiert die Dynamik des Rechenprozesses, um die Übereinstimmung zwischen den ausgewählten Teiletappen und den Programmarkierungen festzustellen.

2. In jeder Arbeitsetappe des AlSU muß ein spezieller logischer Block das Vorhandensein der Markierungen der Teiletappe kontrollieren, wobei mit der höchsten (letzten) begonnen wird. Ist g die Gesamtheit der Markierungen der μ-ten Teiletappe, wird die Existenz der Marken der $(\mu - 1)$-ten Teiletappe und aller vorhergehenden Teiletappen nicht kontrolliert.

3. Jeder Teiletappe entspricht eine gewisse charakteristische Zahl, derart, daß der letzten Teiletappe eine große Zahl entspricht. Ist die Nummer μ der letzten Teiletappe im vorliegenden Takt bestimmt, findet der logische Block seine charakteristische Zahl vor, die als Ordinate auf dem Leuchtschirm ausgewiesen wird. Als Abszisse erscheint die laufende Zeit des vorliegenden Taktes.

Wir weisen darauf hin, daß bei globalen Erprobungen des AlSU die Verteilungsfunktion $F(t_j)$ der Verweildauer in der j-ten Etappe für positive Experimentergebnisse leicht zu bestimmen ist. Mit Hilfe bekannter Methoden der mathematischen Statistik [16] können das Normalverlaufsgebiet und das Gebiet des möglichen Eingriffes bestimmt werden. Somit ist der Grundmangel der formal-logischen Modelle beseitigt.

Folglich ist die Benutzung der Erprobungsresultate des AlSU und der Programmapparat dieser Erprobungen (Markenfolgetabellen) ein gemeinsames Prinzip der drei betrachteten Formen von integrierten Informationsmodellen. Jedes Modell besitzt seine Mängel und seine Vorzüge, die seinen möglichen Anwendungsbereich bestimmen. Es ist vorstellbar, daß die dichotomischen Modelle (formale und formal-logische) für Bediener höherer Instanzen, die einen Eingriff in den Prozeßverlauf zu entscheiden haben geeignet sind. Für den Bediener des AlSU, der einen derartigen Eingriff unmittelbar durchzuführen hat, ist ein nach dem logischen Verfahren aufgebautes Modell bequemer.

10.3. Empfehlungen für die Aufstellung der Programmabläufe

Die Form der Programmablaufpläne[1]) fand unter den Programmierern eine weite Verbreitung und ist zum gegenwärtigen Zeitpunkt am umfassendsten ausgearbeitet, wenn man von algorithmischen Sprachen als Annäherung an eine universelle Maschinensprache absieht. Sie ist nur Spezialisten zugänglich, die mit den verschiedenen Rechengeräten arbeiten.

Detaillierungsgrad. Die Praxis zeigt, daß es sehr schwierig ist, den Detaillierungsgrad von Programmablaufplänen festzulegen, weil gerade die gewünschten Eigenschaften, wie Vollständigkeit und Überschaubarkeit, einander ausschließen.

Der Detaillierungsgrad eines Ablaufplanes wird durch dessen Zweck festgelegt: Makroablaufpläne gehören ebenso zur Dokumentation eines AlSU wie Mikroprogrammablaufpläne (z. B. ist es wünschenswert, zugleich mit den Ablaufplänen jedes speziellen Programmes auch ein Schema, das die Wechselwirkung aller Unterprogramme zeigt, zu besitzen). Die Bildung von Makroplänen ruft im Gegensatz zu den Mikrovarianten gewöhnlich keine großen Schwierigkeiten hervor.

Die Unterteilung des Ausgangsalgorithmus' in Blöcke läßt sich auf der Grundlage verschiedener Konzeptionen durchführen. Die *erste* Konzeption (die wir als logische bezeichnen) besteht in folgendem: Ein Algorithmenteil, der einen Block bildet und adäquat denselben Block einer Befehlsgruppe darstellt, muß ganz offensichtlich irgendeine charakteristische Eigenschaft besitzen. Als derartige Eigenschaft ist natürlich der Zusammenhang von logischer, formaler und inhaltlicher Einheit hervorzuheben; manchmal auch die Superposition dieser drei Eigenschaften [40].

Die logische (funktionale) Einheit eines Blockes bedeutet, daß entweder alle ihn bildenden Befehle ausgeführt werden oder keiner von ihnen ausgeführt wird und zu einem der folgenden Blöcke gesprungen wird. Ein Schema logisch einheitlicher Blöcke umfaßt offensichtlich alle bedingten Sprungbefehle des aufzustellenden Programmes. Die formale Einheit eines Blockes erfordert einen gewissen einheitlichen Typ der ihn bildenden Befehle. Es lassen sich Blöcke unterscheiden, die die Umwandlung von Zahlen, Befehlen, bedingten Sprüngen u. dgl. vornehmen. Die inhaltliche Einheit eines Blockes besteht darin, daß die Gruppe von Befehlen, die den Block bildet, als Ganzes eine Funktion erfüllt (z. B. Umwandlung von Koordinaten, Lösung von Polynomen u. a.).

---

[1]) Der Programmablaufplan des AlSU wird als Gesamtheit der Programmablaufpläne seiner Unterprogramme betrachtet.

Die *zweite* Konzeption (die wir als restriktive bezeichnen) besteht in der Formulierung einschränkender Bedingungen, beispielsweise nach [23]:

1. Jedes spezielle Unterprogramm darf nicht mehr als 26 Blöcke entsprechend der Anzahl der Buchstaben des Alphabetes enthalten.

Tabelle 13

Bedeutung bzw. Bezeichnung	Graphisches Symbol
Rechnen, Verarbeiten	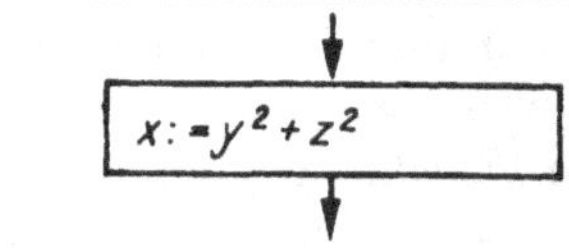
Verzweigen, Prüfen	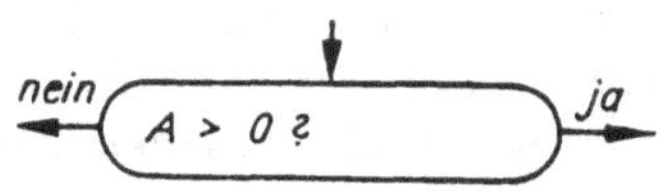
Eingeben, Ausgeben	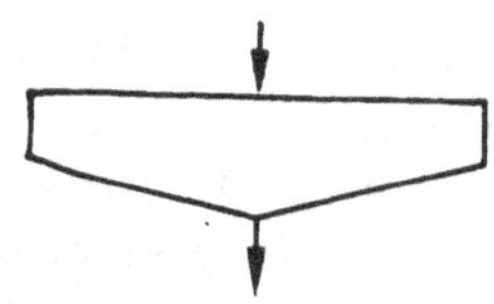
Konnektoren	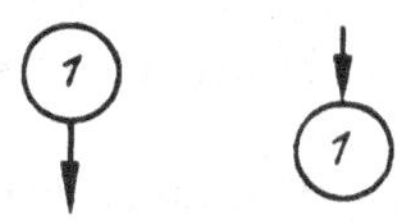
variabler Konnektor	
Beginn	
Ende	
Flußlinien	

(Abweichend vom russischen Original werden hier die in der DDR verbindlichen Symbole für Datenflußpläne nach TGL 22451 verwendet – Anm. der deutschen Redaktion.)

2. Jeder Block darf nicht mehr als 99 und nicht weniger als 10 Befehle enthalten.

Ein universelles Kennzeichnungssystem. Ein AlSU als Ganzes und sein Ablaufplan sind stets das Ergebnis einer kollektiven Arbeit, und jede Niederschrift eines AlSU muß für jeden Untersuchenden verständlich und zugänglich sein. Bezüglich der Niederschriften in Programmformularen wird diese Forderung immer erfüllt sein, denn dazu ist die Benutzung des Befehlssystems ein und desselben Rechners erforderlich. Beim Aufbau der Programmablaufpläne durch verschiedene Arbeitskräfte kann ein einheitlicher Stil nur durch Einführung und aktive Kontrolle der Einhaltung eines für das gesamte Kollektiv verbindlichen universellen Kennzeichnungssystems erreicht werden.

Eine Auswahl der gebräuchlichsten Symbole dieses Kennzeichnungssystems ist in Tabelle 13 angegeben.

Das Koordinatennetz. Ablaufpläne großer AlSU bestehen aus vielen Elementen und können wegen ihres Ausmaßes nicht auf annehmbaren Listen untergebracht werden. Darüber hinaus können Ein- und Ausgänge zu verbindender Blöcke bei Benutzung von Konnektoren oder variablen Konnektoren erheblich voneinander abweichen. Zur bequemeren Benutzung eines Ablaufplanes und zur Verbesserung der Analysemöglichkeiten erweist es sich als zweckmäßig, ein einheitliches Koordinatennetz einzuführen.

Jede Seite eines Ablaufplanes wird durch senkrechte und waagerechte Linien in α Rechtecke oder Quadrate eingeteilt. Die Seiten der Rechtecke werden in der Waagerechten mit Buchstaben und in der Senkrechten mit Zahlen gekennzeichnet. Dann bedeutet z. B. die Adresse D8β, daß im Quadrat D8 ein Sprung zum Symbol β realisiert wird.

Selbstverständlich ist es unzulässig, in ein und demselben Quadrat dieselben Buchstaben zu benutzen. Diese Einschränkung entfällt für den Ablaufplan als Ganzes, d. h., die Wiederholung von Buchstaben in verschiedenen Quadraten ist zulässig. Insbesondere kann eine Seite irgendeiner Zusammenstellung von Ablaufplänen als Quadrat bezeichnet werden. Dabei werden die Koordinaten des Quadrates durch die Nummer der Seite ersetzt.

In jedem Programmablaufplan muß folgende Regel eingehalten werden: Ein Plan beginnt mit dem Zeichen „Start“ und wird mit dem Zeichen „Stopp“ abgeschlossen.

Ausstattungsformat und -regeln. Einige einfache einschränkende Regeln ermöglichen eine vollkommen gleiche Form der endgültigen Ausführung von Programmablaufplänen. Diese Regeln sind vor allem für die Kopierer verbindlich, doch trägt ihre Einhaltung durch die Programmierer dazu bei, die Fristen für die Herausgabe der Dokumentationen zu verkürzen. Solche Regeln können z. B. folgendermaßen aussehen:

1. Die Aufzeichnung erfolgt auf weißem Pergamentpapier mit den Maßen 210×300 mm. An der linken Seite bleibt ein Rand von 3 cm für das Zusammenheften.

2. Alle Ablaufpläne müssen in der rechten oberen Ecke jeder Seite einen Stempel tragen, in dem die Nummer des Unterprogrammes, seine Bezeichnung, der Name des Programmierers, Informationen über Veränderungsdaten und die Adresse der Beschreibung des Ablaufplanes festgehalten werden müssen.

3. In der rechten unteren Ecke jeder Seite des Ablaufplanes jedes Unterprogrammes müssen die Gesamtseitenzahl und die Nummer der jeweiligen Seite angegeben werden.

4. Nach der Darstellung des Makroplanes folgt eine Seite, auf der alle Zusammenhänge zwischen den Makroblöcken gezeigt werden müssen.

5. Der Makroplan jedes Makroblockes darf nicht mehr als zwei Seiten einnehmen.

10.4. Die technische Dokumentation

Bei einer guten Organisation der Projektierung eines AlSU wird die technische Dokumentation nicht erst unmittelbar vor der Übergabe des AlSU an den Nutzer geschaffen, sondern sie entsteht und verändert sich im Verlauf des gesamten Projektierungsprozesses. Daraus folgt, daß die Dokumentation während der Erarbeitung eines AlSU ständig und aktiv kontrolliert werden muß. Sie soll leicht zugänglich, umfassend und aktuell sein. Wir wollen nun den etwaigen Inhalt der technischen Dokumentation eines AlSU betrachten.

Die Beschreibung eines AlSU wird zweckmäßigerweise entsprechend der Einheit der Makroblöcke des AlSU vorgenommen. Diese Beschreibung eines AlSU muß auf jeden Fall alle formelmäßigen Abhängigkeiten eines Makroblockes enthalten und zwar in der Reihenfolge ihrer Realisierung im AlSU (die Reihenfolge der Informationstransformation kann im Ausgangsalgorithmus und im AlSU verschieden sein). Die Beschreibung eines AlSU muß ein sinnvolles Minimum an Daten enthalten. Dadurch wird es möglich, die Beschaffenheit des Steuerprozesses zu verstehen. Wünschenswert ist eine Bibliographie, die die physikalischen Abhängigkeiten, die in jedem Makroblock realisiert werden, gründlich beleuchtet.

Der informationelle Makro-Programmablaufplan gibt die Wechselwirkungen zwischen den Makroblöcken auf Grund von Informationen wieder.

Im **Zeitdiagramm** der typischen Arbeitsweisen eines AlSU werden in anschaulicher Form die Zeiten für die Eingabe aller Informationen und für die Ausgabe aller Steuersignale angegeben. Erstrebenswert ist die Darstellung des möglichen Streuungsumfangs dieser Zeiten.

Die rationellste Darstellungsform des **AlSU-Textes in Programmformularen** sind Bücher mit einem Umfang von 100—150 Seiten und durchgehender Numerierung der Speicherzellen im gesamten Text. Besondere Beachtung muß man der Qualität des Papiers und der Erarbeitung einer Technologie für das Einfügen von Änderungen in die Programmtexte schenken. Wiederholte Veränderungen müssen nicht zu einer Neufassung des gesamten Textes führen, aber es ist unklar, wie der Text selbst herzustellen ist. Beispielsweise ist es durch handgeschriebene Eintragungen möglich, früher aufgeschriebene Befehle auszuradieren und durch neue zu ersetzen. Diese Methode ist jedoch arbeitsintensiv und erfordert einen großen Zeitaufwand und eine hohe Papierqualität. Die Vervielfältigung der Texte durch Lichtpausen beansprucht aber gerade diese Zeit bei der Schaffung des Originals. Sie schließt prinzipiell die Korrektur der Kopien aus, ermöglicht aber die schnelle wiederholte Kopierung veränderter Abschnitte. Dadurch wird aber das Problem nicht gelöst, da immer wieder Bücher entstehen, die Veränderungen unterworfen sind. Das ist ein Beispiel dafür, daß die Mechanisierung nicht immer zur Lösung eines Problems führt.

Der Plan der Anordnung eines AlSU im Hauptspeicher muß in anschaulicher und komprimierter Form die Adressen der Programm-, Arbeits- und Operationsfelder, der Konstantenfelder, Pufferfelder u. ä. enthalten. Die Erläuterung des Inhaltes jeder Zelle ist hier nicht möglich (diese Erläuterung erfolgt im Text des AlSU), aber es ist wünschenswert, über Pläne mit Erläuterungen für jeden Makroblock zu verfügen.

Die allgemeinen Angaben für das System müssen die Beschreibung der Prinzipien und des Zeitdiagrammes für den Informationsaustausch über die Informationskanäle, ein Blockschaltbild des Systems und ein Schema der Wechselwirkungen seiner Elemente enthalten.

Instruktionen für die Gewährleistung der Arbeit eines AlSU durch Programme schließen die Anleitungen für die Vorbereitung des Anlaufes eines AlSU und dessen Kontrolle, für die Kontrolle des Steuerprozeßablaufes und die Auswirkungen in typischen Havariesituationen sowie genaue Maßnahmen für die Aufnahme der Arbeiten im AlSU, ihre Dokumentation und die Kontrolle der Funktionsfähigkeit des AlSU ein.

Die Dokumentation des Programmierungssystems gibt die konkreten Formen der Automatisierung der Programmierung, die bei der Aufstellung des AlSU verwendet wurden, wieder. Die Dokumentation des Programmierungssystems muß mindestens so umfassend sein, wie die Dokumentation des AlSU selbst.

Die Beschreibung der Rechentechnik und Programmierungshinweise schließen eine detaillierte Beschreibung des Bedienungspultes des Rechners, seiner Arbeitsprinzipien, der Besonderheiten der Programmierung unter Angabe aller unverträglichen Befehlsgruppen sowie eine Befehlsliste mit genauer Charakteristik und Beschreibung jedes Befehles ein.

Das Formular eines AlSU ist ein Dokument, das die garantierten Hauptparameter und Funktionscharakteristika durch den Betriebs-Bearbeiter bestätigt und den Stand der Arbeiten am AlSU wiedergibt und Angaben über die Inbetriebnahme beinhaltet. Das Formular kann aus folgenden Teilen bestehen, die in Abhängigkeit von den Besonderheiten des AlSU und seines Einsatzes zusammengefaßt oder getrennt behandelt werden können. Es ist aber auch möglich, neue Teile in ein solches Formular einzufügen.

a) Allgemeine Angaben: Inhalt des Formulars, sowie Angaben zur Ausfüllung und Führung des Formulars.

b) Allgemeine Daten: Bezeichnung des AlSU, seine Kennzeichen (Chiffre und Index), Name des Betriebs-Bearbeiters, Entstehungsjahr und Modifikationsvarianten.

c) Grundlegende theoretische Daten und Charakteristika: Typ und Beschaffenheit der Rechner, auf denen das AlSU realisiert werden kann; Speicherarten und Gesamtkapazität, die für die Realisierung benötigt werden; Periodizität des Abfragens der Informationsquellen des großen Systems; Entscheidungsperioden von Steueraufgaben; Verzeichnis der benutzten Standardprogramme; Speicher- und Geschwindigkeitsreserven.

d) Tabelle folgender Merkmale: Alle informationell verbundenen Blöcke des AlSU mit Angabe der Zweckbestimmung der Blöcke; Standard- und Bedienungsprogramme; technische (konstruktive) und Betriebsdokumentation; Anzahl und Art der Datenträger (z. B. drei Sätze Lochkarten des Typs mit jeweils 1000 Stück).

e) Nachweis der vorangegangenen Erprobungen des AlSU: Erprobungsdaten wie:

— Charakteristika des Rechners, auf dem die Testung der Programme und die Erprobung des AlSU vorgenommen wurde,
— Charakteristika des Simulationsmodells, das für die Erprobungen benutzt wurde,
— Bereich der Ausgangsdaten, mit denen der Ablauf des AlSU simuliert wurde,
— Anzahl der Realisierungen,
— Erprobungsergebnisse und Schlußfolgerungen daraus,
— Empfehlungen über Charakter und Umfang autonomer Erprobungen auf den Rechenmitteln des großen Systems.

Wurde ein AlSU nicht vollständig erprobt, werden die Angaben über Ausgangsdaten, Anzahl der Realisierungen und Erprobungsergebnisse für jeden zu überprüfenden Block ermittelt. Für Schlußfolgerungen der Vertreter des Nutzers werden am Schluß der Liste leere Blätter mit der Überschrift „Schlußfolgerungen der Vertreter des Nutzers“ vorgesehen.

f) Garantieverpflichtungen: Sie enthalten die Bedingungen, unter denen sich der Betriebs-Bearbeiter verpflichtet, eine unentgeltliche Fehlerkorrektur der AlSU-Blöcke vorzunehmen.

g) Fehlerliste: Sie sollte folgende Angaben enthalten: Datum und Uhrzeit der Feststellung des Fehlers; Eingangsdaten, bei denen sich der Fehler gezeigt hat; Charakter (Merkmal) des Fehlers; Wesen des Fehlers; eingeleitete Maßnahmen zur Fehlerbeseitigung; Zeitaufwand für Fehlersuche und -beseitigung; Dienststellung, Name und Unterschrift der für die Fehlerbeseitigung verantwortlichen Person. Diesen Abschnitt stellt man in Form einer Tabelle dar.

h) Periodische Kontrolle des Zustandes der Einspeicherung des AlSU im Rechner: Verfahren, Kontrollergebnisse und durchgeführte Maßnahmen; Darstellung der Resultate in Tabellenform.

i) Angaben über Veränderungen in der Struktur des AlSU: Begründungen für algorithmische und Programmänderungen; Datum und Inhalt der Veränderungen; Methoden zur Überprüfung der korrekten Übernahme solcher Veränderungen; Charakteristika des AlSU nach den Veränderungen; Unterschrift des für die Ausführung dieser Arbeit Verantwortlichen.

10.5. Die organisatorische Absicherung eines algorithmischen Steuerungssystems eines Betriebes

Selbstverständlich schließt die Nutzung eines AlSU sowohl technische als auch organisatorische Fragen ein. Wir betrachten jetzt eine Variante einer Organisationsstruktur, die die Nutzung eines AlSU eines Betriebes (AlSUB) gewährleistet.

In Abb. 46 wird ein Beispiel für ein Schema der Funktions- und Informationsstruktur des automatisierten Steuerungssystems eines metallurgischen Betriebes unter Außerachtlassung der Hauptverbindungen des Betriebsrechenzentrums mit dem Rechenzentrum der einzelnen Abteilung (Produktion) gegeben. Analoge Zusammenhänge gelten auch für das Steuerungssystem anderer Abteilungen des Betriebes. Es ist zu beachten, daß im angegebenen Schema aus Gründen der Vereinfachung keine Verbindungen zwischen den Abteilungen berücksichtigt werden, die im Steuerungssystem eines Betriebes überaus wesentlich sind.

Die Existenz von Rechnern und technischen Einrichtungen zum Sammeln, Übertragen und Speichern von Informationen verändert den Charakter der Arbeit der Mitarbeiter in der Werkleitung und in den Produktionsabteilungen des Werkes, die in der Wirkungssphäre des AlSUB tätig sind. Für den Menschen bleibt die Funktion von Analyse und Bestätigung grundlegender Entscheidungen erhalten. Die Funktion des AlSUB besteht in der Gewährleistung der Verwaltung und der rechtzeitigen und ausreichenden Information des Leitungspersonals über den Zustand der Produktion sowie in der Ausgabe von Empfehlungen zur Optimierung der zu treffenden Entscheidungen.

Die Organisation des Ablaufprozesses eines AlSUB kann folgendermaßen vor sich gehen: Die Mitarbeiter der Werkleitung (insbesondere der Abteilungen für Planung, Produktionsverteilung und Absatz) realisieren entsprechend dem Verzeichnis der Funktionspflichten die Primärvorbereitung (in der Hauptsache Prüfung und in einigen Fällen Kennzeichnung) der Ursprungsdokumente für die Lösung der Aufgaben und übergeben sie an die Gruppe für Datenverarbeitung im Rechenzentrum. Nach dem Lochen und Prüfen durchlaufen die Dokumente den Rechner und werden nach gegebenen Programmen im AlSUB verarbeitet. Die Ergebnisse werden über entsprechende Informationskanäle den Abteilungen übergeben.

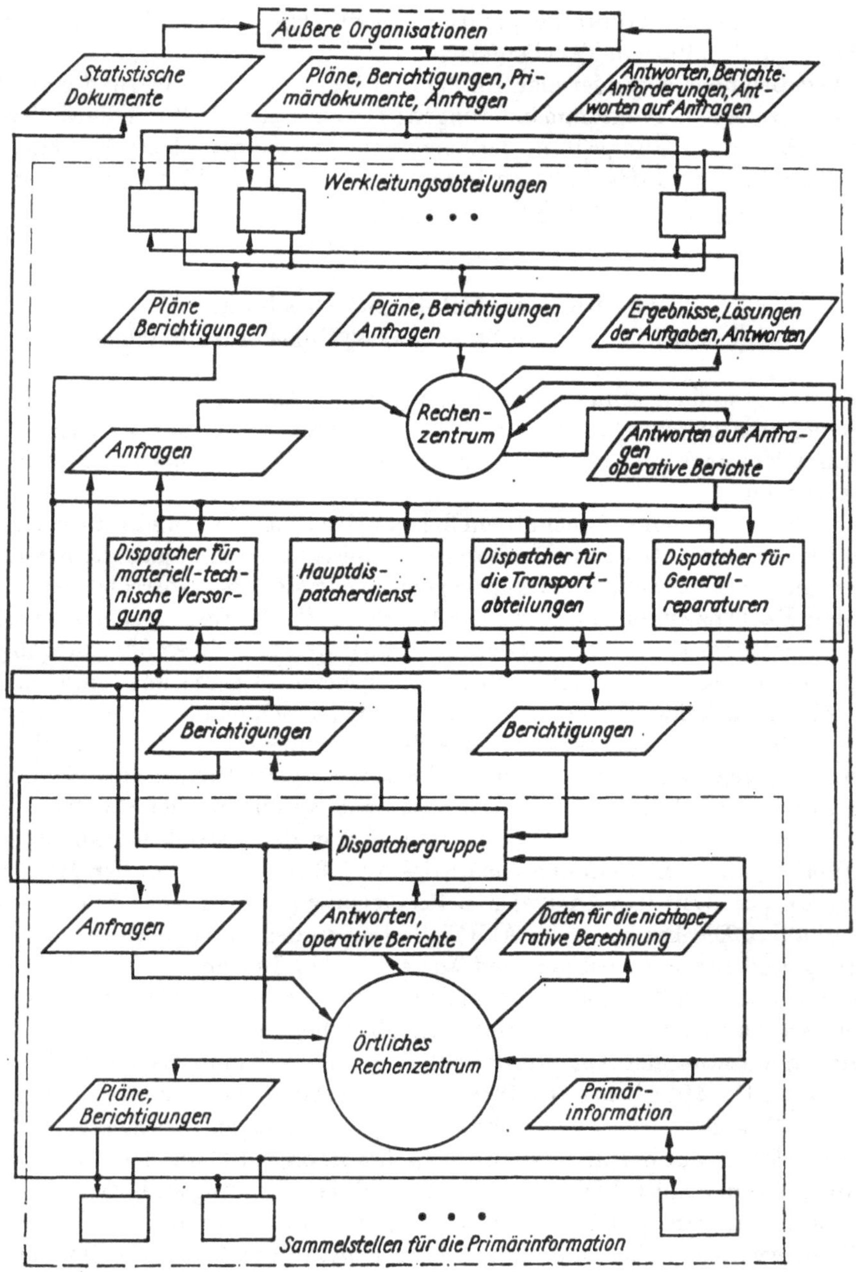

Abb. 46. Ein Beispiel einer Funktions- und Informationsstruktur für ein AlSU eines Betriebes

Die Dispatcher der entsprechenden Produktionsabteilungen übermitteln mit Hilfe von Fernübertragungseinrichtungen regelmäßig über feste Adressen Operativdaten über den Produktionsverlauf. Ergebnis dieser Abarbeitung der Daten sind spezielle Kontrolldatenfelder, die die Grundlage für die Organisation des Austausches von Kontrollinformationen zwischen den interessierten Dienststellen und den einzelnen Systemteilen, sowie für die Lösung von Steuerungsaufgaben, die mehrere Varianten zulassen.

Auf der Grundlage der von den Dienststellen des Betriebes erhaltenen Ursprungsdaten und von Daten, die über unmittelbar in der Produktion aufgestellte technische Einrichtungen zum Sammeln und Übertragen von Informationen einlaufen, führt das AlSUB Berechnungen aus, die für die Durchführung der Analyse der Arbeitsergebnisse im Werk und in seinen Strukturabteilungen für festgelegte Abrechnungsperioden notwendig sind. Da Kodierung und Dekodierung der Eingangs- und Ausgangsinformationen durch den Rechner erfolgt, erhält der Mensch die Informationen in einer Form, die eine zusätzliche manuelle Bearbeitung ausschließt. Informationen mit offiziellem Charakter werden vom System in Form von Mitteilungen und Dokumenten mit festgelegter Form und Inhalt empfangen und ausgegeben.

Eine Variante der Organisationsstruktur des Rechenzentrums eines Betriebes ist in Abb. 47 dargestellt. Das Rechenzentrum gewährleistet die Funktion des AlSUB, die Erledigung komplizierter und arbeitsaufwendiger Rechenarbeiten bei der Planung, Rechnungsführung, bei der materiell-technischen Versorgung, der technisch-ökonomischen Analyse, der Produktionsvorbereitung und der Lösung wissenschaftlich-technischer Aufgaben. Das Rechenzentrum kann Maschinenrechenstationen enthalten.

Die Dienststellen des Rechenzentrums führen im Werk eine einheitliche, den Anforderungen des algorithmischen Steuerungssystems entsprechende Dokumentation für Technik, Planung und Berechnung, eine Nomenklatur der Schlüssel für Produktion, Ausrüstungen und Materialien ein; sie erarbeiten und vervollständigen während der Nutzung Normativ-Kartotheken, Aufstellungen von Produktionsinformationen, Normativ-Nachfrage-Dokumente, Schlüsselsystematiken der materiellen Werte usw. Das Rechenzentrum vervollkommnet ständig das AlSU und seine Realisierungsmöglichkeiten im Rechner, verbessert seine Qualität, verkürzt und rationalisiert den Umlauf der Dokumente, vervollständigt die Methodik zur Ausarbeitung von Algorithmen und zur Aufstellung und Testung von Programmen und verkürzt die entsprechenden Zeiten für die Einführung einzelner Aufgaben. Das Rechenzentrum realisiert Maßnahmen zur effektiven Auslastung der im Werk vorhandenen Organisations- und Rechentechnik (Erhöhung der Austauschbarkeit, Senkung der Stillstandszeiten, Erhöhung der Produktivität der Ausrüstungen u. a.). Das Rechenzentrum gewährleistet die Bedienung und Wartung der Lochkartentechnik, der elektronischen und maschinellen Rechentechnik sowie der peripheren Einrichtungen. Es wird mit den entsprechenden Maschinen und Ausrüstungen ausgestattet und arbeitet an der Modernisierung und Vervollkommnung derselben.

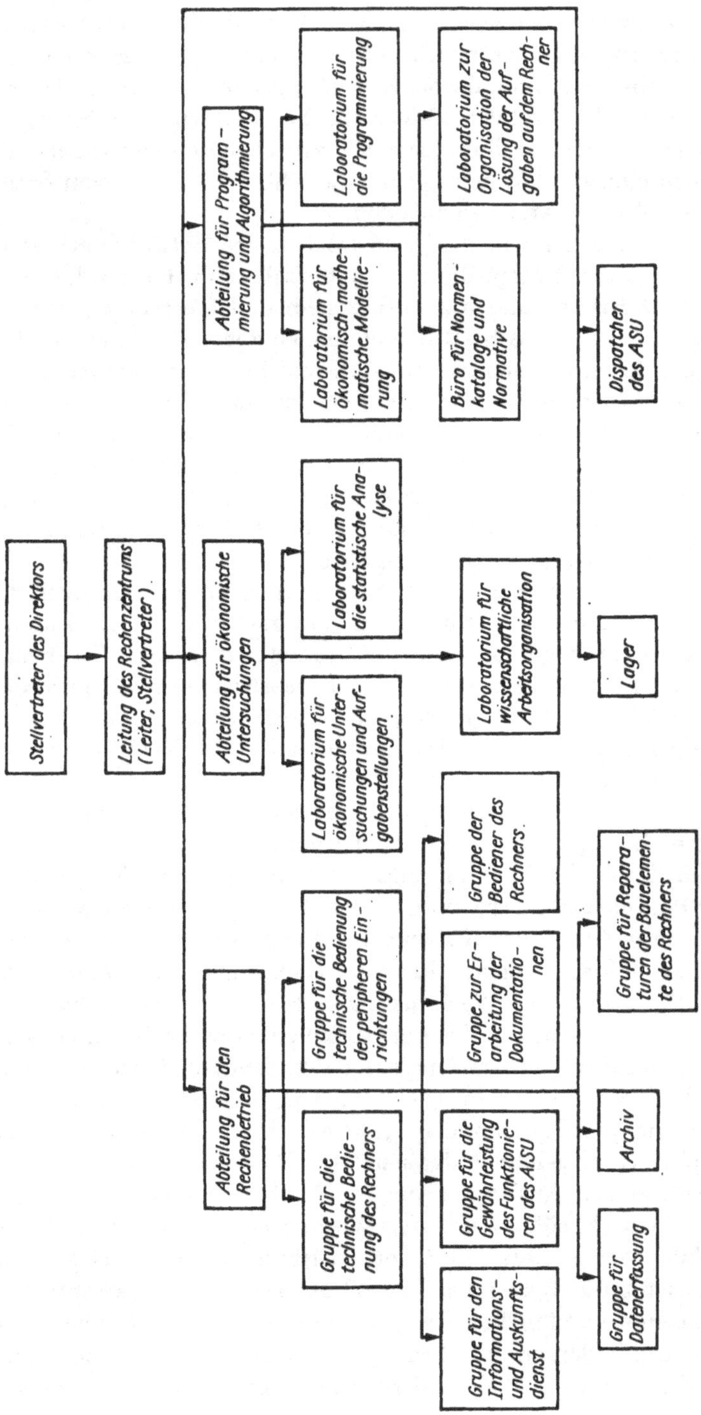

Abb. 47. Variante einer Organisationsstruktur des Betriebsrechenzentrums

Der Leiter des Rechenzentrums ist unmittelbar dem Direktor oder dessen Stellvertreter unterstellt, der für die Fragen der Vervollkommnung der Leitung verantwortlich ist. Das Rechenzentrum besteht aus den Abteilungen (zentralen Laboratorien) für den Rechenbetrieb, für ökonomische Untersuchungen, für Algorithmierung und für Programmierung. Aufgabe der ersten Abteilung ist die Gewährleistung der Arbeit des Rechners. Weiterhin gehören dazu die operative Verbindung mit Außendienststellen und die Organisation der Archivierung. Die zweite Abteilung nimmt die ökonomische Begründung von Maßnahmen zur Vervollkommnung der Leitung vor, stellt neue Aufgaben, analysiert die Arbeit des AlSU und löst Fragen der wissenschaftlichen Arbeitsorganisation auf der Grundlage der verfügbaren Rechentechnik. Die dritte Abteilung ist für die Erarbeitung ökonomisch-mathematischer Modelle, Algorithmen und Programmen zur Lösung von Steueraufgaben sowie für die Organisation ihrer Lösung auf dem Rechner verantwortlich.

Die zweite und dritte Abteilung begründen auf Grund ökonomisch-statistischer Untersuchungen die Auswahl der vordringlichen Aufgaben, realisieren ihre mathematische Darstellung, erarbeiten Maschinenalgorithmen, legen das Verfahren des Ablaufes des AlSU fest (Verzeichnis der Ursprungsdaten und Formen der Ausgangsdokumente, Verbindung mit den Unterabteilungen des Betriebes u. a.) und bewerten die Effektivität der Ausführung der Aufgaben. Außerdem führt das Programmierungslabor eine Qualitätsanalyse der erarbeiteten Programme durch, verwirklicht die Vervollkommnung des allgemeinen Funktionsalgorithmus' des AlSUB und der einzelnen Programme bei Veränderung der Produktionsbedingungen und realisiert Vereinheitlichung und Vervollständigung der Primärdokumentation.

Die Gruppe für die Gewährleistung der Funktion des AlSU beschäftigt sich mit Vorbereitung und Aufnahme der Aufgaben in ein einheitliches Blockschema. Sie kontrolliert die Ausarbeitung und Funktionsweise von Standard- und Steuerprogrammen, bestimmt den Arbeitsablauf des Rechenzentrums und gibt ein Verzeichnis der Aufgabenlösungen an. Ferner kontrolliert sie die Zuverlässigkeit der auf äußeren Datenträgern untergebrachten Informationen.

Das Programmierlabor erarbeitet und vervollkommnet Verfahren zur Automatisierung der Programmierung, erweitert die Programmbibliothek entsprechend den Forderungen der Gruppe, die für die Gewährleistung der Funktion verantwortlich ist, erarbeitet Programme gemäß den Algorithmen und Programmablaufplänen des Modellierungslabors und nimmt an der Testung der Programme teil.

Die Gruppe des Informations- und Auskunftdienstes beschäftigt sich mit der Vervollständigung der für das Werk wesentlichen Systeme der Kodierung von Normativ-Auskunftsdokumenten und erarbeitet neue derartige Systeme. Sie schafft eine ständig einsetzbare Kartothek für Normen, Koeffizienten und Nachschlagedokumenten und hält diese Kartothek auf dem Stand, der den gegenwärtigen Produktionszuständen entspricht.

Die Gruppe für Datenerfassung übernimmt die Ursprungsinformationen von den Unterabteilungen entsprechend einem Aufnahmeverzeichnis und kontrolliert das rechtzeitige Eintreffen der Informationen. Sie nimmt die Kennzeichnung nichtmarkierter Dokumente vor und stellt Lochkarten und -streifen von den vorbereiteten Dokumenten her. Darüber hinaus erhält die Gruppe fertige Programme für die Herstellung der Lochkarten und -streifen vom Programmierlabor.

Die Gruppe der Bediener des Rechners gibt die Informationsdatenträger entsprechend einem Verzeichnis sowie neue und geänderte Programme und Anfragen bei der Lösung außerordentlicher Aufgaben ein. Ferner kontrolliert sie den Ablaufprozeß des AlSU.

Das Archiv bewahrt die Programmbibliothek des Rechners, die ständig einsatzbereite Kartothek, Lochkarten und -streifen der Arbeitsfelder, Magnetbänder und fertige Dokumente auf. Es gibt gespeicherte Informationen zwecks Berechnung, Eingabe und Ausgabe an den Rechner und kontrolliert die rechtzeitige Erneuerung von Normativ-Auskunfts-Informationen.

Das Labor für wissenschaftliche Arbeitsorganisation formuliert auf der Grundlage des Studiums der Veränderung der Arbeitsbedingungen und der Festlegung eines Weges zur Erhöhung der Arbeitsproduktivität unter den Funktionsbedingungen des AlSU Vorschläge zur Vervollkommnung von Struktur und Funktion aller Glieder des Steuerungssystems des Betriebes.

Im Zusammenhang mit der Übernahme eines großen Teiles der Funktionen zur Informationsverarbeitung durch das ASU gewinnen Fragen der Zuverlässigkeit und Funktionskontrolle des AlSU besondere Bedeutung. Das Kontrollsystem muß folgendes sichern:

— Entdeckung der fehlerhaften Arbeit (Ausfall) der Einrichtungen zur Informationsverarbeitung,
— Festlegung des Charakters des Ausfalls (zufällig oder systematisch),
— Lokalisierbarkeit der Fehlerstelle,
— Beseitigung der Folgen des Ausfalls.

Nach ihrem Funktionszweck kann man im AlSU ständige und vorbeugende Kontrolle unterscheiden.

Die *ständige* Kontrolle erfolgt während der gesamten Funktionszeit und beinhaltet:

— Programmkontrollen, die zur Wiederholung der Berechnung einzelner Operatoren und Blöcke entsprechend der im Erfüllungsprozeß erarbeiteten Fehlermerkmale führen. Die Programme müssen durch Blöcke zur Kontrolle der Richtigkeit der Lösung ergänzt werden. Das Steuerprogramm erfordert einen Block, der die Analyse und automatische Wiederholung der Lösung bei Existenz eines Fehlers sichert.

— Kontrollen, die die Zuverlässigkeit der Beziehung Mensch—Maschine gewährleisten und Methoden zur Überprüfung der Identität einer Kopie, die nach der Eingabe des AlSU angefertigt wurde, mit dem zu kodierenden Dokument

(Original) enthalten. Sie umfassen außerdem Methoden zur Aufbewahrung der Programmkopien und der Kopien der hauptsächlichen Informationsfelder auf einem zuverlässigen Datenträger in einer für die Benutzung leicht zugänglichen Form.

— Gerätekontrollen, die die Schemata und Kodes zur Feststellung und Berichtigung von Fehlern bei der Kontrolle des Informationsaustausches zwischen den Einrichtungen des Rechners enthalten.

Die *vorbeugende* Kontrolle ist in der Hauptsache eine Testkontrolle und dient zur Feststellung der Existenz von Unregelmäßigkeiten in den Geräten und zur Lokalisierung des Fehlers nach dem Prinzip der Gebietseinengung. Systemtests sichern die Kontrolle der Arbeit des Gesamtkomplexes von technischen Einrichtungen zum Sammeln, Übertragen und Verarbeiten von Informationen.

Wir unterstreichen nochmals die Notwendigkeit der Untersuchung von Fragen der Sicherung zuverlässiger Mensch—Maschine-Beziehungen, insbesondere die Möglichkeit und Zweckmäßigkeit der Ausnutzung von Verfahren im System, die auf der Einführung zusätzlicher technischer Mittel, algorithmischer Methoden zur Kontrolle und Erhöhung der Zuverlässigkeit, der Organisation der rechtzeitigen Vorbereitung von Kadern für die Nutzung des AlSU und der Ausbildung von Mitarbeitern für den Leitungsapparat und Formen und Methoden der Wechselwirkung unter den Funktionsbedingungen beruhen.

LITERATURVERZEICHNIS

[1] AVANDO-BODINO, J., Применение в экономике теории графов. Москва. Прогресс, 1966.

[2] Автоматизация управления промышленными предприятиями. Сб. трудов, Вып. 1., изд. УкрНИИНТИ, Киев, 1968.

[3] AIWASJAN, J. A. u. a., Исследование информационно-логической структуры системы управления. — Всб.: Автоматизация управления промышленными предприятиями. Изд. УкрНИИНТИ, Киев, 1968.

[4] AIWASJAN, J. A. u. a., Об одном методе построения моделей системы управления предприятием. Оперативное управление производством. Материалы 2-й Всесоюзной конференции. Ч. 2. Л. изд. ЛДНТП, 1968.

[5] AISERMANN, M. A. u. a., Логика, Автоматы. Алгоритмы. Физматгиз, Москва, 1963. (Deutsche Übersetzung: AISERMANN, M. A. u. a., Logik, Automaten, Algorithmen, Akademie-Verlag, Berlin/Oldenbourg-Verlag, München-Wien, 1967).

[6] ACKOFF, R. L., RIVETT, P., Исследование операций. Мир, Москва, 1967. (Deutsche Übersetzung: ACKOFF, R. L., RIVETT, P., Industrielle Unternehmensforschung, Oldenbourg-Verlag, München-Wien, 1966).

[7] BAUMOL, W., Экономическая теория и исследование операций. Прогресс, Москва, 1965. (Übersetzung aus dem Englischen: BAUMOL, W., Economic theory and operations analysis, Prentice Hall, Englewood Cliffs N. J., 1961).

[8] BERGE, C., Теория графов и ее применение. Изд. иностр. лит. Москва, 1962. (Übersetzung aus dem Französischen: BERGE, C., Theorie des graphes et ses applications, Dunod, Paris, 1958).

[9] BERKOWITSCH, D. M. u. a., Современные проблемы техниеской кибернетики — В сб.: Кибернетику на службу коммунизму. Т. С. Энергия, Москва, 1967.

[10] BEER, S., Кибернетика и управление производством. Наука, Москва, 1965. (Deutsche Übersetzung: BEER, S., Kybernetik und Managment, S. Fischer Verlag, Frankfurt a. M., 1967).

[11] BEER, S., На пути к кибернетическому предприятию — В сб.: Принципы самоорганизации. (Übersetzung aus dem Englischen: In: FOERSTER, H. von, ZOPF, G. W. (ed.), Principles of self-organisation, Pergamon-Press, Oxford, 1962).

[12] BRILLOUIN, L., Наука и теория информации. Изд. иностр. лит. Москва. 1960. (Übersetzung aus dem Englischen: BRILLOUIN, L., Science and information theory Academic Press, New York-London, 1956).

[13] BUSLENKO, N. P., К теории сложных систем. Изд. АН СССР — Техническая кибернетика, № 5, 1963.

[14] BUSLENKO, N. P., Моделирование сложных систем. Наука, Москва, 1968. (Deutsche Übersetzung: BUSLENKO, N. P., Modellierung komplizierter Systeme, Verlag Die Wirtschaft, Berlin, 1972).

[15] WENIKOW, W. A., Теория подобия и моделирования применительно к задачам электроэнергетики. Высшая школа, Москва, 1966.

[16] WENTZEL, E. S., Введение в исследование операций. Советское радио, Москва, 1964.

[17] WENTZEL, E. S., Теория вероятностей. Физматгиз, Москва, 1958.
[18] WIENER, N., Новые главы кибернетики. Советское радио, Москва, 1963.
[19] GLUSCHKOW, W. M., Введение в кибернетику. Изд-во АН УССР, Киев, 1964. (Deutsche Übersetzung: GLUSCHKOW, W. M., Einführung in die technische Kybernetik, Verlag Technik, Berlin, 1970).
[20] GLUSCHKOW, W. M., О применении абстрактной теории автоматов для минимизации микропрограмм. Изд. АН СССР — Техническая кибернетика, 1964.
[21] GLUSCHKOW, W. M., Синтез цифровых автоматов. Физматгиз, Москва, 1962.
[22] GNEDENKO, B. W., KOWALENKO, I. N., Введение в теорию массового обслуживания. Наука, Москва, 1966.
[23] GOLUBEW-NOWOSHILOW, J. S., Многомашинные системы вычислительных средств. Советское радио, Москва, 1967.
[24] GRENIEWSKI, G., Логика и кибернетика планивроания — В сб.: Электронное моделирование и машинное управление в экономике. Мир, Москва, 1965.
[25] GRUBOW, W. I., Промышленная кибернетика. Наукова думка, Киев 1966.
[26] GUD, G. Ch., MAKOL, R. E., Системотехника. Советское радио, Москва, 1962.
[27] GUTER, R. S. u. a., Практика программирования. Наука, Москва, 1965.
[28] DOOB, J. L., Вероятностные процессы. Изд. иностр. лит., Москва, 1956. (Übersetzung aus dem Englischen: DOOB, J. L., Stochastic processes, Wiley & Sons, New York, 1953).
[29] DJATSCHENKO, W. F., Построение граф-схем алгоритмов. — В сб.: Проблемы передачи информации. Вып. 4. М. Изд-во АН СССР. 1963.
[30] DJATSCHENKO, W. F. u. a., Управление на сетях связи. Наука, Москва, 1967.
[31] JERMOLJEW, J. M., MELNIK, I. M., Экстремальные задачи на графах. Наукова думка, Киев, 1968.
[32] JERSCHOW, A. P., LJAPUNOW, A. A., О формализации понятия программы. Кибернетика, № 5, 1967.
[33] SHOGOLEW, E. A., TRIFONOW, N. P., Курс программирования. Наука. Москва, 1967.
[34] IWACHNENKO, A. G., Техническая кибернетика. Гостехиздат УССР, 1962. (Deutsche Übersetzung: IWACHNENKO, A. G., Technische Kybernetik, Verlag Technik, Berlin, 1964).
[35] Инженерно-технические требования к системам управления. Изд-во ВНИИТЭ: Москва, 1967.
[36] IZKOWITSCH, E. L., TRACHTENHERZ, E. A., Алгоритмы централизованного контроля производством. Советское радио, Москва, 1967.
[37] IZKOWITSCH, E. L., TRACHTENHERZ, E. A., Минимизация объема памяти программы, реализующей алгоритмы централизованного контроля и управления производством. — Автоматика и телемеханика, № 8, 10, 1966.
[38] KALOUJNINE, L. A., Об алгоритмизации математических задач. В сб.: Проблемы кибернетики. Вы. п. 2, Физматгиз, Москва, 1959. (Deutsche Übersetzung: KALOUJNINE, L. A., Über die Algorithmierung mathematischer Aufgaben in: Probleme der Kybernetik, Band 2, Akademie-Verlag, Berlin 1963).
[39] KARP, R. M., Заметки о приложении теории графов к программированнию ЦВМ. В сб.: Кибернетический сборник, № 4, 1962.
[40] CARR, J., Лекции по программированию. Изд. иностр. лит. Москва, 1964.
[41] KITOW, A. N., KRINIZKIJ, N. A., Электронные цифровые машины и программирование. Физматгиз, Москва, 1959.
[42] KOSLIK, G. A., Разработка и исследование алгоритмической структуры систем управления промышленными предприятиями. Автореферат диссертации, Киев, 1968.

[43] KOLIN, K. K., LIPAJEW, W. W., Проектирование алгоритмов управляющих ЦВМ. Советское радио, Москва, 1970.

[44] KOTOW, A. I., KULAKOW, A. F., Оценка качества управляющих алгоритмических систем методом статистического моделирования. Труды I. Всесоюзной конференции по вычислительным системам. Вып. 1. Наука, Новосибирск, 1968.

[45] KAUFMANN, A., Методы и модели исследования операций. Мир, Москва, 1968. (Übersetzung aus dem Französischen: KAUFMANN, A,, Methodes et modelés de la recherche opérationelle, Dunod, Paris, 1968—70).

[46] KAUFMANN, A. u. a., Массовое обслуживание, теория и приложение, Мир, Москва, 1965.

[47] KRYLOW, A. F., Лекции о приближенных вычислениях. Гостехиздат, Москва, 1950.

[48] KULAKOW, A. F., О соотношенниях взаимодействия между ЦВМ и алгоритмами управления в] сложных системах. Изд. АН СССР — Техническая кибернетика, № 4, 1964.

[49] KULAKOW, A. F., Оценка качества управляющих алгоритмических систем. Труды I. Всесоюзной конференции по вычислительным системам. Наука, Новосибирск, 1968.

[50] KULIK, W. T., Алгоритмизация объектов управления. Наукова думка, Киев, 1968.

[51] KUROSCH, A. G., Курс высшей алгебры. Физматгиз, москва, 1965. (Deutsche Übersetzung: KUROSCH, A. G., Vorlesungen über allgemeine Algebra, Teubner Verlagsgesellschaft, Leipzig, 1964).

[52] KUCHTENKO, A. I., Основные наптравления развития теории управлетеории управления сложными системами. В сб.: Сложные системы управления. Вып. IV. Наукова думка, Киев, 1968.

[53] LASAREW, W. G., Способ минимизации логических схем алгоритма. Автоматика и телемеханика, № 10, 1965.

[54] LEWIN, A. A. u. a., Классификация автоматизированных систем управления технологическими процессами и производствами. Приборы и системы управления, № 4, 1970.

[55] LITWINOW, A. N., Об эквивалентном структурном представлении автоматических систем.Изв. АН СССР — Техническая кибернетика. № 1, 1963.

[56] LITWINOW, A. N., RABTSCHUK, W. L., Подход к оценке производительности ЭЦВМ в автоматизированной системе управления предприятием. В сб.: Автоматизация управления промышленными предприятиями. Вып. 1, изд. УкрНИИНТИ, Киев, 1968.

[57] LITWINOW, A. N., FILIMONOW, J. S., Организация основных элементов операционной системы АСУ. Материалы IV Республиканской научной конференции молодых исследователей по системотехнике. Т. 1., изд. Института автоматики, 1969.

[58] LOMOW, B. F., Человек и техника. Советское радио, Москва, 1966. (Deutsche Übersetzung: LOMOW, B. F., Ingenieurpsychologie, Deutscher Verlag der Wissenschaften, Berlin, 1964).

[59] LJAPUNOW, A., К алгебраической трактовке программирования. В сб. Проблемы кибернетики. Вып. 8, Физматгиз, Москва, 1962. (Deutsche Übersetzung: LJAPUNOW, A. A., Zur algebraischen Behandlung der Programmierung in: Probleme der Kybernetik, Band 8, Akademie-Verlag, Berlin, 1965).

[60] LJAPUNOW, A. A., О логических схемах программ. В сб.: Проблемы кибернетики. Вып. 1, Физматгиз, Москва, 1958. (Deutsche Übersetzung: LJAPUNOW, A.A., Über logische Programmschemata in: Probleme der Kybernetik, Band 1, Akademie-Verlag, Berlin, 1962).

[61] Ljapunow, A. A., Jablonski, S. W., Теоретические проблемы кибернетики. В сб.: Проблемы кибернетики. Вып. 9, Физматгиз, Москва, 1963.
[62] Mac Cracken, D., Программирование для цифровых вычислительных машин. Изд. иностр. лит. Москва, 1960.
[63] Malzew, A. I., Алгоритмы и рекурсивные функции. Наука, Москва, 1965.
[64] Markow, A. A., Теория алгоритмов. Труды математического института им. В. А. Стеклова. Т. 42. Изд-во АН СССР, Москва, 1954.
[65] Martynjuk, W. W., Выделение цепей в схеме алгоритма. Вычислительная математика и математическая физика. Т. 1, № 1, 1961.
[66] Martjanow, A. I. u. a., Рекомендации по построению интегральных моделей процессов управления. В сб.: Инженерно-психологические требонвартия к системам управления. Издво ВНИИТЭ, Москва, 1967.
[67] Mironow, G. A., Испытательные программы для контроля электронных цифровых мащин. Наука, Москва, 1969.
[68] Michalewitsch, W. S., Последовательные алгоритмы оптимизации и их применение. Кибернетика, № 1, 2. 1965.
[69] Michalewitsch, W. S. u. a., Сложные системы и решение экстремальных задач. Кибернетика, № 5, 1967.
[70] Mosgalewskij, A. W. u. a., Автоматический поиск неисправностей. Машиностроение, Москва, 1967.
[71] Nalimow, W. W., Tschernowa, N. A., Статистические методы планирования экстремальных экспериментов. Наука, Москва, 1965.
[72] Ore, O., Теория графов. Наука, Москва, 1968.
[73] Orchard-Hays, W., Управление машинами для обработки данных и связь между ними и человеком. — В сб.: Электронное моделирование и машинное управление в экономике. Мир, Москва, 1965.
[74] Основные понятия автоматики. Терминология. Наука, Москва, 1966.
[75] Petrow, B. N., Pospelow, B. S., О путях развития больших систем управления. Изв. АН СССР — Техническая кибернетика, № 2, 1966.
[76] Powarow, G. N., О структурной теории сетей связи. В сб.: Проблемы передача информации, Вып. 1. Изд-во АН СССР, Москва, 1959.
[77] Pugatschow, W. S., Теория случайных функций и ее применение к задачам автоматического управления. Физматгиз, Москва, 1962. (Deutsche Übersetzung: Pugatschow, W. S., Grundlagen der Statistik, Verlag Technik, Berlin, 1964).
[78] Putinzew, N. D., Аппаратный контроль управляющих вычислительных машин. Советское радио, Москва, 1966.
[79] Puchow, G. E., Shuk, K. D., Синтез многосвязных систем управления. Наукова думка. Москва, 1966.
[80] Robisho, L., Направленные графы и их приложение к электрическим цепям и машинам. Энергия, Москва, 1964.
[81] Romanowskij, W.N., Дискретные цепи Маркова. Гостехиздат, Москва, 1949.
[82] Система автоматизации программирования. Сб. статей под ред. Н. П. Трифонова и М. Р. Шура-Бура. Физматгиз, Москва, 1961.
[83] Starr, M., Управление производством. Прогресс, Москва, 1968. (Übersetzung aus dem Englischen: Starr, M., Production managment, Prentice Hall, Englewood Cliffs N. J., 1964).
[84] Taran, W. A., u. a., Математические вопросы автоматизации производственных процессов. Высшая школа, Москва, 1968.
[85] Timofejew, B. B., Koslik, G. A., Основные направления и задачи автоматизации управления промышленными предприятиями. Материалы республиканской конференции. Изд. УкрНИИНТИ, Киев, 1968.

[86] Timofejew, B. B., Chodak, W. I., Об одном методе анализа и выбора способа приема информации в системах управления производством. В сб.: Системы промышленной кубернетики, Вып. 1. Изд. Института кибернетики АН УССР, Киев, 1967.

[87] Trachtenherz, E. A., Jurtschenko, W. E., Рациональные методы программирования процессов контроля и управления непрерывным производством. В. сб.: Приборы и средства автоматизации, № 4, 1964.

[88] Fedossejew, W. A., Методы автоматизации программирования на ЭВМ. В сб.: Проблемы кибер нетики. Вып. 4. Физматгиз, Москва, 1960.

[89] Ford, L., Fulkerson, D., Потоки в сетях. Мир, Москва, 1966.

[90] Chintschin, A. J., Математические методы теории массового обслуживания. Труды математического института им. В. А. Стеклова. Т. 49. Издво АН СССР, Москва, 1965.

[91] Chorafas, D. N., Системы и моделирование. Мир, Москва, 1967. (Übersetzung aus dem Englischen: Chorafas, D., Systems and simulation, Academic Press, New York-London, 1965).

[92] Esapi, J., Promak, F. Надежность связанных систем. В сб.: Методы введения избыточности для ВС. Советское радио, Москва, 1966.

[93] Элементы технической кибернетики. Терминология. Вып. 77. Наука, Москва, 1968.

[94] Epstein, W. P., О приложения теории графов для описания и анализа схем потоков информации в управляющих системах. Автоматика и телемеханика. № 8, 1965.

[95] Ashby, W. R., Введение в кибернетику. Изд. иностр. лит., Москва, 1959. (Übersetzung aus dem Englischen: Ashby, W. R., An introduction to cybernetics, Chapman & Hall, London, 1956).

[96] Bick, G., TRACE — a diagnostic program developed by Univac, Data Processing, Nr. 2, 1967.

[97] Hain, H., Hein, K., An Automatic Flowchart Design, Proceeding of ACM Meeting, Cleveland (Ohio), 1965.

[98] Heinze, K., Management of Computer Programming for Command and Control Systems, Technical Memorandum TN-**903** (000) 02.

[99] Luther, L., On-Line-Program-Debugging. A Graphic Approach, Computers and Automation, V. **16**, Nr. 11, 1967.

[100] Rappoport, H., Technical Feasibility of War Safety Control Systems, Data System Eng., V. **18**, Nr. 7, 1963.

[101] Roberts, K. V., The Readability of Computer Programs, The Computer Bulletin, V. **10**, Nr. 4, 1967.

[102] Tsui, F., A Flexible and Inexpensive Method of Monitoring Program Execution in Digital Computer, IRE Trans. Electronic Comput., V. **10**, Nr. 2, 1961.

[103] White, V. A., A Multiple Satellite Realtime Control Network, IEEE Trans. On Military Electronica, V. Mil-**7**, Nr. 4, 1963.

Ergänzende Literatur

1. Allgemein

Autorenkollektiv, Mathematik und Kybernetik in der Ökonomie (Übersetzung aus dem Russischen), Verlag Die Wirtschaft 1973.

Autorenkollektiv, Mathematik für ökonomische und ingenieurökonomische Fachrichtungen, Teil I, Verlag Die Wirtschaft 1971.

Autorenkollektiv, Kleine Enzyklopädie Mathematik, VEB Bibliographisches Institut Leipzig 1967.
Kämmerer, W., Einführung in mathematische Methoden der Kybernetik, Akademie-Verlag, Berlin 1971.
Paulin, G., Kleines Lexikon der Rechentechnik und Datenverarbeitung, VEB Verlag Technik, Berlin 1971, 4. erweit. Auflage.

2. *Zur Graphentheorie*

Berge, C., Ghouila-Houri, A., Programme, Spiele, Transportnetze (Übersetzung aus dem Franz.), B. G. Teubner Verlagsgesellschaft Leipzig 1969.
Sedlaček, J., Einführung in die Graphentheorie (Übersetzung aus dem Tschech.), B. G. Teubner Verlagsgesellschaft Leipzig 1968.
Picard, C. F., Theorie der Fragebogen (Übersetzung aus dem Franz.), Akademie-Verlag, Berlin 1973.
Busacker, R. G., Saaty, T. L., Endliche Graphen und Netzwerke (Übersetzung aus dem Engl.), Verlag Oldenburg, München-Wien 1968.

3. *Zur Bedienungstheorie*

Gnedenko, B. W., Kowalenko, J. N., Einführung in die Bedienungstheorie, Akademie-Verlag, Berlin 1974.
Krampe, H., Kubat, J., Runge, W., Bedienungsmodelle Verlag Die Wirtschaft, Berlin 1974.

4. *Zur Theorie der* Markow-*Prozesse*

Dynkin, E. B., Grundlagen der Theorie der Markowschen Prozesse. Springer-Verlag, Berlin-Göttingen-Heidelberg 1961.
Kempe, V., Theorie stochastischer Systeme, Akademie-Verlag, Berlin 1974.
Renyi, A., Wahrscheinlichkeitsrechnung, VEB Deutscher Verlag der Wissenschaften Berlin 1966.
Lahres, H., Einführung in die diskreten Markow-Prozesse, B. G. Teubner Verlagsgesellschaft Leipzig 1964.

5. *Automatentheorie*

Bakajew, Kostina, Jarowizki, Algorithmische Modellierung ökonomischer Prozesse, Akademie-Verlag, Berlin 1974.
Gössel, M., Angewandte Automatentheorie I und II, Akademie-Verlag, Berlin 1972.
Starke, P., Abstrakte Automaten, VEB Deutscher Verlag der Wissenschaften Berlin 1969.

6. *EDV (Einsatzvorbereitung und Nutzeffekt)*

Autorenkollektiv, Datenverarbeitung, Grundlagen und Einsatzvorbereitung, Staatsverlag der DDR, Berlin 1968.
Sack, K., Schneider, H., Datenverarbeitungsprojektierung für ESER, Verlag Die Wirtschaft, Berlin 1974.
Černjak, J. I., Analyse und Synthese von Systemen in der Ökonomie Akademie-Verlag, Berlin 1972.
Autorenkollektiv, Effektivitätsuntersuchungen für EDV-Systeme (eine Studie), Verlag Die Wirtschaft, Berlin 1972.
Lukaschewitsch, S. J., Bestimmung des Nutzeffektes der Anwendung von EDVA (Übersetz. aus dem Russ.), Verlag Die Wirtschaft, Berlin 1973.

SACHWORTVERZEICHNIS

MIX
Papier | Fördert gute Waldnutzung
FSC® C083411

Zeitfracht Medien GmbH
Ferdinand-Jühlke-Straße 7
99095 Erfurt, Deutschland
produktsicherheit@kolibri360.de